오늘 무슨 꽃 보러 갈까?

자연을 사랑하는 사람들이 함께 만든

iNDICA 야생화 탐사 가이드북

www.indica.or.kr

오늘 무슨 꽃 보러 갈까? 증보판

(학)신구학원 신구문화사

『오늘 무슨 꽃 보러 갈까』의

증보판 발간에 부쳐

『오늘 무슨 꽃 보러 갈까』는 2016년에 처음 간행되자마자 초심자와 경력자를 가릴 것 없이 모든 들꽃 탐사가들에게 가장 요긴한 참고서가 되었습니다. 그도 그럴 만한 것이 이 책에는 인디카라는 들꽃탐사 공동체가 여러 해 동안 탐구하며 축적해온 식물생태학적 자산뿐 아니라 학계의 최신 정보까지 수록되어 있기 때문입니다. 인디카의 구성원들은 거의 모두 아마추어 탐사가들이지만 그 중의 여럿은 식물학자들에 버금가는 식견을 갖추고 있고 또 뛰어난 사진가들이기도 합니다. 그들은 오랜 기간에 걸쳐 '자연 사랑'이라는 기치 아래 전국을 누비며 소중한 정보와 자료를 수집해 왔습니다. 그러므로 이 책은 그들의 열의와 집념이 빚어낸 알뜰한 성과라고 할 수 있습니다.

이 책은 독자들이 편리하게 들고 다니며 손쉽게 참고할 수 있도록 기획 제작되었으므로 부득불 지면이 한정적입니다. 국내에 자생하는 식물을 망라하지만 그 중에서 목본은 제외되었고 사진의 크기나 설명문의 분량이 제한적입니다. 그러나 낱낱 식물의 자생지 및 개화와 결실 시기 등의 정보는 기고자들이 전국 방방곡곡에서 기록한 것입니다. 또 논란의 여지가 있는 식물의 명칭이나 학명 등은 학계의 일반적 기준 및 관행을 따르고 있습니다. 그러므로 이 도감에 수록된 최신 정보는 기왕에 나온 다른 식물도감에 비해 월등히 신빙할 만하다고 자부합니다.

초판본이 나온 지 7년만에 여러 회원들이 다시 한번 뜻을 모아 이 증보판을 내게 되었습니다. 초판본에서 발견된 오류가 수정되고 미흡한 설명은 보완되었습니다. 그리고 무엇보다 수십 종의 식물이 새로이 추가되었습니다.

초판본이 그랬듯이 이 증보판도 많은 인디카 회원들의 아낌없는 협조가 있었기에 나올 수가 있었습니다. 이 자리에서 기여자들을 일일이 거명하기는 어려우나 개정 작업에서 핵심적 역할을 맡은 몇몇 분까지 외면할 수는 없습니다. 우선 인디카의 현직 회장 김광섭(金光燮) 님이 이번 증보판 발간을 발의하고 기획하는 과정에 중심적 역할을 했습니다. 또 이성원(李星洹) 님은 증보판 작업을 회원들에게 홍보하고 필요한 자료를 수합해서 정리하는 번거로운 일을 총괄했습니다. 그리고 이재능(李在能) 님은 초판본을 수정 보완하고 증보판을 편집하는 등의 어려운 일을 맡았습니다. 이 세 분의 사심 없는 헌신과 많은 회원들의 협력 및 성원 덕택에 이 증보판이 큰 어려움 없이 나올 수 있었음을 밝혀 둡니다.

끝으로 여러모로 어려운 시기에 이 증보판을 선뜻 맡아서 간행해 주신 신구문화사의 관계자 여러분께 감사와 경의를 표합니다.

2023년 10월

李 相 沃

(서울대학교 명예교수)

이 책은... (2015년 초판 발간 서문)

많은 사람들이 함께 만든 책입니다.

식물전문가나 학자가 아니면서 야생화를 좋아하는 사람들이 경험과 지혜를 모았습니다. 수천의 동호인들이 15년간 산하를 누빈 발품으로 엮어냈으므로 그야말로 야화처럼 피어난 책입니다.

아름다운 설렘에 화답하는 책입니다.

'오늘은 무슨 꽃을 만날 수 있을까?' 하는 궁금증 해소에 도움이 되고, '그곳에는 어떤 꽃이 있을까?'하는 설렘을 부추기는 책이기도 합니다. 이른 봄에 제일 먼저 볼 수 있는 꽃부터 가을에 마지막으로 피는 꽃을 순서대로 펼쳐놓고, 지리적으로 멀리 떨어져 있는 지역의 꽃들은 따로 모아 엮었습니다.

사람들이 궁금해 하는 내용을 썼습니다.

사진으로 명확하게 드러나는 꽃과 잎의 색과 모양을 다시 글로 묘사하지 않으려고 동호회 홈페이지에 축적된 사진들 중에서 각 식물의 특징이 가장 잘 드러나는 것을 엄선하였습니다. 글을 줄인 만큼 비슷한 식물간의 구별법, 이름의 유래, 생태적 특징 등을 한 마디라도 더 보태려고 노력하였습니다.

쉬운 용어들로 풀어서 썼습니다.

일제 강점기에 배운 사람들 사이에서 낡은 냄새를 풍기며 오가던 난해한 식물용어들을 우리말로 바꾸어 썼습니다. 우리말로 옮기기 어려운 용어나 풀어써도 이해하기 어려운 용어 여남은 가지는 본문 앞에 간단한 그림과 해설을 붙여 풀이해 놓았습니다.

최근에 발견된 식물들을 최대한 수록하였습니다.

아직 분류학적 자리매김이 되지 않았거나 생태적 자료가 부족하여 국가표준식물목록에 이름을 올리지 못한 식물일지라도, 최근에 발견되어 관심을 모으는 종은 이 책에 담아서 새로운 식물 정보를 공유하도록 하였습니다.

미숙하지만 계속 여물어갈 책입니다.

이 책이 나온 다음 날부터 새로운 사실이 밝혀지고 책의 부족함이 지적되겠지만 그런 지적들은 개정판에 반영될 것입니다. 그리고 이 책의 내용들은 '인디카'라는 온라인에서 살아있는 지식으로 거듭나고 깊이를 더해서 언젠가는 우리나라 사람이 가장 믿고 벗하는 야생화 탐사 가이드로 성장할 것입니다.

야생화를 사랑하는 마음과 아마추어들의 순수한 열정을 높이 사서 출간의 큰 결단을 내려주신 신구문화사에 깊은 감사의 말씀을 올립니다.

2015년 12월

집필진 일동

!? 일러두기

- 이 책에는 한반도에 야생하는 초본식물 중 아마추어 탐사가가 식별할 수 있을 정도로 종(種)의 특징이 뚜렷한 식물과 근래에 발견되어 관심을 가져야 할 종 등 1,620종을 수록하였다. 개체간의 큰 차이가 없는 132종은 근연종(近緣種)의 말미에 차이점만 약술하여 소개하였다.

- 편집 순서는 자연을 사랑하는 사람들의 모임, '인디카' 홈페이지에 22년간 축적된 자료를 바탕으로 개화시기 순으로 배열하였다. 근연종의 개화시기가 한 달 이내로 차이가 크지 않으면 묶어서 배열하여 비교할 수 있도록 하였다.

- 제주도, 울릉도, 백두산 생태계는 근연종 간 비교에 주안을 두지 않고, 탐사계획수립과 현장 탐사의 편의를 위하여 별도의 장으로 편집하였으며, 장내의 순서는 역시 개화시기 순으로 배열하였다.

- 벼목의 식물들은 설명하는 용어가 일반적인 들꽃들과 다르고, 비슷한 종과 비교하기 쉽도록 별도의 장으로 편성하고 벼과, 사초과, 골풀과, 곡정초과, 부들과 순으로 배열하였다.

- 이 책에 사용된 식물명은 국명을 기준하였으나, 국명이 적절치 않다고 회원간에 공감대가 이루어진 연영초, 진범, 큰새우난초는 각각 연령초(延齡草), 진교(秦艽), 한라새우난초로 바로 잡고 국명을 병기하였다.

- 시기별로 꽃을 찾아 나서는 데 도움을 주고 책의 편집순서를 정하기 위해 적용한 '최초개화일자'는 어떤 식물이 가장 먼저 개화한 날짜로서 특정 지역이나 특별한 조건하에서 예외적으로 일찍 핀 데이터는 제외하였다.

- 개화시기가 비교적 일정하고 촬영일자 데이터가 충분한 식물은 ○월 초순, 하순 등으로 개화기간을 구체적으로 표기하였다. 개화시기를 평균할 수 있는 자료가 부족하거나 개화시기가 불규칙한 식물은 월 단위로 표시하였다.

- 이 책은 전문적, 학술적 목적보다 취미활동가들의 꽃 탐사를 돕기 위하여 펴낸 것이므로, 뿌리나 결실에 대해서는 특히 주목할 내용이 없으면 설명하지 않았다.

- 식물의 분포는 자생지를 훼손할 염려가 없는 범위 내에서 가급적 구체적으로 표기하였으며, 전국에 흔하게 분포하는 식물은 분포지 기재를 생략하였다.
  예: 경북 내륙, 한라산 중턱

- 식물명의 유래는 자료의 신뢰성이 있고 공감할 수 있는 내용만 수록하였으며, 설명이 없이도 이해할 수 있거나, 반대로 그 유래를 알 수 없는 경우에는 생략하였다.

차례

이 책을 보는 방법

2 3
노랑물봉선 봉선화과

4 *Impatiens nolitangere* L. var. *nolitangere*.

7

1 0723

5 가야물봉선의 꽃

6 흰물봉선의 꽃

6 산물봉선의 꽃

물봉선 봉선화과
Impatiens textorii Miq.

산지의 습지에서 자란다. 높이 60cm 정도. 잎은 넓은 피침모양이고 끝은 뾰족하고 밑동은 좁아져서 잎자루에 이른다. 7월 하순~10월 중순 개화. 꽃부리의 길이 3cm 정도의 꽃이 핀다. 열매가 마르면 겁질이 터지면서 씨앗이 튀어나가고 열매겁질이 용수철처럼 말린다. 물봉선에 비해 생식기관이 작고 꽃이 흑자색으로 피는 **가야물봉선***I. atrosanguinea*과 꽃이 흰색으로 피는 **흰물봉선***var. koreana*, 2022년 한반도 고유종으로 새로 발표된 **산물봉선***I. hambaeksanensis*이 있다. 6

486

노랑물봉선 봉선화과
Impatiens noli-tangere L.

산지의 습한 곳에서 종종 물봉선과 함께 자란다. 높이 50cm 정도. 6월 초순~10월 초순 개화. 노란 바탕에 자잘한 붉은 반점이 있는 꽃이 핀다. 물봉선에 비해 잎 크기가 작고 끝이 둔하며 잎가장자리의 결각이 크다.

꼬마물봉선 봉선화과
Impatiens violascens B.U.Oh & Y.Y.Kim.

높은 산지의 숲 속에 자란다. 높이 20~60cm. 8~9월 개화. 꽃이 1.4~2.4cm 정도로 작고, 하악편이 급격히 좁아지며 거가 한바퀴 이내로 감긴다. 경북 보현산에 자생한다.

처진물봉선 봉선화과
Impatiens koreana (Nakai) B.U.Oh.

계곡 주변의 습한 곳에 자란다. 높이 60cm 정도. 7월 하순~10월 초순 개화. 꽃뿔 끝부분이 말리지 않으며, 측면과 끝부분이 연노랑색을 띤다. 전남, 경남 지역에 매우 드물게 분포한다.

487

1. 이 장에 수록된 식물의 최초 개화 일자
2. 국명
3. 과명 4. 학명
5. 필요한 경우 중요한 부분을 보여주기 위한 보조사진
6. 실체에 논란이 있는 종, 변종, 품종은 보조사진과 간략한 설명을 수록함.
7. 공통적으로 반복 서술되어야 할 항목은 아이콘을 사용함.

생육상태

한해살이 두해살이 여러해살이 한해 또는 두해살이

줄기모양

직립 덩굴 기는줄기 (포복지) 줄기 없이 꽃대를 올리는 식물

잎차례

어긋나기 마주나기 돌려나기 뭉쳐나기 외잎나기

* 잎이 여러 형태로 달리는 경우는 기재문에 명시하였다.
예) 뿌리잎은 뭉쳐나고 줄기잎은 어긋난다.

특기사항

멸종 위기종
2012년 5월 31일 개정
환경부 목록 기준

한반도 고유종

용어해설

이 책에 많이 사용된 식물 용어 중, 다소 이해하기 어려운 최소한의 용어를 여기서 그림을 곁들여 설명한다. 이 책은 국립수목원에서 발간한 '알기 쉽게 정리한 식물용어'(2010)를 기준으로 작성하였다.

꽃

국화과

한자어로 된 용어인 두상화서는 우리말인 머리모양꽃차례로, 관상화는 대롱꽃, 설상화는 혀꽃, 관모는 갓털로 바꾸어 쓰고 총포(總苞)는 우리말 용어로 옮기지 못하였다.

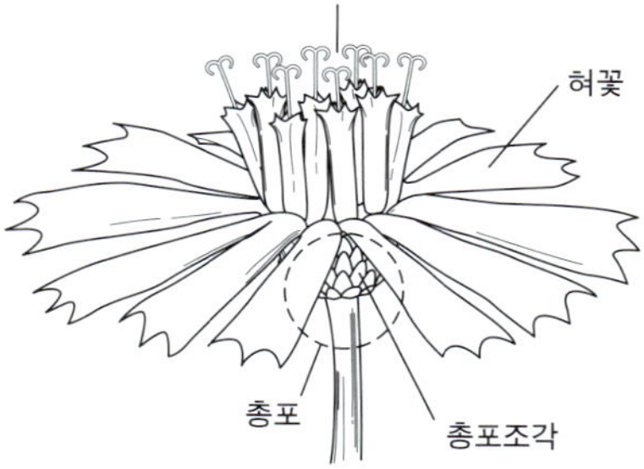

머리모양 꽃차례

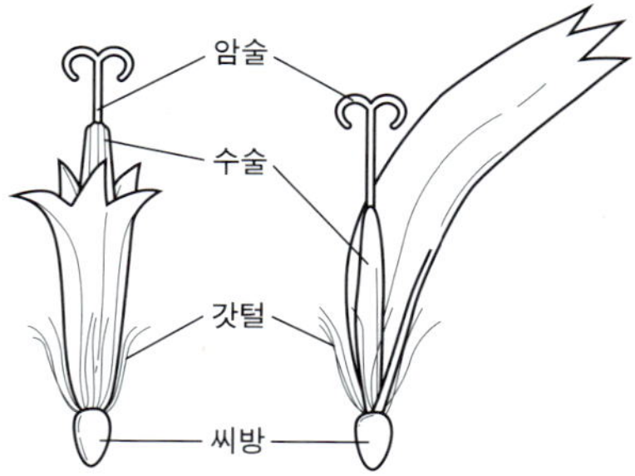

대롱꽃 혀꽃

백합과와 붓꽃과

꽃잎처럼 보이는 6장의 꽃덮이 중 바깥쪽 3장은 외꽃덮이, 안쪽 3장은 내꽃덮이이다. 한자어 용어는 각각 외화피, 내화피이다.

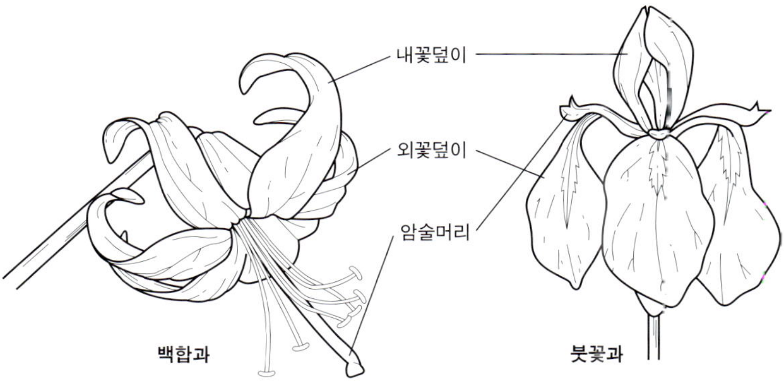

난초과

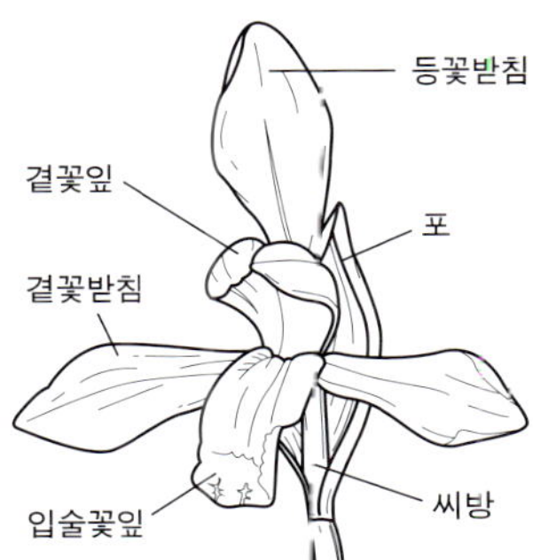

꽃잎처럼 보이는 바깥쪽의 3장은 한 장의 등꽃받침과 두 장의 곁꽃받침이고, 안쪽의 세 장은 한 장의 입술꽃잎과 두 장의 곁꽃잎이다.
지금까지 널리 써온 거(距)는 '꽃뿔'이라는 우리말 용어도 있으나 난초과에서는 거의 밑으로 처져 있으므로 '꿀주머니'로 기술하였다.

용어해설

꽃차례

이 책에서는 사진에서 꽃차례의 모습이 거의 드러나므로, 꼭 필요한 경우에만 꽃차례를 기술하였다. 그중 서로 혼동하기 쉬운 몇 가지 꽃차례를 이곳에 설명한다. 그림에서 큰 동그라미가 작은 동그라미보다 먼저 피는 꽃을 의미한다.

총상꽃차례
(총상화서 總狀花序)

꽃대축이 길게 자라고 꽃자루도 발달하나 가지를 치지 않는다.

이삭꽃차례
(수상화서 穗狀花序)

총상꽃차례와 비슷하나 꽃자루가 없다.

원뿔모양꽃차례
(원추화서 圓錐花序)

총상꽃차례와 비슷하나 가지를 쳐서 전체적으로 원뿔모양을 이룬다.

취산꽃차례
(취산화서 聚繖花序)

꽃대 끝의 가운데에서 꽃이 먼저 핀 다음 주위의 꽃들이 피는 꽃차례.

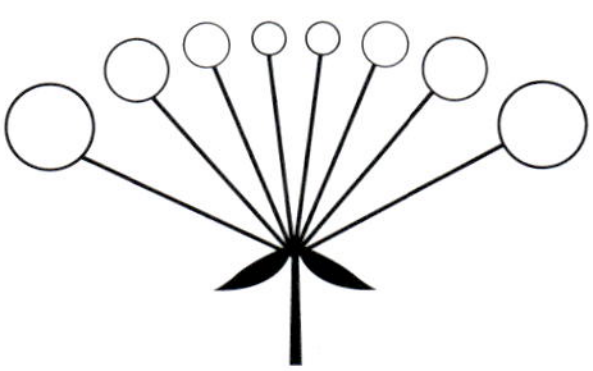

우산모양꽃차례
(산형화서 傘形花序)

꽃자루가 한 지점에서 같은 길이로 우산살처럼 펼처지는 꽃차례.

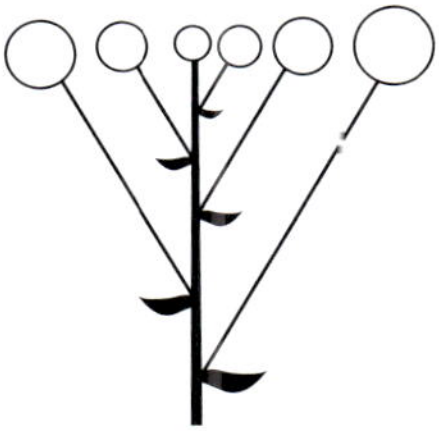

편평꽃차례
(산방화서 繖房花序)

꽃자루의 길이가 위로 갈수록 짧아져서 꽃대 끝이 거의 같은 높이를 갖는 꽃차례. 산방화서는 한자로 傘房 으로 쓰이기도 한다.

용어해설

잎

잎의 구조

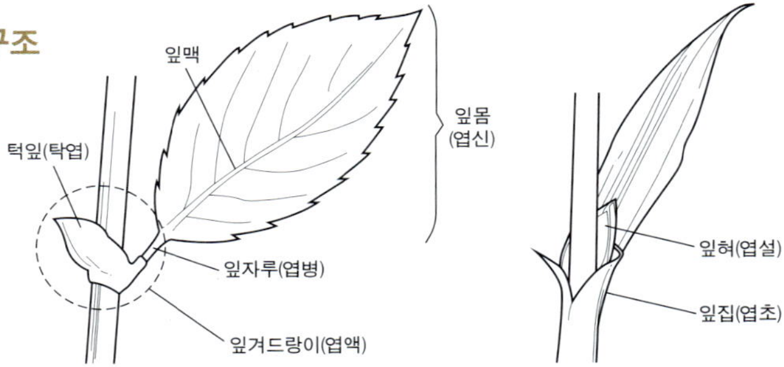

잎의 모양

선형 **타원형** **계란모양** **피침모양**

* 피침은 옛날에 한의원에서 종기를 째던 수술도구였으며 바소라고도 한다.

겹잎의 모양

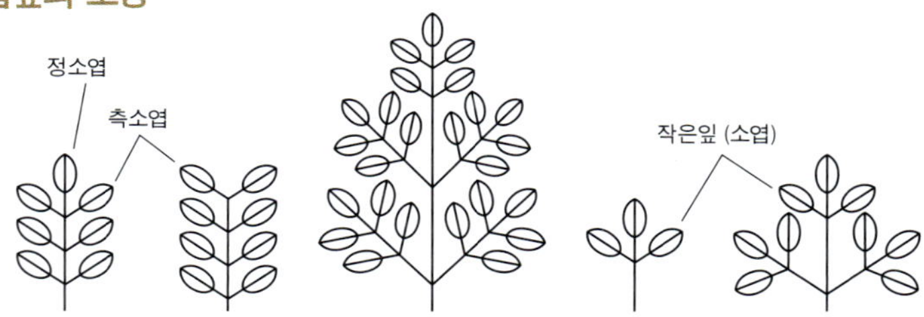

홀수깃꼴겹잎 **짝수깃꼴겹잎** **홀수 2회 깃꼴겹잎** **3출겹잎** **2회 3출겹잎**

1/2/3월
모데미풀

복수초 미나리아재비과

Adonis amurensis Regel & Radde

산지의 숲 속에 자란다. 높이 10~40cm. 보통 가지를 치지 않고, 잎은 3~4회 깃모양으로 갈라진다. 1월 하순~4월 초순 개화. 꽃의 지름은 2~3cm 정도이며, 원줄기 끝에 보통 1개씩 달리고 꽃잎은 10~30장이다. 제주도를 제외한 전국에 분포한다. 꽃받침이 5장인 가지복수초에 비해 8~9장으로 많으며, 꽃잎의 길이와 같거나 짧다.

개복수초 미나리아재비과

Adonis pseudoamurensis W.T.Wang

산지의 숲 속이나 들에 자란다. 높이 10~30cm. 줄기는 가지를 많이 치며, 잎은 2~3회 깃모양으로 가늘게 갈라진다. 1월 초순~4월 하순 개화. 지름 4~5cm의 꽃이 줄기와 가지 끝에 1개씩 달린다. 전국에 분포하나, 바다가 가까운 지역에서 흔히 발견된다. 복수초에 비해 꽃이 훨씬 크고, 꽃받침은 꽃잎의 길이와 같다.

별꽃 석죽과

Stellaria media (L.) Vill.

풀밭이나 길가, 빈터에 자란다. 높이 10~20cm. 줄기에서 가지가 많이 갈라지며, 한쪽에 털이 줄지어 나고, 잎은 양면에 털이 없이 매끈하다. 1월 초순~5월 하순 개화. 꽃의 지름은 5mm 정도이며, 5개의 꽃잎은 각각 2갈래로 깊게 갈라져 10개로 보인다. 꽃받침잎은 꽃잎보다 약간 길며 털이 있다. 암술대가 3개로 갈라진다.

쇠별꽃 석죽과

Stellaria aquatica (L.) Scop.

습한 들이나 풀밭, 빈터에 자란다. 높이 20~50cm. 줄기의 아랫부분이 옆으로 자라고, 윗부분은 곧게 선다. 줄기 아랫부분의 잎은 잎자루가 길고, 윗부분의 잎은 잎자루가 없다. 5월 초순~10월 중순 개화. 지름 8mm 정도의 꽃이 취산꽃차례로 달리며, 5개의 꽃잎이 가운데가 깊게 갈라져 10개로 보인다. 별꽃과 달리 암술대가 5개로 갈라진다.

0106

광대나물 꿀풀과

Lamium amplexicaule L.

경작지 주변이나, 길가, 빈터에 자란다. 높이 10~30cm. 줄기는 자줏빛이 돌며, 줄기 아랫부분의 잎은 원모양으로 잎자루가 길고, 윗부분의 잎은 잎자루가 없이 반원모양으로 줄기를 마주 감싼다. 2월 초순~6월 중순 개화. 잎겨드랑이마다 3~6개의 꽃이 모여달리며 꽃부리의 길이는 15~20mm이다. 남부지방에서는 겨울에도 꽃이 핀다.

자주광대나물 꿀풀과

Lamium purpureum L.

들의 풀밭이나 길가에 자란다. 높이 10~20cm. 줄기 윗부분으로 갈수록 잎이 촘촘하게 나고, 진한 자주색을 띠며, 기온이 높아지면 녹색으로 변한다. 3월 중순~5월 하순 개화. 꽃은 줄기 윗부분의 잎겨드랑이에 모여달리며 꽃부리의 길이는 10mm 정도로 윗입술의 등에 털이 많다. 유라시아 원산으로 주로 남부지방에 분포한다.

유럽광대나물 꿀풀과

Lamium purpureum var. *hybridum* (Vill.) Vill.

풀밭이나 길가에 자란다. 높이 20~50cm. 줄기는 네모지고 밑에서 가지가 갈라진다. 3월 하순~5월 하순 개화. 꽃은 잎겨드랑이에 모여달리며 꽃부리의 길이는 10~15mm이다. 꽃은 광대나물과 거의 비슷하나 크기가 다소 작은 편이고, 잎은 자주광대나물과 같은 모양이다. 유럽 원산으로 전북, 전남, 경남 등지에서 드물게 발견된다.

개쑥갓 국화과

Senecio vulgaris L.

유럽 원산으로 들이나 길가, 빈터에 흔히 자란다. 높이 10~40cm. 줄기는 곧게 서고 위쪽에서 가지가 많이 갈라진다. 잎은 다소 두껍고 깃모양으로 갈라지고, 가장자리에 톱니가 있다. 1년 내내 꽃을 피운다. 가지 끝에 대롱꽃으로만 된 머리꽃이 편평꽃차례로 달린다. 머리꽃의 지름은 6~8mm이고, 총포조각은 2줄로 붙으며 끝부분이 검다.

큰개불알풀의 열매

개불알풀

꽃 크기의 비교

큰개불알풀 질경이과

Veronica persica Poir.

길가나 풀밭에 자란다. 높이 15~25cm. 잎은 달걀모양으로 3~4쌍의 톱니가 있으며, 줄기의 아랫부분은 마주나고 윗부분은 어긋난다. 1월 하순~11월 하순 개화. 꽃의 지름은 8mm 정도로 잎겨드랑이에 1개씩 달린다. 열매는 거꿀심장모양으로 부드러운 털이 있고 가운데에 세로로 홈이 있어 그 모양에서 유래된 이름이다. 주로 남부지방에 흔히 분포한다.

개불알풀*V. polita* Fr.은 큰개불알풀에 비해 꽃의 지름이 3~4mm로 현저히 작고, 거의 연중 꽃을 볼 수 있는 큰개불알풀에 비해 1~4월 중에만 꽃이 핀다. 꽃은 연분홍색을 띠며 주로 남부지방에 분포한다.

선개불알풀 질경이과

Veronica arvensis L.

길가나 풀밭에 자란다. 높이 5~15m. 전체에 부드러운 털이 나며, 줄기는 곧게 서고, 잎은 좁은 피침형으로 가장자리가 밋밋하다. 3월 중순~4월 하순 개화. 지름 2~3mm 정도의 꽃이 줄기 윗부분에 2~4개씩 달리며, 꽃부리는 4개로 갈라진다. 주로 남부지방에 분포한다. 개불알풀 종류 중에서 유일하게 줄기가 곧게 서고, 꽃과 잎이 작고 좁다.

눈개불알풀 질경이과

Veronica hederifolia L.

양지바른 길가나 빈터, 풀밭에 자란다. 높이 10~15cm. 줄기가 땅을 기며 끝이 비스듬히 선다. 잎은 표면에 긴 털이 나고 뒷면에 짧은 털이 드문드문 난다. 2월 초순~9월 중순 개화. 지름 6~7mm 정도의 꽃이 잎겨드랑이에 1개씩 달린다. 유럽 원산으로 경남, 전남, 전북 등에 분포한다. 개불알풀과 닮았으나, 잎과 꽃받침에 긴 털이 있어 구분된다.

변산바람꽃 미나리아재비과

Eranthis byunsanensis B.Y.Sun

산지의 숲 가장자리 잔석지에 주로 자란다. 꽃줄기의 높이 10~20cm. 잎은 둥글고 5갈래의 깃모양으로 갈라진다. 2월 초순~4월 중순 개화. 꽃잎처럼 보이는 꽃받침잎은 넓고, 깔대기모양의 꽃잎은 연두색을 띤 노란색이다. 변산반도에서 처음 발견되어 붙여진 이름이나 해안과 가까운 산지나 일부 내륙지방의 산지에도 널리 분포한다.

너도바람꽃 미나리아재비과

Eranthis stellata Maxim.

낙엽이 많고 다소 습한 산지에 자란다. 꽃줄기의 높이 15cm 정도. 꽃이 진 후 나오는 뿌리잎은 깊게 3갈래로 갈라지고 깃모양으로 다시 갈라지며, 꽃줄기의 꽃 아랫부분에 꽃잎처럼 보이는 꽃받침잎이 있다. 2월 초순~4월 초순 개화. 꽃의 지름은 20mm 정도이고, 꽃잎은 작은 막대기모양의 노란색의 꿀샘으로 변형되어 있다.

노루귀 미나리아재비과

Hepatica asiatica Nakai
Anemone hepatica var. *japonica* (Nakai) Ohwi

산지의 숲 속에 자란다. 높이 10~20cm. 전체에 희고 긴 털이 난다. 3갈래로 갈라진 잎몸의 앞면에 대개 얼룩무늬가 있다. 2월 초순~4월 하순 개화. 잎보다 먼저 난 꽃줄기의 끝에 1개가 달린다. 꽃의 지름은 10~15mm이고, 꽃잎처럼 보이는 꽃받침잎은 흰색, 분홍색, 보라색 등 다양하다. 제주를 제외한 전국에 분포한다.

수선화 수선화과

Narcissus tazetta supsp. *chinensis* (M.Roem.) Masam. & Yanagih.

약간 습하고 볕이 잘 드는 곳에 자란다. 높이 20~40cm. 열매를 맺지 못하며 비늘줄기로 번식한다. 1월 하순~3월 중순 개화. 꽃의 지름은 2~2.5cm로 흰색의 꽃잎 안쪽에 술잔모양의 노란색 작은꽃부리가 있다. 지중해 연안이 원산으로 남해의 섬에 자생한다. 제주도에 자생하는 것은 꽃잎이 여러 겹이며, 따로 '제주수선화'로 부르기도 한다.

수선화

제주수선화

꽃마리 지치과

Trigonotis peduncularis (Trevis.) Benth. ex Baker & S.Moore

양지바른 풀밭에 자란다. 높이 10~30cm. 전체에 짧은 털이 있고, 줄기 아랫부분에서 가지가 갈라지며, 곧거나 비스듬히 자란다. 3월 초순~7월 초순 개화. 꽃은 지름 2~3mm의 연한 하늘색으로, 가운데에 노란 무늬가 있고 하루가 지나면 흰색으로 변한다. 줄기 끝에 꽃망울들이 말려 있다가 풀리면서 피는 모습에서 유래된 이름이다.

꽃받이 지치과

Bothriospermum zeylanicum (J.Jacq.) Druce

양지바른 풀밭에 자란다. 높이 15~30 cm. 뿌리잎은 방석모양으로 뭉쳐나고, 잎의 양면에 거센털이 있다. 3월 초순~8월 초순 개화. 지름 2~3mm의 연하늘색 꽃이 피며, 가운데가 흰색이다. 꽃마리의 꽃차례가 태엽모양인데 비해 잎겨드랑이에서 1개씩 달린다. **참꽃받이***B. secundum*는 7~9월에 개화하며, 전체에 거센털과 잔털이 빽빽하게 난다.

한국앉은부채 천남성과

Symplocarpus koreanus J.S.Lee, S.H.Kim & S.C.Kim

산지의 그늘진 곳에 자란다. 불염포의 높이는 10~15cm이다. 잎은 둥근 심장 모양이며, 30~40cm까지 자란다. 2월 초순~4월 하순 개화. 꽃이 잎보다 먼저 나고 개화시기에 활발한 대사활동으로 발열 작용을 하여 주변의 눈을 녹인다. 자가수분을 피하기 위해 1개의 암술이 먼저 나와서 함몰 후에 4개의 수술이 나온다.

산쪽풀 대극과

Mercurialis leiocarpa Siebold & Zucc.

낮은 산지에 자란다. 높이 30~50cm. 줄기는 네모지며 털이 거의 없다. 2월 하순~5월 하순 개화. 암수한포기로 꽃 지름은 5mm 정도이다. 수꽃은 3개로 갈라진 꽃받침과 수술이 많으며, 암꽃은 3개의 꽃받침잎과 1개의 암술이 있고, 암술대는 2갈래로 갈라진다. 제주와 남해안 일대에 자생한다. 염료작물인 쪽 대신 사용되어 붙여진 이름이다.

현호색(선현호색) 양귀비과

Corydalis lineariloba Siebold & Zucc.
Corydalis remota Fisch. ex Maxim.

산지의 숲 속에 자란다. 높이 20cm 내외. 줄기는 털이 없이 매끈하나 더러 털이 있는 개체도 있다. 잎의 형태는 선형, 둥근모양, 빗살모양 등으로 변이가 많다. 2월 초순~6월 초순 개화. 꽃부리는 통모양으로 길이가 25mm 정도이며, 앞쪽은 입술모양이고 뒤쪽은 아래로 꼬부라져 있다. 꽃색이 다양하며, 열매는 1줄로 붙는다.

점현호색 양귀비과

Corydalis maculata B.U.Oh & Y.S.Kim

깊은 산지의 숲 속에 자란다. 높이 25cm 정도. 잎은 보통 세 갈래씩 두 번 갈라지며, 거꿀달걀모양의 작은잎 표면 전체에 뚜렷한 백색 반점이 있다. 3월 하순~5월 중순 개화. 꽃은 푸른색 외에 변이가 거의 없으며, 꽃부리의 길이는 25~30mm로 크고, 아랫입술꽃잎이 양옆으로 볼록한 특징이 있다. 경기도 내륙 등지의 제한된 지역에서 자생한다.

각시현호색 양귀비과

Corydalis misandra B.U.Oh

산지의 숲 속에 자란다. 높이 10cm 정도. 잎은 2회 3갈래로 갈라진다. 3월 하순~5월 초순 개화. 윗입술꽃잎 가운데가 V자형이며 아랫입술꽃잎이 남도현호색보다 넓다. 중북부 지역에 분포한다.

수염현호색 양귀비과

Corydalis caudata (Lam.) Pers.

산지의 풀밭에 자란다. 높이 15cm 정도. 4월 초순~5월 하순 개화. 꽃받침은 한 가닥 혹은 가닥의 끝이 다소 갈라지는 수염 형태로 화통을 감싼다. 주로 중북부 지역에 분포한다. 2008년에 국내 미기록 식물로 알려졌다.

남도현호색 양귀비과

Corydalis namdoensis B.U.Oh & J.G.Kim

산지의 숲 속에 자란다. 높이 10cm 정도. 3월 중순~5월 초순 개화. 꽃은 흰색 또는 연한 청색을 띤다. 윗입술꽃잎 가운데가 V자 모양이고, 식물체가 왜소한 편이다. 남부지방에 분포한다.

0220

날개현호색 양귀비과

Corydalis alata B.U.Oh & W.R.Lee

산지의 숲 속에 자란다. 높이 25cm 정도. 잎은 2번 갈라지는 작은잎 3장으로 되며, 가늘게 갈라지는 형질이 거의 고정되어 있다. 3월 하순~4월 하순 개화. 화통 아래 작은꽃받침잎이 날개모양으로 좌우로 튀어 나와 있어 다른 현호색 종류와 구분된다. 동해안과 가까운 경북 남부의 제한된 지역에서만 발견되며, 2010년에 신종으로 발표되었다.

갈퀴현호색 양귀비과

Corydalis grandicalyx B.U.Oh & Y.S.Kim

높은 산지의 숲 속에 자란다. 높이 20cm 정도. 줄기의 아랫부분에 1개의 비늘조각이 있으며, 꽃받침이 갈퀴모양으로 크게 발달하여 화통을 둘러싸는 특징이 있다. 4월 초순~5월 하순 개화. 꽃부리의 길이는 20~24mm 정도이며, 꽃색이 청색이 대부분이나 흰색과 분홍색도 드물게 보인다. 강원, 충북에 드물게 분포한다.

조선현호색 양귀비과

Corydalis turtschaninovii Besser

산지의 볕이 드는 숲 속에 자란다. 높이 20cm 정도. 잎은 2회 갈라지고, 작은잎은 빗살처럼 갈라진다. 3월 하순~5월 초순 개화. 꽃은 총상꽃차례로 풍성하게 달리며, 포의 끝부분이 가늘게 갈라진다. 윗입술꽃잎과 아랫입술꽃잎의 가장자리가 톱날처럼 갈라지고, 덩이줄기의 속이 노란색인 점으로 다른 종과 구분할 수 있다.

쇠뿔현호색 양귀비과

Corydalis cornupetala Y.H.Kim et J.H.Jeong

낮은 구릉지대의 활엽수림에 자란다. 높이 25cm 정도. 잎은 3갈래로 가늘게 갈라진다. 3월 초순~4월 하순 개화. 꽃색은 자줏빛이 도는 흰색이 대부분이며 분홍색도 있다. 현재까지는 경북 남부 내륙의 특정지역에서만 발견되고 있다. 위, 아랫입술꽃잎이 소의 뿔처럼 튀어나오며, 윗입술꽃잎에는 진한 자색을 띤 2줄의 무늬가 있다.

들현호색 양귀비과

Corydalis ternata (Nakai) Nakai

낮은 산지의 양지바른 들이나 논, 밭 주변에 자란다. 높이 15~30cm. 잎은 달걀 모양의 작은잎 3장으로 갈라지며 고르지 않은 톱니가 있고, 어린잎에 붉은색의 줄무늬가 있다. 3월 초순~5월 중순 개화. 꽃부리의 길이는 15~18mm 정도로 줄기 끝부분에 여러 개가 달리며 분홍색이다. 전국에 분포하나, 남부지방에서 흔히 보인다.

선주름잎 주름잎과

Mazus stachydifolius (Turcz.) Maxim.

경작지 주변의 습한 곳에 자란다. 높이 10~30cm. 전체에 흰 털이 난다. 가지를 거의 치지 않으며, 잎가장자리에 불규칙한 톱니가 있다. 5월 초순~7월 초순 개화. 꽃부리의 길이 13~18mm. 아랫입술꽃잎은 3갈래로 갈라지며 노란색 무늬와 샘털이 있다. 강원 이북과 충남에 드물게 분포한다. 주름잎에 비해 줄기가 곧게 서고 꽃부리가 2배 이상 길다.

주름잎 주름잎과

Mazus pumilus (Burm.f.) Steenis

경작지 주변이나 길가에 흔히 자란다. 높이 5~20cm. 아랫부분에서 줄기가 모여나며, 각각의 줄기는 가지를 치지 않는다. 잎은 긴 타원상 주걱모양으로 가장자리에 주름이 많다. 3월 초순~11월 중순 개화. 꽃부리의 길이는 10mm 정도이다. 꽃자루가 어긋나며 총상꽃차례로 달린다. 열매는 삭과로 둥글고 꽃받침으로 싸여 있다.

누운주름잎 주름잎과

Mazus miquelii Makino

논밭 주변, 길가의 습한 곳에 자란다. 높이 5~15cm. 꽃이 진 다음 밑에서 기는 가지가 사방으로 뻗어 번식한다. 뿌리잎은 모여나며, 줄기잎은 거꿀달걀모양이다. 4월 초순~7월 초순 개화. 꽃부리의 길이는 15~20mm로 총상꽃차례로 달린다. 전국에 매우 드물게 분포한다. 주름잎과는 달리 여러해살이풀이며, 기는줄기가 있다.

0301

솜나물 국화과

Leibnitzia anandria (L.) Turcz.

양지바르고 건조한 산지에 자란다. 봄꽃은 3월 초순~5월 초순, 가을꽃은 8월 하순~9월 하순에 닫힌꽃으로 나온다. 봄꽃은 높이 10~20cm이며, 뿌리잎은 넓은 피침모양으로, 뒷면에 거미줄 같은 흰 털이 덮여 있다. 머리꽃은 지름 10~15mm 정도이며, 꽃잎의 뒷면에 붉은빛이 돌기도 한다. 가을꽃은 꽃자루의 높이가 30~60cm이며, 닫힌꽃으로 맺힌다. 가을형 솜나물의 뿌리잎은 깃모양으로 갈라진다. 옛날에는 솜나물을 잘 말려서 부싯돌에서 튀는 불꽃으로 불을 붙이는 불쏘시개로 사용하였기 때문에 부싯깃나물이라고도 불렀다.

방가지똥 국화과

Sonchus oleraceus (L.) L.

길가나 들에 자란다. 높이 30~100cm. 줄기는 속이 비어 있으며, 자르면 하얀 즙이 나온다. 뿌리잎은 날개 달린 잎자루가 있고, 줄기잎은 잎자루가 없으며 원줄기를 거의 둘러싸고, 깃모양으로 갈라진다. 잎가장자리에 불규칙한 톱니가 있다. 3월 초순~11월 초순 개화. 지름 20mm 정도의 머리꽃이 위를 보고 피며, 총포조각은 3~4줄로 붙는다.

큰방가지똥 국화과

Sonchus asper (L.) Hill

들이나 길가에 자란다. 높이 50~120cm. 줄기는 털이 없고 속이 비어 있다. 줄기잎의 밑부분이 넓어져 줄기를 감싼다. 2월 초순~12월 중순 개화. 머리꽃의 지름은 20mm 정도이다. 유럽 원산으로 전국에 널리 분포한다. 방가지똥에 비해 전체가 크고, 잎이 두텁고 촘촘하게 갈라지며, 잎 표면에 광택이 있는 차이가 있다.

냉이 배추과

Capsella bursa-pastoris (L.) Medik.

양지바른 곳에 자란다. 높이 10~50cm. 전체에 털이 있고, 윗부분에서 가지를 많이 친다. 뿌리잎은 뭉쳐서 지면에 퍼지며 깃모양으로 갈라지고, 줄기잎은 어긋나고 위로 갈수록 작아진다. 2월 초순~5월 초순 개화. 원줄기 끝에 흰색 꽃이 총상꽃차례로 핀다. 어린 순, 잎과 뿌리는 이른 봄의 식탁에 오르는 대표적인 나물이다.

말냉이 배추과

Thlaspi arvense L.

밭이나 들에 자란다. 높이 20~60cm. 줄기에 능선이 있으며, 전초에 털이 없다. 뿌리잎은 모여나고 넓은 주걱모양이며, 줄기잎은 어긋나고 가장자리에 톱니가 있다. 3월 중순~7월 중순 개화. 열매는 납작하고 둥근모양으로, 끝이 V자형으로 파이고 넓은 날개가 있다. 열매의 지름이 5~8mm 정도로 냉이류 중에서 가장 큰 편이다.

봄맞이냉이 배추과

Cardamine hirsuta L.

하천이나 경작지 주변의 습한 곳에 자란다. 높이 10~30cm. 전체에 털이 없으며, 줄기에 모서리가 있다. 뿌리잎은 비스듬하게 선다. 2월 초순~5월 초순 개화. 꽃은 총상꽃차례로 달린다. 애기황새냉이*C. manshurica*와 같은 분류군으로 보며, 황새냉이*C. flexuosa*와 비슷하나 꽃잎의 길이가 3mm 이내로 작고 종자에 좁은 테두리가 있어 구분된다.

꽃다지 배추과

Draba nemorosa L.

들에 자란다. 높이 10~40cm. 식물체에 짧은 털이 빽빽하게 난다. 줄기는 곧게 서고 가지를 치며, 뿌리잎은 긴 타원모양으로 방석처럼 퍼져 나고, 줄기잎은 가장자리에 톱니가 있다. 2월 중순~5월 초순 개화. 지름 2~3mm 정도의 자잘한 꽃들이 줄기 끝에 총상꽃차례로 달린다. 열매에 털이 없는 것은 **민꽃다지** for. *leiocarpa*로 분류된다.

애기자운 콩과

Gueldenstaedtia verna (Georgi) Boriss.

도시 근처의 풀밭이나 잔디밭에 자란다. 높이 5~20cm. 잎은 깃모양의 겹잎으로 9~17개의 작은잎으로 되며, 턱잎은 달걀모양으로 긴 비단털이 있다. 3월 초순~5월 초순 개화. 뿌리에서 올라온 꽃줄기 끝에 1~4개가 달린다. 열매는 긴 달걀모양이고 1실이며, 길이 12mm 정도로 많은 종자가 들어 있다. 대구, 경북의 제한된 지역에서 발견된다.

가는살갈퀴 콩과

Vicia sativa subsp. *nigra* (L.) Ehrh.

길가나 경작지 주변, 들에 자란다. 높이 30~50cm. 잎은 3~7쌍으로 된 짝수깃꼴겹잎이고 끝은 덩굴손이다. 3월 중순~6월 초순 개화. 꽃의 지름은 5mm 정도이다. 갈퀴나물과 달리 꽃은 잎겨드랑이에서 1~2개씩 달린다. 작은잎의 끝부분이 화살 꽁무니의 오늬(시위에 살을 재는 부분)처럼 오목하게 들어가서 붙여진 이름이다.

얼치기완두 콩과

Vicia tetrasperma (L.) Schreb.

들이나 낮은 산기슭의 양지바른 풀밭에 자란다. 줄기의 길이 30~60cm. 잎은 짝수깃꼴겹잎으로, 작은잎은 6~12개이고, 끝은 덩굴손이다. 4월 초순~5월 하순 개화. 꽃의 길이는 5mm 정도로 잎겨드랑이에서 나온 꽃줄기 끝에 보통 2개씩 달린다. 주로 남부지방에 분포한다. 크기와 형태가 새완두와 살갈퀴의 중간 정도라는 의미로 붙여진 이름이다.

새완두 콩과

Vicia hirsuta (L.) Gray

산과 들의 풀밭에 자란다. 길이 20~90cm. 줄기는 밑부분에서 가지가 많이 갈라진다. 잎은 짝수깃꼴겹잎으로, 6~9쌍의 작은잎으로 되어 있고, 끝에 갈라진 덩굴손이 있다. 3월 하순~6월 초순 개화. 잎겨드랑이에서 나온 꽃대에 3~7개, 보통 4개의 꽃이 달린다. 주로 남부지방에 분포하며, 얼치기완두와 섞여 자라기도 한다.

산괴불주머니 양귀비과

Corydalis speciosa Maxim. ex Regel

산지에 흔히 자란다. 높이 20~60cm. 가지가 갈라지며, 줄기 속은 비어 있다. 잎 끝부분은 가늘게 갈라진다. 3월 중순~6월 하순 개화. 꽃차례 길이는 5~10cm이며 줄기 끝에 총상꽃차례로 풍성하게 달린다. 열매는 삭과로 10~15개의 종자가 1열로 붙는다. 솜을 세모난 비단 헝겊에 싸서 만든 장신구인 '괴불주머니'를 닮아 붙여진 이름이다.

괴불주머니 양귀비과

Corydalis pallida (Thunb.) Pers.

산지의 양지바른 곳에 자란다. 높이 30~40cm. 잎은 깃모양으로 2회 깊게 갈라진다. 3월 하순~5월 중순 개화. 암술머리에 3쌍의 돌기가 있고, 씨방은 선형으로 굴곡이 있으며, 종자는 1줄로 붙는다. 국내에 자생하는 종을 *C. wilfordii*로 보기도 하며, 염주괴불주머니*C. heterocarpa*, 갯괴불주머니*C. heterocarpa* var. *japonica*와 구별하기가 쉽지 않다.

염주괴불주머니 양귀비과

Corydalis heterocarpa Siebold & Zucc.

바닷가나 강가의 모래땅에 자란다. 높이 40~60cm. 줄기 전체에 분백색이 도는 녹색으로, 자르면 불쾌한 냄새가 난다. 잎은 2회 깃모양으로 갈라지며, 작은잎의 가장자리가 깊게 갈라진다. 3월 초순~6월 초순 개화. 암술머리의 양쪽에 2쌍의 돌기가 있으며, 열매는 1줄로 붙고 염주처럼 잘록해진다. 중부 이남에 분포한다.

자주괴불주머니 양귀비과

Corydalis incisa (Thunb.) Pers.

산과 들의 습한 곳에 자란다. 높이 20~50cm. 잎은 3개씩 2회 갈라지며, 가장자리에 톱니가 있다. 3월 중순~6월 초순 개화. 꽃은 자주색으로 원줄기 끝에 총상꽃차례로 달린다. 열매는 삭과로 편평하며 긴 타원모양이다. 주로 제주, 전남, 전북, 경남 등 남부지방에 분포한다. 흰색 꽃이 피는 개체를 **흰자주괴불주머니**for. *albiflora*로 분류한다.

털괭이눈 범의귀과

Chrysosplenium pilosum Maxim

그늘지고 습한 산지의 계곡 주변에 자란다. 높이 10~15cm. 줄기는 옆으로 뻗으며, 밑부분에서 여러 개로 갈라지고, 흰 털이 있다. 잎은 가장자리에 둔한 톱니가 있다. 3월 초순~5월 하순 개화. 꽃은 꽃잎이 없고, 4장의 꽃받침이 상자모양으로 2개씩 마주나며 수술은 8개이다. 흰털괭이눈, 큰괭이눈이라고도 하며 실체가 명확하지 않아 이견이 있다.

산괭이눈 범의귀과

Chrysosplenium japonicum (Maxim.) Makino

산지 숲 속의 습한 곳에 자란다. 높이 10~20cm. 기는줄기가 없고, 꽃이 진 후 포기 밑동에 작은 구슬눈이 생기며, 줄기에 드물게 털이 있다. 3월 중순~4월 하순 개화. 꽃받침이 뒤로 말리듯 피며 주변의 잎이 노란색으로 변하지 않는 편이다. 8개의 짧은 수술과 2개의 암술대가 있다. 전국에 분포하나, 중부 이북에서 흔히 자생한다.

애기괭이눈 범의귀과

Chrysosplenium flagelliferum F. Schmidt

산지의 계곡 주변 습한 바위틈에 자란다. 높이 5~15cm. 기는줄기에서 뿌리를 내려 번식하며, 줄기에 털이 없다. 뿌리잎은 12~18개의 톱니가 있고, 줄기잎은 잎자루가 길고 둥근 심장모양으로, 5개의 톱니가 있다. 3월 초순~5월 초순 개화. 꽃의 지름이 5mm 정도로 매우 작아서 유래한 이름이다. 개화시 주변의 잎이 노란색으로 변하지 않는다.

선괭이눈 범의귀과

Chrysosplenium sinicum Maxim.

산지의 계곡 주변 습한 곳에 자란다. 높이 10~20cm. 전체에 털이 없이 매끈하고, 잎가장자리에 자잘하고 불규칙한 톱니가 있다. 3월 하순~5월 초순 개화. 수술은 8개이며, 꽃 주변의 잎이 크고 다른 괭이눈류에 비하여 아주 밝은 노란색을 띤다. 꽃받침이 서 있어 붙여진 이름이다. 전국에 분포하며 중부지방에서 흔히 볼 수 있다.

천마괭이눈 범의귀과

Chrysosplenium valdepilosum (Ohwi) S.H.Kang & J.W.Han

산지의 계곡 주변 바위틈이나 습기가 많은 곳에 자란다. 높이 5~15cm. 줄기는 뭉쳐나고, 줄기에 털이 있으며, 잎의 표면에도 털이 난다. 3월 하순~5월 중순 개화. 주로 중부 이북에 분포한다. 꽃 주변이 다른 괭이눈들에 비해 더 노랗고 폭이 넓어 구분된다. 과거 금괭이눈으로 알려져 왔으나 2011년에 이와는 다른 종인 천마괭이눈으로 명명되었다.

누른괭이눈 범의귀과

Chrysosplenium flaviflorum Ohwi

높은 산지의 물가 습기가 풍부한 곳에 자란다. 높이 10~20cm. 기는줄기가 있고 전체에 털이 많다. 4월 초순~5월 중순 개화. 금괭이눈과 비슷하나 꽃이 피지 않는 줄기잎에 흰 줄무늬가 있고, 개화기에 꽃 주변만 노랗게 변하며, 종자의 표면에 돌기가 없이 매끈하여 구분된다. 경기, 강원, 충북, 경북에 비교적 드물게 분포한다.

가지괭이눈 범의귀과

Chrysosplenium ramosum Maxim.

산지의 그늘지고 습한 곳에 자란다. 높이 10~20cm. 줄기가 밑동에서 많이 갈라지며, 털이 있다. 개화 후 기는줄기가 가늘고 길게 발달하며, 잎은 원모양으로 가장자리에 톱니가 있다. 5월 초순~6월 중순 개화. 녹색 꽃이 피고, 꽃받침이 뒤로 젖혀진다. 같은 속의 분류군 중 개화시기가 가장 늦다. 경북, 강원, 경기지역에 분포한다.

가지털괭이눈 범의귀과

Chrysosplenium ramosissimum Y.I.Kim & Y.D.Kim

계곡 주변의 그늘진 숲속에 자란다. 꽃줄기는 높이 2~6cm로 곧게 서며 기부에서 2~5개의 가지가 나와 열매를 맺은 후 30cm 이상 길게 뻗으며 가지를 치고 털이 빽빽하게 난다. 3월 하순~5월 초순 개화. 4~9개의 꽃이 취산꽃차례로 달리고 잎 모양의 포로 싸여 있다. 포는 꽃이 피는 동안 노란색이며 차츰 녹색으로 변한다. 강원 평창군에 자생하며 2018년에 발표되었다.

만주바람꽃 미나리아재비과

Sopyrum manshuricum (Kom.) Kom. ex W.T.Wang & P.K.Hsiao

산지의 계곡 주변에 자란다. 높이 15~30 cm. 덩이뿌리가 달린 땅속줄기가 옆으로 뻗는다. 뿌리잎은 잎자루가 길고 3개로 2회, 줄기잎은 1회 갈라진다. 3월 중순~5월 초순 개화. 잎 사이에 꽃줄기가 나와서 지름 15mm 정도의 꽃이 2~3개씩 달린다. 꽃잎같은 꽃받침잎은 5장이며 수술은 30여 개, 암술은 2개이다. 제주를 제외한 전국에 분포한다.

개구리발톱 미나리아재비과

Semiaquilegia adoxoides (DC.) Makino

숲 속이나 길가에 자란다. 높이 15~30cm. 줄기에는 털이 밀생한다. 잎은 3갈래 깊게 갈라진 작은잎 3장의 겹잎이다. 2월 하순~5월 중순 개화. 꽃줄기 끝에 꽃이 1개씩 달리며 활짝 벌어지지 않는다. 꽃은 지름이 4~6mm로 꽃받침잎은 5개다. 주로 제주와 전남에 분포한다. 근래에 한라산 일대에서 한반도고유종인 **큰개구리발톱** *S. quelpaertensis*이 발견되었다.

동강할미꽃 미나리아재비과

Pulsatilla tongkangensis Y.N.Lee & T.C.Lee

석회암 지대의 바위틈에 자란다. 높이 15~20cm. 잎은 3~7개의 작은잎으로 깊게 갈라진다. 3월 중순~5월 중순 개화. 꽃은 땅속줄기에서 나온 꽃대 끝에 달리며, 꽃받침은 6개이고, 꽃잎은 없다. 꽃색의 변이가 많아 흰색, 분홍색, 옅은 자주색과 그 중간색이 나타난다. 동강 줄기를 따라 자생한다. 할미꽃에 비해 꽃이 비스듬히 위를 향해 핀다.

할미꽃 미나리아재비과

Pulsatilla cernua (Thunb.) Bercht. ex J. Presl

양지바른 곳에 자란다. 높이 15~30cm. 전체에 길고 흰 털이 빽빽하다. 3월 초순~5월 하순 개화. 꽃부리의 길이와 지름이 각각 3cm 정도 되는 꽃이 꽃줄기 끝에 1개씩 밑을 향해 달리며, 꽃받침은 6장이다. 꽃줄기 윗부분에 잘게 갈라지는 포가 있다. 씨앗을 맺을 때 암술대가 길게 자라 할머니의 흰 머리카락같아 유래된 이름이다.

0312

털민들레(민들레) 국화과

Taraxacum mongolicum Hand.-Mazz.

길가, 농경지나 민가 주변에 자란다. 꽃줄기의 높이 8~25cm. 뿌리잎은 깃모양으로 갈라지나 갈라지지 않는 것도 있다. 3월 초순~6월 초순 개화. 꽃줄기 끝에 머리모양꽃차례로 달린다. 총포 바깥조각은 좁은 피침모양으로 끝부분에 뚜렷한 돌기가 있으며 길이가 안쪽 조각의 1/2 정도이고 흰 털이 있다. 민들레*T. platycarpum*는 일본 고유종으로 국내에 자생하지 않는다.

서양민들레 국화과

Taraxacum officinale F.H.Wigg.

양지바른 들이나 공터에 자란다. 꽃줄기의 높이 15~30cm. 잎은 깃모양으로 깊게 갈라지고 일정한 톱니가 있다. 3월 중순~8월 하순 개화. 머리꽃의 지름은 20~50mm. 바깥쪽 총포조각은 선형으로 민들레와 달리 뒤로 완전히 젖혀진다. 총포조각이 젖혀지지 않는 민들레는 서양민들레에 밀려 점점 보기 어려워지고 있다.

흰민들레 국화과

Taraxacum coreanum Nakai

양지바른 산과 들에 자란다. 꽃줄기의 높이 10~20cm. 잎의 양면에 털이 약간 있고, 가장자리가 5~6쌍으로 갈라진다. 4월 초순~7월 중순 개화. 총포조각은 털이 있고 끝에 돌기가 있으며, 자주색이 돈다. 민들레와 달리 꽃이 흰색이며, 잎이 비스듬히 서는 것이 많아 구별된다. 꽃이 연한 노란색을 띤 **흰노랑민들레** var. *flavescens*가 있다.

산민들레 국화과

Taraxacum ohwianum Kitam.

하천 주변, 산지의 약간 습한 곳에 자란다. 높이 10~20cm. 잎의 양면에 털이 있으며, 가장자리의 톱니는 밑을 향해 4~5쌍으로 갈라진다. 4월 중순~7월 중순 개화. 총포의 바깥조각은 끝부분이 자줏빛을 띠고 돌기가 없다. 경기, 강원에 주로 분포한다. 민들레와 마찬가지로 총포가 제껴지지 않으나, 총포 끝에 돌기가 없는 점이 다르다.

떡쑥 국화과

Pseudognaphalium affine (D.Don) Anderb

들이나 길가에 자란다. 높이 15~40cm. 전체가 흰색 털로 덮여 있고, 줄기의 아랫부분에서 가지가 많이 갈라진다. 3월 중순~7월 초순 개화. 원줄기 끝에 머리꽃이 모여 달려 둥근모양을 만든다. 꽃의 가운데는 양성꽃, 주변에 암꽃이 핀다. 떡쑥과 비슷한 금떡쑥*P. hypoleucum*은 줄기 윗부분에서 가지가 갈라지며, 8월 이후에 꽃이 핀다.

풀솜나물 국화과

Euchiton japonicus (Thunb.) Holub

낮은 산지의 양지바른 풀밭이나 길가에 자란다. 높이 8~25cm. 줄기는 모여 나며, 전체가 흰색 털로 덮여 있다. 뿌리잎은 줄모양으로, 줄기잎 중의 3~5개는 꽃차례 바로 밑에 달리고, 뒷면에 흰 털이 빽빽하게 난다. 5월 초순~10월 하순 개화. 머리모양꽃차례의 지름은 1.5~2cm로, 갈색꽃이 조밀하게 달린다. 주로 남부지방에 흔히 분포한다.

머위 국화과

Petasites japonicus (Siebold & Zucc.) Maxim.

산과 들, 민가 주변의 습한 곳에 자란다. 높이 5~50cm. 뿌리잎은 잎자루가 길며 털이 있고, 가장자리에 불규칙한 톱니가 있다. 3월 초순~4월 중순 개화. 꽃줄기가 잎보다 먼저 나와 그 끝에 지름 7~10mm의 머리꽃이 둥글게 모여달린다. 암수딴그루로 암꽃은 흰색, 수꽃은 녹백색이다. 재배도 하며, 잎과 잎자루를 나물로 먹는다.

솜방망이 국화과

Tephroseris kirilowii (Turcz. ex DC.) Holub

산과 들에 자란다. 높이 30~60cm. 꽃줄기는 가지가 없으며, 흰 솜털이 많다. 뿌리잎은 긴 타원모양으로 털이 있고, 가장자리에 잔톱니가 있다. 줄기잎은 피침모양이다. 4월 초순~5월 하순 개화. 꽃차례의 지름은 20~30mm로 3~9개가 편평꽃차례로 꽃줄기 끝의 갈라진 가지마다 달리며, 가장자리 혀꽃은 1줄로 배열한다.

봄맞이 앵초과

Androsace umbellata (Lour.) Merr.

양지바른 들에 자란다. 높이 5~15cm. 잎은 심장모양으로 뿌리에서 나와 지면에 퍼지며 둔한 톱니가 있다. 3월 하순~6월 초순 개화. 꽃의 지름은 7~8mm로 꽃줄기 끝에 우산꽃차례로 달린다. 꽃부리는 가운데에 노란색이 있는 흰색이며, 수술은 5개로 판통의 중앙부에 붙고 수술대는 짧다. 둥근 열매는 익으면 다섯조각으로 갈라진다.

애기봄맞이 앵초과

Androsace filiformis Retz.

논 주변이나 물 가장자리의 물기가 많은 땅에서 자란다. 높이 15cm 정도. 전체에 털이 없다. 잎은 넓은 달걀모양으로 둔한 톱니가 있으며 광택이 난다. 4월 초순~5월 하순 개화. 지름 2~4mm 정도의 자잘한 꽃들이 뿌리에서 나온 몇 개의 꽃줄기 끝에 여러 개가 모여 산형꽃차례를 이룬다. 전국에 분포하나 그리 흔하지 않다.

중의무릇 백합과

Gagea nakaiana Kitag.

산지의 계곡 근처나 들에 자란다. 높이 15~20cm. 땅속에 지름 10~15mm 정도 되는 비늘줄기가 있다. 3월 초순~5월 중순 개화. 꽃의 지름은 12mm 정도로 꽃줄기 끝에 우산모양꽃차례로 4~10개가 달린다. 한낮에 꽃을 피우며, 수술은 6개, 암술은 1개이다. '무릇'은 '물(계곡)의 위'라는 '물웃'에서 나온 말로서 백합과의 비늘줄기를 총칭하기도 한다.

애기중의무릇 백합과

Gagea hiensis Pascher

산지의 숲 속 습한 곳에 자란다. 높이 10~15cm. 땅속줄기는 공모양으로, 길이 10mm 정도이며 선형의 잎을 낸다. 4월 초순~5월 중순 개화. 꽃줄기 윗부분에 크기가 다른 2개의 포잎 사이로 2~3개의 꽃이 우산꽃차례로 달린다. 중부 이남에 분포하고 경북 내륙에서 주로 발견된다. 중의무릇에 비해 땅속줄기와 꽃이 약간 작다.

처녀치마 여로과

Heloniopsis koreana Fuse, N.S.Lee & M.N.Tamura

산지의 습기 많은 곳이나 계곡 주변에 자란다. 꽃줄기의 높이는 10~30cm로, 꽃이 진 후에도 계속 자란다. 잎은 바닥으로 넓게 퍼지고 짙은 녹색으로 윤기가 있다. 3월 중순~5월 중순 개화. 꽃은 줄기 끝에서 3~10개 정도 뭉쳐달리고 꽃잎 밖으로 수술대보다 긴 암술대가 나온다. 제주를 제외한 전국에 분포한다. 잎이 바닥에 퍼져 옛날 처녀들이 입던 치마를 닮아 붙여진 이름이다.

숙은처녀치마 여로과

Heloniopsis tubiflora Fuse & N.S.Lee & M.N.Tamura

높은 산지의 풀밭 주변 습한 곳에 자란다. 꽃줄기의 높이 10~25cm. 잎은 치마를 두른 것처럼 둥글게 퍼져 나며 윤이 난다. 4월 하순~5월 하순 개화. 꽃은 꽃줄기 끝에 모여달리며, 밑부분이 볼록한 통모양이고 아래를 향한다. 주로 남부지방의 높은 산지에 자생한다. 처녀치마와 달리 잎의 가장자리가 매끈한 차이가 있다.

산자고 백합과

Amana edulis (Miq.) Honda

양지바른 풀밭이나 길가에 자란다. 높이 15~30cm. 잎은 2장이 나며, 흰빛을 띤 녹색으로, 털이 없고 꽃줄기 윗부분에 선형의 포가 2장 달린다. 3월 중순~5월 초순 개화. 꽃의 지름은 4~5cm 정도로 꽃줄기 끝에 1~3송이가 위를 향해 달린다. 꽃잎의 뒷면에 자주색 맥이 있다. 한방에서는 난초과 식물인 약난초*Cremastra variabilis*의 비늘줄기를 산자고(山慈姑)라고도 한다.

얼레지 백합과

Erythronium japonicum Decne.

산지의 계곡 주변이나 숲 속에 자란다. 꽃줄기의 높이 20~30cm. 잎은 타원모양으로, 녹색 바탕에 자주색 얼룩무늬가 있고 가장자리는 밋밋하다. 3월 중순~5월 중순 개화. 꽃잎은 6개로 뒤로 젖혀지고, 꽃 가운데에 W자 모양의 자주색 무늬가 있다. 저녁 무렵에 꽃잎을 오므린다. 잎에 얼룩이 있어서 유래된 이름이다.

0316

괭이밥 괭이밥과

Oxalis corniculata L.

양지바른 풀밭, 길가, 민가 주변의 공터에 흔히 자란다. 높이 10~30cm. 많은 줄기가 나와 땅을 기며 자란다. 잎은 작은잎 3장으로 된 겹잎으로, 뒷면 맥 위에 누운 털이 있다. 2월 중순~10월 하순 개화. 꽃의 지름은 8mm 정도이며 잎겨드랑이에서 긴 꽃자루가 나와 그 끝에 1~8개가 달린다. 전초에 옥살산(oxalic acid)이 들어 있어 신맛이 난다.

들괭이밥 괭이밥과

Oxalis dillenii Jacq.

경작지 주변이나 길가에 자란다. 높이 10~25cm. 뿌리줄기가 옆으로 짧게 자라며 줄기 밑 부분이 2~8개로 갈라지고, 끝부분이 선다. 줄기에 구부러진 털이 있다. 4월 초순~9월 하순 개화. 잎겨드랑이에서 나온 꽃자루 끝에 꽃이 달린다. **선괭이밥***O. stricta*은 턱잎이 뚜렷하지 않고 다세포의 털이 나며 산지의 그늘에 드물게 자란다.

애기괭이밥 괭이밥과

Oxalis acetosella L.

높은 산지의 계곡 주변에 자란다. 높이 5~15cm. 뿌리줄기가 옆으로 뻗으며, 잎은 작은잎 3장으로 된 겹잎이다. 4월 중순~6월 초순 개화. 꽃 지름은 9~14mm로 잎 사이에 나온 꽃줄기 끝에 1개씩 달린다. 제주, 강원, 경기 등지에 주로 분포하며 꽃색에 따라 자주애기괭이밥 var. *purpurascens*, 붉은자주애기괭이밥 var. *rosea*으로 구분하기도 한다.

큰괭이밥 괭이밥과

Oxalis obtriangulata Maxim.

깊은 산지의 계곡 주변에 자란다. 높이 10~20cm. 잎은 3개의 작은잎으로 된 겹잎이며, 작은잎의 끝은 칼로 자른 모양으로 가운데가 오목하다. 3월 중순~5월 하순 개화. 꽃은 보통 잎보다 먼저 나와 피고, 지름은 15~20mm 정도로 꽃자루 끝에 1개씩 달린다. 꽃잎에 적자색의 줄이 뚜렷하며 국내에 자생하는 괭이밥들 중에서 꽃이 가장 크다.

덩이괭이밥 괭이밥과

Oxalis articulata Sabigny

민가 주변이나 길가, 공터에 자란다. 높이 20~30cm. 땅속에 덩이줄기가 있다. 5~9월 개화. 지름 15~18mm의 꽃 3~25개가 모여 피고, 꽃밥은 황색, 중심부가 홍자색으로 진하다. 남아메리카 원산으로 제주와 남부지방에 자생한다. **자주괭이밥** *O. corymbosa* 은 땅속 비늘줄기로 번식하고, 꽃은 5~7개, 꽃밥은 백색, 꽃의 중심부가 연하다.

미나리아재비 미나리아재비과

Ranunculus japonicus Thunb.

산지나 들의 양지바른 곳에 자란다. 높이 50~70cm. 줄기에 흰 털이 나며, 속이 비었고 가지가 갈라진다. 뿌리잎은 모여나며 잎자루가 길고, 줄기잎은 잎자루가 없고 3갈래로 갈라진다. 3월 중순~9월 중순 개화. 꽃의 지름은 12~20mm로 꽃자루 끝에 1개씩 달린다. 꽃받침잎과 꽃잎은 5개이며 수술과 암술이 많다.

개구리갓 미나리아재비과

Ranunculus ternatus Thunb.

양지바른 물가나 습지에 자란다. 높이 10~25cm. 덩이뿌리가 있으며, 뿌리잎은 잎자루가 길고, 줄기잎은 잎자루가 없이 3갈래로 가늘게 갈라진다. 3월 하순~5월 중순 개화. 꽃의 지름은 10~15mm 정도이며 꽃받침잎은 3갈래로 완전히 갈라진다. 주로 제주도에 자생하고 지리산과 설악산 등지에서 드물게 발견된다.

왜미나리아재비 미나리아재비과

Ranunculus franchetii H.Boissieu

해발 1,000m 이상 높은 산지의 반그늘진 숲 속에 자란다. 높이 10~20cm. 줄기는 곧게 서며 털이 약간 있다. 뿌리잎은 잎자루가 길고 3갈래로 갈라지며, 줄기잎은 잎자루가 짧거나 없고 선형으로 깊게 갈라진다. 4월 중순~5월 하순 개화. 꽃의 지름은 12~18mm로 줄기 끝에 1개씩 달린다. 경북, 강원 등지에 드물게 분포한다.

모데미풀 미나리아재비과

Megaleranthis saniculifolia Ohwi

계곡이나 산지 북사면의 습한 곳에 자란다. 꽃이 필 때는 높이 10~15cm이며, 꽃이 진 후 40cm까지 자란다. 3월 하순~5월 하순 개화. 꽃의 지름은 20mm 정도로 꽃잎처럼 보이는 꽃받침잎은 5개이고, 노란색의 꽃잎은 퇴화하여 수술과 섞여 있다. 중부지방을 중심으로 분포한다. 지리산 자락의 모데미골에서 처음 발견되어 붙여진 이름이다.

노루삼 미나리아재비과

Actaea asiatica H.Hara

산지의 숲 속에 자란다. 높이 40~70cm. 잎은 2~3장이 나며 잎자루가 길고 3갈래로 2~4회 갈라지는 겹잎이다. 3월 하순~6월 중순 개화. 꽃은 줄기 끝에서 곧게 선 길이 5~7cm의 총상꽃차례에 빽빽하게 달리며, 꽃잎은 넓은 달걀모양으로, 길이 2~2.5mm이고 많은 수술이 있다. 열매는 장과로 지름 6mm 정도이며, 검게 익는다.

미치광이풀 가지과

Scopolia japonica Jacq.

깊은 산지의 계곡 주변에 자란다. 높이 30~60cm. 전체에 털이 없으며 줄기가 연하다. 3월 하순~5월 초순 개화. 꽃의 지름은 10mm 정도이다. 땅속줄기에 히오시아민, 스코폴라민, 아트로핀 같은 독성물질이 들어 있어 잘못 먹으면 미친다고 하여 붙여진 이름이다. **노랑미치광이풀** *S. lutescens*은 잎과 포가 황록색이고 연한 노란색의 꽃이 핀다.

보춘화 난초과

Cymbidium goeringii (Rchb.f.) Rchb.f.

산지의 숲 가장자리, 경사진 곳에 자란다. 높이 10~25cm. 뿌리가 굵고 옆으로 뻗는다. 3월 초순~4월 초순 개화. 꽃의 크기는 3~4cm 정도로, 드물게 향기가 있다. 늘푸른 잎으로 월동을 하며, 남부 지방에 주로 분포하고 전남 지역에 특히 흔하다. 보춘화(報春花)는 봄을 알리는 꽃이라는 의미이며 춘란(春蘭)이라고도 한다.

붉은대극 대극과

Euphorbia ebracteolata Hayata

산지의 숲 속이나 계곡 주변에 자란다. 높이 40~60cm. 원줄기에서 가지가 우산살모양으로 퍼져 나며, 잎은 이른 봄에 붉은색을 띠고 차츰 녹색으로 변한다. 2월 중순~5월 초순 개화. 꽃은 줄기 끝의 잎겨드랑이에서 가지가 나와 잔모양꽃차례로 달린다. 경기, 강원 이남에 드물게 분포한다. 씨방의 겉에 사마귀 같은 돌기가 없어 다른 종과 구분된다.

등대풀 대극과

Euphorbia helioscopia L.

바닷가와 가까운 들에 주로 자란다. 높이 15~30cm. 가을과 겨울에 옆으로 기면서 자라다가 이듬해 봄에 곧게 서서 원기둥모양으로 자란다. 3월 중순~6월 초순 개화. 꽃은 줄기 끝에 황록색의 잔모양꽃차례로 달린다. 열매는 털이 없이 매끈하다. 우리나라의 등잔과 같은 의미로 쓰는 일본의 등대(燈臺)에서 유래된 이름이다.

암대극 대극과

Euphorbia jolkinii Boiss.

바닷가의 암석지대에 자란다. 높이 40~80cm. 잎은 촘촘하게 달리며 거꿀피침모양이고, 주맥이 뒷면 끝까지 돌출한다. 3월 하순~6월 중순 개화. 잔모양꽃차례로 지름 4mm 정도의 암꽃과 수꽃이 각각 1개씩 쌍을 이루어 핀다. 꽃덮이조각은 꽃이 필 때에 노란색을 띤다. 삭과인 열매의 표면에 돌기가 많이 있다. 제주와 남해안에 주로 분포한다.

흰대극 대극과

Euphorbia esula L.

바닷가나 들에 자란다. 높이 20~50cm. 잎의 뒷면이 흰색을 띠며, 꽃차례 아랫부분의 잎은 5개가 돌려난다. 4월 중순~6월 하순 개화. 꽃차례는 우산살모양으로 5개가 나와 2개씩 2회 갈라지고 그 끝에 꽃이 달린다. 개감수와 달리 샘모양의 돌기인 선체(腺體)는 콩팥모양으로, 양 끝의 가장자리가 둔하고 바깥쪽으로 짧게 돌출한다.

개감수 대극과

Euphorbia sieboldiana C.Morren & Decne.

산자락이나 계곡 주변, 들에 자란다. 높이 20~40cm. 줄기는 곧게 서고 줄기잎은 어긋나며, 원줄기 끝에서는 5개의 긴 타원모양 잎이 돌려난다. 3월 하순~7월 중순 개화. 원줄기 끝에서 5개의 가지가 갈라져 나와 꽃이 달리며, 총포조각은 녹색으로 삼각상 달걀모양이다. 여러 개의 수꽃과 1개의 암꽃이 있으며 수꽃은 수술이 1개, 암꽃은 암술이 1개로 암술대는 끝이 2갈래로 갈라진다.

족도리풀 쥐방울덩굴과

Asarum sieboldii Miq.

산지 숲 속이나 계곡 주변에 자란다. 높이 10~20cm. 줄기는 없고, 잎 2장이 뿌리에서 마주난다. 3월 하순~5월 중순 개화. 꽃의 지름은 10~15mm. 꽃받침통은 항아리모양이며 꽃부리가 3갈래로 갈라진다. 꽃부리갈래조각은 폭보다 길이가 짧고, 끝이 비틀려 뾰족해지고 대체로 앞으로 휜다. 암술은 6개, 수술은 12개로 2줄로 붙으며 옛날 신부가 쓰던 족두리에서 유래된 이름이다.

서울족도리풀 쥐방울덩굴과

Asarum mandshuricum (Maxim.) M.Kim & S.So var. *seoulense* (Nakai) M.Kim & S.So

산지의 숲 속에 자란다. 높이 10~20cm. 잎은 땅속줄기에서 2장이 나며, 심장모양으로 가장자리가 밋밋하고, 흔히 양면에 털이 있다. 4월 초순~6월 초순 개화. 꽃은 잎자루보다 짧은 꽃자루 끝에 1개씩 달리며, 꽃받침통은 입구 둘레가 흰색을 띠고 끝이 뒤로 젖혀지나, 각시족도리풀과 달리 꽃받침통에 붙지 않는다. 경기와 강원에 분포한다.

무늬족도리풀 쥐방울덩굴과

Asarum chungbuensis (C.S.Yook & J.G.Kim) B.U.Oh

산지의 그늘진 곳에 자란다. 높이 10~15 cm. 잎은 뿌리줄기에서 1~2장이 난다. 족도리풀에 비해 잎이 얇고, 대개 앞면에 흰색의 무늬가 있으며 맥 위에 털이 있다. 3월 하순~5월 하순 개화. 잎자루보다 짧은 꽃자루 끝에 1개의 꽃이 달리며, 지름은 9~12mm 정도이고, 꽃부리갈래조각에 미세한 흰 반점이 있다. 주로 중부지방과 남부지방의 높은 산지에 자생한다.

0323

개족도리풀 쥐방울덩굴과

Asarum maculatum Nakai

바다 가까운 산지의 그늘진 숲 속에 자란다. 높이 10~15cm. 잎은 두껍고 짙은 녹색으로 대개 표면에 뚜렷한 흰색 무늬가 있다. 3월 하순~6월 초순 개화. 꽃은 잎자루보다 짧은 꽃자루 끝에 1개씩 달리며, 꽃받침통은 항아리모양으로 볼록하고 꽃부리갈래조각은 뒤로 말리지 않고 옆으로 퍼진다. 제주, 남부지방의 해안지역에 주로 분포한다.

각시족도리풀 쥐방울덩굴과

Asarum misandrum B.U.Oh & J.G.Kim

산지의 그늘진 곳에 자란다. 높이 10~20cm. 잎은 심장모양으로 족도리풀에 비하여 얇고 털이 없다. 3월 하순~5월 하순 개화. 지름 9~12mm의 꽃이 잎보다 짧은 꽃자루 끝에 1개씩 달린다. 꽃부리갈래조각에 흰 반점이 있고 길이와 폭이 작으며 뒤로 심하게 젖혀져 꽃받침통에 닿는다. 제주와 남부지방에 드물게 분포한다.

금오족도리풀 쥐방울덩굴과

Asarum patens (Yamaki) Y.N.Lee ex B.U.Oh, D.G.Jo, K.S.Kim & C.G.Jang

산지의 숲 속에 자란다. 높이 10~20cm. 잎은 땅속줄기에서 1~2장이 나며, 심장 모양으로, 잎의 양면에 털이 있다. 3월 하순~5월 중순 개화. 꽃은 잎자루보다 짧은 꽃자루 끝에 1개씩 달린다. 꽃부리갈래조각은 폭보다 길이가 길고 크게 발달하며, 뒤로 젖혀지지 않고 편평하게 퍼진다. 중부 이남에 분포하며 경북 금오산에서 처음 발견되었다.

자주족도리풀 쥐방울덩굴과

Asarum koreanum J.G.Kim & C.S.Yook ex B.U.Oh

산지의 숲 속에 자란다. 높이 15~20cm. 땅속줄기에서 1~2장의 잎이 나며, 어릴 때는 자주색이 뚜렷하나 성숙하면서 녹색으로 변한다. 4월 초순~5월 초순 개화. 꽃은 잎자루보다 짧은 꽃자루 끝에 1개씩 달리며, 꽃받침통과 꽃부리갈래조각이 크고 심하게 말려 끝이 뿔처럼 된다. 중부 이북에 분포하며 족도리풀의 색 변이로 보기도 한다.

0324

털제비꽃 제비꽃과

Viola phalacrocarpa Maxim.

양지바른 산지에 자란다. 꽃자루의 높이 5~15cm. 전체에 잔털이 난다. 여름잎은 잎몸이 대개 둥글고 크게 자라 꽃이 필 때의 모습과는 크게 다르다. 4~5월 개화. 꽃은 지름이 약 10mm 정도로, 꽃잎 안쪽에 털이 있고, 꿀주머니는 6~8mm로 길다. **민둥제비꽃** f. *glaberrima* 은 털제비꽃의 품종으로 잎과 꽃자루에 털이 없다.

둥근털제비꽃 제비꽃과

Viola collina Besser

산지의 숲 속에 자란다. 꽃자루의 높이 5~10cm. 여름잎은 잎자루가 20~30cm까지 자라며 잎몸이 둥글고 전체에 잔털이 난다. 3월 하순~4월 하순 개화. 꽃의 지름은 10mm 정도이며 암술머리는 새부리모양이다. 꽃잎 안쪽에 털이 있거나 없으며, 국내에 자생하는 제비꽃 중에서 개화시기가 빠른 편이다. 열매가 땅 위에 누워서 익으며 씨가 크다.

왜제비꽃 제비꽃과

Viola japonica Langsd. ex DC.

산지, 민가 주변, 들에 자란다. 꽃줄기의 높이 5~15cm. 잎은 달걀모양으로 가장자리에 둔한 톱니가 있으며 잎의 양면과 잎자루에 털이 나기도 한다. 3월 초순~5월 초순 개화. 지름 10mm 정도의 꽃은 보라색, 흰색, 연보라색 등으로 다양하며 아래꽃잎 위에 짙은 보라색의 긴 줄무늬가 있다. 전국에 분포하며 충청 이남에 흔히 볼 수 있다.

서울제비꽃 제비꽃과

Viola prionantha Bunge

양지바른 들이나 길가, 풀밭에 자란다. 꽃줄기의 높이 7~15cm. 잎몸은 길고 둥근 쐐기모양으로, 잎자루와 더불어 밝은 녹색을 띠며 흰 털이 난다. 3월 하순~5월 초순 개화. 꽃은 꽃줄기 끝에 1개씩 달리며, 곁꽃잎에 털이 있거나 없다. 주로 서울 주변에 자생한다. 한반도고유종으로 알려져 있으나 *Viola prionantha*와 같은 종으로 보기도 한다.

잔털제비꽃 제비꽃과

Viola keiskei Miq.

산지의 숲 속에 자란다. 꽃줄기의 높이 6~12cm. 전체에 잔털이 있고, 잎이 둥근 편이며, 아랫부분은 심장모양이고 가장자리에 얕은 톱니가 있다. 3월 하순~4월 중순 개화. 지름 10~15mm 정도의 꽃이 꽃줄기 끝에 1개씩 달리며, 아래꽃잎에 자주색의 줄무늬가 있고, 곁꽃잎의 안쪽에 털이 많다. 꽃줄기의 포는 2개로 중간 아래에 달린다.

민둥뫼제비꽃 제비꽃과

Viola tokubuchiana var. *takedana* (Makino) F.Maek.

산지의 습기가 많은 숲 속에 자란다. 꽃줄기의 높이 5~10cm. 잎은 달걀모양으로 끝이 뾰족하고 아랫부분이 심장모양이며, 가장자리에 물결모양의 톱니가 있다. 표면에 대개 흰색의 무늬가 있고 뒷면은 자주색을 띤다. 3월 하순~5월 초순 개화. 곁꽃잎 안쪽에 털이 난다. 전국에 분포하나, 뫼제비꽃보다 고도가 낮은 산지에서 주로 발견된다.

낚시제비꽃 제비꽃과

Viola grypoceras A. Gray

바닷가 근처 산지나 풀밭에 자란다. 높이 10~30cm. 줄기가 있으며, 잎은 가장자리에 얕은 톱니가 있고, 약간의 털이 있으며 잎자루가 길다. 뿌리에서 돋은 잎은 아랫부분이 심장모양이며, 줄기잎은 좁은 달걀모양이다. 3월 중순~5월 하순 개화. 암술머리는 낚시바늘처럼 끝이 오므라든다. 제주와 남해안, 서해안을 따라 충남까지 분포한다.

긴잎제비꽃 제비꽃과

Viola ovato-oblonga Makino

바닷가 근처 양지바른 곳에 자란다. 높이 15~30cm. 이른 봄에 뿌리잎이 뭉쳐나고, 표면에 잎맥을 따라 진홍색 무늬가 나타나기도 한다. 줄기잎은 달걀모양으로, 줄기 윗부분으로 갈수록 좁아지고 길어진다. 3월 하순~5월 중순 개화. 꽃은 뿌리줄기와 잎겨드랑이에서 긴 꽃자루가 나와 1개씩 달린다. 제주와 전남, 전북, 충남의 안면도 등에 분포한다.

미국제비꽃 제비꽃과

Viola sororia Willd.

관상용으로 재배되며 민가 주변의 풀밭이나 빈터에 자란다. 높이 8~20cm. 굵은 뿌리줄기가 옆으로 뻗으며 꽃이 지고 난 후 더 크고 긴 잎이 돋는다. 4월 초순~6월 하순 개화. 꽃은 꽃줄기 끝에 1개씩 달리며, 지름은 2~3cm 정도이다. 북아메리카 원산으로 주로 흰 바탕에 자주색 무늬가 있는 품종이 널리 야화하였으며 다양한 색의 꽃을 피우는 원예품종이 있다.

야생팬지 제비꽃과

Viola arvensis Murray

1/2

길가, 하천가나 들판에 자란다. 높이 5~30cm. 줄기는 곧게 서고 주로 밑부분에서 가지가 갈라진다. 잎은 줄기 윗부분으로 갈수록 잎자루가 짧아지고 폭이 좁아지며 손바닥모양의 턱잎이 크게 발달한다. 4월 초순~5월 하순 개화. 긴 꽃자루 끝에 지름 1cm 정도의 꽃이 1개씩 달리며 아래쪽꽃잎에 황색 무늬가 있다. 북아프리카, 유라시아 원산으로 전국에 드물게 관찰된다.

깃털장대 배추과

Sisymbrium irio L.

들이나 길가 교란지에 자란다. 높이 50~80cm. 줄기는 직립하며 가지를 친다. 뿌리잎은 깃모양으로 깊게 갈라진다. 3월 초순~4월 하순 개화. 50~80개의 꽃이 총상꽃차례로 달리며 수술은 6개이다. 실처럼 가는 열매는 3~5cm로 개화기에 꽃을 덮고 있다. 유럽과 중국 북부, 아프리카 북부, 아라비아반도 등에 분포하며 부산항과 인접도로 주변에서 처음 발견되었다.

산형나도별꽃 석죽과

Holosteum umbellatum L.

주로 길가나 민가 주변에 자란다. 높이 5~20cm. 줄기는 밑부분에서 여러 개가 나고 대개 가지를 치지 않는다. 잎 길이는 1~2.5cm이며 가장자리에 샘털이 조금 있다. 3월 중순~4월 중순 개화. 우산모양꽃차례로 줄기 끝에 3~10개의 꽃이 모여 달리며 꽃잎의 끝부분이 불규칙하게 갈라진다. 유럽, 서남아시아, 북아프리카 원산으로 충남 홍성군에서 처음 발견되었다.

솔잎해란초 질경이과

Nuttallanthus canadensis (L.) D.A.Sutton

길가나 풀밭, 휴경지 등에 자란다. 높이 20~60cm. 땅을 기는 줄기에는 3~4장의 타원모양 잎 이 돌려나며 곧게 서는 줄기의 윗부분 잎은 가늘고 어긋나게 달린다. 4월 초순~7월 중순 개화. 줄기 끝에 이삭꽃차례로 여러 개의 꽃이 달린다. 꽃부리의 길이는 9~13mm로 아랫입술꽃 잎의 안쪽에 흰 무늬가 있다. 북아메리카 원산으로 제주도와 부산 등지에서 발견된다.

뱀딸기 장미과

Duchesnea indica (Jacks.) Focke

들이나 숲 가장자리에 자란다. 높이 5~10cm. 전체에 긴 털이 있고, 잎은 작은잎 3장으로 된 겹잎이다. 2월 하순~10월 하순 개화. 잎겨드랑이에서 나온 꽃자루에 지름 15~25mm의 꽃이 1개씩 달린다. 열매는 둥글며, 점처럼 흩어져 있는 수과의 표면은 돌기가 없이 매끈하다. **산뱀딸기***D. chrysantha*는 꽃과 잎의 크기가 전체적으로 작고 수과의 표면에 돌기가 있다.

긴병꽃풀 꿀풀과

Glechoma longituba (Nakai) Kuprian.

산이나 들의 습기가 많고 양지바른 곳에 자란다. 높이 20~30cm. 줄기는 곧게 서서 자라다가 꽃이 진 후에 쓰러져 옆으로 50cm 정도 뻗는다. 잎은 긴 잎자루가 있고 가장자리에 둔한 톱니가 있다. 3월 하순~5월 하순 개화. 꽃부리의 길이가 15mm 정도인 꽃이 줄기 윗부분의 잎겨드랑이에 달리며, 아랫입술꽃잎은 3개로 갈라지고 안쪽에 곤충을 유인하기 위한 자주색 반점이 있다.

깽깽이풀 매자나무과

Plagiorhegma dubium Maxim.

산지의 약간 습한 반그늘의 사면에 자란다. 꽃자루의 높이 15~20cm. 잎은 연잎처럼 물에 젖지 않는다. 3월 하순~5월 초순 개화. 꽃의 지름은 2cm 정도이고, 8개의 수술과 1개의 암술이 있으며 열매는 타원모양으로 씨앗이 검게 익는다. 씨앗에 개미씨밥(일레이오좀 Elaiosome)이 붙어 있어 개미 등이 물어 전파하고 대체로 군락을 이룬다. 제주를 제외한 전국에 분포한다.

피나물 양귀비과

Hylomecon vernalis Maxim.

산지 숲 계곡 주변에 자란다. 높이 30cm 정도. 뿌리잎은 잎자루가 길고, 줄기에서는 어긋나며 5개의 작은잎으로 갈라진다. 3월 하순~5월 중순 개화. 지름 4~5cm의 꽃이 줄기 윗부분에 1~3개씩 달린다. 줄기를 자르면 주홍색의 즙이 나온다. 전북 임실에서 처음 발견된 **새발노랑매미꽃**var. *sasundaeensis*은 잎이 새발모양으로 깊게 갈라진다.

매미꽃 양귀비과

Coreanomecon hylomeconoides Nakai

산지 숲 속이나 계곡 주변에 자란다. 높이 20~40cm. 잎은 모두 땅속줄기에서 나며, 자르면 붉은색 즙이 나온다. 4월 중순~6월 초순 개화. 줄기 윗부분의 잎겨드랑이에서 보통 1개씩 꽃이 달리는 피나물과 달리, 뿌리잎에서 꽃줄기를 올리고 끝에 1~10개의 꽃이 달려 구분된다. 전남, 전북, 경남 등 지리산 주변에에서 주로 발견된다.

각시붓꽃 붓꽃과

Iris rossii Baker

산지 풀밭에 자란다. 꽃줄기의 높이 10~15cm. 선형의 좁은 잎은 꽃이 진 후에 30cm 정도까지 자란다. 3월 하순~6월 초순 개화. 지름 4cm 정도의 꽃이 꽃줄기 끝에 1개씩 달리며, 외꽃덮이 안쪽에 흰색 무늬가 있다. 각시붓꽃은 꽃이 필 때 잎과 꽃줄기의 높이가 비슷하고, 넓은잎각시붓꽃은 잎의 길이가 꽃줄기보다 길고 잎이 더 넓다.

넓은잎각시붓꽃 붓꽃과

Iris rossii var. *latifolia* J.K.Sim & Y.S.Kim

산지의 물기가 충분하고 거름기가 풍부한 반그늘에서 자란다. 꽃줄기의 높이 10~20cm. 꽃이 필 때 잎의 길이가 꽃줄기보다 길며, 윗부분은 3개의 뚜렷한 맥이 있고 아랫부분은 좁아져서 잎집을 만든다. 4월 초순~5월 중순 개화. 꽃줄기 끝에 1개의 꽃이 달린다. 충남, 전북, 전남 일부 지역에서 제한적으로 자생지가 발견된다.

0326

솔붓꽃 붓꽃과

Iris ruthenica Ker Gawl.

II

산지 양지바른 풀밭이나 무덤가에 자란다. 꽃줄기의 높이 3~6cm. 잎은 꽃이 진 후 30cm 정도로 길게 자란다. 4월 초순~5월 중순 개화. 지름 4cm 정도의 꽃이 짧은 꽃줄기 끝에 1개씩 달린다. 예전에 이 식물의 뿌리로 무명천에 풀을 먹이던 솔을 만들었기 때문에 유래한 이름이라고 하나, 실제로는 각시붓꽃의 뿌리로 솔을 만들었다고 한다.

노랑무늬붓꽃 붓꽃과

Iris odaesanensis Y.N.Lee

산지의 풀밭이나 숲 가장자리에 자란다. 꽃줄기의 높이 15~20cm. 뿌리줄기가 옆으로 뻗는다. 4월 초순~5월 하순 개화. 외꽃덮이 안쪽에 노란색 무늬가 있는 지름 3~4cm의 꽃이 꽃줄기 끝에 2개씩 달린다. 백두대간과 낙동정맥을 축으로 주로 한반도의 동쪽 산지를 중심으로 분포한다. 노랑붓꽃과 형태적으로 비슷하나 잎이 약간 넓다.

금붓꽃 붓꽃과

Iris minutoaurea Makino

산지의 숲 가장자리나 양지바른 곳에 자란다. 꽃줄기의 높이 15~20cm. 잎은 선형으로, 아랫부분이 보라색을 띠며 주맥이 뚜렷하다. 3월 하순~5월 초순 개화. 꽃줄기 끝에 지름 2cm 정도의 꽃이 1개씩 달린다. 꽃줄기에 2개씩 꽃을 피우는 노랑붓꽃에 비해 식물체가 약간 작은 편이다. 제주를 제외한 전국에 분포한다.

노랑붓꽃 붓꽃과

Iris koreana Nakai

산지 계곡 주변의 그늘진 곳에 자란다. 꽃줄기의 높이 10~20cm. 뿌리줄기는 옆으로 뻗고, 줄기가 뭉쳐난다. 선형의 잎은 3~4개로 밑부분이 줄기를 감싼다. 4월 초순~5월 중순 개화. 긴 꽃줄기 끝에 지름 3~4cm의 꽃이 2개씩 달린다. 전남과 전북에 드물게 자생한다. 꽃줄기에 1개씩 꽃이 달리는 금붓꽃에 비해 2개씩 달리는 차이가 있다.

큰구슬붕이 용담과

Gentiana zollingeri Fawc.

산과 들의 숲 속에 주로 자란다. 높이 5~10cm. 줄기는 곧게 서고 자주색을 띤다. 줄기잎은 두껍고 달걀모양 또는 넓은 달걀모양으로 뒷면이 적자색이다. 3월 하순~5월 하순 개화. 꽃은 지름 10mm, 길이 20mm 정도로, 원줄기와 가지 끝에 몇 개씩 모여달리고, 꽃자루가 극히 짧거나 없다. 구슬붕이에 비해 전체가 크며 꽃받침조각이 뒤로 젖혀지지 않아 구분된다.

구슬붕이 용담과

Gentiana squarrosa Ledeb.

들이나 무덤가, 산지의 양지바른 곳에 자란다. 높이 5~10cm. 줄기는 밑에서 여러 대가 모여나며 가지가 많이 갈라진다. 밑에 나는 잎은 십자모양으로 늘어서며, 줄기에 달리는 잎은 달걀모양으로 가장자리가 두꺼워져 막질로 되고 끝이 뾰족하다. 3월 중순~6월 초순 개화. 지름 8mm, 길이 15mm 정도의 꽃이 줄기와 가지 끝의 짧은 꽃자루에 달린다.

고산구슬붕이 용담과

Gentiana wootchuliana W.Paik

높은 산지의 양지바른 풀밭에 자란다. 높이 5~10cm. 밑에 나는 잎은 거꿀달걀모양이고, 줄기에 달리는 잎은 좁은 주걱모양으로 끝이 뾰족하고 가시처럼 된다. 5월 초순~6월 하순 개화. 꽃은 줄기와 가지 끝에 1개씩 달리며, 흰색 또는 옅은 하늘색을 띤다. 꽃받침갈래조각이 꽃받침통보다 짧고, 꽃의 안쪽에 자주색 줄이 진하게 나타난다. 강원, 경남 등에 드물게 자생한다.

연복초 연복초과

Adoxa moschatellina L.

산지의 숲 속이나 계곡 주변에 자란다. 높이 10~20cm. 뿌리줄기가 옆으로 길게 뻗는다. 뿌리잎은 잎자루가 길고 줄기잎은 3개로 갈라진다. 3월 하순~5월 중순 개화. 꽃은 꽃대 끝에 상자모양으로 5개 정도 달린다. 위에 달린 꽃은 갈래조각 4개, 수술 8개이며, 옆에 달린 꽃들은 갈래조각 5개, 수술 10개이다. 복수초를 채집할 때 함께 묻어 나와 붙여진 이름이라는 설이 있다.

0328

개별꽃 석죽과

Pseudostellaria heterophylla (Miq.) Pax

산지의 숲 속에 자란다. 높이 10~20cm. 줄기 끝에 나는 4장의 잎은 2장씩 마주나나, 간격이 좁아 돌려난 것처럼 보인다. 3월 하순~5월 초순 개화. 지름은 12mm 정도의 꽃이 줄기 끝의 잎겨드랑이에 1~5개가 달리며, 꽃자루에 털이 1줄로 돋는다. 대개 꽃잎의 끝부분이 V자모양으로 얕게 파이며, 꽃이 지면 꽃자루가 처지고 잎이 크게 자란다.

큰개별꽃 석죽과

Pseudostellaria palibiniana (Takeda) Ohwi

산지의 숲 속이나 계곡 주변에 자란다. 높이 10~20cm. 줄기에 털이 2줄로 나며, 잎은 넓은 피침모양이다. 3월 중순~4월 하순 개화. 원줄기 끝에 1개의 꽃이 위를 향해 달리며, 꽃자루에 털이 없다. 꽃의 지름은 1cm 정도이고, 꽃잎은 6~9장으로, 개별꽃과 달리 꽃잎의 끝부분이 파이지 않는다. 다른 개별꽃 종류에 비해 개화시기가 조금 빠르다.

숲개별꽃 석죽과
Pseudostellaria setulosa Ohwi

높은 산지의 숲 가장자리에 자란다. 높이 15~30cm. 줄기는 네모지며 털이 2줄로 난다. 잎의 가장자리와 뒷면에 긴 털이 있다. 4월 하순~5월 하순 개화. 지름 1cm 정도의 꽃이 줄기 끝에 1개씩 달리며, 꽃자루는 길이 15~30mm로 전체에 털이 있고, 꽃잎은 6~8개로 끝이 오목하게 파인다. 강원, 경북 북부에 드물게 자생한다.

덩굴개별꽃 석죽과
Pseudostellaria davidii (Franch.) Pax

산지의 숲 속에 자란다. 높이 20~30cm. 뿌리줄기는 굵은 방추모양이다. 꽃이 진 후에 줄기가 덩굴성으로 변하여 50cm까지 뻗으며, 마디에서 뿌리를 내린다. 잎은 달걀모양으로 잎자루가 없다. 4월 중순~6월 초순 개화. 꽃은 줄기 윗부분의 잎겨드랑이에서 1개씩 달리며, 꽃잎은 5개로 끝이 둥글다. 제주를 제외한 전국에 분포한다.

점나도나물 석죽과

Cerastium fontanum subsp. *vulgare* (Hartm.) Greuter & Burdet

밭이나 들에 자란다. 높이 15~25cm. 전체에 잔털이 있고, 줄기는 흑자색을 띠며, 가지를 많이 친다. 3월 하순~7월 초순 개화. 꽃은 원줄기 끝에 취산꽃차례로 달리며, 꽃잎은 5개로 끝부분이 갈라진다. 꽃받침과 꽃잎의 길이가 비슷하며, 꽃자루는 꽃이 진 후에 밑으로 처진다. 유럽점나도나물은 꽃잎이 꽃받침보다 더 길고 꽃자루가 거의 없다.

유럽점나도나물 석죽과

Cerastium glomeratum Thuill.

양지바른 풀밭이나 들에 자란다. 높이 10~30cm. 줄기에서 가지가 많이 갈라지며 전체에 샘털이 난다. 3월 하순~11월 중순 개화. 꽃은 원줄기 끝에 취산꽃차례로 달리며, 꽃잎은 5개로 끝이 갈라지고, 수술은 10개이며, 암술머리는 5개로 갈라진다. 점나도나물과 달리 꽃잎이 꽃받침보다 길며, 꽃자루가 거의 없고 전체가 담녹색을 띤다.

벼룩나물 석죽과

Stellaria alsine Grimm

논과 밭 주변, 빈터에 자란다. 높이 15~25cm. 원줄기에서 가지가 많이 갈라지며, 땅을 기다가 비스듬히 선다. 3월 하순~5월 하순 개화. 꽃은 줄기 끝이나 잎겨드랑이에 달리며, 꽃잎은 5개로 깊게 갈라져 10개로 보이고 수술은 5~7개, 암술은 끝부분이 3개로 갈라진다. 꽃밥이 노란색을 띠어 꽃밥이 붉은색인 별꽃과 구분된다.

제비꿀 단향과

Thesium chinense Turcz.

산이나 들의 양지바른 풀밭에 자라며, 다른 식물의 뿌리에 반기생한다. 높이 10~25cm. 줄기는 밑에서 가지를 치고, 전체가 백록색을 띤다. 3월 하순~9월 하순 개화. 줄기 윗부분의 잎겨드랑이에 지름 2~3mm의 작은 꽃이 달린다. 열매에 종자가 1개씩 들어 있다. 꿀풀 대용으로 약용하여 왔기 때문에 꿀풀과 같이 '하고초(夏枯草)'라고도 한다.

매화마름 미나리아재비과

Ranunculus kadzusensis Makino

논 주변이나 개울에 자란다. 길이 50cm 정도. 줄기는 속이 비어 있고, 가지가 많이 갈라지며 마디에서 뿌리가 나온다. 잎은 물속에서 자라며, 3~4회 가늘게 갈라진다. 3월 하순~6월 하순 개화. 꽃의 지름은 15mm 정도이고 꽃잎의 안쪽이 노란색을 띤다. 주로 서해안지역에 분포하며, **민매화마름***R. nipponicus*이 동해안 일부지역에 자생한다.

나도물통이 쐐기풀과

Nanocnide japonica Blume

산지의 그늘에 자란다. 높이 10~20cm. 옆으로 뻗는 가지가 있고, 줄기는 뭉쳐난다. 3월 하순~5월 초순 개화. 암수한포기이고, 꽃은 잎겨드랑이에서 나온 긴 꽃대 끝에 달린다. 수술은 안쪽으로 말려 있다가 바깥쪽으로 튕기면서 꽃가루를 뿌린다. 암꽃은 연붉은색으로 줄기 윗부분의 잎겨드랑이에서 나온 짧은 꽃대 끝에 달린다. 제주, 전남에 분포한다.

소래풀 배추과

Orychophragmus violaceus (L.) O.E.Schulz

양지바른 들에 자란다. 높이 20~60cm. 줄기와 잎에 털이 없고 매끈하다. 뿌리잎은 무더기로 나며, 깃모양으로 가장자리가 깊이 갈라진다. 줄기잎은 피침모양으로 잎자루가 없고, 아랫부분이 줄기를 감싼다. 4월 초순~5월 중순 개화. 지름 3cm 정도의 꽃이 줄기 끝에 모여 달린다. 중국 원산으로 주로 관상용으로 재배되며 일부가 야화하였다.

애기똥풀 양귀비과

Chelidonium asiaticum (Hara) Krahulc.

길가, 들의 풀밭에 자란다. 높이 30~80cm. 줄기는 가지가 많이 갈라지고 속이 비어 있으며, 상처를 내면 감귤색의 즙이 나온다. 잎은 1~2회 깃모양으로 갈라진다. 4월 중순~9월 하순 개화. 꽃의 지름은 20mm 정도로, 잎겨드랑이에서 나온 가지 끝에 달린다. 열매는 좁은 원기둥모양으로 길이가 3~4cm이다. 즙의 색깔이 애기의 똥을 닮아 유래된 이름이다.

갯무 배추과

Raphanus sativus L. var. *hortensis* Backer f. raphanistroides Makino

바닷가 모래밭이나 자갈밭에 자란다. 높이 30~70cm. 드문드문 가지를 치고 털이 성기게 나며, 뿌리와 줄기의 경계가 뚜렷하지 않다. 잎은 깃꼴겹잎이며 털이 있다. 4월 초순~7월 하순 개화. 지름 2cm 정도의 꽃이 연한 자주색 또는 흰색으로 핀다. 무*R. sativus*에 비하여 뿌리가 가늘고 딱딱하다. 제주를 포함한 남부지방의 해안에 주로 분포한다.

유채 배추과

Brassica napus L.

1/2

들, 길가, 하천가에 자란다. 높이 30~130cm. 줄기는 곁가지를 많이 친다. 뿌리잎은 깃모양으로 갈라지고 잎자루가 있으며, 줄기잎은 밑부분이 귀모양으로 줄기를 감싼다. 2월 중순~5월 하순 개화. 꽃이 줄기와 가지 끝에 총상꽃차례로 달린다. 한자어 '油菜(기름을 채취하는 나물)'에서 유래하였고, **갓**(겨자)*B. juncea*은 줄기잎이 잎자루가 있고 줄기를 감싸지 않는다.

재쑥 배추과

Descurainia sophia (L.) Webb ex Prantl

들이나 길가, 빈터에 자란다. 높이 30~70cm. 줄기는 가지를 치지 않으며 전체에 잔털이 있다. 잎은 2~3회 깃모양으로 갈라진다. 3월 하순~6월 중순 개화. 지름 2mm 정도의 꽃이 줄기 끝에 달리며, 꽃자루의 길이는 10~15mm, 열매의 길이는 15~30mm이다. 북아메리카 원산의 **나도재쑥***D. pinnata*은 열매가 5~20mm로 짧은 곤봉모양이다.

들갓 배추과

Sinapis arvensis L.

들에 자란다. 높이 30~80cm. 5월 중순~6월 중순 개화. 수술은 6개로 4개는 길고 2개는 짧다. 유럽 원산으로 유채보다 꽃이 작고 줄기 윗부분의 잎이 줄기를 감싸지 않으며, 개화기가 늦다. 열매에 3~5개의 맥이 도드라지고 끝에 있는 암술대는 납작하다. **털들갓***var. orientalis*은 열매에 거친털이 빽빽하게 나며 혼생하기도 한다.

돌단풍 범의귀과

Mukdenia rossii (Oliv.) Koidz.

산지 계곡의 물가 바위틈에 자란다. 높이 30~50cm. 뿌리줄기가 굵고, 전초에 털이 없다. 잎은 단풍잎처럼 5~7개로 깊게 갈라지고, 광택이 나고, 잎자루가 길다. 3월 하순~5월 초순 개화. 꽃은 뿌리에서 난 줄기 끝에 취산꽃차례로 달리며, 지름은 5mm 정도이고 꽃잎은 5~6장이다. 주로 중부 이북에 분포하며 관상용으로 심기도 한다.

나도개감채 백합과

Gagea triflora (Ledeb.) Schult. & Schult.f.

산지의 양지바른 풀밭에 자란다. 높이 10~15cm. 비늘줄기에서 잎과 줄기가 각각 1개씩 나오며, 줄기는 곧게 서고 잎은 줄모양으로 줄기 중간에도 작게 달린다. 3월 하순~5월 중순 개화. 줄기 끝에 지름 10mm 정도의 꽃이 3~5개 달리며, 꽃자루 아랫부분에 포가 1개씩 있다. 중부 이북에 주로 분포하고 남부 지방에도 드물게 발견된다.

낚시제비꽃

좁쌀냉이 배추과

Cardamine fallax (O.E.Schulz) Nakai
Cardamine parviflora L.

들의 약간 습한 곳에 자란다. 높이 10~20cm. 식물체에 털이 많으며, 잎은 깃모양으로 갈라지고, 갈라진 작은잎가장자리가 가늘게 갈라지거나 불규칙한 톱니가 있다. 4월 초순~5월 하순 개화. 지름 3mm 정도의 작은 꽃이 줄기와 가지 끝에 총상꽃차례로 달린다. 황새냉이에 비해 줄기가 곧게 서고, 털이 많으며, 작은잎이 매우 작아서 구별된다.

싸리냉이 배추과

Cardamine impatiens L.

산지 약간 습한 곳에 자란다. 높이 40~50cm. 줄기는 가지가 갈라지며, 잎은 깃모양으로 잘고 깊게 갈라지고, 가장자리에 좁은 날개가 있다. 4월 하순~7월 중순 개화. 지름 5mm 정도의 꽃이 총상꽃차례로 달린다. 중부 이남에 자생한다. 줄기에 털이 없고 줄기잎의 밑부분이 귀모양으로 벌어져 줄기를 감싸고 있어 좁쌀냉이 *C. fallax* 와 구분된다.

황새냉이 배추과

Cardamine flexuosa With.

길가나 경작지 주변에 자란다. 높이 10~30cm. 줄기는 밑에서 여러 갈래로갈라지며, 짧은 털이 있다. 줄기잎은 깃모양으로 갈라지고, 갈라진 잎조각은 잎끝쪽으로 갈수록 길고 크다. 3월 초순~5월 하순 개화. 줄기 끝에서 총상꽃차례를 이루며 수술은 6개이고 그 중 4개가 길다. 좁쌀냉이에 비해 갈라진 가지가 길게 뻗는다.

논냉이 배추과

Cardamine lyrata Bunge

경작지 주변의 습한 곳에 자란다. 높이 30~80cm. 줄기에 보통 털이 없다. 잎은 깃모양으로 갈라지고, 작은잎은 원모양 또는 타원모양이다. 4월 중순~6월 초순 개화. 원줄기와 가지 끝에 총상꽃차례로 꽃이 피고, 꽃차례는 꽃이 핀 다음 길게 자라며, 꽃이 진 후 줄기 아랫부분에서 기는줄기가 옆으로 뻗는다. 호남, 경기, 강원에 분포한다.

뿔냉이 배추과

Chorispora tenella (Pall.) DC.

들에 자란다. 높이 20~50cm. 줄기가 곧게 서고 전체에 작은 돌기모양의 샘털이 난다. 뿌리잎은 깊게 갈라지고 잎자루가 있으며, 줄기잎은 넓은 피침모양으로 물결모양의 톱니가 있다. 3월 하순~5월 초순 개화. 꽃잎의 길이는 8~10mm이다. 지중해 동부, 중앙아시아 원산이다. 열매가 초승달모양으로 휘고 끝이 긴 뿔처럼 생겨 붙여진 이름이다.

긴갓냉이 배추과

Sisymbrium orientale L.

들이나 강가에 자란다. 높이 30~100cm. 가지를 많이 치며 흰 털이 흩어져 난다. 뿌리잎은 긴 타원모양으로 깃꼴로 깊게 갈라지며 줄기잎은 작고 털이 있다. 3월 중순~6월 중순 개화. 열매는 선형으로 꽃줄기에 비스듬히 달리며 길이가 6~10cm 정도로 길다. 유럽장대는 열매가 1~1.5cm로 짧고, 꽃줄기에 밀착하여 달려 구분된다.

물냉이 배추과
Nasturtium officinale R.Br.

물가에 군락을 이루며 자란다. 높이 50~ 80cm. 줄기는 속이 비어 있고, 가지를 많이 친다. 마디에서 흰 수염과 같은 뿌리를 내려 증식한다. 잎은 3~7장의 작은잎이 모인 깃모양겹잎이다. 4월 초순~7월 초순 개화. 지름 5mm의 작은 꽃이 아래부터 차례로 피어 올라간다. 지중해연안이 원산으로 전세계에 분포 하고 식용으로 재배되기도 한다.

애기장대 배추과
Arabidopsis thaliana (L.) Heynh.

들에 자란다. 높이 15~35cm. 가지가 갈라지며 털이 없다. 뿌리잎은 거꿀피침모양이며, 줄기잎은 피침모양으로 성기게 달린다. 4월 초순~5월 하순 개화. 꽃은 줄기 끝에 모여달리며, 경기 이남에 분포한다. 크기가 작으며 1세대 기간이 6주 정도로 짧고, 다양한 돌연변이체를 만들 수 있어 연구를 위한 모델로 활용되어 '식물의 초파리'라고 불린다.

봄나도냉이 배추과

Barbarea verna (Mill.) Asch.

들이나 하천가, 길가의 교란지에 자란다. 높이 20~70cm. 줄기는 곧게 서고 전체에 광택이 있다. 뿌리잎은 가장자리가 깃털모양으로 갈라지며 6~10쌍이고 줄기잎은 밑부분이 줄기를 감싼다. 4월 초순~4월 하순 개화. 꽃은 줄기 끝부분에 모여 달리며 꽃잎은 길이 5~7mm이다. 유럽 서남부 원산으로 잎채소로 재배되기도 하며 부산의 수영강 주변에서 처음 발견되었다.

마늘냉이 배추과

Alliaria petiolata (M.Bieb.) Cavara & Grande

숲 가장자리나 그늘진 길가에 자란다. 높이 30~100cm. 줄기는 곧게 자라고 잎은 심장모양으로 가장자리가 물결모양이다. 4월 하순~6월 초순 개화. 꽃은 줄기나 가지 끝에 총상꽃차례로 달리며 수술은 6개이다. 유라시아와 아프리카에 분포하며 강원 삼척시에서 처음 발견되었다. 생태계교란식물로 지정되어 있으며 식물체를 으깨면 마늘냄새가 난다.

쑥부지깽이아재비 배추과

Erysimum repandum L.

길가나 풀밭 등 교란지에 자란다. 높이 15~70cm. 줄기는 밑부분에서 가지가 갈라진다. 뿌리잎은 좁은 타원모양으로 가장자리를 따라 톱니가 있고 줄기잎은 톱니가 다소 둔하다. 4월 초 순~5월 초순 개화. 꽃은 줄기 끝부분에 모여달리며 대개 중심부가 희다. 열매는 길이 약 10cm이다. 유라시아의 온대지역에 널리 분포하며 서울과 전북 군산시에서 군락이 발견되었다.

사막갓 배추과

Coincya tournefortii (Gouan) Alcaraz, T.E.Díaz, Rivas Mart.

도로변의 건조한 땅에 자란다. 높이 10~100cm. 방석모양으로 나는 잎은 깊게 갈라지고 가장 자리에 톱니가 있다. 여러 대의 줄기가 나며 아래쪽은 빳빳한 털로 덮여 있으나 위쪽은 잎이 거의 없고 밋밋하다. 2월 하순~4월 하순 개화. 줄기마다 6~20개의 꽃이 달리며 꽃받침잎은 자주색을 띤다. 열매는 젖으면 점액질을 형성한다. 북아프리카, 중동 원산으로 전북, 제주 등에 자란다.

양지꽃 장미과

Potentilla fragarioides L.

산지의 양지바른 곳에 자란다. 꽃줄기의 길이 30~50cm. 전체에 긴 털이 나며 뿌리에서 여러 개의 꽃줄기가 나와 사방으로 퍼진다. 잎자루가 길고 3~15개의 작은잎이 홀수깃모양겹잎으로 달리며 끝에 달린 3개의 작은잎은 크고, 밑으로 내려올수록 작아진다. 3월 중순~6월 하순 개화. 꽃의 지름은 1.5~2cm 정도이며 열매는 수과로서 털이 없다.

세잎양지꽃 장미과

Potentilla freyniana Bornm.

산지의 계곡 주변이나 습한 곳에 자란다. 줄기는 길이 15~25cm. 꽃이 진 다음 기는 줄기가 짧게 자란다. 잎은 작은잎 3장으로 된 겹잎이며 뿌리잎은 잎자루가 길다. 4월 초순~5월 중순 개화. 꽃은 지름이 1cm 정도로 취산꽃차례로 달린다. 한반도고유종인 **털양지꽃***P. squamosa*은 기는 줄기가 길게 뻗고 전초에 긴 털이 빽빽하게 나며 주로 남부 지방의 산지에 자란다.

가락지나물 장미과

Potentilla anemonifolia Lehm.
Potentilla kleiniana Wight & Arn.

산지나 들, 길가의 양지바르고 물기가 충분한 곳에서 자란다. 높이 20~60cm. 줄기는 땅을 기며, 잎겨드랑이에서 가지가 갈라진다. 잎은 손가락모양으로 5장이 모여달린다. 5월 중순~7월 초순 개화. 꽃의 크기는 지름 8~10mm이다. 다섯 갈래로 갈라지는 잎이 손가락을 닮았고, 그 사이에 피는 노란 꽃은 금가락지를 떠올리게 하는 이름이다.

민눈양지꽃 장미과

Potentilla rosulifera H.Lv.

산지의 숲 속에 자란다. 높이 10~20cm. 기는줄기가 있고, 잎은 3출엽으로 4각상 달걀모양이다. 4월 하순~6월 초순 개화. 꽃의 지름은 1.5~2cm로 큰 편이며 꽃잎의 끝이 오목하게 패인다. 중부 이남에 주로 자생한다. 세잎양지꽃 *P. freyniana*에 비해 작은잎의 톱니가 예리하고 꽃 가운데가 짙은 노란색이어서 구분된다.

솜양지꽃 장미과

Potentilla discolor Bunge

산지 무덤가나 양지바른 곳에 자란다. 높이 15~40cm. 줄기는 비스듬히 자라고, 적갈색을 띠며, 솜같은 털이 있다. 뿌리잎은 3~4쌍으로 된 홀수깃모양겹잎이며, 줄기잎은 3출겹잎으로 아주 작고, 잎의 뒷면은 흰 솜털로 빽빽하다. 4월 중순~6월 하순 개화. 꽃은 지름 12~15mm이며 취산꽃차례로 달린다. 주로 남부지방에 분포한다.

눈양지꽃 장미과

Argentina anserina (L.) Rydb.

바닷가의 풀밭에서 자란다. 높이 20~30cm. 줄기는 누워서 길게 뻗는다. 잎은 1회 깃모양겹잎으로, 13~19장의 작은잎으로 갈라지며, 작은잎 사이에 작은 잎조각이 있다. 5월 하순~7월 초순 개화. 꽃의 지름은 1~1.5cm 정도로, 꽃자루가 잎겨드랑이에서 나와 끝에 1개씩 달린다. 강원 동해안에 드물게 자생한다. 누운딱지꽃이라고도 한다.

개소시랑개비 장미과

Potentilla supina subsp. *paradoxa* (Nutt.) Soják

냇가, 강가 모래밭이나 들의 습기가 많은 땅에 자란다. 높이 20~40cm. 잎은 잎자루가 긴 깃꼴겹잎으로 작은잎은 5~9개이며 가장자리에 부드러운 톱니가 있다. 5월 초순~8월 중순 개화. 꽃의 지름은 7~11mm이다. **좀개소시랑개비***P. amurensis*는 개소시랑개비에 비해 전체적으로 소형으로, 꽃의 지름은 6mm 정도이다.

개소시랑개비의 꽃

좀개소시랑개비의 꽃

나도양지꽃 장미과

Waldsteinia ternata (Stephan) Fritsch

깊은 산의 숲 속에 자란다. 높이 10~15cm. 잎은 3출겹잎으로, 긴 털이 있다. 작은잎은 거꿀달걀모양으로 윗부분에 톱니가 있고 밑부분은 밋밋하다. 4월 중순~5월 중순 개화. 꽃은 지름 20mm 정도로 꽃줄기에 1~3개씩 달린다. 경북을 포함해 중부 이북에 분포한다. 양지꽃속*Potentilla*과 달리 수술이 많고, 작은잎이 3갈래로 깊게 갈라진다.

붉은조개나물

흰조개나물

분홍꽃조개나물

조개나물 꿀풀과

Ajuga multiflora Bunge

양지바른 풀밭이나 무덤가에 자란다. 높이 20~30cm. 전체에 백색의 긴 털이 빽빽하게 나 있다. 줄기잎은 달걀 모양으로 길이 5cm 정도이며, 잎자루가 없고 가장자리에 물결 모양의 톱니가 있다. 4월 초순~5월 중순 개화. 꽃은 잎겨드랑이에서 뭉쳐 위로 올라가며 달리고, 꽃자루가 없으며 하얀 솜털이 빼곡히 나 있다. 조개나물의 품종으로 **붉은조개나물***A. multiflora* for. *rosea*과 **흰조개나물***Ajuga multiflora* for. *leucantha*이 있으며, 꽃의 색깔만 차이가 있을 뿐, 형태적인 차이는 없다. 이들 두 품종은 일정한 지역이 없이 매우 드물게 발견된다. 꽃이 연한 미색을 띠는 **분홍꽃조개나물***A. nipponensis*은 충남 보령일대의 도서지역에 자생한다.

금창초 꿀풀과

Ajuga decumbens Thunb.

들, 길가의 양지바른 곳에 자란다. 높이 5~15cm. 줄기는 모여나고, 지면에 누워 자라며 전체에 털이 난다. 잎가장자리에는 물결모양의 톱니가 있다. 4월 초순~6월 중순 개화. 꽃부리는 길이 7mm 정도로 윗부분은 반원모양이고 중앙이 갈라지며, 밑부분의 것은 3갈래로 갈라진다. 주로 남부지방과 울릉도에 분포한다.

애기송이풀 현삼과

Pedicularis ishidoyana Koidz. & Ohwi

산지의 숲 속이나 계곡 주변에 자란다. 높이 10cm 정도. 줄기는 없으며 잎은 1회 깃모양겹잎으로 뿌리에서 뭉쳐나서 방석모양으로 퍼진다. 4월 초순~5월 중순 개화. 길이 3cm 정도의 꽃이 잎겨드랑이에서 나온 짧은 꽃줄기 끝마다 1개씩, 여러 송이가 밀집하여 핀다. 경기, 강원, 경북, 경남 등지의 일부 제한된 지역에 드물게 분포한다.

0403

개지치 지치과

Lithospermum arvense L.

볕이 잘 드는 건조한 풀밭에 자란다. 높이 20~50cm. 줄기는 곧게 서고, 가지가 갈라지며, 전체에 누운털이 있다. 잎은 좁은 바늘모양으로, 끝이 둔하고 가장자리가 뒤로 말린다. 3월 하순~6월 중순 개화. 지름 3~4mm의 꽃이 줄기 윗부분의 잎겨드랑이에 1개씩 달리며, 꽃자루가 매우 짧다. 전국에 드물게 분포한다. 뿌리에 지치*L. erythrorhizon*와 같은 색소가 없어 붙여진 이름이다.

반디지치 지치과

Lithospermum zollingeri A.DC.

산지의 양지바른 풀밭에 자란다. 높이 15~30cm. 줄기에 퍼진 털이 있으며, 꽃이 진 후에 옆으로 뻗는 가지가 자라 뿌리를 내리고, 다음해에 싹이 올라온다. 4월 초순~6월 하순 개화. 줄기 위쪽 잎겨드랑이에 15~18mm의 꽃이 처음에는 홍자색으로 피어 청자색으로 바뀐다. 꽃의 중간에 있는 별모양의 흰색 선이 반딧불이가 빛을 발하는 모습을 닮아 붙여진 이름이다.

옥녀꽃대 홀아비꽃대과

Chloranthus fortunei (A.Gray) Solms

산지의 숲 속 반그늘에서 자란다. 높이 15~40cm. 잎은 줄기 아래에서 2장이 마주나고, 줄기 윗부분에서는 4장이 돌려나며, 아랫잎이 나지 않는 개체도 있다. 3월 하순~5월 중순 개화. 꽃술의 길이가 10~15mm로 홀아비꽃대에 비하여 길고 가늘다. 남해안 및 지리산 일대 등 주로 남부지방에 분포한다. 거제도 옥녀봉에서 처음 발견되어 붙여진 이름이다.

홀아비꽃대 홀아비꽃대과

Chloranthus japonicus Siebold

산지의 숲 속에 자란다. 높이 20~30cm. 땅속줄기에 마디가 많으며, 그 마디에서 줄기가 나와 곧게 자란다. 줄기 윗부분에 두 쌍의 잎이 마주나며, 가까이 붙어서 돌려난 것처럼 보인다. 4월 초순~5월 하순 개화. 꽃차례는 길이 20~30mm로서 꽃잎이 없고, 꽃술의 길이는 5~7mm로 짧고 두툼하다. 주로 중부 이북에 분포한다. 1개의 꽃차례가 홀로 자라 붙여진 이름이다.

0404

뽀리뱅이 국화과

Youngia japonica (L.) DC.

들이나 길가, 그늘진 곳에 자란다. 높이 15~100cm. 원줄기는 밑에서부터 갈라지며, 잎, 줄기 전체에 퍼진털이 난다. 뿌리잎은 거꿀피침모양으로, 가장자리가 무잎처럼 갈라지며 방석모양으로 퍼지고, 줄기잎은 없거나 1~4개가 달린다. 4월 초순~10월 하순 개화. 꽃은 지름 7~8mm 정도로, 원줄기와 가지 끝에 많이 달린다.

서양개보리뺑이 국화과

Lapsana communis L.

길가나 풀밭에 자란다. 높이 20~120cm. 줄기는 곧게 서고, 아래쪽 잎은 깃모양으로 갈라지며, 위쪽 잎은 피침모양으로 가장자리가 밋밋하다. 6월 초순~9월 중순 개화. 꽃은 지름 5~10mm 정도로, 편평꽃차례로 가지 끝에 달린다. 혀꽃은 8~15개, 총포내편은 6~8개이다. 유럽 원산의 귀화식물로, 경기와 울릉도에 주로 분포한다.

개보리뺑이 국화과

Lapsanastrum apogonoides (Maxim.) J.H.Pak & K.Bremer

들이나 논 주변에 자란다. 높이 10~20cm. 줄기는 여러 대가 뭉쳐나 가지를 치고, 전체에 털이 많으나 점차 없어진다. 뿌리잎은 사방으로 퍼지며, 꽃이 필 때까지 남아 있고, 줄기잎은 1~3개가 어긋나게 달린다. 4월 초순~5월 하순 개화. 꽃차례는 대롱꽃이 없이 8~13개의 혀꽃으로 이루어져 있으며, 지름은 1cm 정도이다.

그늘보리뺑이 국화과

Lapsanastrum humile (Thunb.) J.H.Pak & K.Bremer

산지의 그늘진 길가나 풀밭에 자란다. 높이 10~50cm. 줄기는 밑에서 모여나서 옆으로 자라다가 곧추선다. 사방으로 퍼지는 뿌리잎은 잎자루가 길고 가장자리에 톱니가 있고, 줄기잎은 1~3장 정도 달린다. 4월 하순~7월 하순 개화. 지름 8mm 정도의 꽃이 편평꽃차례로 달리며, 혀꽃은 12~20개이다. 제주와 남부지방에 분포한다.

달래 백합과

Allium monanthum Maxim.

산과 들의 양지바른 곳에 자란다. 꽃줄기의 높이 5~10cm. 비늘줄기에서 1~2장의 잎이 난다. 4월 중순~5월 초순 개화. 암수딴그루로, 꽃은 잎 사이에서 나온 1개의 꽃줄기 끝에 1~2개가 달린다. 꽃의 지름은 2mm 정도로 작고, 수술은 6개로 밑부분이 넓으며, 1개의 암술은 머리가 3갈래로 갈라진다. 전국에 흔히 자생한다.

산달래 백합과

Allium macrostemon Bunge

산과 들에 자란다. 꽃줄기의 높이 40~80cm. 잎은 2~9개로, 단면이 세모지고, 윗부분에 홈이 파이며, 아랫부분이 잎집이 된다. 5월 초순~6월 중순 개화. 꽃은 지름 5mm 정도로, 10여 개가 꽃줄기 끝에 산형꽃차례로 달린다. 암술대는 1개이고 종자는 검은색이며, 꽃은 일부 또는 전부가 작은 살눈으로 변하기도 한다. 전체에 마늘냄새가 난다.

산마늘 백합과

Allium microdictyon Prokh.

숲 속에 자란다. 높이 30~40cm. 전체에서 강한 마늘 냄새가 난다. 2~3장의 잎이 줄기 밑동에 붙고 타원형이며 가장자리는 밋밋하고 길이는 20~30cm 이다. 5~7월 개화. 오대산, 설악산, 북부지방에 매우 드물게 자생한다. 식용하기 위한 것은 주로 재배한다. 울릉산마늘은 산마늘과 비슷하나 생육환경의 영향으로 개체가 현저하게 크다.

동의나물 미나리아재비과

Caltha palustris L.

깊은 산의 계곡주변이나 습지에 자란다. 높이 30~60cm. 줄기 아래쪽은 비스듬히 누워 자란다. 뿌리잎은 물결모양의 둔한 톱니가 있고 자루가 길며, 줄기잎은 자루가 없다. 4월 초순~5월 하순 개화. 꽃은 줄기 끝에 2~4개씩 달리며, 지름이 20mm 정도로, 꽃잎처럼 보이는 꽃받침만 5~7개가 있다. 제주를 제외한 전국에 분포한다.

0407

개미자리 석죽과

Sagina japonica (Sw.) Ohwi

양지바른 들이나 길가, 공터에 자란다. 높이 15cm 정도. 줄기는 밑에서 가지가 많이 갈라지며, 줄기 윗부분에 짧은 샘털이 있다. 잎은 바늘모양으로, 길이 5~20mm 정도이다. 3월 하순~6월 하순 개화. 꽃받침은 5개이며, 길이 2mm 정도로, 타원형이고 끝이 둥글며, 짧은 선모가 있다. 꽃잎은 달걀모양으로, 꽃받침과 길이가 같거나 약간 짧다.

큰개미자리 석죽과

Sagina maxima A.Gray

바닷가에 주로 자란다. 높이 5~25cm. 줄기는 밀생하고, 상부에 선모가 있다. 잎은 아래에서 방석모양으로 모여나며, 잎겨드랑이에서 꽃줄기가 나온다. 4월 하순~9월 하순 개화. 꽃잎은 넓은 달걀모양으로 수술은 5~10개이고, 암술대는 5개로 갈라진다. 개미자리의 종자에 미세한 돌기가 빽빽한 것에 비해 돌기가 없고, 개미자리에 비해 잎이 두껍다.

갯개미자리 석죽과

Spergularia marina (L.) Besser

바닷가의 갯벌이나 바위틈에 자란다. 높이 10~20cm. 꽃받침과 줄기의 윗부분에 선모가 촘촘히 난다. 잎은 한쪽이 편평한 선형이며 막질의 턱잎은 넓은 삼각형으로, 가장자리에 2~3개의 톱니가 있다. 4월 초순~8월 중순 개화. 꽃의 지름은 6~8mm 정도이며, 줄기 윗부분의 잎겨드랑이에 달린다. 꽃자루와 꽃받침에 샘털이 있어 끈적끈적하다.

유럽개미자리 석죽과

Spergularia rubra (L.) J.Presl & C.Presl

바닷가 모래땅이나 길가에 자란다. 높이 5~25cm. 줄기는 사방으로 기어 퍼지며, 잎은 끝에 짧은 가시모양의 돌기가 있다. 턱잎은 긴 삼각형으로 끝이 뾰족하며, 마디마다 2개씩 달린다. 5월 초순~8월 초순 개화. 수술은 6~10개이다. 강원, 제주와 남부지방에 자생한다. 갯개미자리에 비해 꽃의 중심부가 거의 흰색을 띠지 않고 수술이 많다.

들개미자리 석죽과

Spergula arvensis L.

볕이 드는 풀밭에 자란다. 높이 20~50cm. 아래쪽에서 가지를 치고, 잎은 마디에 12~18개 정도로 모여난다. 2월 중순~10월 하순(주로 6~8월) 개화. 꽃은 지름이 5~6mm 정도이며, 꽃이 진 후에 밑으로 처진다. 수술은 10개, 암술대는 5개이고 지름 1mm 정도의 종자는 흑색으로, 연한 갈색의 돌기가 있다. 유럽 원산의 귀화식물이다.

다북개미자리 석죽과

Scleranthus annuus L.

길가나 풀밭, 해안가에 자란다. 높이 10~20cm. 줄기는 가지를 많이 쳐 옆으로 펼쳐진다. 잎자루가 없고, 마주나는 잎의 아랫부분이 연결되어 줄기를 감싼다. 5월 하순~8월 중순 개화. 많은 꽃이 뭉쳐달리고, 꽃의 지름은 2~3mm 정도로, 꽃잎이 없고 녹색의 꽃받침이 있다. 유럽 원산으로 경북 남부의 해안, 제주 등에 자생한다.

벼룩이자리 석죽과
Arenaria serpyllifolia L.

양지바른 풀밭이나 공터에 자란다. 높이 10~25cm. 줄기는 전체에 밑을 향한 짧은 털이 있고, 가지가 많이 갈라진다. 잎은 잎자루가 없으며 달걀모양이다. 4월 초순~5월 하순 개화. 꽃의 지름은 5~7mm 정도이며, 꽃잎은 5개로 거꿀달걀모양이다. 수술은 10개이고 암술대는 3갈래로 갈라진다. 개미자리와 달리 꽃받침 끝이 뾰족하고, 꽃잎보다 길다.

당개지치 지치과
Brachybotrys paridiformis Maxim. ex Oliv.

산지 숲 속 반그늘에 자란다. 높이 40cm 정도. 가지를 치지 않으며, 곧게 서고 털이 있다. 줄기 위쪽의 잎은 5~6장이 돌려난 것처럼 촘촘하게 달린다. 4월 하순~6월 초순 개화. 지름 10mm 정도의 꽃이 잎 사이에서 나온 꽃줄기 끝에 총상꽃차례로 달리며, 아래를 향해 핀다. 전북 이북에 주로 분포하며, 남부지방에도 드물게 보인다.

0408

자운영 콩과
Astragalus sinicus L.

논에 녹비용으로 경작하며, 야생으로 퍼져 자란다. 높이 10~25cm. 줄기는 밑에서 가지가 많이 나와 옆으로 자라다가 곧추선다. 잎은 홀수깃모양겹잎으로, 작은잎은 9~11쌍이며, 턱잎은 달걀모양으로 끝이 뾰족하다. 3월 중순~5월 하순 개화. 꽃은 꽃줄기 끝에 폭 2~3cm 정도의 산형꽃차례로 달린다. 중국 원산으로 남부지방에 널리 자생하며, 대개 큰 군락을 이룬다.

개망초 국화과
Erigeron annuus (L.) Pers.

길가나 들, 빈터에 자란다. 높이 30~100cm. 전체에 짧고 굵은 털이 있으며, 가지를 많이 친다. 뿌리잎은 달걀모양으로, 톱니와 긴 잎자루가 있으며, 꽃이 필 때 시들고, 줄기잎은 긴 달걀모양으로 가장자리에 톱니가 있다. 4월 중순~10월 중순 개화. 꽃은 지름 20mm 정도로 때로 연한 자주색을 띠기도 한다. 혀꽃은 100개 정도이며 북아메리카 원산으로 전국에 흔히 자생한다.

주걱개망초 국화과

Erigeron strigosus Muhl. ex Willd.

들이나 하천 주변의 건조한 풀밭에 자란다. 높이 30~100cm. 줄기에 위로 굽은 짧은 털이 있다. 뿌리잎은 주걱모양으로, 가장자리에 톱니가 없거나 얕은 톱니가 있으며, 줄기잎은 톱니가 없다. 5월 하순~7월 중순 개화. 머리꽃은 지름이 15mm 정도로, 120개 정도의 혀꽃이 달린다. 유럽 원산으로 개망초, 봄망초와 달리 잎가장자리에 톱니가 없는 점으로 구분된다.

봄망초 국화과

Erigeron philadelphicus L.

들의 풀밭에 자란다. 높이 30~80cm. 줄기는 속이 비어 있다. 뿌리잎은 거꿀피침모양으로 톱니가 있으며, 줄기잎은 밑부분이 줄기를 감싼다. 4월 중순~6월 하순 개화. 꽃의 지름은 20~25mm 정도이며, 혀꽃은 더러 분홍색을 띠며 350~400개로 많다. 개망초보다 이른 계절에 피고 개화기간이 짧다. 북아메리카 원산으로 대구에서 처음 발견되어 '대구망초'라고도 한다.

씀바귀 국화과

Ixeridium dentatum (Thunb.) Tzvelev

산과 들에 자란다. 높이 20~50cm. 줄기는 위에서 가지를 치고, 자르면 흰 즙이 나온다. 뿌리잎은 뭉쳐나고, 줄기잎은 2~3장으로, 자잘한 톱니가 있으며 밑동은 줄기를 감싼다. 4월 중순~7월 하순 개화. 지름 15mm 정도의 꽃이 달리고, 혀꽃은 5~7개이다. 전체에 쓴맛이 나서 유래된 이름이다. 씀바귀속var. *amplifolia*은 혀꽃이 8~12개이다.

벌씀바귀 국화과

Ixeris polycephala Cass.

1/2

들이나 경작지 주변에 자란다. 높이 15~40cm. 뿌리잎은 긴 피침모양으로, 가장자리가 밋밋하거나 톱니가 있다. 줄기잎은 화살촉모양으로, 밑부분이 줄기를 감싼다. 4월 하순~7월 초순 개화. 꽃의 지름은 8mm 정도로, 국내에 자생하는 **씀바귀속***Ixeris* 중 가장 작으며, 여러 개가 원줄기 끝에 달리고, 혀꽃은 20~25개 정도이다. 어린 순을 식용한다.

선씀바귀 국화과

Ixeris strigosa (H.Lev. & Vaniot) J.H.Pak & Kawano

길가나 들에 자란다. 높이 20~35cm. 줄기는 밑에서 여러 개가 나고, 자르면 유백색의 즙이 나온다. 뿌리잎은 긴 타원모양으로 가장자리가 깃모양으로 갈라지거나 톱니가 있고, 줄기잎은 밑부분이 좁아져 줄기를 감싼다. 4월 하순~6월 중순 개화. 꽃은 지름 20~25mm 정도이고, 대개 흰색의 꽃이 피지만 연한 자주색을 띠기도 한다.

노랑선씀바귀 국화과

Ixeris chinensis (Thunb. ex Thunb.) Nakai

길가나 들에 자란다. 높이 20~35cm. 뿌리잎은 꽃이 필 때까지 남아 있으며 방석모양으로 퍼지고, 거꿀피침모양 또는 긴 타원모양이며, 가장자리에 톱니가 있거나 깃처럼 갈라진다. 줄기잎은 가장자리가 밋밋하거나 깃처럼 갈라지며, 1~2개로 밑부분이 원줄기를 감싼다. 4~6월 개화. 선씀바귀와 달리 연한 노란색의 꽃을 피운다.

0409

벋음씀바귀 국화과

Ixeris debilis (Thunb. ex Thunb.) A.Gray

들이나 경작지 주변의 약간 습한 곳에 무리지어 자란다. 높이 15~30cm. 기는 줄기가 사방으로 퍼지고, 마디에서 뿌리가 내려 번식한다. 뿌리잎은 거꿀피침모양 또는 긴 주걱모양으로 아랫부분에 약간의 톱니가 있다. 4월 중순~7월 중순 개화. 꽃의 지름은 25~30mm로 꽃줄기 끝에 1~6개가 달리며, 혀꽃은 20~25개 정도이다.

좀씀바귀 국화과

Ixeris stolonifera A.Gray

양지 바르고 배수가 잘되는 들이나 길가에 자란다. 높이 10~15cm. 줄기는 땅을 기고, 마디에서 뿌리가 내린다. 잎은 둥근모양 또는 타원모양으로, 잎자루가 길다. 4월 중순~6월 하순 개화. 꽃은 지름 20mm 정도로, 꽃줄기 끝에 1~3개가 달린다. 벋음씀바귀에 비해 식물체의 크기가 작고, 잎은 둥근모양으로 잎자루가 길어 구분된다.

갯씀바귀 국화과

Ixeris repens (L.) A.Gray

바닷가의 모래땅에 자란다. 높이 10cm 정도. 땅속줄기가 옆으로 길게 자란다. 잎은 손바닥모양으로, 가장자리가 3~5 갈래로 깊게 갈라진다. 4월 하순~10월 하순 개화. 잎겨드랑이에서 나온 꽃줄기 끝에 지름 20~30mm의 꽃이 2~5개 달린다. 벋음씀바귀나 좀씀바귀와 달리 모래땅에 자라며, 잎의 모양이 확연하게 다르다.

고들빼기 국화과

Crepidiastrum sonchifolium (Bunge) Pak & Kawano

산과 들의 풀밭에 자란다. 높이 20~80 cm. 줄기는 가지가 많이 갈라진다. 뿌리잎은 가장자리가 빗살처럼 갈라지고, 달걀모양의 줄기잎은 밑부분이 넓어져 줄기를 감싸며, 잎가장자리에 큰 톱니들이 불규칙하게 난다. 4월 하순~10월 초순 개화. 가지 끝마다 지름 15mm 정도의 꽃이 달린다. 어린 잎과 뿌리는 나물로 먹으며 맛이 쓰다.

제비꽃 제비꽃과

Viola mandshurica W. Becker

산과 들에 자란다. 꽃자루의 높이 10~15cm. 잎자루와 꽃자루가 털이 없이 매끈하다. 4월 초순~5월 초순 개화. 꽃의 옆갈래조각 양쪽에 털이 있다. 개미씨밥elaiosome을 붙여 종자를 퍼트린다. 꽃이 지고 난 후 잎자루에 날개가 발달하며, 뿌리는 갈색으로, 뿌리가 흰색인 호제비꽃과 구분된다. 제비가 돌아올 무렵에 피는데서 유래한 이름이다.

호제비꽃 제비꽃과

Viola philippica Cav.

산과 들, 길가에 자란다. 꽃자루의 높이 3~15cm. 잎과 줄기 전체에 짧은 털이 있어 분가루를 묻힌 듯하다. 3월 하순~5월 중순 개화. 옆갈래조각 양쪽에 털이 거의 없고 뿌리는 흰색이다. 제비꽃에 비해 크기가 다소 작고, 잎의 질감이 두꺼워 구분된다. 사람이 자주 지나다니는 정원이나 공원, 길가, 밭둑 어디든 불쑥불쑥 자라나 꽃을 피우는 모습이 오랑캐를 닮아 붙여진 이름이다.

흰제비꽃 제비꽃과

Viola patrinii DC. ex Ging.

볕이 드는 풀밭에 자란다. 꽃자루의 높이 7~16cm. 뿌리는 흑갈색이고 잎자루가 잎몸보다 길거나 비슷하고, 날개가 있으며, 주걱모양이고, 여름잎은 날개가 더 발달한다. 4월 하순~5월 하순 개화. 꽃잎의 아래갈래조각에 자주색 줄무늬가 나타나고, 옆갈래조각 안쪽에 털이 있다. 한라산을 포함해 내륙의 1000m 이상의 고산지대에 자생한다.

흰들제비꽃 제비꽃과

Viola betonicifolia Sm.

화단과 공원 양지바른 곳에 자란다. 꽃자루 높이 10~15cm. 뿌리는 옅은 갈색이고, 잎은 긴 삼각모양으로, 잎자루의 윗부분에 날개가 있다. 4월 초순~5월 중순 개화. 꽃은 흰색과 연보라색으로 피며, 꽃잎에 진보라색 줄무늬가 있다. 민가 주변의 낮은 지대에 자생하여 고산지대에만 자라는 흰제비꽃과 구분되며, 흰젖제비꽃은 잎자루에 날개가 없고, 꽃자루가 붉은색을 띠어 구분된다.

흰젖제비꽃 제비꽃과

Viola lactiflora Nakai

공원과 민가 근처, 들에 자란다. 꽃자루의 길이는 10~18cm. 뿌리는 흰색이다. 잎은 긴 삼각모양으로, 잎자루에 날개가 없다. 4월 초순~5월 중순 개화. 꽃 옆갈래조각 안쪽에 털이 조금 있으며, 꽃자루는 주로 갈색을 띤다. 최근 알려진 흰들제비꽃*V. betonicifolia*은 뿌리가 연갈색이며, 꽃의 옆과 아래갈래조각에 보라색 줄무늬가 많아 별도의 미기록종으로 구분된다.

남산제비꽃 제비꽃과

Viola chaerophylloides (Regel) W. Becker

산지에 자란다. 꽃자루의 높이 7~17cm. 잎이 3~5갈래로 갈라지며, 갈라진 잎은 깊은 톱니로 다시 갈라진다. 4월 초순~5월 초순 개화. 꽃잎의 옆갈래조각 안쪽에 약간의 털이 있다. 꽃은 대부분 흰색이며 꽃잎 앞뒤에 분홍색을 띠기도 한다. 꽃이 지면 더 큰 잎이 돋는다. 전국에 고루 분포한다. 일본의 남산에서 최초로 발견되어 유래된 이름이다.

태백제비꽃 제비꽃과

Viola albida Palib

높은 산지에 자란다. 꽃자루의 높이 5~18cm. 잎은 삼각모양 또는 긴 달걀모양으로, 끝이 뾰족하고, 밑은 심장모양이며, 가장자리에 안으로 휜 톱니가 있다. 꽃이 지고 난 후 20~25cm까지 잎이 자란다. 3월 하순~5월 중순 개화. 꽃에 향기가 나고, 옆갈래조각 안쪽에 거친 털이 있다. **단풍제비꽃**var. *takahashii*은 유전형질상 근연종인 남산제비꽃과의 자연교잡종으로, 잎의 변이가 심하다.

고깔제비꽃 제비꽃과

Viola rossii Hemsley

산지의 양지바른 곳에 자란다. 꽃줄기의 높이 7~15cm. 땅속줄기는 통통하며 마디가 있다. 잎은 뿌리에서 2~5장 모여 난다. 이른 봄에 돋는 잎은 고깔모양으로 작게 말려 나며, 여름잎은 크고 광택이 난다. 4월 중순~5월 중순 개화. 꽃은 지름 10~15mm 정도로, 잎보다 먼저 나온 각각의 꽃자루 끝에 같은 방향으로 달린다. 꽃잎 안쪽에 털이 있거나 없다.

알록제비꽃 제비꽃과

Viola variegata Fisch. ex Link

산지의 숲 속에 자란다. 개화기 높이 5~15cm. 뿌리가 가늘고 길다. 잎은 넓은 타원모양으로, 가장자리에 톱니가 있으며 끝이 둔하다. 잎의 앞면에 잎맥을 따라 흰 줄무늬가 있다. 뒷면은 대부분 진한 자주색이나 기온이 올라가면 녹색으로 변한다. 4월 중순~5월 중순 개화. 꽃뿔이 길고 꽃의 옆갈래조각 안쪽에 털이 있다. 전국에 분포하며 다양한 변이종이 있다.

자주잎제비꽃 제비꽃과

Viola violacea Makino

양지바르고 건조한 산지에 자란다. 꽃줄기의 높이 5~10cm. 제비꽃들 중 왜소한 편이고, 꽃이 지고 돋아나는 여름잎은 커지지 않는다. 잎 양면에 광택이 나는 에나멜층으로 덮여 있으며, 삼각상 달걀모양으로, 작고 질감이 두껍다. 4월 초순~5월 초순 개화. 꽃의 지름은 1.5cm 내외로, 꽃잎 안쪽에 털이 없다. 제주를 포함한 남해안 지역과 서해안을 따라 변산반도까지 분포한다.

노랑제비꽃 제비꽃과

Viola orientalis (Maxim.) W. Becker

산지의 숲 속이나 양지바른 곳에 자란다. 높이 10~20cm. 줄기가 있고, 잎은 대부분 줄기에서 나며, 아랫부분은 심장모양이고 가장자리에 톱니가 있다. 3월 하순~5월 하순 개화. 꽃잎의 아래갈래조각에 보라색 줄무늬가 있다. 꽃이 피고 씨앗을 떨어뜨리고 나면 줄기가 사라지고 뿌리에서 돋아난 잎만 남으며, 대부분의 제비꽃속 분류군과 달리 폐쇄화가 발달하지 않는다.

넓은잎제비꽃 제비꽃과

Viola mirabilis L.

산지의 숲 속에 자란다. 개화기 때의 높이 15cm. 뿌리잎은 심장모양으로, 말려서 하늘을 향해 돋는다. 4월 하순~5월 중순 개화. 꽃은 뿌리에서 나온 꽃자루에 달린다. 한반도 북부지역에 자생하는 것으로 알려졌으나 1990년대 강원도에서 자생지가 확인되었다. 종소명 'mirabilis'는 '기이하다'는 뜻으로 꽃이 필 때는 줄기가 없다가 꽃이 지고 난 후 줄기가 나와 30cm 정도로 자란다.

금강제비꽃 제비꽃과

Viola diamantiaca Nakai

해발 700m 이상 산지의 양지에서 자란다. 꽃줄기의 높이 5~15cm. 잎은 1~2개로 새잎은 양쪽이 안쪽으로 말린다. 4월 하순~5월 중순 개화. 꽃의 옆갈래조각 안쪽에 털이 있다. 금강산에서 처음 발견되었으며, 중북부 지방에 분포한다. **애기금강제비꽃***V. yazawana*은 주로 해발 1,000m 이상에서 자라며 금강제비꽃에 비해 크기가 훨씬 작고 2~3개의 잎이 나온다.

졸방제비꽃 제비꽃과

Viola acuminata Ledeb.

산지 숲 속에 자란다. 높이 20~40cm. 줄기가 곧게 서며, 줄기에 잎이 달린다. 턱잎은 긴 타원모양으로 빗살모양의 톱니가 있고 전체에 털이 있다. 4월 초순~6월 초순 개화. 꽃은 연보라색과 흰색을 띠고, 옆갈래조각 안쪽 양면에 털이 나며, 꽃뿔은 짧고 암술머리에 작은 돌기가 있다. 줄기가 있어 제비꽃 종류 중에 늦게 꽃이 피는 편이다.

흰털제비꽃 제비꽃과

Viola hirtipes S. Moore

산지의 숲 속이나 풀 밭에 자란다. 꽃줄기의 높이 7~18cm. 꽃줄기와 잎자루에 흰색의 긴 털이 난다. 잎에는 털이 없지만, 드물게 앞면과 뒷면 맥 위에 털이 나기도 한다. 4월 초순~5월 중순 개화. 꽃의 지름이 25mm 정도로 매우 큰 편이고, 꽃잎 옆갈래조각 안쪽에 털이 많아 암술이 가려진다. 전초에 흰색의 긴 털이 있어 붙여진 이름이다.

뫼제비꽃 제비꽃과

Viola selkirkii Pursh ex Goldie

해발 800m 이상의 높은 산지에 자란다. 꽃줄기의 높이 3~10cm. 잎은 길이 1~3cm이며, 양면에 털이 드물게 난다. 4월 중순~5월 하순 개화. 꽃잎의 옆갈래조각 안쪽에 털이 거의 없다. 강원, 충북, 경기, 경북 등에 분포한다. 뿌리줄기가 옆으로 뻗어 새로운 개체를 번식하기도 하며, 잎 면이 자갈색이거나 잎맥이 흰색을 띠는 개체도 있다.

한계령풀 매자나무과

Gymnospermium microrrhynchum (S.Moore) Takht.

높은 산지의 낙엽수림 아래에 자란다. 높이 30~40cm. 뿌리는 곧게 뻗으며, 끝에 둥근 덩이뿌리가 있다. 잎은 1개로 2회 3출엽으로 갈라지며, 작은잎은 가장자리가 밋밋하다. 4월 초순~5월 중순 개화. 꽃은 지름 1cm 정도로, 총상꽃차례로 달리고 꽃잎같은 꽃받침잎은 5~6장이다. 강원도의 높은 산지에 자라며, 설악산 한계령에서 처음 발견되었다.

삼지구엽초 매자나무과

Epimedium koreanum Nakai

산지의 반그늘에 자란다. 높이 30cm 정도. 뿌리줄기에서 옆으로 기는줄기가 여러 개 나와 무리지어 자란다. 3개의 가지마다 3장씩 잎을 달아서 유래한 이름이다. 4월 초순~5월 중순 개화. 꽃은 줄기 끝에 아래를 향해 달린다. 꽃잎은 4개로 긴 꽃뿔이 있고 그 끝에 꿀이 들어있다. 암술은 1개, 수술은 4개이다. 중부지방에 주로 분포한다.

개구리자리 미나리아재비과

Ranunculus sceleratus L.

습지나 논두렁, 냇가 근처에 자란다. 높이 30~50cm. 전체에 털이 없고, 줄기는 매끈하며 윤채가 난다. 뿌리잎은 3갈래로 깊게 갈라지고, 막질이 있어 윤기가 있으며, 줄기잎은 완전히 3갈래로 갈라진다. 4월 초순~6월 중순 개화. 꽃은 지름 6~10mm 정도로, 가지 끝에 취산꽃차례로 달린다. 씨앗 여러 개가 긴 타원상 원주모양으로 모여달린다.

젓가락나물 미나리아재비과

Ranunculus chinensis Bunge

볕이 들고 습한 들에 자란다. 높이 20~50cm. 전체에 거센털이 퍼져 난다. 뿌리잎은 잎자루가 길며, 잎몸은 3갈래로 갈라지고, 갈래잎은 다시 2~3갈래로 갈라진다. 4월 하순~8월 초순 개화. 꽃잎에 광택이 없다. 젓가락나물과 비슷한 개구리미나리는 잎이 더 가늘고 털이 없고, 털개구리미나리에 비해서는 열매가 길쭉하다.

꿩의바람꽃 미나리아재비과

Anemone raddeana Regel

산지의 계곡으로부터 높은 곳까지 습기가 많은 숲 속에 자란다. 높이 15~20cm. 줄기는 가지를 치지 않으며, 잎은 3개로 1~2회 갈라진다. 2월 하순~5월 하순 개화. 꽃은 지름 3~4cm 정도로 줄기 끝에 1개씩 달리며 포잎은 3장으로 각각 3개로 깊게 갈라진다. 꽃잎처럼 보이는 꽃받침잎이 8~13장으로 많아서 다른 바람꽃들과 구분된다.

홀아비바람꽃 미나리아재비과

Anemone koraiensis Nakai

산지 계곡의 습기가 많은 곳에 자란다. 높이 10~15cm. 땅속줄기는 굵으며, 옆으로 긴다. 1~2개의 뿌리잎이 있고, 줄기잎은 5갈래로 갈라지며, 앞면과 가장자리에 털이 있다. 4월 초순~5월 하순 개화. 꽃의 지름은 10~12mm 정도로 1개의 꽃자루 끝에 달린다. 꽃잎은 없고, 흰색의 꽃받침잎이 있다. 주로 강원, 경기, 경북 등에 분포한다. 꽃이 1개씩 달려서 유래한 이름이다.

회리바람꽃 미나리아재비과
Anemone reflexa Steph. & Willd.

산지의 그늘지고 습한 숲에 자란다. 높이 15~20cm. 4월 중순~5월 하순 개화. 줄기 끝에 지름 1cm 정도의 꽃이 1~3개씩 달리며 5장의 꽃받침잎이 뒤로 완전히 젖혀진다.

들바람꽃 미나리아재비과
Anemone amurensis (Korsh.) Kom.

산지의 계곡이나 습한 숲 속에 자란다. 높이 10~25cm. 뿌리잎이 1~2장 난다. 4월 초순~5월 하순 개화. 포엽 3개가 돌려나며, 꽃의 지름은 10~15mm 정도로 꽃잎은 없고, 꽃받침잎은 분홍색을 띠기도 한다. 중부 이북에 분포한다.

태백바람꽃 미나리아재비과
Anemone pendulisepala Y. Lee

산지의 숲 속에 자란다. 높이 10~20cm. 3장의 포엽은 3갈래로 갈라지고, 가장자리에 불규칙한 톱니가 있다. 4월 중순~5월 하순 개화. 꽃의 지름은 20mm 정도이며, 6~7장의 꽃받침잎은 뒤로 제껴진다. 들바람꽃과 회리바람꽃의 중간 형태를 띤다.

남바람꽃 미나리아재비과

Anemone flaccida F. Schmidt

산지의 계곡 주변에 자란다. 높이 15~25cm. 잎은 3갈래로 갈라지고 작은잎의 끝이 얕게 갈라진다. 4월 중순~5월 중순 개화. 긴 꽃자루 끝에 2~4개의 꽃이 피며, 꽃받침잎 뒷면이 분홍색을 띠기도 한다. 제주를 포함한 남부지방에 주로 분포한다. 2007년 제주에서 발견되어 '남방바람꽃'으로 불렸으나, 1942년 전남 구례에서 발견된 것이 확인되어 처음의 이름으로 수정되었다.

나도바람꽃 미나리아재비과

Enemion raddeanum Regel

산지의 습하고 그늘진 숲 속에 자란다. 높이 20~40cm. 뿌리잎은 2~3장이 모여나며, 잎자루가 길고, 잎 뒷면은 분백색으로 짧은 털이 있다. 줄기잎은 보통 1장으로, 3갈래씩 2회 갈라진다. 4월 하순~5월 하순 개화. 지름 10~15mm 정도의 꽃들이 우산모양꽃차례로 달린다. 꽃받침잎은 꽃잎처럼 보이며, 암술은 3~5개이다. 지리산 이북에 분포한다.

애기나리 백합과

Disporum smilacinum A.Gray

산지의 숲 속이나 풀밭에 자란다. 높이 15~40cm. 줄기는 가지가 없거나 1~2개로 갈라진다. 4월 중순~5월 하순 개화. 꽃은 줄기 끝에 1~2송이가 달리며, 꽃잎은 길이 11~16mm 정도이고, 암술대는 끝이 3개로 갈라진다. 열매는 둥글며, 흑색으로 익는다. 큰애기나리에 비해 암술대와 수술대가 씨방과 꽃밥보다 2~3배 길어 구분된다.

큰애기나리 백합과

Disporum viridescens (Maxim.) Nakai

산지의 숲 속에 자란다. 높이 30~60cm. 줄기는 곧게 서며, 1~3회 가지가 갈라진다. 4월 중순~6월 초순 개화. 줄기 끝에 연한 녹색 꽃이 1~3개씩 밑을 향해 달린다. 꽃잎의 길이는 12~20mm 정도이며, 씨방은 공모양이다. 씨방과 꽃밥은 암술대와 수술대의 길이가 비슷하다. 애기나리에 비해 가지를 많이 치고, 여러 개의 꽃이 달린다.

윤판나물 백합과

Disporum uniflorum Baker

산지의 숲 속에 자란다. 높이 30~80cm. 줄기는 곧게 서고, 윗부분에서 여러 갈래로 갈라진다. 잎은 긴 타원모양으로 3~5개의 맥이 있다. 4월 하순~6월 초순 개화. 길이 20~25mm 정도인 통모양의 꽃이 가지 끝에 1~3개씩 뭉쳐서 아래를 향하여 달린다. 수술은 6개, 암술은 1개이며 끝이 3개로 갈라진다. 열매는 둥글고 흑색으로 익는다.

삿갓나물 백합과

Paris verticillata M.Bieb.

산지의 숲 속에 자란다. 높이 20~40cm. 땅속줄기가 길게 뻗고 끝에서 줄기가 나온다. 잎은 줄기 끝에서 6~8장이 돌려나며, 3개의 맥이 뚜렷하다. 4월 하순~6월 초순 개화. 꽃은 돌려난 잎 가운데서 1개의 꽃자루가 나와 끝에 1개가 달린다. 꽃받침조각은 4~5장으로 길이 2~4cm이며, 꽃잎은 실모양으로 길이 15~20mm, 수술은 8~10개이다.

광릉요강꽃 난초과

Cypripedium japonicum Thunb. ex Murray

높은 산지 숲 속의 부엽토가 풍부한 곳에 자란다. 높이 30~55cm. 뿌리줄기는 단단하고 옆으로 뻗으며, 마디에 철사모양의 굵은 뿌리가 난다. 줄기에 털이 많으며, 2장의 잎은 부채모양이다. 4월 하순~5월 하순 개화. 줄기 끝에 1개씩 달리며, 꽃의 크기는 4.5~5.5cm이다. 꽃에서 암모니아 냄새가 나는데서 유래한 이름이며, '치마난초'라고도 한다.

광대수염 꿀풀과

Lamium album subsp. *barbatum* (Siebold & Zucc.) Mennema

산지의 숲 속이나 들의 습한 곳에 자란다. 높이 30~60cm. 줄기는 네모지며 곧게 서고, 가지를 치지 않는다. 4월 중순~6월 하순 개화. 꽃은 약간 상아색을 띠고 길이는 25~30mm 정도로 잎겨드랑이에 5~6개씩 층층이 돌려난다. 꽃이 달리는 잎에도 잎자루가 있어서 북부지방에 자생하는 **왜광대수염***L. album*과 구분된다.

0414

앵초 앵초과

Primula sieboldii E. Morren

산지의 냇가나 습지 주변에 자란다. 높이 15~30cm. 잎은 달걀모양으로 뿌리에서 나고 연한 털이 있으며, 표면에 주름이 지고, 가장자리가 얕게 갈라진다. 4월 초순~5월 중순 개화. 지름 20~30mm 정도의 꽃이 5~15개 정도 달린다. 자가수분을 피해 유전적 다양성을 높이기 위하여 암술대가 길거나 짧은 동종이형(同種異形)의 꽃을 피운다.

큰앵초 앵초과

Primula jesoana Miq.

높은 산지의 숲 속에 자란다. 높이 30~50cm. 뿌리줄기는 짧고 옆으로 뻗으며, 전초에 잔털이 있다. 뿌리에서 7~9갈래로 갈라진 손바닥모양의 잎이 난다. 4월 하순~6월 중순 개화. 지름 15~25mm의 꽃이 층마다 5~6개씩 1~4층으로 달린다. 꽃줄기와 잎자루에 꼬부라진 긴 털이 많은 것은 **털큰앵초**var. *pubescens*로 분류한다.

설앵초 앵초과

Primula modesta Bisset & S.Moore

높은 산 바위틈이나 풀밭에 자란다. 높이 15cm 정도. 잎은 거꿀피침모양이며, 잎의 뒷면은 은황색 가루로 덮여 있다. 4월 하순~6월 초순 개화. 꽃의 지름은 10~14mm. 제주와 영남의 높은 산에 자생한다. 최근 한반도 남부에 분포하는 분류군을 다른 변종var. *koreana*으로 발표하였다. 급속한 환경변화에 따른 멸종, 멸절의 위험도가 높다.

설앵초 제주

설앵초 경남

갯봄맞이 앵초과

Lysimachia maritima (L.) Galasso, Banfi & Soldano

바닷가 습지에 자란다. 높이 5~20cm. 땅속줄기가 옆으로 뻗는다. 잎 뒷면에 파진 점이 흩어져 있고 주맥과 측맥은 뚜렷하지 않다. 4월 하순~6월 초순 개화. 지름이 6~7mm의 꽃이 잎겨드랑이에 1송이씩 달린다. 열매는 둥글며 암술대가 달려 있다. 황해도, 함경도에 자생하며 근래에 강원, 경북, 울산 등의 해안에 드물게 자생하는 것이 알려졌다.

0415

붉은참반디 산형과

Sanicula rubriflora F. Schmidt ex Maxim.

높은 산지의 숲 속에 자란다. 높이 20~50cm. 줄기는 꽃이 지고 높이 자란다. 뿌리잎은 3갈래로 깊게 갈라지고, 양쪽 갈래는 다시 2개로 갈라진다. 줄기잎은 2장이 줄기 윗부분에 마주난다. 4월 하순~6월 중순 개화. 길이 3~6cm의 꽃자루가 1~5개 나와 그 끝에 꽃이 모여달린다. 열매에 갈고리모양의 가시가 있다. 중부 이북에 분포한다.

애기참반디 산형과

Sanicula tuberculata Maxim.

산지의 숲 속에 자란다. 높이 10~20cm. 뿌리잎은 3갈래로 갈라진 후 양쪽 갈래가 다시 2갈래로 갈라지며, 줄기잎은 2개가 마주나고 잎자루가 없다. 4월 중순~6월 초순 개화. 꽃은 줄기 끝에 2~3개의 산형꽃차례에 모여달린다. 전국에 드물게 분포한다. 흑자색으로 피는 붉은참반디*S. rubriflora*에 비해 열매에 가시모양의 갈고리가 없다.

금낭화 양귀비과

Lamprocapnos spectabilis (L.) Fukuhara

산지의 계곡 주변에 자란다. 높이 40~80cm. 줄기가 연하며, 전체가 흰빛이 도는 녹색으로 가지를 치고, 잎은 3개씩 2회 깃모양으로 갈라진다. 4월 중순~6월 중순 개화. 볼록한 주머니모양을 한 길이 15mm 정도의 꽃이 원줄기 끝에 총상꽃차례로 달리고, 꽃차례는 활처럼 굽는다. 전국에 널리 분포하며, 관상용으로 기르기도 한다.

조름나물 조름나물과

Menyanthes trifoliata L.

연못이나 늪에 자란다. 꽃자루의 높이 20~40cm. 옆으로 기는 땅속줄기가 있으며, 잎은 5~6장이 땅속줄기에서 모여 난다. 잎은 양끝이 뾰족한 타원형의 작은잎 3장으로 갈라진다. 4월 중순~6월 중순 개화. 꽃은 지름 10~15mm 정도로 끝이 5갈래로 갈라진다. 강원, 경북에 드물게 자생하며, 먹으면 졸리는 나물이라 하여 유래한 이름이다.

0416

산골무꽃 꿀풀과

Scutellaria pekinensis var. *transitra* (Makino) H.Hara

산지의 숲 속에 자란다. 높이 15~30cm. 원줄기는 네모지며, 위로 굽은 흰 털이 있다. 잎은 달걀모양으로 잎자루가 길고 가장자리에 톱니가 있다. 5월 중순~7월 초순 개화. 꽃차례는 길이 3~6cm 정도로 퍼진 샘털이 있거나 털이 없고 꽃자루에는 털이 있다. 골무꽃은 꽃이 줄기 끝에 뭉쳐서 달리고, 산골무꽃은 꽃과 줄기잎이 번갈아 달린다.

참골무꽃 꿀풀과

Scutellaria strigillosa Hemsl.

바닷가 근처나 모래땅에 주로 자란다. 높이 10~40cm. 줄기는 네모지고 모서리를 따라 위를 향한 잔털이 있으며, 가지가 많이 갈라진다. 잎은 끝이 둥근 긴 타원모양으로, 가장자리에 둔한 톱니가 있다. 5월 하순~9월 초순 개화. 줄기 윗부분의 잎겨드랑이에 1개씩 달리고, 꽃부리는 통모양으로, 4개의 수술 중 2개가 길다.

골무꽃 꿀풀과
Scutellaria indica L.

양지바른 숲 가장자리나 길가, 풀밭에 자란다. 높이 20~30cm. 전체에 길고 퍼진 털이 난다. 줄기는 네모지고, 잎은 넓은 심장모양으로 가장자리에 둔한 톱니가 있다. 4월 중순~6월 하순 개화. 꽃은 줄기 윗부분에 한쪽으로 치우쳐서 2줄로 달린다. 아랫입술꽃잎에 자주색 반점이 있다. 씨방이 골무를 닮아 유래한 이름이다.

광릉골무꽃 꿀풀과
Scutellaria insignis Nakai

산지의 숲 속이나 숲 가장자리에 자란다. 높이 40~70cm. 잎은 표면에만 털이 있고, 가장자리에 굵은 톱니가 있다. 5월 중순~8월 초순 개화. 꽃부리의 길이는 35mm 정도이며, 아랫입술꽃잎에 샘털과 털이 나고 자주색 점이 있다. 경기 이남에 분포한다. 다른 골무꽃에 비해 50cm 이상 자라고, 잎이 길고 끝이 뾰족하며 꽃부리가 길어 구분된다.

0417

토끼풀 콩과

Trifolium repens L.

양지바른 풀밭이나 길가, 경작지 주변에 자란다. 높이 10~30cm. 전체에 털이 없고, 줄기의 밑부분에서 가지가 갈라져 땅을 기며 마디에서 수염뿌리를 낸다. 4월 중순~10월 중순 개화. 꽃은 잎겨드랑이에서 나온 꽃자루 끝에 30~80개가 머리모양꽃차례로 달린다. 유럽 원산으로 전국에 흔히 자생하며, 전세계에 널리 퍼져 있다.

애기노랑토끼풀 콩과

Trifolium dubium Sibth.

저지대의 습한 곳에 자란다. 높이 20~40cm. 줄기는 비스듬히 자라며. 잎은 3개의 작은잎으로 된 겹잎이다. 5월 초순~6월 하순 개화. 5~15개의 꽃이 7mm 정도의 머리모양꽃차례로 달린다. **노랑토끼풀***T. campestre*은 20~40개의 꽃이 길이 10~15mm의 머리모양꽃차례를 이루고 꽃의 기판 맥을 따라 홈이 파여 있어 구별된다.

선토끼풀 콩과

Trifolium hybridum L.

양지바른 풀밭에 토끼풀과 섞여 자란다. 높이 30~40cm. 줄기는 아랫부분이 옆으로 퍼지다가 곧게 선다. 3장의 작은잎으로 된 잎은 가장자리에 가시모양의 톱니가 있다. 4월 중순~10월 중순 개화. 가지 끝이나 잎겨드랑이에서 난 길이 5~7cm 정도의 꽃자루 끝에 20~30개의 꽃이 머리모양꽃차례를 이룬다. 토끼풀에 비해 줄기가 곧게 선다.

붉은토끼풀 콩과

Trifolium pratense L.

양지바른 풀밭이나 길가에 자란다. 높이 20~60cm. 줄기는 가지가 갈라지며 털이 있다. 잎은 3출겹잎으로 긴 잎자루가 있다. 작은잎은 표면에 흰색 무늬가 있고, 턱잎은 가장자리가 밋밋하다. 4월 중순~8월 초순 개화. 줄기와 가지 끝에 붉은 자주색의 꽃이 머리모양꽃차례로 달린다. 유럽 원산으로 꽃차례가 크고, 꽃자루가 없거나 매우 짧다.

새우난초 난초과

Calanthe discolor Lindl.

산지의 상록활엽수림 아래에 자란다. 높이 30~50cm. 줄기 밑이 굵어져 가짜 비늘줄기를 만들고, 한해에 1개씩 늘어난다. 4월 하순~5월 하순 개화. 꽃차례의 길이는 10~15cm. 꽃은 순판을 제외한 화피가 자갈색이며, 순판은 3갈래로 갈라진다. 제주, 충남, 전남, 경남에 드물게 분포한다. 뿌리줄기에 새우등처럼 생긴 마디가 있어 붙여진 이름이다.

금새우난초 난초과

Calanthe sieboldii Decne. ex Regel

산지의 상록활엽수림 아래에 자란다. 높이 30~55cm. 뿌리줄기가 옆으로 뻗고 염주모양의 마디가 많으며, 많은 뿌리를 낸다. 4월 하순~6월 중순 개화. 꽃의 크기는 22~30mm 정도이다. 제주도와 안면도, 울릉도, 남부 해안지방에 드물게 자생한다. 잎이 긴 타원모양인 새우난초에 비해 잎이 넓은 타원모양이며, 꽃이 노란색으로 피어 구분된다.

신안새우난초 난초과

Calanthe aristulifera Rchb. f.

습도가 높은 숲 속에 자란다. 높이 25~50cm. 짧고 두꺼운 가짜비늘줄기가 매년 한 개씩 늘어나며, 마디는 새우등모양이다. 잎은 2~3장으로 뒷면에 가는 털이 있다. 4월 하순~5월 하순 개화. 연한 분홍색의 꽃 10~20개가 총상꽃차례로 피며, 길이는 약 15mm이다. 전남 신안군의 한 섬에서 최초로 발견되어 붙여진 이름이다.

자란 난초과

Bletilla striata (Thunb. ex Murray) Rchb. f.

바닷가의 양지바른 풀밭이나 산지의 사면에 자란다. 높이 20~60cm. 땅속줄기는 둥글고, 수염모양의 뿌리가 달린다. 잎은 2~6장이 모여나고, 비스듬히 서며 세로 주름이 많다. 4월 하순~6월 초순 개화. 꽃의 지름은 25~30mm로 입술꽃잎은 3갈래로 갈라지며, 물결모양으로 길게 두드러진 능선이 있다. 전남의 해안지방에 드물게 자생한다.

0419

초종용 열당과

Orobanche coerulescens Stephan

바닷가 모래땅, 자갈땅에 자라며 사철쑥 등 쑥속 *Artemisia* 식물에 기생한다. 높이 10~30cm. 뿌리줄기는 잔뿌리가 나와서 기주(寄主)의 뿌리에 붙는다. 원줄기는 육질이며 가지가 없고 굵다. 줄기에 비늘잎이 드문드문 달리며, 흰색 털이 있다. 4월 하순~7월 중순 개화. 꽃부리는 입술모양이고 아랫입술꽃잎은 3개로 갈라지고 털이 많다.

백양더부살이 열당과

Orobanche filicicola Nakai ex Hyun, Y.S.Lim & H.C.Shin

풀밭에 자라며, 쑥 종류의 식물 뿌리에 기생한다. 높이 10~30cm. 줄기는 여러 대가 모여나고, 5~7장의 잎은 비늘모양으로 잔털이 있다. 5월 초순~6월 초순 개화. 꽃은 줄기 끝에 모여달리며, 꽃잎에 흰 줄무늬가 있다. 전남 장성 백양사 입구에서 처음 발견되어 붙여진 이름으로 전북, 제주 일부 지역에 드물게 자생한다.

등심붓꽃 붓꽃과

Sisyrinchium rosulatum E.P.Bicknell

양지바른 잔디밭이나 길가에 자란다. 높이 10~20cm. 잎은 선형으로 길이 4~8cm 정도이며 원줄기를 감싼다. 잔디와 비슷하여 꽃이 피기 전에는 구별하기 어렵다. 4월 하순~7월 하순 개화. 꽃은 지름이 1cm 정도로 줄기 끝에 달린 2개의 꽃받침 사이에 2~6개가 달린다. 북아메리카 원산으로 제주도를 포함한 남부지방에 분포한다.

대성쓴풀 용담과

Swertia dichotoma L.

산지의 길가에 자란다. 높이 10cm 정도. 줄기는 비스듬히 자라며, 잎은 달걀 모양이다. 4월 하순~6월 중순 개화. 지름 1cm 정도의 꽃이 잎겨드랑이나 줄기 끝에 달리며, 꽃잎 안쪽에 초록색 꿀샘이 2개씩 있다. 제한된 지역에 매우 드물게 자생한다. 강원도 대덕산 입구에서 처음 발견되었으나, 지명을 대성산으로 착각한데서 유래된 이름이다.

둥굴레 백합과

Polygonatum odoratum var. *pluriflorum* (Miq.) Ohwi

산과 들에 자란다. 높이 30~60cm. 굵은 뿌리줄기가 옆으로 뻗으며 줄기는 활모양으로 비스듬히 자란다. 4월 하순~6월 초순 개화. 길이 15~20mm 정도의 꽃이 1~2개씩 잎겨드랑이에 달린다.

진황정 백합과

Polygonatum falcatum A. Gray

산지의 숲 속에 자란다. 높이 50~80cm. 줄기는 단면이 둥글고, 윗부분이 옆으로 비스듬히 자란다. 5~6월 개화. 꽃은 잎겨드랑이마다 1~5개 정도 달리며, 주로 남부지방에 분포한다.

각시둥굴레 백합과

Polygonatum humile Fisch. ex Maxim.

산이나 숲 가장자리에 자란다. 높이 15~30cm. 뿌리줄기는 끈처럼 가늘고 길며, 옆으로 뻗는다. 줄기는 곧게 서고, 능선이 있다. 5~6월 개화. 둥굴레속 식물 중에 가장 작아서 붙여진 이름이다.

종둥굴레 백합과

Polygonatum acuminatifolium Kom.

산지의 숲 속에 자란다. 높이 10~30cm. 잎은 4~5장으로 뚜렷한 잎자루가 있다. 5~6월 개화. 꽃은 잎겨드랑이에서 1~2개가 달린다. 꽃대 밑둥에 피침모양의 작은 포가 달리며 맥이 없다.

퉁둥굴레 백합과

Polygonatum inflatum Kom.

산지의 숲 속에 자란다. 높이 30~80cm. 4월 하순~6월 중순 개화. 꽃은 잎겨드랑이에서 나온 긴 꽃자루에 달리며, 백록색의 포가 있다. 수술은 6개로 끝부분이 편평하고 수술대에 털이 있다.

죽대 백합과

Polygonatum lasianthum Maxim.

산지의 숲 속에 자란다. 높이 30~70cm. 줄기는 비스듬하게 자라고 세로줄이 있다. 4월 하순~6월 하순 개화. 잎겨드랑이에서 4cm 정도의 긴 꽃대를 내며, 통모양의 꽃이 1~2개씩 달린다.

용둥굴레 백합과

Polygonatum involucratum (Franch. & Sav.) Maxim.

산지의 숲 속에 자란다. 높이 20~40cm. 줄기에 능선이 있으며 잎은 뒷면이 분백색이다. 5~6월 개화. 잎겨드랑이에서 밑을 향하여 달리며 2장의 커다란 포 속에 2개의 꽃이 달린다.

안면용둥굴레 백합과

Polygonatum desoulavyi Kom.

산지의 숲 속에 자란다. 높이 20~60cm. 잎은 좁은 달걀모양으로 양끝이 좁다. 5~6월 개화. 꽃은 잎겨드랑이에 달리며 꽃대가 주로 2갈래 나뉘고 가늘고 긴 포가 달린다.

목포용둥굴레 백합과

Polygonatum cryptanthum H.Lev. & Vaniot

산지에 자란다. 높이 20~60cm. 잎은 타원모양으로 뒷면은 분백색이다. 5~6월 개화. 잎겨드랑이에서 나온 꽃대에 달리며 꽃대에 백록색의 꽃이 핀다. 포, 잎 뒷면에 유리조각 같은 돌기가 있다.

왕둥굴레 백합과

Polygonatum robustum (Korsh.) Nakai

산지의 숲 속에 자란다. 높이 50~90cm. 잎은 타원모양이며 잎자루는 길이 8mm 정도이다. 5~7월 개화. 꽃은 잎겨드랑이에서 긴 꽃대가 나와 2~5개씩 달린다. 둥굴레에 비해 매우 크다.

층층둥굴레 백합과

Polygonatum stenophyllum Maxim.

강이나 냇가 주변 모래밭에 자란다. 높이 40~100cm. 잎은 피침모양으로, 3~5개가 돌려난다. 5~6월 개화. 잎겨드랑이마다 여러 개의 짧은 꽃줄기가 나와 연한 녹색의 꽃이 2개씩 달린다.

층층갈고리둥굴레 백합과

Polygonatum sibiricum Redouté

양지바른 풀밭에 자란다. 높이 40~150cm. 잎은 층층이 3~8장이 돌려나고 잎 끝이 갈고리처럼 둥글게 말린다. 5~6월 개화. 잎겨드랑이에 길이 1cm 정도의 꽃이 모여달린다.

0423

풀솜대 백합과

Maianthemum japonicum (A.Gray) LaFrankie

산지의 숲 속에 자란다. 높이 30~60 cm. 전체에 잔털이 있다. 뿌리줄기가 옆으로 뻗으며 원줄기가 나와 비스듬히 자란다. 잎은 5~7개로 세로맥이 있다. 4월 하순~7월 초순 개화. 원줄기 끝에 지름 7mm 정도의 꽃이 총상꽃차례로 달린다. 전국에 흔히 분포하며, 구황작물로 백성들을 구제했다는 의미의 '지장보살'이라고도 부른다.

자주솜대 백합과

Maianthemum bicolor (Nakai) Cubey.

높은 산지의 숲 속에 자란다. 높이 30~45cm. 전체에 거의 털이 없고 줄기는 곧게 서다가 옆으로 휜다. 5월 하순~7월 하순 개화. 길이 5~10cm의 꽃대에 지름 4.5~5mm 꽃이 총상꽃차례로 달린다. 꽃은 밝은 녹색으로 피었다가 점차 자주색으로 변한다. 주로 중부 이북에 분포하며, 2012년까지는 멸종위기식물 2급으로 지정되었던 식물이다.

흰꽃광대나물 꿀풀과

Lagopsis supina (Steph. ex Willd.) Ikonn.-Gal.

들의 양지바른 곳에 자란다. 높이 20~50cm. 줄기는 네모지고 밑부분에서 가지가 많이 갈라지며, 잎과 더불어 굽은 털이 난다. 잎은 3~5갈래 갈라지며, 갈래조각에 1~2개의 톱니가 있다. 4월 중순~6월 하순 개화. 꽃은 윗부분의 잎겨드랑이에 층으로 모여달린다. 꽃부리는 입술모양으로 흰 털이 난다. 경기, 경북 등의 일부 지역에 자생한다.

연령초(연영초) 백합과

Trillium camschatcense Ker Gawl.

산지의 숲 속에 자란다. 높이 20~40cm. 굵은 뿌리줄기에서 줄기가 자라서 끝에 3개의 잎이 돌려난다. 잎은 가장자리가 밋밋하고 3~5개의 맥이 있다. 4월 하순~6월 초순 개화. 돌려난 잎의 가운데에서 꽃대가 나와 지름 4~5cm 정도의 꽃 1개가 달리며, 수술은 6개이다. 강원, 경기와 지리산 등에 분포한다. 큰연령초 714p. 참조.

양장구채 석죽과

Silene gallica L.

공터나 풀밭, 바닷가 모래땅에 자란다. 높이 10~40cm. 줄기에 샘털이 있어 전체가 끈적거린다. 뿌리잎은 주걱모양, 줄기잎은 피침모양으로 센털이 있다. 3월 초순~6월 하순 개화. 꽃은 지름 8mm 정도로 흰색, 자주색 등 다양하다. 꽃받침통에 10줄의 자주색 줄무늬가 뚜렷하며 긴 털이 있다. 유라시아 원산으로 제주와 남부지방에 자생한다.

갯장구채 석죽과

Silene aprica var. *oldhamiana* (Miq.) C.Y.Wu

바닷가 바위틈에 주로 자란다. 높이 30~70cm. 줄기는 가지가 갈라지며, 전체에 회백색의 우단같은 잔털이 있다. 4월 하순~6월 하순 개화. 지름 6~8mm 정도의 꽃이 원줄기와 갈라진 가지 끝의 꽃대 끝에서 계속해서 핀다. 꽃은 분홍색 또는 흰색이다. 꽃받침에는 항아리 모양의 능선이 있다. 중부 이남의 해안 지대에 분포한다.

달맞이장구채 석죽과

Silene latifolia subsp. *alba* (Mill.) Greuter & Burdet

강가나 길가, 풀밭에 자란다. 높이 30~70cm. 잎은 긴 타원모양으로, 끝이 뾰족하고 가장자리는 밋밋하다. 5월 중순~8월 하순 개화. 암수딴그루이며 꽃은 지름 2cm 정도이고, 향기가 나며 저녁에 피어서 아침에 시든다. 수꽃은 꽃받침이 홀쭉하고 수술이 10개이며 암꽃은 꽃받침이 통통하고 암술은 5개이다. 유럽 원산의 귀화식물이다.

개벼룩 석죽과

Moehringia lateriflora (L.) Fenzl

산지의 풀밭이나 숲 가장자리에 자란다. 높이 10~20cm. 땅속줄기가 있다. 줄기는 가늘고 밑동에서 갈라지며, 잎은 긴 타원모양이다. 4월 하순~6월 하순 개화. 잎겨드랑이에서 꽃자루가 나와 2~3갈래로 갈라지며, 끝에 지름 7~10mm 정도의 꽃이 달린다. 암술대는 3개, 수술은 10개이다. 강원 이북에 분포한다.

선밀나물 백합과

Smilax nipponica Miq.

산과 들에 자란다. 높이 10~100cm. 줄기는 곧게 서고 윗부분은 약간 휜다. 잎은 넓은 타원모양으로 끝이 뾰족하고, 가장자리가 밋밋하며 밀나물과 달리 덩굴손이 없다. 4월 하순~6월 초순 개화. 암수딴그루로 줄기 중간 부분의 잎겨드랑이에서 길이 3~9cm의 긴 꽃대가 자라 10~30송이의 꽃이 달린다. 꽃의 지름은 8mm 정도이다.

밀나물 백합과

Smilax riparia A.DC.

산과 들에 자란다. 덩굴성으로 길이 1~2m. 가지를 많이 치며 다른 물체를 감는다. 잎은 가장자리가 밋밋하며 잎자루 밑부분에 덩굴손이 있다. 6월 중순~8월 초순 개화. 꽃은 암수딴그루로 잎겨드랑이에서 나온 꽃차례에 15~30개 정도 달린다. 전국에 드물게 분포한다. 선밀나물에 비해 덩굴손이 있고, 개화 시기가 늦다.

참꽃마리 지치과

Trigonotis radicans subsp. *sericea* (Maxim.) Riedl

산지의 숲 속 습한 곳에 자란다. 높이 20~30cm. 줄기는 비스듬히 뻗으며 자란다. 4월 하순~5월 하순 개화. 꽃은 지름이 7~10mm 정도로 줄기에 난 잎과 잎 사이에서 1개씩 달린다.

덩굴꽃마리 지치과

Trigonotis icumae (Maxim.) Makino

산지의 숲 속에 자란다. 높이 7~20cm. 4월 중순~5월 중순 개화. 줄기에 꽃과 잎이 교대로 나는 참꽃마리와 달리 잎줄기에서 꽃만 달리는 줄기가 별도로 나와서 3~4개의 꽃이 모여 핀다.

거센털꽃마리 지치과

Trigonotis radicans (Turcz.) Steven

산지의 숲 속에 자란다. 높이 15~30cm. 줄기가 길게 뻗으며 줄기 아래와 잎자루와 잎 뒤에 누운 털이 빽빽하게 난다. 4월 하순~5월 하순 개화. 지름 5~8mm의 꽃이 한 줄기에서 잎과 교대로 달린다. 남부지방에 드물게 분포한다.

서양금혼초 국화과

Hypochaeris radiata Falk

양지바른 들이나 길가, 공터에 자란다. 꽃줄기의 높이 30~50cm. 잎은 깃모양으로 갈라지며, 양면에 황갈색의 털이 있다. 꽃줄기에 2~10mm 정도의 비늘조각이 붙는다. 4월 하순~7월 하순 개화. 머리꽃의 지름은 3cm 정도. '민들레아재비'라고도 하며, 유럽 원산으로 제주와 남부지방에 큰 군락을 이루며 급속히 번지고 있다.

뻐꾹채 국화과

Stemmacantha uniflora (L.) Dittrich

산과 들의 건조한 풀밭에 자란다. 높이 30~70cm. 전체에 흰 솜털이 있다. 뿌리잎은 꽃이 필 때까지 남아 있고, 깃모양으로 깊게 갈라지며 갈래는 6~8쌍이다. 4월 하순~8월 초순 개화. 갈라진 가지 끝에 지름 4~6cm의 꽃이 1개씩 달리며, 총포는 6줄로 배열한다. 꽃은 모두 대롱꽃이며, 길이는 2~3cm이다. 강원, 경북에 주로 분포한다.

지칭개 국화과

Hemistepa lyrata Bunge

들이나 밭, 공터에 흔히 자란다. 높이 60~90cm. 줄기 속은 비어 있고 가지가 갈라진다. 뿌리잎은 방석모양으로 펼쳐져 겨울을 난다. 줄기잎은 깃모양겹잎이며 뒷면에 흰 솜털이 난다. 4월 하순~7월 하순 개화. 대롱꽃만으로 된 머리모양꽃이 가지 끝에 1개씩 달린다. 총포는 8줄로 배열하며 바깥쪽 총포조각에 닭벼슬 같은 돌기가 있다.

조뱅이 국화과

Breea segeta (Bunge) Kitam.

들이나 길가, 밭 주변에 자란다. 높이 20~50cm. 뿌리잎은 꽃이 필 때 없어지며, 줄기잎은 끝이 둔하고 가장자리에 가시털이 있다. 4월 하순~8월 하순 개화. 지름 3cm 정도의 머리모양꽃이 줄기나 가지 끝에 달린다. 암수딴그루로 모두 대롱꽃이며 암꽃은 길이 20mm, 수꽃은 길이 25mm이다. 총포조각은 8줄로 배열한다.

둥근잎천남성 천남성과

Arisaema amurense Maxim.

숲 속 그늘진 곳에 자란다. 높이 15~30 cm. 잎집이 서로 싸서 만들어진 위경(僞莖) 끝에 3~5개의 작은잎으로 된 잎 1~2개가 난다. 4월 하순~6월 초순 개화. 암수딴그루이며 포의 길이는 8~10cm 정도이다. 눈에 띄게 붉게 익는 열매의 모습이 밤하늘에서 두 번째로 밝은 별인 천남성(남극성; 카노푸스 Canopus)을 닮아 유래한 이름이다.

천남성 천남성과

Arisaema amurense for. *serratum* (Nakai) Kitag.

산지 숲 속 그늘에 자란다. 높이 20~50 cm. 땅속에 납작한 알뿌리가 있다. 줄기의 겉은 녹색으로 더러 자주색 반점이 있다. 잎은 1장으로, 5~11개의 작은잎으로 갈라지며 가장자리에 톱니가 발달하기도 한다. 4월 중순~6월 중순 개화. 포의 통부는 보통 녹색이며 윗부분이 앞으로 구부러진다. 유독성 식물로 전국에 분포한다.

점박이천남성 천남성과

Arisaema serratum (Thunb.) Schott

산지 숲 속에 자란다. 높이 20~80cm. 편평한 알뿌리가 있으며, 잎자루와 꽃자루에 점 같은 무늬가 있다. 작은잎은 5~19개가 달리고 표면에 무늬가 없다. 5월 초순~6월 중순 개화. 포는 녹색으로 윗부분이 약간 자줏빛이 돌며, 안으로 구부러져 끝이 날카롭다. 화수부속체는 원추모양이며, 곤봉모양인 것은 **눌맥이천남성** *f. convolutum*이라고 한다.

큰천남성 천남성과

Arisaema ringens (Thunb.) Schott

산지의 숲 속 반그늘에 자란다. 꽃줄기의 높이 15~20cm. 잎은 2개가 나와 각각 3개의 작은잎으로 갈라지고, 작은잎은 넓은 달걀모양으로 끝이 실처럼 길어지며, 표면에 윤채가 있고, 뒷면은 흰빛이 돈다. 4월 하순~6월 초순 개화. 포가 투구모양이어서 같은 속의 식물들과 쉽게 구분된다. 제주를 포함한 남해안의 바닷가 근처에 분포한다.

두루미천남성 천남성과

Arisaema heterophyllum Blume

해안지대와 가까운 풀밭이나 숲에 자란다. 높이 50~70cm. 잎은 1개로 잎자루가 길며, 작은잎은 13~21개이다. 5월 중순~6월 하순 개화. 꽃차례의 부속체가 채찍처럼 포 밖으로 길게 자란다. 전국에 드물게 분포한다. 천남성속 식물들 중 강한 햇볕에도 잘 적응한다. 길게 자란 부속체와 잎이 갈라진 모습이 두루미를 닮아서 붙은 이름이다.

무늬천남성 천남성과

Arisaema thunbergii Blume

산지 그늘진 숲 속에 자란다. 잎은 1개이고 9~17의 작은잎으로 갈라지며, 표면에 흰 얼룩무늬가 있고 가장자리가 밋밋하다. 4월 하순~5월 하순 개화. 포는 진한 자주색으로 위로 갈수록 넓어지며, 꽃차례의 부속물은 채찍모양으로 포 밖으로 길게 나온다. 전남에 주로 자생한다. 두루미천남성과 달리 대체로 포가 잎보다 높이 자라지 않는다.

5월

붓꽃

복주머니란 난초과

Cypripedium macranthos Sw.

II

부엽토가 풍부하고 물빠짐이 좋은 숲 속이나 경사진 풀밭에 자란다. 높이 25~50cm. 뿌리는 가늘고, 줄기에 털이 있으며, 잎은 3~5장이 달린다. 5월 초순~6월 하순 개화. 꽃의 크기는 4.5~6cm 정도로 입술꽃잎이 항아리모양으로 부풀어 오르며, 그 안쪽에 털이 있다. 제주도를 제외한 전국에 드물게 분포한다. '개불알꽃'이라고도 한다.

털복주머니란 난초과

Cypripedium guttatum Sw.

I

양지바른 풀밭이나 숲 속의 공기가 잘 통하는 곳에 자란다. 높이 15~35cm. 줄기에 털이 많으며, 넓은 타원모양의 잎은 2장으로, 줄기를 감싼다. 6월 초순~7월 중순 개화. 꽃의 크기는 2~3cm이며 자주색 반점이 많다. 복주머니란에 비해 잎과 줄기, 꽃, 씨방에 털이 많아 붙여진 이름이며, 강원도의 제한된 지역에 매우 드물게 자생한다.

금난초 난초과

Cephalanthera falcata (Thunb.) Blume

숲 속이나 풀밭, 계곡 주변에 자란다. 높이 20~70cm. 잎은 끝이 뾰족한 긴 타원모양이며, 줄기 전체에 붙어 있다. 4월 하순~6월 초순 개화. 꽃의 크기는 8~12mm 정도로 대개 꽃잎이 활짝 벌어지지 않으며, 입술꽃잎에 붉은 무늬가 있다. 국내에 자생하는 은대난초속 *Cephalanthera* 중에 유일하게 노란색 꽃을 피운다.

꼬마은난초 난초과

Cephalanthera subaphylla Miyabe & Kudô

산지의 습도가 풍부한 낙엽수림에 자란다. 높이 10~15cm. 잎은 줄기 중간부분 위쪽에 1~2장이 나고, 은난초에 비해 작거나 거의 없는 편이다. 4월 하순~5월 중순 개화. 길이 1cm 미만의 꽃 3~6개가 이삭꽃차례로 달린다. 꿀주머니가 두드러지며, 꽃받침과 곁꽃잎 끝은 둘로 갈라진다. 남부지방과 제주도, 울릉도, 안면도에 자생한다.

은난초 난초과

Cephalanthera erecta (Thunb.) Blume

낮은 산지의 잡목림에서 자란다. 높이 10~50cm. 3~6개의 잎이 어긋나며, 잎의 밑동은 줄기를 감싸고, 달걀모양으로 끝이 뾰족하며, 줄기 중간부분 위쪽에 붙는다. 5월 초순~5월 중순 개화. 길이 1cm 정도의 꽃 3~10개가 원줄기 끝에 비스듬히 달리며, 좀처럼 벌어지지 않는다. 꽃 아랫부분에 꿀주머니가 분명하게 보인다.

민은난초 난초과

Cephalanthera erecta var. *oblanceolata* N.Pearce & P.J.Cribb.

낙엽수림 밑의 반그늘에 자란다. 높이 18~30cm. 줄기 아랫부분은 잎싸개로 싸여 있고, 잎에 3~5개의 능선이 뚜렷하다. 5월 개화. 길이 1cm 정도의 꽃 6~10개가 이삭꽃차례로 달린다. 꽃에 꿀주머니가 없다. 주로 경기 서해안과 도서 지방에서 발견된다. 꽃에 꿀주머니가 없어서 밋밋하게 보이기 때문에 붙여진 이름이다.

은대난초 난초과

Cephalanthera longibracteata Blume

산지의 숲 속이나 숲 가장자리에 자란다. 높이 30~50cm. 뿌리는 실모양으로 흩어져 나고, 잎은 긴 타원모양으로 끝이 날카롭다. 5월 초순~7월 초순 개화. 꽃의 크기는 12~16mm이며, 입술꽃잎은 타원모양이고, 흰색에 노란 무늬가 보인다. 잎이 대나무잎과 비슷한 데서 유래한 이름이며, 은난초와는 달리 잎의 끝이 꽃보다 위로 올라온다.

김의난초 난초과

Cephalanthera longifolia (L.) Fritsch

바닷가 풀밭에 자란다. 높이 20~50cm. 잎은 4~7장이 줄기 전체를 감싸는 모양으로 나며, 끝이 뾰족한 긴 타원모양이다. 5월 초순~5월 중순 개화. 꽃의 길이는 1~1.5cm이고, 꿀주머니가 보이지 않으며, 입술꽃잎은 흰색에 노란 무늬가 있다. 주로 강원도의 해안지역에 분포하며, 삼척에 있는 김씨 시조묘 주변에서 발견되어 붙여진 이름이다.

감자난초 난초과

Oreorchis patens (Lindl.) Lindl.

숲이나 계곡 주변 그늘진 곳에 자란다. 높이 25~70cm. 줄기 밑부분이 부풀어 알줄기를 형성하며, 잎은 1~2장이 난다. 5월 초순~6월 하순 개화. 꽃의 길이는 8~12mm 정도이다. 꽃받침과 곁꽃잎은 황백색이고, 입술꽃잎 끝부분에 돌기 또는 능선이 있다. 제주도를 제외한 전국에 분포한다. 땅속 알줄기가 감자를 닮아 유래된 이름이다.

석곡 난초과

Dendrobium moniliforme (L.) Sw.

숲이나 계곡의 바위, 바닷가 절벽, 활엽수의 오래된 줄기에 착생한다. 높이 10~30cm. 뿌리는 가는 수염뿌리이다. 줄기는 가짜비늘줄기가 발달하고, 마디가 있으며, 대체로 양 끝이 좁은 원통모양이다. 잎은 선형으로 가죽질이다. 5월 초순~6월 하순 개화. 꽃의 크기는 25mm 정도. 꽃받침과 입술꽃잎이 합쳐진다. 남부지방에 드물게 분포한다.

두메애기풀 원지과

Polygala sibirica L.

산지 석회암 지대의 건조한 곳에 자란다. 높이 20~30cm. 줄기는 곧게 자라며, 전체에 털이 있다. 5월 하순~7월 중순 개화. 강원, 충남, 전남 등에 매우 드물게 자생한다. 반관목으로 높이 10~30cm 정도인 **애기풀***P. sibirica*과 달리 잎이 좁고 더 길쭉한 편이며, 애기풀의 꽃에 비해 꽃받침은 녹색, 꽃은 푸른색이 강하다.

애기풀

원지 원지과

Polygala tenuifolia Willd.

산지의 양지바른 풀밭에 자란다. 높이 30cm 정도. 전체에 털이 거의 없고, 잎은 솔잎처럼 가늘다. 5월 중순~7월 하순 개화. 꽃부리의 길이 8mm 정도의 꽃이 원줄기 끝의 꽃차례에 드문드문 달린다. 몽고, 러시아, 중국에 자생하는 북방계 식물로, 남한에서는 경북 중북부에 자생한다. 뿌리를 약용하며, 이 한약재를 원지(遠志)라고 한다.

0502

엉겅퀴 국화과

Cirsium japonicum var. *maackii* (Maxim.) Matsum.

산과 들에 흔히 자란다. 높이 50~100cm. 줄기는 곧게 서고 전체에 흰 털이 있다. 뿌리잎은 개화기에도 남아있고 가장자리에 톱니와 가시가 있다. 줄기잎은 원줄기를 감싸고 깊게 갈라진 가장자리가 다시 갈라진다. 5월 초순~8월 중순 개화. 머리모양꽃은 지름 2.5~3.5cm이다. 피를 엉키게 하는 지혈 효과가 있어 붙여진 이름이다.

큰엉겅퀴 국화과

Cirsium pendulum Fisch. ex DC.

숲 가장자리나 강가에 자란다. 높이 100~200cm. 크고 곧게 자라며 윗부분에서 가지가 많이 갈라진다. 뿌리잎과 줄기 아랫부분의 잎은 개화기에 없어진다. 줄기잎은 깊고 가늘게 갈라지며, 다른 엉겅퀴류와는 달리 가시가 없고 부드럽다. 7~10월 개화. 가지 끝에 지름 3~4cm의 머리모양꽃이 아래쪽을 향해 달린다. 주로 중부 이북에 분포한다.

지느러미엉겅퀴 국화과

Carduus crispus L.

길가나 들에 자란다. 높이 70~100cm. 가지가 갈라지며 모가 진 줄기에 날카로운 가시가 달린 지느러미모양의 날개가 있다. 5월 초순~10월 하순 개화. 가지 끝마다 지름 2cm 정도의 꽃이 달린다.

서양가시엉겅퀴 국화과

Cirsium vulgare (Savi) Ten.

들이나 길가에 자란다. 높이 50~100cm. 줄기에 길이가 불규칙한 날카로운 가시가 달리며, 잎 이 흘러내린 날개가 있다. 5~10월 개화. 꽃차례의 지름은 3cm 정도다. 주로 경기, 충남지역 에 분포한다.

사향엉겅퀴 국화과

Carduus nutans L.

들이나 절개지 사면에서 자란다. 높이 100~200cm. 줄기에 솜털이 많고 가지를 치며, 잎 밑부분은 줄기를 감싼다. 4월 하순~5월 하순 개화. 가지 끝에 지름 3~5cm인 머리모양꽃이 1개씩 달리며, 총포가 가시처럼 발달한다.

0502

나도냉이 배추과

Barbarea orthoceras Ledeb.

냇가나 습한 곳에 자란다. 높이 100cm 정도. 줄기는 곧게 서고 가지를 친다. 뿌리잎은 잎자루가 길며 깊게 갈라진다. 줄기잎은 밑부분이 귀모양으로 줄기를 반 정도 감싼다. 잎의 앞면은 털이 없고 윤이 나며, 뒷면은 자줏빛이 돈다. 5월 초순~6월 초순 개화. 지름 5mm 정도의 꽃이 달리며, 열매는 3cm 정도로 길고 줄기에 평행되게 곧게 선다.

유럽나도냉이 배추과

Barbarea vulgaris R.Br.

목초지나 풀밭, 길가에 자란다. 높이 30~80cm. 줄기는 가지가 많이 갈라진다. 5월 초순~7월 중순 개화. 지름 6~8mm의 꽃이 총상꽃차례로 달린다. 나도냉이에 비해 잎이 두터우며, 만개시 꽃잎이 뒤로 젖혀진다. 나도냉이의 열매는 줄기에 거의 평행으로 붙는데 비해, 유럽나도냉이의 열매는 줄기에서 벌어져 비스듬히 달린다.

가는장대 배추과

Dontostemon dentatus (Bunge) C.A.Mey. ex Ledeb.

산지나 해안가에 자란다. 높이 50cm 정도. 줄기는 윗부분에서 가지를 친다. 뿌리잎은 모여나서 지면으로 퍼지고, 줄기잎은 어긋나며 가는 피침모양으로 길이 2~8cm, 너비 3~10mm 정도로 가늘다. 5월 중순~7월 중순 개화. 지름 8~10mm 정도의 꽃이 가지와 줄기 끝에 달린다. 잎이 피침모양으로 가늘고 좁은데서 유래한 이름이다.

냄새냉이 배추과

Lepidium didymum L.

들이나 길가에 자란다. 높이 10~20cm. 줄기에 흰색의 가는 털이 있고, 잎은 1~2회 갈라진 깃모양겹잎이다. 5월 중순~10월 중순 개화. 꽃은 1mm 정도로 뿌리에서 생긴 꽃차례와 잎과 마주나는 꽃차례에서 달린다. 유럽 원산의 귀화식물로, 전국에 분포한다. 식물 전체에 강한 냄새가 나서 붙여진 이름이며, 빈대냉이라고도 한다.

큰황새냉이 배추과

Cardamine scutata Thunb.

물가에 자란다. 높이 20~40cm. 원줄기는 연약하여 여러 대로 갈라져서 비스듬히 자라며, 털이 거의 없다. 줄기잎은 깃꼴겹잎으로 작은잎은 3~11장이며, 가운데 끝의 잎(정소엽)만 아주 크고 둥글다. 5월 중순~6월 중순 개화. 꽃은 총상꽃차례로 달린다. 황새냉이는 작은잎이 피침모양인데 비해 큰황새냉이는 작은잎이 둥글고 정소엽이 아주 크다.

왜갓냉이(꽃황새냉이) 배추과

Cardamine yezoensis Maxim.

높은 산지의 계곡 주변에 자란다. 높이 15~40cm. 밑부분에서 가지가 뻗는다. 뿌리잎은 깃모양으로 갈라지며, 줄기잎은 3~9개의 작은잎으로 갈라진다. 5월 초순~6월 중순 개화. 줄기 끝에 지름 10~12mm 정도의 꽃이 달린다. 물가에서 자라고 꽃이 커서 는쟁이냉이와 닮았으나, 왜갓냉이는 잎이 깃모양으로 갈라지는 차이가 있으며, 꽃황새냉이*C. amariformis*는 같은 종으로 본다.

미나리냉이 배추과

Cardamine leucantha (Tausch) O.E.Schulz

산지의 냇가나 그늘진 곳에 흔히 자란다. 높이 40~70cm. 전체에 부드러운 털이 있다. 땅속줄기가 옆으로 길게 뻗으면서 번식한다. 잎은 깃꼴겹잎이며, 작은잎은 넓은 피침모양의 긴 타원형으로 끝이 뾰족하다. 4월 중순~6월 초순 개화. 가지와 줄기 끝에 지름 7~9mm의 꽃이 달린다. 잎이 미나리의 잎을 닮아 붙여진 이름이다.

는쟁이냉이 배추과

Cardamine komarovii Nakai

높은 산의 그늘진 물가에 자란다. 높이 20~50cm. 전체에 털이 없으며, 줄기는 곧게 서고, 위쪽에서 가지를 친다. 잎은 대체로 마름모꼴이며 잎가장자리에 고르지 못한 톱니가 있다. 4월 초순~7월 초순 개화. 꽃은 지름 8mm 정도로 가지나 줄기 끝에 달린다. '는쟁이'는 '명아주'의 강원도 사투리로, 잎이 마름모꼴로 닮아 붙여진 이름이다.

콩다닥냉이 배추과

Lepidium virginicum L.

건조한 들에 자란다. 높이 30~40cm. 털이 없으며 위쪽에서 가지를 친다. 뿌리잎은 뭉쳐나고, 잎자루가 길고, 깃모양으로 갈라지며, 꽃이 필 때 없어진다. 줄기잎은 피침모양으로, 가장자리에 톱니가 있다. 4월 초순~6월 하순 개화. 수술은 2~4개이며, 1개의 암술은 암술대가 짧다. 열매는 길이 3mm 정도로 다닥냉이에 비해 크다.

들다닥냉이 배추과

Lepidium campestre (L.) R.Br.

건조한 들이나 공터에 자란다. 높이 15~60cm. 식물체에 짧은 털이 빽빽하게 난다. 뿌리잎은 뭉쳐나며, 주걱모양으로 톱니가 거의 없고, 줄기잎은 잎자루가 없고, 화살촉모양으로 잎 아랫부분이 줄기를 감싼다. 5월 초순~6월 중순 개화. 수술은 6개. 열매가 5~6mm로 크며 등쪽이 부풀어 오르고 배쪽이 오목하다. 유럽 원산이다.

구슬갓냉이 배추과

Rorippa globosa (Turcz. ex Fisch. & C.A. Mey.) Hayek

산기슭이나 냇가에 자란다. 높이 60cm 정도. 줄기는 털이 없으며, 윗부분에서 가지를 친다. 뿌리잎은 긴 타원모양으로, 아랫부분이 깃모양으로 갈라지며, 톱니가 있고, 잎자루가 날개처럼 넓어져 원줄기를 감싼다. 줄기잎은 피침모양이다. 4월 하순~6월 하순 개화. 꽃은 줄기 끝에 총상꽃차례로 달린다. 열매가 구슬처럼 둥글어서 붙여진 이름이다.

대부도냉이 배추과

Lepidium perfoliatum L.

바닷가에 자란다. 높이 20~50cm. 뿌리잎은 2~3회 깃모양으로 가늘게 갈라지고, 줄기잎은 심장모양으로 양쪽 밑부분에 있는 귀 같은 돌기가 서로 겹쳐져서 줄기를 둘러싸는 2가지 형태의 잎을 가진다. 4월 하순~6월 중순 개화. 인천 대부도 갯벌 근처에서 처음 발견되어 붙여진 이름이다. 유럽, 서아시아 원산이며 서해안에서 주로 발견된다.

개갓냉이 배추과

Rorippa indica (L.) Hiern

들이나 논, 밭, 길가 주변에 자란다. 높이 20~50cm. 줄기는 가지가 많이 갈라지며, 전체에 털이 없다. 뿌리잎은 깃모양이며 가장자리에 불규칙한 톱니가 있다. 줄기잎은 피침모양으로 잎자루가 없고, 가장자리에 잘게 난 톱니가 있으며 갈라지지 않는다. 5월 중순~6월 하순 개화. 가지 끝과 원줄기 끝에 총상꽃차례로 달린다. 열매는 길고 가늘다.

좀개갓냉이 배추과

Rorippa cantoniensis (Lour.) Ohwi

1/2

길가나 들에 자란다. 높이 10~40cm. 줄기 윗부분에서 가지가 갈라진다. 줄기잎은 어긋나고 깃모양으로 갈라지며, 갈래는 4~6쌍이다. 잎자루가 넓어져서 원줄기를 다소 감싼다. 4월 중순~6월 초순 개화. 꽃은 잎겨드랑이에 1개씩 달리고, 꽃자루가 거의 없다. 개갓냉이, 속속이풀에 비해 잎이 얕게 갈라지며, 꽃이 잎겨드랑이에 1개씩 달려 구분된다.

가새잎개갓냉이 배추과

Rorippa sylvestris (L.) Besser

들이나 논, 밭 주변에 자란다. 높이 30~60cm. 가지가 갈라진다. 뿌리잎은 방석모양을 이루고, 줄기잎은 가는 잎자루가 있으며 깃모양으로 깊게 갈라진다. 5월 초순~8월 초순 개화. 꽃은 지름 4~5mm 정도이다. 유럽 원산으로 잎이 가위(가새)처럼 갈라진데서 유래한 이름이다. 개갓냉이나 속속이풀과 달리 잎 전체가 깊고 가늘게 갈라진다.

속속이풀 배추과

Rorippa palustris (L.) Besser

논두렁이나 냇가 근처에 자란다. 높이 30~50cm. 전체에 털이 없으며, 줄기 윗부분에서 많은 가지를 친다. 뿌리잎은 방석모양으로 나고, 깊게 갈라진다. 줄기잎은 잎자루가 있고, 잎 아랫부분이 깊게 갈라진다. 5월 초순~6월 하순 개화. 지름 3mm 정도의 자잘한 꽃들이 원줄기와 가지 끝에 총상꽃차례로 달린다. 열매는 짧고 울퉁불퉁하다.

0503

지치 지치과

Lithospermum erythrorhizon Siebold & Zucc.

볕이 잘 드는 산과 들에 자란다. 높이 50~70cm. 가지가 갈라지며, 전체에 잔털이 빽빽하다. 잎은 앞면 잎맥을 따라 깊은 주름이 있고, 잎자루는 거의 없다. 5월 중순~7월 초순 개화. 줄기와 가지 끝에 5~7mm 정도의 꽃이 달린다. 제주도를 제외한 전국에 분포한다. 뿌리가 자주색이어서 한자어 지초(芝草), 자초(紫草) 등에서 유래된 이름이다.

모래지치 지치과

Tournefortia sibirica L.

바닷가 모래땅에 자란다. 높이 25~40cm. 뿌리줄기를 뻗어가며 번식하며, 가지가 많이 갈라지고, 털이 빽빽하게 난다. 잎은 두껍고 주걱모양으로 가장자리가 밋밋하고 털이 많다. 5월 초순~7월 하순 개화. 지름 8mm 정도의 꽃이 줄기 끝이나 잎겨드랑이에 취산꽃차례로 달리며, 향기가 난다. 전국의 해안에 분포한다.

대청지치 지치과

Thyrocarpus glochidiatus Maxim.

양지바른 풀밭에서 자란다. 높이 10~50cm. 전체에 털이 많으며, 줄기는 밑에서 여러 갈래로 갈라져 자란다. 4~6월 개화. 꽃의 크기는 2~3mm이며, 잎겨드랑이 또는 줄기의 끝에 달린다. 딱딱한 껍질의 열매에는 2층의 부속체가 있으며, 바깥층은 빗살모양이나 치아모양으로 갈라진다. 2010년 대청도에 자생하는 것이 확인되었다.

뚝지치 지치과

Hackelia deflexa (Wahlenb.) Opiz

산지에 자란다. 높이 20~80cm. 줄기에서 가지가 갈라지며, 전체에 거센 털이 있다. 5월 하순~8월 초순 개화. 지름 3~5mm의 꽃이 가지 끝에 총상꽃차례로 달린다. 열매가 익으면서 꽃받침 조각이 뒤로 젖혀진다. 강원 북부지방에 분포한다. 종소명 '*deflexus*'는 '뒤로 젖혀진다'는 뜻으로 꽃받침이 꽃이 진 후 뒤로 젖혀지는 모습에서 유래했다.

붓꽃 붓꽃과

Iris sanguinea Donn ex Hornem.

산과 들에서 자란다. 높이 60~90cm. 잎은 곧추서고 줄기에 2줄로 붙어 올라간다. 5월 초순~6월 하순 개화. 지름 6cm 정도의 꽃이 꽃줄기 끝에 2~3개 정도 달린다. 6장의 꽃잎 중 옆으로 펼쳐진 외꽃덮이 3장의 안쪽에 노란색과 흑자색 선으로 이루어진 호피모양의 무늬가 있다. 개화 전 꽃봉오리의 모습이 붓을 닮은데서 유래된 이름이다.

타래붓꽃 붓꽃과

Iris oxypetala Bunge

산과 들의 양지바른 풀밭이나 바닷가에서 자란다. 높이 30~50cm. 옆으로 자라는 뿌리줄기에서 줄기가 나와서 곧게 서고, 잎이 2줄로 달리며, 타래처럼 살짝 꼬인다. 4월 하순~6월 초순 개화. 꽃줄기 끝의 잎처럼 생긴 포 사이에 지름 4~5cm의 꽃이 2~4개가 달리며, 향기가 있다. 외꽃덮이와 내꽃덮이 모두 다른 붓꽃들보다 폭이 좁다.

난장이붓꽃 붓꽃과

Iris uniflora Pall. ex Link

높은 산의 바위 주변에 자란다. 꽃줄기의 높이 약 5~8cm. 5월 하순~6월 하순 개화. 꽃자루 끝에 지름 3~4cm의 꽃이 1개씩 달리며, 외꽃덮이 안쪽에 흰색 그물무늬가 있다. 중부 이북의 고산지대에 자생하며, 솔붓꽃과 비슷하나 난장이붓꽃이 꽃자루가 2~3cm 정도 드러나 보이는데 비해 솔붓꽃은 포가 꽃자루를 감싸고 있어 보이지 않는다.

부채붓꽃 붓꽃과

Iris setosa Pall. ex Link

습지나 냇가에 자란다. 높이 30~90cm. 꽃줄기의 가지가 갈라진다. 5월 초순~7월 초순 개화. 꽃줄기 끝에서 지름 6cm 정도의 꽃이 핀다. 외꽃덮이에 실핏줄 같은 줄무늬가 있고, 안쪽에는 노란 바탕에 검은색의 줄무늬가 선명하다. 내꽃덮이는 퇴화되어 바늘모양으로 작게 남아 있다. 강원도 및 경북 동해안에 드물게 자생한다.

제비붓꽃 붓꽃과

Iris laevigata Fisch.

초원의 습지에 자란다. 높이 50~90cm. 잎은 칼날모양으로, 폭 3cm 정도이고 잎 가운데 맥이 없다. 5~6월 개화. 외꽃덮이 가운데 흰 줄무늬가 있다. 강원, 경남에 드물게 자생하나, 백두산 등 북부지방에서는 흔히 볼 수 있다. 꽃창포의 꽃 색이 붉은 자주색인데 비하여 제비붓꽃은 청보라색이 강하고, 외꽃덮이 가운데 무늬가 흰색이다.

꽃창포 붓꽃과

Iris ensata Thunb.

산이나 들의 습지에 자란다. 높이 60~120cm. 잎은 어긋나며 길이가 20~60cm, 폭이 2cm 정도이고, 가운데 맥이 두드러지게 발달한다. 5월 중순~8월 중순 개화. 붓꽃을 닮은 꽃이 원줄기와 가지 끝에 달린다. 식물체 전체의 모양은 제비붓꽃과 거의 비슷하나 외꽃덮이 가운데에 노란색 무늬가 있는 점이 다르다.

노랑꽃창포 붓꽃과
Iris pseudacorus L.

연못이나 물가의 얕은 곳에 자란다. 높이 60~100cm. 잎은 폭이 3cm 정도로 넓고, 꽃줄기는 가지가 갈라진다. 5월 중순~7월 중순 개화. 유럽이 원산지로, 노란색 꽃이 피는 것을 제외하고는 전체적으로 꽃창포와 비슷하다. 정수성식물로 알려져 있으며, 관상용으로 많이 심는다. 야생 적응력이 강하여 자연상태에서 큰 군락을 이룬 곳이 많다.

물솜방망이 국화과
Tephroseris pseudosonchus (Vaniot) C.Jeffrey & Y.L.Chen

산지의 습지나 물가 근처에서 자란다. 높이 55~100cm. 뿌리잎은 긴피침모양으로, 밑부분이 좁아져서 잎자루의 날개가 되며, 양면에 거미줄 같은 털이 있거나 없다. 4~6월 개화. 남부지방에 드물게 자생한다. 솜방이와 닮았으나 20~65cm 정도 자라는 솜방망이에 비해 키가 크고, 습지에서 자라는 점이 다르다.

0504

노간주비짜루

비짜루 백합과

Asparagus schoberioides Kunth

산지의 풀밭에 자란다. 높이 50~100 cm. 가지가 많이 갈라지며 다소 능선이 있다. 5~6월 개화. 꽃은 암수딴그루로 잎겨드랑이에 꽃자루가 없이 2~6개씩 모여달린다. 화피갈래조각과 수술은 6개이다. 꽃밥이 수술대보다 짧다. 열매는 장과로 둥글고 붉게 익는다. **노간주비짜루***A. rigidulus*는 영남지방의 해안가에 주로 보이며, 잎모양의 가지가 짧고 뚜렷한 꽃자루가 있다.

방울비짜루 백합과

Asparagus oligoclonos Maxim.

산지에 자란다. 높이 50~100cm. 줄기는 가지가 많이 갈라지며 털이 없다. 굵은 가지에는 능선과 줄이 있고 마르면 잔 돌기가 있어 거칠다. 5~6월 개화. 꽃은 암수딴그루로 꽃자루가 길고 관절이 있으며, 잎겨드랑이에 1~2개씩 달린다. 포기 전체가 빗자루 모양이며, 열매가 방울모양이다.

천문동 백합과

Asparagus cochinchinensis (Lour.) Merr.

바닷가나 내륙의 산지에 자란다. 줄기는 녹색으로 덩굴성이고 1~2m 정도 뻗는다. 잎같이 생긴 가지는 1~3개씩 모여달리며 활처럼 굽고, 잎은 5mm 정도 길이의 굵은 가시모양이다. 5~6월 개화. 암수딴그루이고 길이 2~5mm 정도의 꽃자루 중앙에 관절이 있으며, 꽃잎의 길이와 비슷하다. 화피갈래조각은 황백색이고 긴 타원형이다. 열매는 흰색으로 익는다. 충청 이남에 분포한다.

망적천문동 백합과

Asparagus dauricus Fisch. ex Link

주로 바닷가의 풀밭에 자란다. 높이 50~100cm. 뿌리가 가늘며, 줄기는 위쪽에서 가지가 많이 갈라지고 비스듬하게 자란다. 5~6월 개화. 암수딴그루이고, 꽃은 연한 녹황색으로 잎짬에 2~7개씩 모여 피며, 작은꽃자루는 2~6mm로 짧다. 북한 함남 망적산에 처음 발견되어 붙여진 이름이다.

민백미꽃 협죽도과

Vincetoxicum acuminatum C.Morren ex Decne.

산이나 들의 반그늘에 자란다. 높이 30~60cm. 잎은 양면에 잔털이 있고, 뒷면 맥 위에 굽은 털이 있다. 5월 초순~6월 하순 개화. 지름 7mm 정도의 꽃이 줄기 끝에 산형꽃차례를 이루며 핀다. 열매는 골돌로, 뿔모양을 한 넓은 피침모양이다. 백미(白微)는 한약재의 이름으로, 이 식물의 뿌리가 희고 미세한데서 유래하였다.

백미꽃 협죽도과

Cynanchum atratum Bunge

산이나 들의 반그늘에 자란다. 높이 50cm 정도. 줄기의 윗부분과 잎 뒤에 짧은 털이 빽빽하게 난다. 잎은 타원모양이며 가장자리가 밋밋하다. 5월 초순~6월 중순 개화. 지름 8mm 정도의 흑자색 꽃이 피며 꽃자루는 거의 없다. 전국에 분포하나 희귀한 편이다. **푸른백미꽃**for. *viridescens*은 꽃이 녹색으로 핀다.

선백미꽃 협죽도과

Vincetoxicum inamoenum Maxim.

산지의 양지바른 곳에 자란다. 높이 30~60cm. 줄기는 곧게 서고 가지를 치지 않으며, 짧은 털이 있고, 자르면 우윳빛 즙이 나온다. 잎은 9cm 정도 길이의 좁은 타원모양으로 끝이 뾰족하며 가장자리가 밋밋하다. 5월 하순~7월 초순 개화. 꽃의 지름은 7mm 정도로, 잎겨드랑이에 모여달린다. 전국에 분포하나 드물게 발견된다.

덩굴민백미꽃 협죽도과

Vincetoxicum japonicum (C. Morren & Decne.) Decne.

바닷가 근처 산지의 풀밭에 자란다. 줄기 길이 30~80cm. 원줄기는 여러 대가 모여나며 곧게 서지만 윗부분이 덩굴성으로 되고, 줄기에 흰색의 곱슬털이 있다. 잎은 거꿀달걀모양 또는 타원모양이다. 5월 중순~6월 중순 개화. 선백미꽃에 비해 잎이 넓고, 꽃자루가 길다. 제주, 전남 진도 등에 매우 드물게 자생하며 개체수는 많지 않다.

백선 운향과

Dictamnus dasycarpus Turcz.

산과 들의 습기가 많은 곳에 자란다. 높이 50~100cm. 잎은 7~11개의 작은잎으로 구성된 홀수깃꼴겹잎으로 엽축에 좁은 날개가 있다. 작은잎은 타원모양으로 양끝이 좁으며, 가장자리에 잔 톱니가 있고, 표면에 작은 선점이 있어 강한 향기가 난다. 5월 초순~6월 초순 개화. 지름 3cm 정도의 꽃이 달린다. 제주를 제외한 전국에 분포한다.

산작약 작약과

Paeonia obovata Maxim.

II

산지 숲 속에 자란다. 높이 50~80cm. 잎은 1~2회 깃모양으로 갈라지고, 윗부분의 것은 3개로 깊게 갈라진다. 5~6월 개화. 꽃의 지름은 7~12cm로 원줄기 끝에 1개씩 달린다. 씨는 처음에는 붉은색이지만 익으면 검은색이 된다. 중부 이북에 매우 드물게 자생한다. 작약과 비슷하나 작은잎이 9개 이하이며, 꽃이 완전히 벌어지지 않는다.

참작약 작약과

Paeonia lactiflora var. *trichocarpa* (Bunge) Stern

깊은 산지의 계곡 주변에 자란다. 높이 50~80cm. 잎은 3장의 작은잎으로 된 겹잎으로, 양쪽의 작은잎은 다시 2갈래로, 가운데 잎은 3갈래로 갈라진다. 작은잎의 잎자루 부분은 밑이 좁아져서 날개모양으로 된다. 5월 초순~6월 중순 개화. 경기, 강원, 경북 등에 드물게 자생한다. 씨방과 열매에 거친 털이 빽빽하게 난다.

백작약 작약과

Paeonia obovata var. *japonica* Makino

깊은 산 숲 속의 비옥한 곳에 자란다. 높이 40~60cm. 잎은 3~4개가 어긋나고, 3개씩 2회 갈라지며 뒷면이 붉은색 또는 하얀색을 띤다. 5~6월 개화. 꽃의 지름은 7~12cm로 원줄기 끝에 1개씩 달린다. 꽃잎은 5~7장으로 활짝 벌이지지 않는다. 참작약과 매우 비슷하나 수술대의 아랫부분이 붉은색을 띠는 차이가 있다.

0506

쇠채 국화과

Scorzonera albicaulis Bunge

산지나 바닷가의 양지바른 곳에 자란다. 높이 25~100cm. 줄기는 가지가 갈라지며 흰 털로 덮여 있다. 뿌리잎은 꽃이 필 때 없어진다. 잎은 짧은 잎자루가 있으며, 가장자리는 밋밋하고, 양면에 털이 있으나 차츰 없어진다. 5월 초순~8월 초순 개화. 지름 3cm 정도의 머리모양꽃차례가 가지와 줄기 끝에 5~7개씩 달린다. 전국에 드물게 분포한다.

멱쇠채 국화과

Scorzonera austriaca Willd.

산이나 들의 양지바른 곳에 자란다. 높이 6~25cm. 가지를 치지 않는다. 뿌리잎은 좁은 피침모양으로 잎가장자리가 미역처럼 물결모양을 이루고, 자르면 흰 즙액이 나온다. 3월 하순~6월 초순 개화. 줄기 끝에서 지름 2cm 정도의 꽃이 위를 향해 핀다. 전국에 드물게 분포한다. 잎이 미역처럼 보여 미역쇠채가 변음이 된 것으로 추측된다.

쇠채아재비 국화과

Tragopogon dubius Scop.

들에 자란다. 높이 30~100cm. 줄기 가운데가 비어 있다. 잎은 선상 피침모양으로 줄기를 반쯤 둘러싸며, 끝부분이 뾰족하다. 5월 중순~6월 중순 개화. 꽃차례는 지름 2.5cm 정도이고 보통 정오 이전에 꽃을 닫는다. 유럽 원산으로 전국에 자생한다. 쇠채와는 달리 8~13개의 총포조각이 1줄로 배열되고, 혀꽃보다 더 길며 끝이 뾰족하다.

쥐오줌풀 마타리과

Valeriana fauriei Briq.

산지의 반그늘에 자란다. 높이 40~80cm. 줄기 윗부분에서 가지를 쳐서 꽃을 피운다. 잎은 깃꼴겹잎으로 잎가장자리에 톱니가 드문드문 있다. 5월 초순~6월 하순 개화. 줄기 끝에 지름 3~4mm의 자잘한 꽃들이 우산모양꽃차례를 이룬다. 쥐 오줌 냄새라고 특정할 수는 없으나, 마타리처럼 뿌리에서 좋지 않은 냄새가 난다.

0506

전호

털전호 열매

유럽전호

전호 산형과

Anthriscus sylvestris (L.) Hoffm.

깊은 산의 산기슭이나 들판, 강기슭 등 습한 곳에 군락을 이루어 자란다. 높이 50~100cm. 뿌리잎과 줄기 아래쪽 잎은 잎자루가 길고, 삼각형으로 깃모양으로 세 번 갈라지며 잎 뒷면과 맥 위에 털이 있다. 5~6월 개화. 겹우산모양꽃차례의 꽃잎 5개 중 1개가 유난히 크고 2개가 좀 작아 구분이 쉽다. 씨방은 사상자와 달리 길쭉하여 구별된다. 울릉도에서는 겨울에도 잘 자라고 향이 좋아서 나물로 이용하며 털전호는 전호와 비슷하나 전체적으로 털이 많은 것이 다르다.

유럽전호*A. caucalis*는 전호에 비해 전체적으로 크기가 작다. 꽃대에 달린 꽃 수도 3~7개로 전호에 비해 훨씬 적고, 열매 또한 3~4mm로 작다.

독미나리 산형과

Cicuta virosa L.

습지나 물가에 자란다. 높이 50~100cm. 줄기는 속이 비어 있고 곧게 서는 편이며, 전체적으로 미나리에 비해 훨씬 대형이다. 5~8월 개화. 20여 개의 둥글고 작은꽃차례가 모여 큰 우산모양 꽃차례를 이룬다. 북방계 식물로, 우리나라에서는 중부 이북에 드물게 분포한다. 식물체에서 불쾌한 냄새가 나며 뿌리 부분에 독성이 강하다.

솔잎미나리 산형과

Cyclospermum leptophyllum (Pers.) Sprague

산이나 들의 습한 땅에 자란다. 잎은 2~4회 깃꼴로 가늘고 깊게 갈라지며, 잎자루가 줄기를 감싼다. 5~9월 개화. 지름 2mm 정도의 아주 작은 꽃 8~12송이가 산형꽃차례로 달린다. 열대 아메리카 원산으로, 일본과 제주도에 널리 퍼져 있다. 식물체에서 좋지 않은 냄새가 난다.

0507

창포 천남성과

Acorus calamus L.

물 가장자리의 양지바른 곳에 자란다. 잎 길이 50~100cm. 잎은 선형으로 주맥이 있다. 5~6월 개화. 꽃줄기는 잎과 비슷한 모양이나, 약간 짧고, 아래에 4~7cm의 이삭꽃차례가 위를 향해 달린다. 꽃차례는 연한 황록색 꽃이 밀집한 것으로, 꽃은 6개씩의 꽃덮이와 수술이 있고 암술은 1개이다. 잎에 특이한 향이 있어 예로부터 단오(端午) 때 창포물(菖蒲湯)에 머리를 감으며 나쁜 귀신을 쫓는 풍습이 있다.

석창포 천남성과

Acorus gramineus Aiton

주로 남부지방에 자생하며 계곡이나 냇가의 젖은 바위에 붙어 자란다. 잎은 상록성이며 길이 30~50cm, 폭 2~8mm로 주맥이 없고 윤기가 난다. 4~5월 개화. 10~30cm의 꽃줄기 끝에 5~10cm의 꽃차례가 달린다. 주로 남부지방에 드물게 분포한다.

반하 천남성과

Pinellia ternata (Thunb.) Makino

밭이나 마을 부근의 양지바른 곳에 자란다. 꽃줄기의 높이 20~40cm. 지름 1cm 정도의 둥근뿌리줄기에서 1~2개의 잎이 나온다. 5월 초순~7월 하순 개화. 길이 6~7cm의 포 안쪽 꽃줄기 밑부분에 암꽃이 달리고, 윗부분에는 1cm 정도의 수꽃이 달린다. 잎자루 밑이나 위에 1개의 구슬눈이 생겨 번식한다. 전국에 드물게 분포한다. 여름이 중간 정도 지날 무렵에 약용으로 수확하여 유래된 이름이다.

대반하 천남성과

Pinellia tripartita (Blume) Schott

산지의 다소 습기가 많은 반그늘에 자란다. 꽃줄기 높이 30~50cm. 땅속 뿌리줄기에서 1~4장의 잎이 난다. 반하와 달리 구슬눈을 달지 않으며, 전체가 반하에 비해 대형이고, 윤이 난다. 대전권 이남의 남부지방과 거제도를 비롯한 섬 등지에 드물게 분포한다.

0507

둥근빗살괴불주머니 양귀비과

Fumaria officinalis L.

양지바른 들에 자란다. 높이 20~40cm. 잎은 3회 깃모양으로 깊게 갈라져서 끝이 좁은 피침모양 또는 선형이 된다. 4월 중순~5월 하순 개화. 꽃은 가지 끝에 10~30개 정도가 총상꽃차례로 달린다. 열매는 지름 2.5mm 정도의 공모양이며, 1개의 씨가 들어 있다. 유럽 원산의 귀화식물로, 주로 제주도와 남부지방에서 발견되고 있다.

갯괴불주머니 양귀비과

Corydalis heterocarpa var. *japonica* (Franch. & Sav.) Ohwi

바닷가의 모래땅에 자란다. 높이 40~60cm. 잎은 2~3회 깃모양으로 갈라진다. 4월 초순~6월 초순 개화. 총상꽃차례로 달리며 포는 피침모양이다. 열매는 길이 2cm 정도이고, 종자는 2줄로 배열한다. 울릉도와 제주도에 자생한다. 염주괴불주머니*C. heterocarpa*에 비해 씨방의 폭이 넓고 염주모양이 불규칙하여 구분된다.

43p. 참조.

벌노랑이 콩과

Lotus corniculatus var. *japonica* Regel

산야의 양지바른 풀밭에서 자란다. 높이 10~15cm. 줄기는 비스듬히 30cm 정도 뻗는다. 잎은 겹잎으로 작은잎 2개는 턱잎처럼 달리고, 3개는 끝에 모여달린다. 5월 초순~10월 초순 개화. 꽃의 지름은 15mm 정도로, 꽃자루 끝에 3개 정도가 달리고, 꽃받침은 꽃의 판통보다 길다. 벌판에 노란색으로 무리지어 자라는데서 유래된 이름이다.

서양벌노랑이 콩과

Lotus corniculatus L.

들에 자란다. 줄기의 길이 30cm. 벌노랑이와 비슷하나, 벌노랑이는 꽃이 3개 정도 달리는데 비해, 서양벌노랑이는 4~7개의 꽃이 우산모양꽃차례로 모든 방향을 보고 핀다. 5월 초순~9월 중순 개화. **들벌노랑이***L. uliginosus*는 땅속에 기는줄기가 있고, 줄기 속이 비어 있으며, 5~15개의 꽃이 우산모양꽃차례를 이룬다.

갯완두 콩과

Lathyrus japonicus Willd.

바닷가 모래땅에 자란다. 줄기 길이 20~60cm. 잎은 3~6쌍의 작은잎으로 이루어진 깃모양겹잎이다. 5월 초순~6월 하순 개화. 꽃의 길이는 25~30mm이며, 전국 해안에 분포한다. 같은 속의 식물들에 비하여 잎의 표면이 분백색이다. **털갯완두** var. *aleuticus*는 꽃받침에 털이 없으며, 주로 중부 이북의 바닷가에 자생한다.

연리초 콩과

Lathyrus quinquenervius (Miq.) Litv.

산지의 냇가 근처 양지바른 풀밭에 자란다. 높이 20~50cm. 잎은 1~3쌍의 작은잎으로 구성된 깃모양겹잎이며, 끝에 갈라지지 않는 덩굴손이 있고, 턱잎이 선형이다. 5월 초순~6월 초순 개화. 꽃의 길이는 15~20mm이고, 열매에 털이 없다. 경북 동부와 중부 이북에 주로 자생한다. **선연리초** *L. komarovii*는 덩굴손이 없다.

산새콩 콩과

Lathyrus vaniotii H.Lev.

산지의 숲 속에 자란다. 높이 40~50cm. 줄기는 곧추서고 능선이 있으며, 잎은 2~5쌍의 작은잎으로 구성된다. 5월 초순~6월 중순 개화. 강원 이북에 자생한다고 알려져 왔으나 경북지방에도 드물게 발견된다. 같은 속 다른 종에 비해 덩굴손이 작은 돌기모양으로 되어 있으며, 선연리초에 비해 씨방에 갈색의 샘털이 있어 구분된다.

나래완두 콩과

Vicia hirticalycina Nakai

숲 속의 그늘지고 축축한 곳에 자란다. 높이 40cm 정도. 줄기에 능선이 있다. 잎은 3~5쌍의 작은잎으로 구성된 짝수깃모양겹잎이고 덩굴손이 없다. 5월 초순~6월 초순 개화. 꽃은 잎겨드랑이에 2~5개가 밀집해 달리며, 꽃차례의 길이가 1~2cm로 짧다. 꽃받침은 끝이 5개로 갈라지며 털이 많다. 주로 전남, 전북, 경북, 경남 등 남부지방에 분포한다.

0508

벳지 콩과

Vicia villosa Roth

들이나 목초지, 풀밭에 자란다. 길이 1~2m. 전체에 퍼진 털이 밀생한다. 잎은 깃꼴겹잎으로 6~10쌍 정도이며, 턱잎은 달걀모양으로 아래에 1개의 톱니가 있다. 5~7월 개화. 10~40개의 꽃이 한쪽으로 조밀하게 붙는다. 유럽 원산이며 같은 속의 귀화식물인 **각시갈퀴나물** subsp. *dasycarpa*은 전체에 털이 없거나 드물고 탁엽이 선형이다.

들완두 콩과

Vicia bungei Ohwi

산자락이나 들에 자란다. 높이 20~30cm. 전체에 털이 없다. 줄기는 네모지고, 가지를 친다. 잎은 깃꼴겹잎으로 끝에 덩굴손이 있다. 작은잎은 양면에 털이 약간 있으며, 턱잎은 뾰족하게 갈라진다. 5~6월 개화. 잎보다 긴 꽃대가 나와 끝에 2~3개의 꽃이 달린다. 경기, 강원에 분포한다. 살갈퀴에 비해 꽃대가 매우 길다.

노랑갈퀴 콩과

Vicia chosenensis Ohwi

산자락에 자란다. 높이 80cm 정도. 2~4쌍의 작은잎으로 구성된 짝수깃꼴겹잎으로서 끝에 덩굴손의 흔적이 남아있다. 작은잎은 긴달걀모양으로 측맥이 많으며 턱잎은 일찍 없어진다. 5월 초순~6월 하순 개화. 꽃의 크기는 12mm 정도로, 다른 갈퀴 종류와는 달리 노란색의 꽃이 핀다. 제주, 충청, 전라 해안지역을 제외한 전국에 분포한다.

쑥부지깽이 배추과

Erysimum cheiranthoides L.

산과 들에 자란다. 높이 30~100cm. 줄기는 때로 가지를 친다. 잎은 피침모양으로 길이 4~6cm이고, 양면에 별모양의 털이 있다. 4월 중순~8월 초순 개화. 꽃은 줄기 끝에 총상꽃차례로 달리며, 꽃자루는 5~7mm이다. 중부 이북과 경상도에 드물게 자생한다. 부지깽이나물에 비해 꽃이 작고 원줄기에 누운 털이, 잎에는 별모양의 털이 있다.

노란장대 배추과

Sisymbrium luteum (Maxim.) O.E.Schulz

산과 들의 양지바른 곳에 자란다. 높이 70~120cm. 전체에 흰 털이 있으며, 줄기 윗부분에서 가지를 치기도 한다. 잎자루에 날개가 있으며, 아래쪽 잎은 깃모양으로 깊게 갈라지고, 윗부분의 잎은 달걀모양으로 가장자리에 불규칙한 톱니가 있다. 5월 초순~6월 초순 개화. 줄기 끝에 총상꽃차례로 달리며, 꽃자루는 길이 12~15mm 정도이다.

유럽장대 배추과

Sisymbrium officinale (L.) Scop.

들이나 길가, 공터에 자란다. 높이 40~80cm. 밑을 향한 거친 털이 있고, 가지를 친다. 아래쪽 잎은 잎자루가 있으며, 깊게 갈라지고, 가장자리에 거친 톱니가 있다. 위쪽 잎은 작고 창모양이며, 잎자루가 없다. 4월 하순~7월 중순 개화. 열매는 길이 10~15mm 정도로 줄기에 바짝 붙는다. **민유럽장대** var. *leiocarpum* 는 열매에 털이 없다.

장대냉이 배추과

Berteroella maximowiczii (Palib.) O.E.Schulz

양지바른 풀밭에 자란다. 높이 30~80 cm. 가지가 갈라지며, 식물체에 별모양의 털이 퍼져 난다. 잎은 긴 타원모양으로 잎가장자리는 밋밋하다. 6월 하순~8월 중순 개화. 가지 끝에 자주색 또는 흰색 꽃이 총상꽃차례로 핀다. 장대처럼 길게 자라는 냉이라는 뜻에서 유래한 이름으로 보이나, 작게 자라는 개체도 많다.

갯장대 배추과

Arabis stelleri DC.

바닷가의 모래땅이나 바위틈에 자란다. 높이 20~40cm. 줄기에 2~3갈래로 갈라진 털이 있다. 뿌리잎은 긴 타원모양으로 톱니가 있으며, 줄기잎은 가장자리의 톱니가 무디고 밑동이 줄기를 감싼다. 4월 하순~5월 하순 개화. 지름 7mm 정도의 꽃이 원줄기 끝에 총상꽃차례로 달린다. 제주도, 울릉도를 포함해 남부지방의 해안에 주로 분포한다.

0508

산장대 배추과

Arabidopis halleri subsp. *gemmifera* (Matsum.) O'Kane & Al-Shehbaz

산지의 그늘에 자란다. 높이 15~30cm. 줄기 아랫부분에 퍼진 털이 있다. 뿌리잎은 달걀모양이며, 줄기잎은 긴 타원형으로 잎자루가 없다. 5월 초순~6월 중순 개화. 지름 5~7mm의 꽃이 총상꽃차례로 달린다. 종소명 '*gemmifera*'은 '살눈이 달리다'는 의미로 꽃이 진 뒤에 줄기가 쓰러져 땅에 닿는 부분에서 새싹이 나온다.

묏장대 배추과

Arabidopsis lyrata (L.) O'Kane & *Al-Shehbaz* subsp. *kamchatica* (Fisch. ex DC.) O'Kane & Al-Shehbaz

산지의 바위지대에 자란다. 높이 15~35cm. 털이 없고, 줄기 밑부분에서 가지가 갈라진다. 뿌리잎은 거꿀피침모양으로 모여나며 깃털처럼 깊게 갈라지고, 줄기잎은 넓은 피침모양 또는 선형이다. 4월 하순~7월 초순 개화. 흰색이나 연분홍색 꽃이 총상꽃차례로 핀다. 산장대와 달리 꽃이 진 후에도 곧게 자라며, 기는줄기가 없다.

털장대 배추과

Arabis hirsuta (L.) Scop.

양지바른 산지나 들에 자란다. 높이 20~80cm. 뿌리잎은 주걱모양이고 약간의 톱니가 있으며, 줄기잎은 달걀모양이거나 긴 타원모양으로 가장자리에 불규칙한 톱니가 있다. 4월 하순~6월 중순 개화. 꽃은 줄기 끝에 총상꽃차례로 달리고, 종자에 좁은 날개가 있다. 줄기와 잎에 2~4개로 갈라진 털이 많이 나서 붙여진 이름이다.

장대나물 배추과

Turritis glabra L.

산과 들의 풀밭에 자란다. 높이 70~100cm. 첫해에는 원줄기 없이 뿌리잎만 모여나고 다음해에 원줄기가 자란다. 줄기잎은 잎자루가 없이 원줄기를 감싸고 가장자리가 밋밋하다. 4월 하순~6월 하순 개화. 꽃은 줄기 끝에 총상꽃차례로 달린다. 열매는 원줄기와 평행하게 위로 곧게 선다. 장대처럼 길고 곧게 서 있어 유래된 이름이다.

0509

개양귀비 양귀비과

Papaver rhoeas L.

유럽 원산으로 관상용으로 재배하던 것이 야화하였다. 높이 30~80cm. 전체에 털이 나고, 줄기는 곧게 선다. 잎은 깃모양으로 갈라지며 가장자리에 톱니가 있다. 5~8월 개화. 꽃은 보통 붉은색이지만 품종에 따라 여러 빛깔이 있으며, 가지 끝에 1개씩 달린다. 개화 전에는 꽃망울이 밑을 향해 있으나 개화할 때는 위를 향한다. 좀양귀비에 비해 꽃의 지름이 5~8cm로 크다.

좀양귀비 양귀비과

Papaver dubium L.

민가 주변이나 들에 자란다. 높이 20~60cm. 뿌리잎과 줄기잎이 있고 깃모양으로 깊게 갈라진다. 5~8월 개화. 꽃은 줄기와 가지 끝에 1개씩 달리며, 개양귀비에 비해 꽃이 주황색으로 피고, 지름이 3~6cm로 작다. 열매는 긴 타원상 곤봉모양으로 암술머리의 사출부가 5~9개이다. 유럽 원산으로 제주와 남부 지방에 자생한다.

꿀풀의 꽃

하고초(夏枯草)

꿀풀의 흰 꽃

갈래꿀풀의 잎

꿀풀 꿀풀과

Prunella asiatica Nakai

산기슭이나 들의 양지바른 곳에서 무리지어 자란다. 높이 20~30cm. 잎과 줄기 전체에 짧은 털이 있다. 5월 중순~8월 초순 개화. 줄기 위에 꽃이 층층이 모여 원기둥모양으로 달리며 꽃차례의 길이는 15~20mm 정도다. 꽃의 밑동에 꿀을 가지고 있어서 유래된 이름이며, 여름이 되면 마르기 때문에 하고초(夏枯草)라고도 한다.

갈래꿀풀 *Prunella × intermedia* Link(*Prunella × pinnatifida* Pers.)은 2010년 미기록종으로 신칭되었으며, 꽃차례 아래 두 번째와 세 번째의 잎이 매우 심하게 갈라지는 점으로 구별된다. 전남, 경남, 경북에 자생한다.

나도제비란 난초과

Galearis cyclochila (Franch. & Sav.) Soó

높은 산지의 습기가 많은 숲 속에 자란다. 높이 7~17cm. 뿌리는 모여나고 육질이며, 줄기는 각이 진다. 뿌리에서 1개의 잎이 나고 자루가 있다. 5월 초순~6월 하순 개화. 꽃의 크기는 10~25mm 정도로 대개 줄기 끝에 2개씩 달린다. 입술꽃잎은 흰바탕에 분홍색 반점이 퍼져 있다. 강원, 경북, 경남, 전남, 제주 등지에 분포한다.

약난초 난초과

Cremastra appendiculata var. *variabilis* (Blume) I.D.Lund

숲 속의 습한 곳에 자란다. 높이 20~50cm. 땅속줄기가 옆으로 기다가 밑부분이 부풀어 알줄기를 형성한다. 잎은 보통 1장이고, 3개의 맥이 있다. 5월 중순~6월 하순 개화. 길이 20~35mm 정도의 꽃이 한쪽으로 치우쳐 피고, 밑으로 처지며 활짝 벌어지지 않는다. 제주, 전남, 전북 등에 자생한다. 뿌리를 산자고(山慈姑)라 하여 약재로 쓴다.

타래난초 난초과

Spiranthes sinensis (Pers.) Ames

양지바른 풀밭이나 무덤가 등의 물빠짐이 좋은 곳에 자란다. 높이 10~40cm. 뿌리는 굵고 육질이며, 잎은 긴 피침모양으로, 아랫부분이 줄기를 감싼다. 5월 중순~8월 초순 개화. 꽃의 길이는 4~6mm로, 이삭꽃차례로 밀착하여 달리고 옆을 향하여 핀다. 꽃차례에 꽃이 배열된 모양이 타래처럼 비틀려 꼬여 있어 붙여진 이름이다.

한라새둥지란 난초과

Neottia kiusiana T.Hashim. & S.Hatus

산지 활엽수림 아래에 자란다. 높이 6~15cm. 줄기는 갓 필 때 상아색이었다가 점차 거뭇해진다. 5월 초순~6월 중순 개화. 꽃은 총상꽃차례로 달리며 맨 아래의 포는 꽃보다 길다. 입술꽃잎은 안쪽에 자주색 무늬가 있다. 뿌리가 새의 둥지를 닮았으며, 한라산에서 처음 발견되어 붙여진 이름이나, 전남 지역에서도 자생하는 것이 확인되었다.

노란별수선 노란별수선과

Hypoxis aurea Lour.

산지의 숲 가장자리나 풀밭에 자란다. 높이 5~30cm. 공모양의 알뿌리가 있으며 잎은 폭이 2~6mm로 연한 갈색의 털이 있다. 6월 중순~9월 중순 개화. 5~10cm의 꽃줄기 끝부분에 지름 1~1.5cm의 꽃이 1~3개 달리며 열매는 검게 익는다. 제주와 서남해의 일부 섬 지역에 자라며 오전에 짧게 개화하고 꽃잎을 닫는 생태적 특징으로 2008년에 국내에 자생하는 것이 보고되었다.

나도옥잠화 백합과

Clintonia udensis Trautv. & C.A.Mey.

높은 산지의 침엽수림 아래에 자란다. 높이 20~80cm. 잎은 2~5장이 모여나고, 잎몸이 두텁고 광택이 있다. 5월 하순~6월 하순 개화. 꽃줄기 끝에 작은 꽃 2~12개가 총상꽃차례로 모여달린다. 꽃이 핀 다음 꽃줄기가 길게 자라며, 열매는 타원모양으로 짙은 남색으로 익는다. 강원, 경북, 경남 등의 높은 산에 자생한다.

쥐꼬리풀 백합과

Aletris spicata (Thunb.) Franch.

산기슭의 볕이 잘드는 풀밭에 자란다. 높이 30~70cm. 잎은 가늘며 3개의 맥이 있고 끝이 뾰족하며 가장자리는 밋밋하다. 5월 중순~7월 중순 개화. 지름 1~1.5mm 정도의 꽃이 이삭꽃차례로 달린다. 꽃줄기에 흰 털이 있고, 포는 좁고 길다. 수술은 6개로 꽃덮이보다 짧고 암술대는 곧게 서며 가늘다. 전남, 충남의 해안지역에 주로 분포한다.

여우꼬리풀 백합과

Aletris glabra Bureau & Franch.

높은 산지의 양지바른 곳에 자란다. 높이 30~40cm. 뿌리잎은 길이 20cm 정도로 뭉쳐나며, 줄기잎은 아주 작고 드문드문 어긋나게 달린다. 6~7월 개화. 꽃은 세로줄이 있는 꽃줄기에 이삭꽃차례로 달리고, 비스듬히 퍼지며 꽃덮이는 끝이 6개로 갈라진다. 수술은 6개로 꽃덮이보다 짧다. 강원, 경남 등의 높은 산지에 드물게 자생한다.

물칭개나물 질경이과
Veronica undulata Wall.

강이나 도랑의 물가의 습한 곳에 자란다. 높이 30~50cm. 잎은 긴 타원모양으로 가장자리에 물결모양의 잔 톱니가 있다. 5월 초순~6월 중순 개화. 꽃은 지름 4mm 정도로 줄기 끝과 잎겨드랑이에서 총상꽃차례로 달리며, 흰색 바탕에 연한 자주색 줄이 있다. 전국에 자생하나 큰물칭개나물에 비해 드물고, 꽃이 작고 꽃색이 연하다.

큰물칭개나물 질경이과
Veronica anagallis-aquatica L.

물가에 자란다. 높이 40~80cm. 줄기 속이 비어 있고, 잎은 가장자리가 밋밋하거나 낮은 톱니가 드물게 있다. 5월 중순~6월 초순 개화. 생육환경에 따라 늦가을까지 꽃을 피우기도 한다. 꽃은 지름이 6~7mm이며, 자주색 맥이 있다. 수분 후 수술 2개를 단 꽃잎이 통째로 떨어진다. 꽃의 크기가 물칭개나물에 비해 크고, 식물체도 크다.

문모초 질경이과

Veronica peregrina L.

논이나 물가의 습한 곳에 자란다. 높이 5~20cm. 잎은 줄기 아랫부분에는 마주나고, 윗부분에는 어긋나며, 긴 타원모양이다. 잎가장자리에 2~3개의 둔한 톱니가 있거나 밋밋하다. 5월 초순~6월 초순 개화. 꽃의 지름은 2~3mm 정도로 흰 바탕에 다소 붉은빛이 돌기도 하며, 4갈래로 깊게 갈라진다. 주로 중부 이남에 자생한다.

등포풀 질경이과

Limosella aquatica L.

물가의 진흙땅에 자란다. 높이 3~5cm. 마디가 없는 기는줄기가 지상으로 뻗고, 그 끝에서 뿌리와 잎이 나와 사방으로 퍼진다. 잎자루를 포함한 잎의 길이는 1~4cm이다. 5월 초순~6월 중순 개화. 지름 2~3.5mm 정도의 꽃이 피며, 꽃자루는 꽃이 진 다음 눕는다. 서울 영등포에서 처음 발견되어 붙여진 이름이며, 경상도에서도 드물게 발견된다.

해란초 현삼과

Linaria japonica Miq.

바닷가 모래밭에 자란다. 높이 15~40 cm. 잎은 피침모양으로 마주나거나 3~4개가 돌려나지만 윗부분에서는 어긋나기도 한다. 5월 초순~11월 하순 개화. 줄기 끝에 총상꽃차례로 달린다. 열매는 삭과로 둥글고, 종자에 두꺼운 날개가 있다. 동해안을 따라 주로 분포한다. 현삼과에 속한 식물이나 꽃이 난초처럼 아름다워 붙여진 이름이다.

좁은잎해란초 현삼과

Linaria vulgaris Mill

양지바른 풀밭에 주로 자란다. 높이 25~40cm. 잎은 선형으로 주맥이 뚜렷하며, 줄기의 아랫부분에는 어긋나고 윗부분에는 3장이 돌려난다. 6월 초순~10월 중순 개화. 꽃은 총상꽃차례로 달리며, 해란초보다 잎이 좁고 길다. 평북, 함북 등에 주로 자생하며, 남부지방에는 관상용으로 재배되나, 드물게 일부가 야화하였다.

갈퀴덩굴 꼭두서니과

Galium spurium L.

들, 길가, 빈터에 흔히 자란다. 길이 30~100cm. 줄기에 밑을 향한 가시털이 있어 다른 물체에 기대어 자란다. 잎은 보통 6~8개씩 돌려나고, 끝이 까락처럼 된다. 5월 초순~6월 하순 개화. 꽃은 줄기 끝이나 잎겨드랑이에서 취산꽃차례로 달린다. 연녹색의 꽃부리 끝이 4갈래로 갈라진다. 열매는 2개가 붙어 있으며 갈고리모양의 가시털로 덮여 있다.

큰꼭두서니 꼭두서니과

Rubia chinensis Regel & Maack

깊은 산지의 숲 속에 자란다. 높이 30~60cm. 줄기는 대체로 곧게 서고, 잎은 4장씩 돌려난다. 잎의 길이는 6~10cm이며, 표면에 털이 없고 가장자리가 밋밋하다. 5월 하순~6월 하순 개화. 꽃의 지름은 3~4mm 정도로 녹백색이며, 줄기 끝이나 잎겨드랑이에 원뿔모양꽃차례로 달린다. 꼭두서니에 비해 잎이 크고 줄기에 털이나 가시가 없다.

0512

선갈퀴 꼭두서니과

Galium odoratum (L.) Scop.

산지의 숲 속에 자란다. 높이 25~40cm. 줄기는 네모지고 곧게 선다. 잎은 6~10장이 돌려나며 1개의 잎맥이 뚜렷하다. 5월 초순~6월 중순 개화. 지름 3~4mm의 꽃이 취산꽃차례로 달리며, 꽃부리는 4갈래로 갈라진다. 열매에 갈고리모양의 털이 빽빽하게 난다. 울릉도와 강원 이북에 자생한다. 잎몸에 3개의 맥이 뚜렷한 개갈퀴와 구분된다.

흰갈퀴 꼭두서니과

Galium tokyoense Makino

저지대의 풀밭에 자란다. 높이 30~60cm. 줄기는 네모지고 아래로 향한 가시가 있다. 잎은 6장이 돌려나고, 그중 4장은 턱잎이며, 잎가장자리와 뒷면 맥 위에 갈고리 같은 잔가시가 있다. 5월 중순~7월 중순 개화. 꽃의 지름은 4mm 정도이고 열매에 털이 없다. 경기 이북에 분포한다고 알려져 왔으나 경남의 낙동강 주변 습지에도 자생한다.

개선갈퀴 꼭두서니과

Galium trifloriforme Kom.

산지의 습한 숲 속에 자란다. 높이 20~50cm. 줄기는 네모지며, 잎이 6장씩 돌려난다. 5월 하순~8월 하순 개화. 꽃은 가지 끝에 달리며, 꽃부리는 깊게 4갈래로 갈라진다. 제주, 전북, 경남, 경북 등에 자생한다. 돌려나는 잎이 6~10장인 선갈퀴, 줄기와 잎가장자리에 가시털이 없고 잎이 긴 피침모양인 **검은개선갈퀴***G. japonicum*와 구분된다.

두메갈퀴 꼭두서니과

Galium paradoxum Maxim.

깊은 산지의 숲 속에 자란다. 높이 10~25cm. 줄기 밑부분의 잎은 마주나고, 윗부분은 4장씩 돌려나며 그중에 2장은 작다. 길이 4~12mm의 잎자루가 있고 잎가장자리에 털이 있으며, 1개의 잎맥이 뚜렷하다. 6월 중순~7월 하순 개화. 지름 2mm 정도의 꽃이 줄기 끝이나 잎겨드랑이에 성글게 달린다. 제주, 강원 북부에 자생한다.

0513

긴개별꽃 석죽과

Pseudostellaria japonica (Korsh.) Pax

숲 속 습한 곳에 자란다. 높이 15~30cm. 줄기에 털이 두 줄로 난다. 윗부분의 잎 4~5쌍은 달걀모양, 아랫부분 잎은 선형이다. 5월 중순~6월 중순 개화. 줄기 끝과 잎겨드랑이에서 꽃자루가 나와 1개의 꽃이 달린다. 꽃잎은 끝이 살짝 파인다. 강원, 경북 일부 지역에 드물게 분포한다. 덩굴개별꽃에 비해 잎이 더 넓고, 꽃잎 끝이 파여 있다.

가는잎개별꽃 석죽과

Pseudostellaria sylvatica (Maxim.) Pax

높은 산지의 산기슭이나 능선 주변에 자란다. 높이 15~30cm. 줄기는 네모지고 두 줄로 털이 난다. 잎은 선형이며 폭 3~7mm 정도로, 줄기 윗부분으로 갈수록 좁아진다. 5월 하순~6월 하순 개화. 줄기 끝에서 지름 8mm 정도의 꽃이 1~5개 정도 달린다. 강원 설악산, 오대산 등 일부 지역에 드물게 자생하며, 개체수가 많지 않다.

지리산개별꽃 석죽과

Pseudostellaria okamotoi Ohwi

해발 1,000m 내외의 높은 산지에 자란다. 높이 15~20cm. 잎은 마주나고 줄기 끝에 4장이 붙어 있어 돌려난 것처럼 보인다. 5월 중순~6월 중순 개화. 꽃은 줄기 끝에 1개만 달린다. 큰개별꽃과 비슷하나 꽃자루가 더 길고, 1줄의 털이 있어 구분된다. 지리산에서 최초로 발견되어 붙여진 이름으로 남부지방의 비교적 높은 산지에 자생한다.

삼수개미자리 석죽과

Minuartia verna (L.) Hiern var. *coreana* (Nakai) H.Hara

높은 산지의 건조한 곳에 자란다. 높이 10~20cm. 줄기는 모여나고 가지를 많이 친다. 잎은 바늘모양으로 길이 8~15mm이고 털이 없다. 5월 중순~8월 중순 개화. 꽃은 가지 끝에 3~7개씩 달린다. 함경남도 갑산과 삼수, 혜산진 지역에 분포하는 것으로 알려졌으나, 최근 강원도에도 자생지가 확인되어 보전과 증식 관련 연구가 진행 중이다.

참좁쌀풀 앵초과

Lysimachia vulgaris L.

길가나 물가, 산지의 습한 땅에 자란다. 높이 30~60cm. 줄기에 모가 있으며, 잎의 양면과 가장자리에 잔털이 퍼져 난다. 6월 초순~7월 하순 개화. 꽃은 줄기 끝부분의 잎겨드랑이에 1개씩 달리고, 지름은 15~20mm 정도이다. 꽃의 안쪽에 붉은색의 무늬가 있어 전체가 노란색인 좁쌀풀과 구분된다. 강원, 경기, 충북, 경북에 자생한다.

좁쌀풀 앵초과

Lysimachia davurica Ledeb.

들과 산지의 습한 곳에 자란다. 높이 50~100cm. 땅속줄기가 옆으로 길게 뻗는다. 잎은 아랫부분에서는 마주나고 윗부분은 3~4장이 돌려나며, 잎 뒷면 아래쪽에 잔 샘털이 있다. 6월 하순~8월 초순 개화. 지름 1.2cm 정도의 꽃이 원추꽃차례로 달린다. 열매는 둥글고, 긴 암술대가 남아 있다. 노랗고 자잘한 꽃망울들이 좁쌀과 닮았다.

참기생꽃 앵초과
Trientalis europaea L.

높은 산지의 숲 속이나 풀밭에 자란다. 높이 7~25cm. 줄기 윗부분에 5~8개의 잎이 돌려난다. 5월 하순~6월 중순 개화. 긴 꽃자루에 지름 15mm 정도의 꽃이 1개씩 달린다. 지리산, 가야산 및 중북부지방에 자생한다. **기생꽃***T. arctica*은 고산습지에 자라는 멸종위기식물로 식물체가 왜소한 것으로 구분하나, 분류학적 검토가 필요하다.

좀가지풀 앵초과
Lysimachia japonica Thunb.

산과 들, 길가에 자란다. 줄기는 길이 10~20cm로 땅을 기거나 비스듬히 자라며 전체에 짧은 털이 퍼져 난다. 잎은 끝이 뾰족한 계란모양으로 길이가 2cm 내외이며, 흩어져 있는 꿀샘이 마르면 모래알처럼 두드러진다. 5~7월 개화. 지름 5~7mm의 꽃이 잎겨드랑이에 1개 달린다. 열매가 가지를 닮아 붙여진 이름이다.

매발톱 미나리아재비과

Aquilegia oxysepala Trautv. & C.A.Mey.

계곡이나 양지바른 풀밭에 자란다. 높이 30~130cm. 뿌리잎은 여러 장이 모여 나며 잎자루가 길다. 5월 초순~7월 중순 개화. 꽃잎처럼 보이는 자주색의 꽃받침잎이 5장이며, 꽃잎은 노란색이다. 뒤쪽의 꽃뿔이 매의 발톱모양으로 발달한다. 백두산에 자생하는 **노랑매발톱***f. pallidiflora*은 꽃잎과 꽃받침잎이 노란빛을 띤 흰색이다.

나도범의귀 범의귀과

Mitella nuda L.

깊은 산 계곡 주변의 습한 곳에 자란다. 높이 15~25cm. 기는줄기가 옆으로 뻗으며 번식한다. 뿌리잎은 둥근 심장모양으로 가장자리에 얕은 톱니가 있다. 5월 중순~6월 하순 개화. 꽃잎은 5장으로 생선뼈모양으로 깊게 갈라진다. 북방계식물로 국내에서는 유일하게 강원 태백 부근의 자생지가 알려져 보호되고 있다.

자리공의 꽃

자리공 열매

미국자리공 열매

미국자리공 자리공과

Phytolacca americana L.

산과 들에 흔히 자란다. 높이 1~1.5m. 6월 초순~10월 하순 개화. 꽃차례의 길이는 10~15cm로 아래로 늘어진다. 꽃의 지름은 5mm 정도이다. 수술, 암술대, 씨앗이 각각 10개이며 씨앗이 하나의 껍질에 싸여 있다. 북아메리카 원산으로 전국에 자생한다. **자리공***P. esculenta*은 길가나 밭 주변에서 1m 정도까지 자란다. 5월 중순~7월 중순 개화. 꽃차례가 곧게 서고, 수술, 암술대, 씨앗이 각각 8개이다. 미국자리공과 달리 씨앗이 따로 포장되어 있다. 울릉도의 **섬자리공***P. insularis*은 꽃차례에 돌기가 있고 꽃밥이 흰색이나, 자리공의 품종으로 보는 견해가 많다.

용머리 꿀풀과

Dracocephalum argunense Fisch. ex Link

산지의 습기가 있는 풀밭에 자란다. 높이 15~40cm. 짧은 뿌리줄기에서 지상줄기가 모여나고, 밑으로 굽은 털이 있다. 잎은 표면에 광택이 있고 뒷면 잎맥 위에 털이 있으며, 잎자루가 2mm 정도로 매우 짧다. 5월 중순~9월 중순 개화. 꽃은 줄기 끝에서 이삭꽃차례로 꽃이 달린다. 강원, 충북, 경북의 석회암지대에 드물게 자생한다.

벌깨풀 꿀풀과

Dracocephalum rupestre Hance

높은 산지의 바위틈에 자란다. 높이 20~30cm. 줄기는 밑동에서 모여나며, 다소 붉은색을 띠고, 흰 털이 있다. 6월 초순~8월 중순 개화. 꽃이 줄기 끝의 잎겨드랑이에서 층층으로 달리지만 마디 사이가 짧아 뭉쳐난 것처럼 보인다. 강원 일부 지역에 드물게 자생하며, 그 지역이 남방한계선으로 알려져 있는 희귀식물이다.

벌깨덩굴 꿀풀과

Meehania urticifolia (Miq.) Makino

산지의 그늘진 곳에 자란다. 높이 15~30cm. 줄기에 긴 털이 드문드문 있다. 꽃이 피기 전에 줄기가 곧게 자라며, 잎이 5쌍 정도 달린다. 열매를 맺기 시작하면, 덩굴처럼 길게 자라고, 마디에서 뿌리를 내려 번식한다. 4월 중순~6월 초순 개화. 꽃의 길이는 3~4cm 정도이며 용머리속의 식물들과 달리 잎겨드랑이에 꽃이 달린다.

참배암차즈기 꿀풀과

Salvia chanryoenica Nakai

산지의 그늘진 숲 속에 주로 자란다. 높이 40~60cm. 뿌리가 옆으로 길게 뻗고 마디에서 싹이 나기도 한다. 줄기에 한 갈색 털이 다소 있다. 7월 하순~9월 초순 개화. 꽃은 길이 3cm 정도로 2~6개가 달리며, 뱀이 입을 크게 벌린 모양이다. 강원, 경기, 충북, 경북, 경남 등에 분포한다. 같은 속의 다른 종들과 달리 노란색 꽃을 피운다.

0516

배암차즈기 꿀풀과

Salvia plebeia R.Br.

다소 습한 풀밭이나 도랑 근처에 자란다. 높이 30~70cm. 줄기에 아래를 향한 잔털이 밀생한다. 뿌리에 달린 잎은 방석처럼 퍼져서 겨울을 지내고 꽃이 필 때쯤 시든다. 줄기잎은 주름이 많으며 긴 타원모양이다. 5월 중순~6월 하순 개화. 꽃은 줄기 윗부분의 잎겨드랑이에 달린다. 곰보배추라고도 불리며 건강식품으로 애용된다.

둥근배암차즈기 꿀풀과

Salvia japonica Thunb.

산이나 들의 풀밭에 자란다. 높이 30cm 정도. 줄기에서 가지를 치기도 한다. 잎은 홑잎 또는 겹잎으로, 작은잎은 3개이거나 1~2회 깃모양으로 갈라진다. 6월 하순~10월 중순 개화. 꽃의 길이는 10~13mm 정도로, 배암차즈기의 꽃보다 크고 줄기의 끝부분에 층층이 달린다. 전남, 경남 등 남부지방에 주로 분포한다.

꿩의다리아재비 매자나무과

Caulophyllum robustum Maxim.

높은 산지의 숲 속에 자란다. 높이 60~100cm 정도. 줄기는 곧게 자라며, 잎은 어긋나고, 2~3회 3갈래로 갈라진다. 5월 중순~6월 중순 개화. 원줄기 끝에 지름 8~10mm의 꽃이 원추꽃차례로 달린다. 씨방이 꽃이 진 후 자라지 않기 때문에, 씨가 밖으로 드러나 마치 열매같이 보이며, 하늘색으로 익는다. 제주를 제외한 전국에 분포한다.

치자풀 열당과

Monochasma sheareri (S. Moore) Maxim. ex Franch. & Sav.

산지의 숲 속에 자란다. 높이 5~20cm. 줄기는 땅을 기며 가지를 친다. 잎은 좁은 피침모양으로 길이 2~3.5cm이며 줄기의 끝부분에서는 거의 어긋난다. 5월 초순~5월 하순 개화. 잎겨드랑이에 약 1cm 정도의 꽃이 달리며 열매는 꽃이 진 후 자란 꽃받침에 싸여 있어 치자를 닮았다. 중국, 일본에 분포하며 전북 변산에 자생하여 '변산붙살이풀'로도 불린다.

사상자 산형과

Torilis japonica (Houtt.) DC.

산과 들의 풀밭에 자란다. 높이 30~70cm. 줄기는 윗부분에서 가지를 치며, 전체에 짧은 털이 있고, 잎은 3갈래로 2회 갈라진다. 5~8월 개화. 꽃은 겹우산꽃차례로 달리며, 작은꽃자루는 5~9개로 6~20개의 꽃이 달린다. 열매에 가시같은 짧은 털이 있어 다른 물체에 잘 붙는다. '살모사가 좋아하고 씨앗을 먹는다' 하여 유래된 이름이다.

개사상자 산형과

Torilis scabra (Thunb.) DC.

산과 들에 자란다. 높이 60cm 정도. 줄기는 자줏빛이 돌고, 잔털이 있다. 잎은 깃꼴겹잎으로 가늘게 갈라진다. 5~6월 개화. 사상자에 비해 개화시기가 빠르며, 작은꽃자루가 2~4개로 적고, 꽃과 열매의 크기도 작으며 꽃, 열매의 색깔이 다소 붉은색을 띤다. 총포잎은 없거나 1개이고, 작은총포잎은 3~6개이다. 주로 남부지방에 자생한다.

갯사상자 산형과

Cnidium japonicum Miq.

바닷가의 모래나 자갈밭에 자란다. 높이 10~30cm. 줄기는 비스듬히 누워 자라며, 아래쪽에서 가지가 많이 갈라지고, 전체에 털이 없다. 잎은 긴 타원모양으로, 1회 깃모양으로 갈라진다. 작은잎은 5~7개 정도이며, 두껍고 표면에 윤이 난다. 7~9월 개화. 10개 내외의 작은꽃자루가 있다. 주로 중부 이남 지방에 분포한다.

벌사상자 산형과

Cnidium monnieri (L.) Cusson

산이나 들의 풀밭에 자란다. 높이 1m 정도. 뿌리잎과 밑부분의 잎은 꽃이 필 때 없어지며, 줄기 윗부분의 잎은 3회 깃모양으로 갈라진다. 5~7월 개화. 작은꽃자루는 15~30개로 가장자리에 흰색의 털이 있으며, 10개 정도의 꽃이 달린다. 사상자와 닮았으나 총포잎, 작은총포잎이 각각 10개 정도로 많고, 작은꽃자루도 많다.

긴사상자 산형과

Osmorhiza aristata Makino & Jabe

산지의 그늘진 곳에 자란다. 높이 40~60cm. 전체에 흰색의 털이 있다. 잎은 잎자루가 길며, 삼각모양으로 2~3회 깃꼴로 갈라진다. 5~6월 개화. 사상자에 비해 작은꽃자루가 3~6개로 적고, 달리는 꽃의 수도 4~10개로 적다. 열매가 18~20mm 정도로 길어 붙여진 이름이며, 열매에 위를 향한 털이 있고 끝부분에 암술대가 남아 있다.

고수 산형과

Coriandrum sativum L.

절이나 민가 주변에 재배한다. 높이 30~60cm. 잎은 깃꼴겹잎이며, 뿌리잎은 잎자루가 길지만 위로 갈수록 짧아진다. 6~7월 개화. 3~6개의 작은꽃자루 끝에 10개 정도의 꽃이 달리고, 가장자리의 꽃이 크다. 지중해 연안 원산으로 우리나라에는 고려시대에 전래된 것으로 알려져 있으며, 전세계적으로 다양한 요리에 향신료로 사용되고 있다.

갯방풍 산형과

Glehnia littoralis F.Schmidt ex Miq.

바닷가 모래밭에 자란다. 높이 5~20cm. 전체에 흰색 털이 난다. 뿌리가 굵고 땅속 깊이 들어가며, 잎은 3갈래로, 가장자리에 작은 톱니가 있다. 뿌리잎과 아랫부분의 잎은 잎자루가 길고 지면을 따라 퍼진다. 5월 하순~7월 하순 개화. 작은꽃자루 끝에 20~40개의 꽃이 뭉쳐 핀다. 전체에 향이 나며 풍을 예방하는 약효가 있다고 한다.

갯기름나물 산형과

Peucedanum japonicum Thunb.

바닷가에 자란다. 높이 60cm 정도. 줄기는 자주색을 띠며, 가지가 갈라진다. 잎은 분백색을 띠고 1~3회 갈라지는 깃모양겹잎으로 털이 없다. 작은잎은 거꿀달걀모양으로 두꺼우며, 치아모양의 톱니가 있다. 5월 하순~8월 중순 개화. 작은꽃차례에 20~30개의 꽃이 달린다. 제주, 울릉을 포함해 주로 중부 이남에 분포한다.

바위솜나물 국화과

Tephroseris phaeantha (Nakai) C.Jeffrey & Y.L.Chen

높은 산의 바위지대에 자란다. 높이 15~40cm. 줄기에 능선이 있고 전체에 거미줄 같은 털이 있다. 뿌리잎은 가장자리에 불규칙한 톱니가 있고 잎자루에 날개가 있다. 줄기잎은 4~6개로 긴 타원형 또는 피침형이다. 5~8월 개화. 줄기 끝에 머리꽃이 1~3개 달리고 꽃의 지름은 3.5~4cm이다. 강원도의 석회암 지대에서 드물게 발견된다.

약모밀 삼백초과

Houttuynia cordata Thunb.

민가 근처나 산지의 그늘진 곳에 자란다. 높이 20~50cm. 땅속줄기가 길게 뻗으며 마디에서 뿌리가 내린다. 5월 하순~6월 초순 개화. 꽃차례가 짧고, 꽃차례 밑에 꽃잎처럼 보이는 4장의 총포잎이 있다. 약용식물로 재배되며 남부지방에 드물게 자생한다. 잎이 메밀 잎과 닮아 붙여진 이름이며, 고기 비린내가 나서 '어성초(魚腥草)'라고도 한다.

대극 대극과

Euphorbia pekinensis Rupr.

산이나 들에 자란다. 높이 50~80cm. 줄기는 가지를 치며, 자르면 유액이 나온다. 잎은 주맥 부분에 흰빛이 돈다. 5월 중순~7월 하순 개화. 원줄기 끝에서 꽃이 피며, 윗부분에서 5개의 잎이 돌려나고 5개의 가지가 우산모양으로 갈라진다. 꿀샘은 타원모양이며, 열매는 납작한 공모양으로 돌기가 있다. 암술대는 3개이고 끝이 2개로 갈라진다.

두메대극 대극과

Euphorbia fauriei H.Lév. & Vaniot

산지 또는 바닷가의 풀밭에 자란다. 높이 10~20cm. 줄기에 꼬부라진 털이 나며, 줄기 끝의 잎은 3~4개가 돌려난다. 4월 하순~7월 초순 개화. 씨방에 돌기가 있으며, 암술대는 3개로 갈라진 다음, 다시 2갈래로 깊게 갈라진다. 한라산과 남부지방 바닷가에 자생한다. 대극과 달리 줄기가 비스듬히 서고, 높이가 20cm 이내이다.

쥐손이풀 쥐손이풀과

Geranium sibiricum L.

산자락의 풀밭이나 길가의 빈터 등에 자란다. 높이 30~80cm. 줄기에 아래쪽으로 향한 털이 있다. 잎은 5갈래로 깊게 갈라지며, 윗쪽잎은 3갈래로 갈라지기도 한다. 5월 중순~10월 하순 개화. 꽃은 지름 10mm 정도로 꽃잎에 보통 3개의 줄무늬가 있다. 줄기나 가지 윗부분의 잎 겨드랑이에서 1개의 꽃자루가 나오며 꽃줄기가 2개로 갈라지는 이질풀과 구분된다.

산쥐손이 쥐손이풀과

Geranium dahuricum DC.

높은 산의 숲 가장자리에 자란다. 높이 60~90cm. 줄기는 대개 비스듬히 자라며, 잎은 7~8갈래로 깊게 갈라진다. 6월 하순~8월 하순 개화. 잎겨드랑이에서 긴 꽃대가 나와 2개로 갈라지고 그 끝에 꽃이 1개씩 달린다. 꽃은 지름이 18mm 정도이고, 꽃자루는 꽃이 핀 다음 뒤로 굽는다. 가야산을 포함해 중부 이북에 자생한다.

털쥐손이 취손이풀과

Geranium platyanthum Duthie

높은 산의 풀밭에 자란다. 높이 30~50cm. 줄기 전체에 퍼진 털이 있으며, 원줄기에 세로로 홈이 있다. 잎은 잎자루가 길고 5~7갈래로 갈라지며, 표면에 2갈래 갈라지는 털이 있고, 뒷면에는 퍼진털이 있다. 5월 중순~7월 하순 개화. 지름 25mm 정도의 꽃이 원줄기 끝에 3~8개 정도 달리며, 수술대 밑부분에 긴 털이 있다. '꽃쥐손이'라고도 한다.

연자주쥐손이 쥐손이풀과

Geranium purpureum Vill.

길가 특히 철길 주변의 자갈밭에 자란다. 높이 10~35cm. 줄기는 가지를 치고 샘털과 퍼진털이 있으며 볕이 강한 곳에선 붉은색을 띤다. 잎은 손바닥모양으로 깊게 갈라지며 가장자리가 붉은색을 띤다. 4월 하순~6월 하순 개화. 취산꽃차례로 꽃이 달리고 꽃밥은 노란색, 암술머리는 분홍색이다. 유럽, 서남아시아, 아프리카 북부에 분포하며 경남 일대에서 발견된다.

0516

미국쥐손이 쥐손이풀과

Geranium carolinianum L.

양지바른 들에 자란다. 높이 20~40cm. 줄기에 부드러운 털이 있고 간혹 회색의 샘털이 섞여 난다. 잎은 5~9갈래로 깊이 갈라진다. 5~8월 개화. 꽃자루에 지름 8~13mm의 꽃이 2개 달리며, 꽃받침 끝에 짧은 까락이 있다. 북아메리카 원산으로 전국에 분포한다. 국내에 분포하는 같은 속의 분류군과 달리 한해살이풀이다.

세열미국쥐손이 쥐손이풀과

Geranium dissectum L.

길가나 풀밭에 자란다. 높이 30~60cm. 줄기는 곧게 서거나 비스듬히 자라며 전체에 부드러운 털이 있다. 뿌리잎은 둥글고 얕게 갈라지며 줄기잎은 5~7갈래로 깊게 갈라진다. 4월 초순~5월 중순 개화. 꽃은 잎겨드랑이에서 나온 꽃줄기에 2개씩 달리고, 꽃받침의 끝부분에 짧은 돌기가 있다. 유럽, 북아프리카 원산으로 제주에서 처음 발견되었으며 남부지방에도 관찰된다.

세열유럽쥐손이 쥐손이풀과

Erodium cicutarium (L.) L'Her.

들에 자란다. 높이 10~50cm. 잎은 깃꼴겹잎이며, 갈래조각은 다시 깃모양으로 깊게 갈라진다. 4월 초순~6월 하순 개화. 5~12개의 홍자색 꽃이 우산꽃차례로 달린다. 꽃은 지름이 8~15mm이다. 10개의 수술 중 5개는 길고 꽃밥이 있으며, 5개는 짧고 꽃밥이 없다. 암술은 1개로 암술머리가 5갈래로 갈라진다. 지중해 연안 원산의 귀화식물이다.

태백기린초 돌나물과

Sedum latiovalifolium Y.N.Lee

해발고도 1,000m 이상인 높은 산지의 숲 가장자리에 자란다. 높이 20cm 정도. 뿌리는 굵고 길며, 잎은 넓은 달걀모양으로 가장자리에 톱니가 있고 줄기 위쪽의 잎은 장미꽃모양으로 뭉쳐나는 특징이 있다. 6~7월 개화. 꽃은 취산꽃차례로 달린다. 금대봉, 태백산, 두타산, 설악산 등 강원도의 높은 산지에 자생한다.

기린초 돌나물과

Sedum kamtschaticum Fisch.

바닷가나 산지의 바위틈에 자란다. 높이 10~30cm. 줄기는 모여나고, 녹색이며, 잎은 넓은 타원모양으로 끝이 둔하고, 가장자리에 톱니가 있다. 5월 하순~8월 하순 개화. 꽃은 원줄기 끝에 취산꽃차례로 달리며, 꽃잎은 5개로 피침모양이고, 길이는 5mm 정도이다. 전국에 널리 분포하며, 지역에 따라 형태의 변이가 심하다.

가는기린초 돌나물과

Sedum aizoon L.

산지의 바위틈에 주로 자란다. 높이 50cm 정도. 줄기가 1~2개 나며, 잎은 거꿀달걀모양으로 끝이 좁고, 가장자리에 톱니가 있다. 6~8월 개화. 꽃은 줄기 끝부분에 취산꽃차례로 달린다. **큰기린초** var. *latifolium*는 주로 남부지방에 분포하며, 개화 시기가 빠르고, 잎이 넓은 계란형으로 잎의 위쪽 반만 톱니가 있어 구분된다.

대구돌나물 돌나물과

Crassula aquatica (L.) Schonland

논이나 강가 습지에 자란다. 높이 5cm. 줄기 밑에서 가지가 갈라지며, 잎은 긴 피침모양으로 길이 5~8mm, 너비 1mm 정도이다. 5월 중순~6월 하순 개화. 잎겨드랑이에 1개씩 꽃이 달리며, 꽃자루는 없고 꽃받침은 4개로 갈라진다. 대구에서 처음 발견되어 붙여진 이름이며, 식물체가 작아 눈에 잘 띄지 않는다. 경남, 경북, 경기, 제주 등에 분포한다.

돌나물 돌나물과

Sedum sarmentosum Bunge

산과 들의 양지바른 곳에 자란다. 높이 10cm 정도. 기는줄기의 마디에서 뿌리를 내린다. 긴 타원모양의 잎이 보통 3장씩 돌려나 비슷한 종과 구분되며, 잎끝이 뾰족하다. 5월 하순~6월 하순 개화. 줄기 끝에 지름 8mm 정도의 꽃이 취산꽃차례로 달린다. 연한 순을 나물이나 물김치로 만들어 먹었으며 주로 바위틈에 자라 유래한 이름이다.

말똥비름 돌나물과

Sedum bulbiferum Makino

산과 들에 흔히 자란다. 높이 10~20cm. 원줄기 밑부분이 옆으로 뻗어 마디에서 뿌리가 나온다. 잎은 줄기 아래쪽에서는 어긋나고, 윗부분에서는 마주나며 주걱모양이다. 5월 중순~7월 하순 개화. 꽃은 줄기 끝에 취산꽃차례로 달리며, 열매는 잘 열리지 않는다. 잎겨드랑이에 작은 장미모양의 살눈이 생겨 번식하는 특징이 있다.

멕시코돌나물 돌나물과

Sedum mexicanum Britton

길가에 자란다. 높이 10~20cm. 줄기는 땅을 기며 가지를 치고 곧게 선다. 잎은 3~5장이 돌려 나고 꽃이 달리는 줄기에서는 어긋난다. 잎은 원통상 선형이다. 4월 하순~6월 중순 개화. 꽃은 줄기 끝에 20~40개가 취산꽃차례로 달리며 꽃자루는 없고 꽃잎, 꽃받침잎은 5장이다. 멕시코 원산 여부는 논란이 있으며 제주를 비롯해 부산, 인천, 충남, 경남 등지에 분포한다.

땅채송화 돌나물과
Sedum oryzifolium Makino

바닷가의 바위 위에 자란다. 높이 5~12 cm. 줄기가 땅을 기며 윗부분이 곧게 선다. 잎은 길이가 5mm 내외로 긴 타원모양의 다육질로 대개 붉은색을 띤다. 5~7월 개화. 꽃은 줄기 끝에서 갈라진 2~3개의 가지에 달리며, 꽃잎은 넓은 피침모양이다. 중부 이남에 분포한다. **돌채송화***S. japonicum*는 잎끝에 둔한 톱니가 있어 구분된다.

바위채송화 돌나물과
Sedum polytrichoides Hemsl.

산지의 바위에 자란다. 높이 7cm 정도. 줄기는 적갈색으로 가지를 많이 치고 바닥을 기며, 어긋나는 잎은 선형 또는 선상 거꿀피침모양이다. 6월 하순~9월 초순 개화. 지름 10mm 정도의 꽃이 취산꽃차례로 달리며, 꽃자루는 없고 포는 꽃보다 길다. 잎이 짧고 잎 끝이 둥근 땅채송화에 비해, 잎이 2cm 정도로 길고 끝이 뾰족하다.

0519

아욱 아욱과

Malva verticillata L.

민가 근처나 들에 자란다. 높이 60~90cm. 줄기는 곧게 자라고, 긴 별모양의 털이 난다. 잎은 어긋나고, 둥근모양이며, 5~7갈래로 얕게 갈라지고 가장자리에 뭉툭한 톱니가 있다. 5월 하순~9월 하순 개화. 잎겨드랑이에서 지름 15mm 정도의 꽃이 모여달린다. 북반구 온대 지역에 널리 자생하며 주로 재배되고 연한 잎을 식용한다.

당아욱 아욱과

Malva sylvestris L.

길가나 빈터에 자란다. 높이 60~90cm. 줄기는 곧게 서고 가지가 갈리지며, 털이 거의 없다. 잎은 둥근모양이며, 5~9갈래로 얕게 갈라지고, 가장자리에 작은 톱니와 긴 털이 있다. 5월 중순~10월 하순 개화. 꽃의 지름은 2~5cm 정도로 잎겨드랑이에서 5~15개 정도 모여달린다. 유럽 원산으로 관상용으로 재배하던 것이 야화하였다.

난쟁이아욱 아욱과

Malva neglecta Wallr.

밭이나 길가에 자란다. 줄기 길이 50cm. 줄기 아래쪽은 지면을 기며 마디에서 뿌리가 나고, 위쪽은 비스듬히 자란다. 5월 중순~9월 중순 개화. 꽃은 잎겨드랑이에서 3~6개가 뭉쳐나며 꽃의 지름은 15mm 정도이고, 꽃잎은 5개로 꽃받침보다 2~3배 길다. 유럽, 서아시아 원산으로 주로 남부지방에 자생한다. 줄기가 땅을 기어서 붙여진 이름이다.

애기아욱 아욱과

Malva parviflora L.

들이나 빈터에 자란다. 높이 20~50cm. 난쟁이아욱과 비슷하나 줄기가 대부분 곧게 서며, 잎은 더 작고 둥근모양으로 5~7갈래로 깊게 갈라진다. 4월 하순~6월 하순 개화. 꽃잎이 꽃받침보다 짧아서 꽃잎 사이로 꽃받침이 보인다. 유럽 원산으로 제주에 자생한다. **둥근잎아욱***M. pusilla(M. rotundifolia)*은 잎이 크고 원모양에 가깝다.

국화잎아욱 아욱과

Modiola caroliniana (L.) G.Don

들이나 냇가의 습한 곳에 자란다. 줄기의 길이 15~50cm. 아랫부분이 땅을 기며 마디에서 뿌리가 나고, 윗부분은 비스듬히 선다. 잎은 어긋나고 둥근모양 또는 달걀모양으로 국화잎처럼 5~7갈래로 깊게 갈라진다. 4월 하순~6월 중순 개화. 잎겨드랑이에 지름 7~10mm의 꽃이 1개씩 달린다. 열대 아메리카 원산으로 주로 제주에 자생한다.

애기도라지 초롱꽃과

Wahlenbergia marginata (Thunb.) A.DC.

저지대의 양지바른 풀밭이나 길가에 자란다. 높이 20~40cm. 전체에 털이 약간 있고, 줄기에 능선이 있다. 잎은 잎자루가 없고 가장자리가 두꺼우며 흔히 물결모양을 이룬다. 5월 초순~11월 하순 개화. 꽃은 가지 끝에 1개씩 위를 향해 달리며, 꽃자루는 길이 10~20mm, 꽃은 지름 5mm 정도이다. 제주와 남부 지방에 자생한다.

초롱꽃 초롱꽃과

Campanula punctata Lam.

산이나 들의 반그늘진 풀밭에 자란다. 높이 40~60cm. 전체에 거친 털이 있고 중상부에서 가지가 갈라진다. 잎은 가장자리에 불규칙하고 둔한 톱니가 있다. 5월 하순~7월 초순 개화. 꽃은 흰색 또는 옅은 홍자색에 자주색 반점이 있으며, 꽃통의 길이는 4~5cm, 꽃통의 지름은 3.5cm 정도이다. 꽃의 모양이 '초롱'을 닮은데서 유래한 이름이다.

자주꽃방망이 초롱꽃과

Campanula glomerata subsp. speciosa (Hornem. ex Spreng.) Domin

산지의 반그늘진 풀밭에 자란다. 높이 40~100cm. 뿌리잎은 잎자루가 길고 날개가 있으며, 줄기잎은 잎자루가 거의 없고 가장자리에 불규칙한 톱니가 있다. 6월 하순~10월 하순 개화. 꽃은 길이 2~3cm로 꽃자루가 거의 없고, 줄기 끝과 위쪽 잎겨드랑이에서 10개 정도가 뭉쳐서 달린다. 제주와 남해안을 제외한 전국에 분포한다.

0520

제비난초 난초과

Platanthera densa Freyn
Platanthera chloranthella Nakai

양지바른 풀밭이나 숲 속에 자란다. 높이 20~60cm. 줄기는 곧게 서고, 아래 2장의 잎은 모여난다. 5월 하순~7월 중순 개화. 14~20mm의 꽃이 이삭꽃차례로 달린다. 양지바른 곳에 자라는 개체는 꽃차례가 치밀하고 짧으며, 그늘진 곳에 자라는 개체는 키가 크고, 꽃차례가 느슨하게 늘어진다. 꽃이 제비가 나는 모습을 닮아서 붙여진 이름이다.

산제비란 난초과

Platanthera mandarinorum Rchb.f.

양지바른 풀밭이나 산지의 약간 습한 풀밭에 자란다. 높이 10~50cm. 줄기에 좁은 날개가 있고, 2~5장의 잎이 어긋난다. 5월 하순~8월 초순 개화. 이삭꽃차례에 5~14개의 꽃이 달리며, 꽃의 길이는 15~30mm, 원통모양의 꿀주머니는 20mm 정도이다. 꿀주머니가 위로 길게 굽어지는 **하늘산제비란**var. *neglecta*을 따로 구분하기도 한다.

갈매기난초 난초과

Platanthera japonica (Thunb.) Lindl.

산지의 습한 숲 속이나 양지바른 풀밭에 자란다. 높이 40~60cm. 줄기에서 5~8개의 잎이 어긋나며, 밑부분에 달린 3~5개의 잎은 타원모양으로 끝이 뾰족하고, 밑부분이 좁아져서 잎집이 된다. 5월 하순~7월 초순 개화. 꽃의 크기는 18~25mm이고, 꿀주머니는 밑으로 처진다. 강원, 전남, 경남, 제주 등지에 드물게 분포한다.

흰제비란 난초과

Platanthera hologlottis Maxim.

높은 산지의 습한 풀밭에 자란다. 높이 35~90cm. 잎은 5~12장으로, 아래쪽 4~6장의 잎은 크고 선상 피침모양이다. 6월 중순~8월 초순 개화. 꽃의 크기는 10~13mm 정도로 향기가 있으며, 이삭꽃차례로 달린다. 입술꽃잎은 긴 타원모양이고, 꿀주머니는 밑으로 처진다. 갈매기난초에 비해 잎이 좁고 입술꽃잎의 가운데 갈래 길이가 절반 정도이다.

나도잠자리란 난초과

Platanthera ussuriensis (Regel) Maxim.

숲 속이나 숲가의 습한 곳에 자란다. 높이 15~35cm. 맨 아래 2장의 잎은 좁은 타원모양이다. 5월 하순~8월 초순 개화. 지름 8~10mm의 꽃이 이삭꽃차례로 달린다. 곁꽃잎과 등꽃받침의 길이가 2mm 정도이며, 합쳐져서 투구모양을 이룬다. 입술꽃잎은 길이 3~3.5mm로 아랫부분이 3갈래로 갈라지며, 꿀주머니는 길이 5~6mm 정도이다.

넓은잎잠자리란 난초과

Platanthera fuscescens (L.) Kraenzl.

깊은 산지의 숲 속이나 계곡을 따라 자란다. 높이 20~50cm. 줄기 아래쪽의 잎은 넓은 타원모양으로 2~3장이 어긋난다. 6월 초순~8월 초순 개화. 꽃은 길이 5~15cm의 이삭꽃차례에 조밀하게 달리며, 꽃의 크기는 1cm 정도이다. 전남, 전북, 강원, 경기 등에 드물게 분포한다. 나도잠자리란에 비해 입술꽃잎이 길고 곁갈래가 삼각모양이어서 구분된다.

방울새란 난초과

Pogonia minor (Makino) Makino

산지의 양지바른 습지 주변 풀밭에 자란다. 높이 15~20cm. 땅속 뿌리줄기가 옆으로 뻗는다. 줄기 가운데에 좁고 긴 타원모양의 잎이 1장 달리며, 윤이 나고 약간 두껍다. 5월 하순~7월 초순 개화. 길이 10~20mm 정도의 꽃 1개가 줄기 끝에 달리고, 꽃은 거의 벌어지지 않으며, 잎을 닮은 포가 씨방보다 길게 위를 향해 달린다. 전국에 드물게 분포한다.

큰방울새란 난초과

Pogonia japonica Rchb. f.

양지바른 산지의 습한 풀밭에 무리지어 자란다. 높이 15~30cm. 긴 타원모양의 잎이 줄기 가운데 부분에 1장 달린다. 5월 중순~7월 중순 개화. 줄기 끝에 씨방보다 긴 포가 있고, 길이 20~25mm 정도의 꽃이 1개씩 달린다. 방울새란에 비해 꽃잎을 많이 연다. 붉은 자주색의 꽃이 보통이나, 희거나 약간 노란 꽃이 피기도 한다.

0521

비비추난초 난초과

Tipularia japonica Matsum.

산지의 습한 숲 속에 자란다. 높이 20~30cm. 뿌리는 알줄기 밑에서 나고, 알줄기 사이가 땅속줄기로 연결된다. 1장의 잎이 가을에 나와 이듬해에 지며, 뒷면은 자주색이다. 5월 하순~6월 하순 개화. 꽃의 크기는 4~7mm 정도이며, 입술꽃잎은 3갈래이고 불규칙하다. 뒤쪽에 5mm 정도의 꿀주머니가 있다. 제주와 전남, 충남 등에 드물게 자생한다.

은방울꽃 백합과

Convallaria keiskei Miq.

반그늘진 숲 속에 자란다. 높이 20cm 정도. 땅속줄기가 옆으로 뻗으며 군데군데 새순이 나고, 2장의 잎이 나와 줄기를 감싼다. 4월 하순~6월 초순 개화. 두 잎 사이에서 꽃대가 나오고, 지름 6~8mm 정도의 꽃이 7~8송이 정도 아래를 향해 달린다. 꽃은 끝이 6개로 갈라져서 뒤로 젖혀진다. 열매는 둥글며 붉게 익는다.

두루미꽃 백합과

Maianthemum bifolium (L.) F.W.Schmidt

높은 산의 숲 속 반그늘에 자란다. 높이 8~15cm. 줄기는 가지를 치지 않으며, 2~3장의 잎이 어긋난 후에 꽃대를 올린다. 5월 하순~6월 하순 개화. 꽃은 줄기 끝에 총상꽃차례를 이루어 5~20송이 정도 달리고, 지름은 4mm 정도이다. 꽃덮이는 4조각으로 거꿀달걀모양이고, 수술은 4개로, 꽃덮이조각보다 짧다. 열매는 8~9월에 붉게 익는다.

금강애기나리 백합과

Streptopus ovalis (Ohwi) F.T.Wang & Y.C.Tang

높은 산지의 숲 속에 자란다. 높이 10~30cm. 잎은 긴 타원모양으로, 밑부분은 줄기를 감싸며, 잎맥은 5~7개이다. 5월 초순~6월 하순 개화. 지름 8mm 정도의 꽃은 옅은 노란색을 띠며, 자주색 반점이 있고, 가지 끝에 1~3개씩 달린다. 애기나리, 큰애기나리와 달리 꽃은 위를 향해 핀다. 강원 진부에서 처음 채집되어 '진부애기나리'라고도 한다.

질경이 질경이과

Plantago asiatica L.

풀밭이나 길가, 빈터에 흔히 자란다. 꽃줄기의 높이 10~40cm. 잎은 밑동에서 뭉쳐난다. 5월 하순~9월 하순 개화. 꽃은 꽃줄기 끝에 이삭꽃차례로 달리고, 꽃차례는 꽃줄기 길이의 1/3~1/2 정도이다. 한방에서는 잎과 씨앗을 약재(차전자, 車前子)로 쓴다. 씨앗이 신발이나 수레바퀴 등에 묻어 퍼지므로 밟혀도 질기게 산다는 뜻의 이름이다.

창질경이 질경이과

Plantago lanceolata L.

들이나 길가, 해안가의 풀밭에 자란다. 높이 30~60cm. 잎은 뿌리에서 모여난다. 4월 하순~9월 하순 개화. 꽃차례가 짧고, 수술이 길게 화관 밖으로 나온다. 종소명인 '*lanceolata*'는 라틴어로 '창'을 뜻하며, 곧고 긴 꽃줄기와 창끝을 닮은 꽃차례의 모습에서 유래되었다. 유럽 원산으로 남부지방과 서해 도서지역에 흔히 자생한다.

개질경이 질경이과

Plantago camtschatica Link

바닷가 모래땅이나 풀밭, 갯바위 곁에 자란다. 높이 15~30cm. 전체에 거친 털이 빽빽하게 난다. 4월 하순~8월 하순 개화. 긴 달걀모양의 열매에 4개의 씨가 들어 있다. **미국질경이***P. virginica*는 북아메리카 원산의 한두해살이풀로, 개질경이에 비해 털이 훨씬 길고, 열매에 씨가 2개씩 들어 있어 구분된다. 주로 제주와 남부지방에 분포한다.

긴포꽃질경이 질경이과

Plantago aristata Michx.

들이나 하천가의 풀밭에 자란다. 높이 15~30cm. 전체에 털이 있고 꽃을 제외한 전체가 억세다. 6월 초순~7월 하순 개화. 국내에 자생하는 질경이과의 꽃은 지름이 2mm 정도로 작으나, 꽃의 지름이 4~6mm로 훨씬 크다. 열대 아메리카 원산으로 귀화하였으며, 서울, 경북, 경남 등에서 세력을 넓히고 있다. 좁고 긴 포와 큰 꽃이 특징이다.

0522

털질경이 질경이과

Plantago depressa Willd.

길가나 빈터에 자란다. 꽃줄기의 높이 5~20cm. 잎자루는 2~7cm, 5~7개의 맥이 있으며 잎가장자리에 불규칙하고 희미한 톱니가 있다. 어린잎의 표면에는 털이 많으나 점점 없어진다. 4월 하순~8월 하순 개화. 꽃은 이삭꽃차례로 달리며 꽃밥은 흰색이고 열매는 달걀모양으로 4~5개의 씨가 들어있다. 전국에 분포하며 질경이에 비해 잎이 좁은 타원모양이다.

지채 지채과

Triglochin maritima L.

밀물이 닿는 바닷가에 자란다. 높이 20~40cm. 땅속줄기가 굵고 짧게 뻗으며 끝부분에 잎이 모여난다. 4월 중순~10월 중순에 꽃이 피며 지역에 따라 개화시기의 차가 심하다. 잎사이에서 나온 꽃줄기에 이삭꽃차례로 꽃이 달리며 1~4mm의 꽃자루가 있다. 열매는 구형으로 길이 3~5mm이다. 서·남해안에 주로 자생하며 동해안의 석호 등에서도 드물게 볼 수 있다.

푸른마 마과

Dioscorea coreana (Prain & Burkill) R.Knuth

산지 숲 속에 자란다. 길이 1~3m. 줄기는 시계방향으로 물체를 감고 자란다. 잎 밑부분이 귀처럼 돌출하지 않으며 줄기 아래쪽에서는 모여 달린다. 암수딴그루로 5~7월에 이삭꽃차례로 꽃이 달린다. 3개의 날개가 달린 열매에 6개의 씨가 들어 있고 씨의 가장자리에 막질의 날개가 있다. 주로 중부지방에 자생하며 **도꼬로마***D. tokoro*로 잘못 인식되는 경우가 많다.

영암풀 꼭두서니과

Exallage chrysotricha (Palib.) Neupane & N.Wikstr.

낮은 산지의 숲 속에 자란다. 길이 20~40cm. 줄기가 땅을 기며 마디에서 뿌리를 내리고 여러 갈래로 갈라진다. 줄기 능선을 따라 흰 털이 빽빽하게 난다. 잎은 타원형이고 잎자루는 짧거나 없다. 6월 초순~10월 중순 개화. 잎겨드랑이 마디마다 종모양의 꽃이 2~5개 달리며 꽃자루와 꽃받침 통부에 털이 있다. 전남 영암군에서 처음 발견되어 2016년에 미기록종으로 발표 되었다.

왜떡쑥 국화과

Gnaphalium uliginosum L.

논이나 물이 빠진 저수지 주변의 습한 곳에 자란다. 높이 15~35cm. 줄기는 곧게 서고 가지가 많이 갈라지며 전체에 흰 털이 덮여있다. 잎은 거꿀피침모양이고 뿌리잎은 꽃이 필 무렵 시들어 버린다. 5월 초순~7월 중순 개화. 줄기와 가지 끝부분에 머리모양꽃차례가 모여 달리며 꽃차례의 가장자리에는 관모양의 암꽃이 가운데에는 관모양의 양성꽃이 핀다. 북반구 온대지방에 널리 분포한다.

들떡쑥 국화과

Leontopodium leontopodioides (Willd.) Beauverd

산지의 건조하고 양지바른 풀밭이나 길가에 자란다. 높이 15~45cm. 줄기는 곧추서며, 전체에 흰 털이 덮여 있다. 뿌리잎은 꽃이 필 무렵 사라지며, 줄기잎은 선형으로 끝은 둔하다. 5월 하순~8월 중순 개화. 줄기 끝에 연한 황갈색의 머리모양꽃이 1~4개 정도 모여달린다. 전국에 분포하는 것으로 알려져 있으나 드물게 발견된다.

왜솜다리 국화과

Leontopodium japonicum (Thunb.) Miq.

높은 산지의 풀밭에 자란다. 높이 20~50cm. 줄기는 비스듬이 자라다 곧게 서며, 전체가 흰 털로 덮여 있다. 잎은 긴 타원모양으로 끝이 뾰족하며 가장자리는 밋밋하다. 잎의 앞면은 털이 드물거나 없고, 뒷면은 회백색 털이 있다. 6월 하순~9월 하순 개화. 줄기 끝에 머리모양꽃이 모여달린다. 강원, 경북, 충북 등에 분포한다.

설악솜다리 국화과

Leontopodium seorakensis Lim, Hyun, & Shin

높은 산지의 암석지대에 자란다. 높이 7~22cm. 줄기는 모여나며 솜털로 덮여 있다. 뿌리잎은 꽃이 필 때 남아 있고, 줄기잎은 넓은 선형으로 끝에 뾰족한 돌기가 있으며, 밑은 좁아지고 양면은 회백색으로 털이 있다. 5월 하순~7월 하순 개화. 줄기 끝에 머리모양꽃이 모여달린다. '산솜다리'로 알려져 오던 것이 새로 명명되었다.

0522

개꽃 국화과

Tripleurospermum limosum (Maxim.) Pobed.

하천가나 길가에 자란다. 높이 10~35cm. 줄기에 광택이 있고, 잎은 가늘게 2회 깃모양으로 갈라지며 밑부분이 줄기를 감싼다. 4월 중순~8월 하순 개화. 지름 1.5cm 정도의 머리모양꽃차례가 가지 끝에 1개씩 달린다. 총포조각은 2~3열로 배열되고 가장자리가 막질이며 길이 4mm 정도의 짧은 혀꽃이 있다. 중부 이북에 드물게 자생하며 열매에 3개의 모서리가 있다.

카밀레 국화과

Matricaria chamomilla L.

하천가나 길가에 자란다. 높이 30~60cm. 줄기는 가지를 치고 곧게 자라며, 잎은 2~3회 깃모양으로 가늘게 갈라진다. 5월 하순~8월 하순 개화. 줄기 끝에 지름 13~25mm의 머리모양꽃차례가 달리며 혀꽃은 뒤로 젖혀진다. 꽃턱은 원뿔모양이며, 총포조각은 3열로 배열되고 가장자리는 막질이다. 열매에 5개의 모서리가 있다. 온대 유라시아대륙에 널리 약용으로 재배된다.

족제비쑥 국화과

Matricaria discoidea DC.

길가나 하천 주변의 약간 습한 땅에 자란다. 높이 5~40cm. 줄기는 주로 밑부분에서 가지가 갈라지고 곧게 서거나 비스듬히 자라며 파인애플 향이 난다. 잎은 2~3회 깊게 갈라진다. 4월 초순~8월 초순 개화. 줄기와 가지 끝에 머리모양꽃차례로 1개씩 달리며 지름은 6~8mm이고, 카밀레와 달리 연한 황색의 대롱꽃만 있다. 북아메리카 원산으로 전국에 분포한다.

나도민들레 국화과

Crepis tectorum L

길가나 밭둑, 공터 등에 자란다. 높이 20~100cm. 꽃은 민들레와 닮았으나 줄기에서 잎이 나고, 백색의 털이 있다. 뿌리잎과 아래쪽 줄기잎에는 불규칙한 톱니가 있고, 줄기잎은 좁은 피침모양이다. 5~7월 개화. 머리꽃은 지름이 2cm 정도이고, 혀꽃으로만 이루어진다. 유럽 원산의 귀화식물로 강원, 경북 일원에서 빠르게 번지고 있다.

나도독미나리 산형과

Conium maculatum L.

길가나 하천가 등지에 자란다. 높이 80~300cm. 줄기는 가지를 치며, 홍자색의 반점이 있고 속은 비어있다. 잎은 2~3회 깃모양으로 깊게 갈라지며 잎자루 밑부분에 잎집이 있다. 5월 하순~7월 초순 개화. 겹우산모양꽃차례로 흰색의 꽃이 피며 피침모양의 총포편은 4~6개, 작은총포편은 5~6개이다. 유라시아와 아프리카에 분포하는 유독성 식물로 국내에서 드물게 발견된다.

어수리아재비 산형과

Tordylium maximum L.

양지바른 풀밭에 자란다. 높이 30~130cm. 전초에 털이 많으며 줄기는 가지를 치고 속이 비어 있다. 잎은 홀수깃꼴겹잎으로 가장자리에 톱니가 있으며 줄기 윗부분으로 갈수록 가늘어진다. 5월 중순~7월 중순 개화. 꽃은 흰색 바탕에 분홍색을 띠며 꽃차례의 바깥쪽에 훨씬 더 긴 꽃 잎이 있다. 유럽 중남부에서 이란까지 분포하며 전북 군산시에서 처음 발견되었다.

병풀아재비 산형과

Bowlesia incana Ruiz & Pav.

절개지, 길가 등지에 자란다. 줄기는 땅을 기고 60cm 정도 뻗으며 전초는 별 모양의 털로 덮 여있다. 잎은 손바닥모양으로 갈라지고 긴 잎자루가 있다. 3월 하순~4월 하순 개화. 꽃은 잎겨드랑이에 모여 달리고 꽃잎과 꽃받은 적자색이다. 남북아메리카에 널리 퍼져 있으며 울산시 울주군의 도로변 절개지에서 처음 발견되어 2020년 미기록종으로 발표되었다.

갈기기름나물 산형과

Peucedanum chujaense K. Kim, S.H. Oh, C.S. Kim & C.W. Park

해안가의 비탈진 곳에 자란다. 높이 30~90cm. 줄기 윗부분에서 가지를 치고 세로로 홈이 있다. 잎은 삼각상 달걀모양으로 2회 깃꼴로 갈라지고 긴 잎자루는 밑부분이 줄기를 감싸며 자주색을 띤다. 8월 하순~10월 하순 개화. 꽃은 작은 꽃차례에 20~24개 달리고 꽃받침이 뚜렷하며 열매의 단면이 긴 타원모양이다. 제주시 추자도에서 처음 발견되었다.

0523

왕제비꽃 제비꽃과

Viola websteri Hemsl.

산지의 숲 속에 자란다. 높이 40~60cm. 줄기가 곧게 서며, 잎자루는 매우 짧고 잎맥이 깊게 패이고, 가장자리에 난 톱니가 날카롭다. 4~5월 개화. 꽃은 1.5cm 정도의 크기로 흰색 바탕에 자주색 줄이 있고, 꽃의 안쪽 양면에 털이 많다. 꽃자루는 3~6cm이며, 턱잎은 깃털처럼 갈라진다. 중부지방에 매우 드물게 자생한다.

선제비꽃 제비꽃과

Viola raddeana Regel

강가 습지에 자란다. 높이 30~50cm. 갈대와 같은 주변 식물에 기대기도 하며 곧게 자란다. 잎은 길이 3~10cm, 폭 1~3cm로 가장자리에 작은 톱니가 있다. 5월 하순~7월 중순 개화. 지름 1cm 정도의 꽃이 잎겨드랑이에서 핀다. 꽃자루는 5~10cm이며 중간에 포가 달린다. 경남에 있는 국내의 유일한 자생지가 도로, 농경지 확장 등으로 위협받고 있다.

콩제비꽃 제비꽃과

Viola arcuata Blume
Viola verecunda A.Gray

산과 들의 습한 곳에 자란다. 높이 5~30cm. 줄기는 여러 개가 나와 비스듬히 자라며, 가지를 쳐 옆으로 퍼진다. 줄기의 아래쪽 잎은 심장모양으로, 가장자리에 둔한 톱니가 있다. 5월 중순~6월 중순 개화. 잎겨드랑이에서 꽃자루가 올라와 지름 8~10mm 정도의 작은 꽃이 달리며, 아래 꽃잎에는 자주색 줄무늬가 있다.

장백제비꽃 제비꽃과

Viola biflora L.

높은 산의 바위지대 그늘에 자란다. 높이 20cm 내외. 줄기에서 콩팥처럼 생긴 작은 잎이 돋아나며, 턱잎은 손톱 같이 생겼다. 5월 하순~7월 중순 개화. 암술머리는 Y자형으로 갈라지고, 아래 꽃잎에 보라색 줄무늬가 있으며, 꽃잎 안쪽에 털이 나지 않는다. 북부 고산지역과 백두산 등에 넓게 분포하며, 국내에는 강원 북부에 드물게 자생한다.

석잠풀 꿀풀과

Stachys jriederi var. *japonica* (Miq.) H.Hara

산이나 들의 다소 습한 곳에 자란다. 높이 30~80cm. 땅속줄기가 옆으로 뻗으며 줄기의 마디에만 흰 털이 있다. 5월 하순~8월 하순 개화. 꽃은 줄기 위쪽의 잎겨드랑이에 6~8개씩 층층이 돌려난다. 꽃부리의 길이는 12~15mm이고, 꽃받침은 끝이 5개로 갈라지며, 갈라진 조각은 가시처럼 뾰족하고, 밑부분에 털이 약간 있다.

자란초 꿀풀과

Ajuga spectabilis Nakai

산지의 반그늘진 곳에 무리지어 자란다. 높이 30~50cm. 땅속줄기는 옆으로 뻗으며, 원줄기에 털이 거의 없다. 줄기 아래쪽의 잎은 작으나 위로 갈수록 커지고, 넓은 타원모양으로 가장자리에 불규칙한 톱니가 있다. 5월 중순~6월 중순 개화. 꽃은 줄기 끝의 잎겨드랑이에 총상꽃차례로 모여달리고, 꽃차례의 길이는 3cm 정도이다.

번행초 번행초과

Tetragonia tetragonioides (Pall.) Kuntze

바닷가 모래땅에 자란다. 높이 40~70cm. 줄기에 사마귀 같은 돌기가 있고, 가지가 많이 갈라지며 비스듬히 서고, 잎은 다육질로 두껍다. 4월 중순~11월 중순 개화. 꽃은 잎겨드랑이에 1~2개씩 달리며, 꽃잎은 없고 녹황색의 꽃받침 조각이 4~5갈래로 갈라진다. 해류를 통해 태평양 연안의 온대지역에 널리 분포하며, 남부지방에 주로 자생한다.

솔나물 꼭두서니과

Galium verum subsp. *asiaticum* (Nakai) T.Yamaz.

산이나 들의 양지바른 곳, 무덤 주변에 자란다. 높이 70~100cm. 줄기는 곧게 서고 윗부분에서 가지가 갈라지며, 잎은 8~10개씩 돌려난다. 6월 초순~8월 하순 개화. 꽃은 지름 1mm 정도로 원추꽃차례로 달린다. 흰 꽃이 피는 **흰솔나물** for. *nikkoense*, 씨방에 털이 있는 **털솔나물** var. *trachycarpum* 등 많은 변종과 품종이 있다.

마디풀 마디풀과

Polygonum aviculare L.

풀밭이나 길가, 공터에 흔히 자란다. 높이 10~40cm. 가늘며 길고 곧게 서는 것도 있으나 흔히 옆으로 비스듬히 눕는다. 가지가 많이 갈라지고 털이 없으며, 다소 딱딱한 감이 들고 세로로 줄무늬가 있다. 잎은 잎자루가 짧으며 긴 타원모양으로 끝이 둔하다. 5월 하순~10월 하순 개화. 꽃은 잎겨드랑이에 1~5개가 달리며, 붉은빛이 도는 흰색이다.

애기마디풀 마디풀과

Polygonum plebeium R.Br.

경작지나 저수지 주변의 젖은 땅에 자란다. 높이 5~20cm. 줄기는 누워 펼쳐지고, 줄기 아래에서 많은 가지를 친다. 잎자루는 매우 짧거나 거의 없다. 5~8월 개화. 꽃은 3~6개가 잎겨드랑이에 모여나며 꽃자루는 길이 2.5mm 정도로 짧고, 중간부분에 관절이 있다. 열매는 흑갈색으로 윤채가 있다. 충남, 충북, 경기, 경북 등에 분포한다.

애기수영 마디풀과

Rumex acetosella L.

들이나 길가의 양지바른 곳에 자란다. 높이 15~50cm. 땅속줄기가 뻗으며 번식한다. 줄기에 세로로 능선이 있고, 전체가 붉은색을 띠며 신맛이 난다. 잎은 창검모양으로 아래쪽에 귀 같은 돌기가 좌우로 발달한다. 5월 하순~6월 하순 개화. 암수딴그루이며 꽃은 줄기 끝에 원추꽃차례로 달린다. 유럽 원산으로 생태계 교란 식물로 지정되어 있다.

수영 마디풀과

Rumex acetosa L.

풀밭이나 빈터에 자란다. 높이 30~80 cm. 원줄기는 곧게 서고 모가 나며, 전체에 신맛이 난다. 잎은 긴 화살모양으로 아래쪽이 아래를 향해 돌출된다. 5월 하순~6월 하순 개화. 암수딴그루로 꽃은 원줄기 끝에 원추꽃차례로 돌려나며, 짧은 녹갈색의 꽃자루가 있다. 열매는 수과로서 세모난 타원모양이며, 흑갈색으로 윤채가 있다.

0525

소리쟁이 마디풀과

Rumex crispus L.

들이나 물가, 길가에 자란다. 높이 60~ 120cm. 줄기는 곧게 서고 자줏빛을 띤 녹색이다. 잎은 긴 타원모양으로 가장자리가 주름진다. 뿌리잎은 잎자루가 길고 줄기잎은 잎자루가 짧다. 5월 하순~7월 중순 개화. 자잘한 녹색의 꽃들이 원추꽃차례로 달린다. 유럽 원산의 귀화식물로 전국에 흔하게 자생한다. 잎가장자리에 주름이 많고, 열매의 내꽃덮이는 둥글며, 가장자리에 톱니가 없어 참소리쟁이나 돌소리쟁이와 쉽게 구별할 수 있다.

참소리쟁이 마디풀과

Rumex japonicus Houtt.

들이나 길가에 흔히 자란다. 높이 40~100cm. 줄기는 곧게 서고 세로로 홈이 있다. 5월 하순~7월 하순 개화. 소리쟁이에 비해 열매를 둘러싸는 내꽃덮이에 얇은 톱니가 있다.

돌소리쟁이 마디풀과

Rumex obtusifolius L.

소리쟁이에 비해 뿌리잎과 줄기 아래쪽의 잎은 폭이 넓고 크며, 잎 뒷면 주맥에 돌기모양의 털이 있다. 5월 하순~7월 하순 개화. 꽃은 총상꽃차례로 달리며, 내꽃덮이 가장자리에 바늘같이 생긴 돌기가 발달한다.

금소리쟁이 마디풀과

Rumex maritimus L.

바닷가나 하천 근처에 주로 자란다. 높이 30~60cm. 5월 하순~8월 초순 개화. 꽃차례 사이에 잎이 달린다. 열매의 내꽃덮이 가장자리에 바늘같은 긴 돌기가 있다. 주로 중부 이북의 해안지대에 분포한다.

0526

옥잠난초 난초과

Liparis campylostalix Rchb.f.

숲 속에 자란다. 높이 20~30cm. 2장의 잎이 모여나며, 잎가장자리는 주름진다. 5월 중순~7월 중순 개화. 10mm 정도의 꽃 5~15개가 달린다. 꽃받침은 끝이 뭉툭하고, 입술꽃잎은 너비 4~6mm 정도로 끝이 납작하다. 꽃이 자주색이 들어가지 않은 밝은 녹색이어서 다른 종과 쉽게 구분된다. 잎이 옥잠화*Hosta plantaginea*와 닮아서 붙여진 이름이다.

큰꽃옥잠난초 난초과

Liparis koreojaponoca Tsutsumi, T.Yukawa, N.S.Lee, C.S.Lee & M.Kato

산지의 숲 속에 자란다. 높이 15~35cm. 긴 타원모양의 잎이 2장 난다. 6월 초순~7월 중순 개화. 총상꽃차례로 달리며, 꽃의 크기는 13~17mm이다. 입술꽃잎은 8~11mm 정도로 넓고, 확연하게 뒤로 젖혀져서 같은 속의 분류군과 구분된다. 제주를 제외한 전국에 분포하며 한때 참나리난초로 알려졌으나 최근 새로이 신종으로 발표되었다.

계우옥잠난초 난초과

Liparis yongnoana N.S.Lee, C.S.Lee & K.S.Lee

숲 속이나 숲 속 바위 위에 반착생하여 자란다. 높이 10~25cm. 잎은 2장이 나고, 잎가장자리가 주름진다. 6월 중순~7월 초순 개화. 꽃의 크기는 10mm 정도이며, 입술꽃잎 가운데에 있는 갈색 무늬가 특징이다. 제주와 강원에 드물게 자생한다. 국명과 종소명은 故 이영노 박사의 호인 계우(啓宇)를 따서 헌명한 이름이다.

나나벌이난초 난초과

Liparis krameri Franch. & Sav.

산지의 숲 속에 자란다. 높이 10~20cm. 타원형의 가짜비늘줄기가 있다. 넓은 달걀모양의 잎이 2장 나며, 국내에 분포하는 나리난초속*Liparis* 식물 중 가로맥이 뚜렷하여 구분된다. 5월 하순~7월 하순 개화. 꽃의 길이는 7~12mm이며, 꽃부리의 모습이 구멍벌과의 곤충인 '나나니'를 닮아 붙여진 이름이다. 전국에 드물게 자생한다.

나리난초 난초과

Liparis makinoana Schlech.

숲 속이나 능선의 풀밭에 자란다. 높이 15~30cm. 달걀모양의 가짜비늘줄기(위인경, 僞鱗莖)가 있으며, 줄기는 다소 각이 지고, 잎이 2장 난다. 5월 하순~6월 하순 개화. 꽃의 크기는 15~18mm이다. 입술꽃잎은 넓고 아치모양으로 굽어지며 그물맥이 뚜렷하다. 곁꽃잎은 실모양으로 밑으로 뻗는다. 가짜비늘줄기가 나리(백합) 속*Lilium*식물들의 알뿌리와 닮아 붙여진 이름이다.

키다리난초 난초과

Liparis japonica (Miq.) Maxim.

산지의 숲 속에 자란다. 높이 20~40cm. 좁은 타원모양의 잎 2장이 줄기 밑부분을 감싼다. 6월 초순~7월 하순 개화. 꽃의 크기는 8~18mm이며, 입술꽃잎은 거꿀달걀모양으로 좁고 끝이 뾰족하다. 제주를 제외한 전국에 자생한다. 나리난초에 비해 입술꽃잎의 크기가 1/2 정도 작아 구분되며, 나리난초보다 키가 좀 더 큰 모습에서 붙인 이름이라고는 하나, 실제로는 차이가 없다.

콩짜개란 난초과

Bulbophyllum drymoglossum Maxim.

나무줄기나 바위 위에 붙어 자란다. 높이 2~2.5cm. 원줄기가 옆으로 길게 뻗으며, 잎은 거꿀달걀모양으로 다소 두껍고 끝이 둥글다. 5월 하순~6월 초순 개화. 꽃의 크기는 7~10mm이다. 제주, 전남의 일부 섬에 드물게 자생한다. 혹난초*B. inconspicuum*와 달리 가느다란 기는줄기에 잎이 듬성듬성 붙고, 가짜비늘줄기가 없으며, 꽃은 꽃줄기 끝에 1송이씩 달린다.

혹난초 난초과

Bulbophyllum inconspicuum Maxim.

산지의 오래된 나무 줄기나 바위틈에 붙어 자란다. 높이 1~4cm. 콩짜개란과 달리 달걀모양의 가짜비늘줄기가 발달한다. 잎은 두꺼우며 끝이 둥글고 주맥이 뚜렷하다. 6월 초순~7월 하순 개화. 꽃은 크기가 2~3.5mm 정도로 작고 꽃줄기 끝에 1~3개씩 달린다. 제주와 전남 일부 섬지역에 드물게 자생한다. 가짜비늘줄기가 '혹'을 닮아 붙여진 이름이며, '보리난초'라고도 한다.

까마중 가지과

Solanum americanum Mill.
Solanum nigrum L.

밭이나 길가에 자란다. 높이 20~70cm. 가지를 많이 치고, 잎가장자리는 밋밋하거나 무딘 톱니가 있다. 5월 하순~10월 하순 개화. 꽃은 3~8송이가 짧은 총상꽃차례로 달리고, 열매는 광택이 없다. 식물 전체에 샘털이 많은 **털까마중** *S. sarrachoides*, 열매가 노랗게 익는 **노랑까마중** *S. nigrum* var. *humile* 등의 귀화식물이 있다.

미국까마중 가지과

Solanum ptychanthum Dunal

들이나 길가에 자란다. 높이 30~60cm. 까마중에 비해 줄기가 가늘고 잎가장자리의 톱니가 뚜렷한 편이다. 6~9월 개화. 까마중은 꽃이 8개까지 달리는데 비해 산형꽃차례에 2~4개 정도만 달린다. 꽃잎 뒷면이 약간 보라색을 띠며, 수술대와 암술대에 털이 있다. 열매는 둥글고 광택이 있으며 아래를 향해 달린다. 북아메리카 원산이다.

정향풀 협죽도과

Amsonia elliptica (Thunb.) Roem. & Schult.

해안 근처 야산의 풀밭에 자란다. 높이 60~80cm. 잎은 어긋나나 가지에서는 마주난다. 줄기를 자르면 흰 수액이 나오며, 뿌리줄기가 옆으로 뻗는다. 5월 중순~6월 하순 개화. 꽃의 지름은 13mm 정도로, 줄기 끝에 모여 핀다. 대청도의 제한된 지역에 자생한다. 꽃 핀 모양을 옆에서 보면 정(丁)자와 비슷하기 때문에 붙여진 정자초(丁字草)에서 유래된 이름이다.

수궁초 협죽도과

Apocynum cannabinum L.

강가나 습한 풀밭에 주로 자란다. 높이 60~180cm. 줄기가 여러 대 나고 가지가 갈라지며, 줄기를 자르면 흰 수액이 나온다. 잎은 긴 타원모양이다. 5월 중순~8월 중순 개화. 꽃은 취산꽃차례로 달리며, 지름은 4mm 정도이다. 1976년 한강 여의도에서 처음 발견되었다. 북아메리카 원산의 귀화식물로 보이며, 최근 부산에 자생하는 것이 알려졌다.

0528

고삼 콩과

Sophora flavescens Aiton

산과 들의 양지바른 곳에 자란다. 높이 1m. 줄기는 윗부분에서 가지를 친다. 잎은 15~40개의 작은잎으로 이루어진 홀수깃모양겹잎이다. 5월 하순~7월 하순 개화. 길이 15~18mm의 자잘한 꽃이 총상꽃차례로 달린다. 열매는 협과로 3~7개의 밤갈색 씨가 들어 있다. 뿌리를 약재로 써왔으며 '쓴 인삼'이라는 뜻의 고삼(苦蔘)에서 유래했다.

노랑어리연꽃 조름나물과

Nymphoides peltata (S.G.Gmel.) Kuntze

연못이나 늪에 자란다. 꽃줄기의 높이 3~12cm. 땅속줄기가 옆으로 길게 뻗으며, 잎은 지름 5~10cm로 둥근모양이고, 밑부분이 2개로 갈라진다. 물 위에 뜨는 잎은 윤기가 나며, 뒷면이 보라색을 띤다. 5월 하순~10월 중순 개화. 꽃은 잎겨드랑이에서 나온 꽃자루 끝에 여러 송이가 달리며, 지름은 1.5cm 정도로, 꽃부리의 가장자리에 털이 있다.

어리연꽃 조름나물과

Nymphoides indica (L.) Kuntze

연못이나 늪에 자란다. 줄기 길이 1m. 뿌리줄기는 진흙 속에서 옆으로 뻗고, 원줄기는 물속에서 길게 자라 끝부분에 1~3개의 잎이 달려 물 위에 뜬다. 잎은 둥근 심장모양으로 밑부분이 깊게 갈라진다. 6월 하순~10월 초순 개화. 지름 15mm 정도의 꽃이 잎겨드랑이 사이에서 물 위로 나와 핀다. 꽃부리 가장자리에 가는 털이 촘촘히 나 있다.

좀어리연꽃 조름나물과

Nymphoides coreana (H. Lév.) H. Hara

오래된 연못이나 수로에 자란다. 꽃자루의 높이 1~3cm. 물속에서 줄기가 길게 뻗으며, 잎의 지름은 2~6cm 정도이고 밑부분이 깊게 갈라진다. 7월 하순~10월 중순 개화. 지름 8mm 정도의 꽃이 잎자루 밑동의 마디에서 나온 꽃자루에 달리며, 꽃부리의 가장자리에 털이 있다. 제주와 남부지방에 드물게 자생한다. 어리연꽃에 비해 아주 작다.

개자리 콩과

Medicago polymorpha L.

풀밭이나 빈터에 자란다. 길이 10~60 cm. 줄기에 털이 거의 없고, 밑동에서 잔가지가 많이 나며, 옆으로 기거나 비스듬히 선다. 잎은 3출엽으로 가장자리에 잔 톱니가 있다. 5월 중순~8월 초순 개화. 지름 4~5mm의 꽃이 4~10개 정도 달린다. 열매는 협과로 2~3회 말리고, 가장자리에 갈고리모양의 가시가 있다. 유럽 원산이며, 잔개자리에 비해 모여달리는 꽃의 개수가 적다.

좀개자리 콩과

Medicago minima (L.) L.

바닷가나 양지바른 들에 자란다. 길이 30cm 정도. 개자리에 비해 식물체가 작고, 줄기와 잎에 부드러운 털이 밀생하며, 턱잎에 톱니가 거의 없다. 5월 하순~8월 중순 개화. 꽃은 2~8개가 머리모양으로 모여달리고, 길이가 3mm 정도로 작다. 열매는 3~4회 나선형으로 말리고, 갈고리모양의 가시가 있다. 제주를 포함한 서해안에 주로 자생하며, 유럽 원산이다.

잔개자리 콩과

Medicago lupulina L.

들이나 길가에 자란다. 길이 10~60cm. 줄기는 기거나 비스듬히 서고, 전체에 성기게 털이 있으며, 잎은 작은잎 3장으로 된 겹입이다. 5월 중순~7월 중순 개화. 길이 2~4mm의 꽃이 10~30개 정도 머리모양으로 달린다. 열매는 협과로 콩팥모양이며, 90° 정도 말리고 개자리, 좀개자리와 달리 겉면에 가시가 아닌 털이 있다. 유럽 원산으로 녹비(綠肥)용으로 도입되어 야화하였다.

노랑개자리 콩과

Medicago ruthenica (L.) Ledeb.

들의 풀밭에 자란다. 높이 20~70cm. 줄기는 바로서거나 비스듬히 자라고, 잎은 작은잎 3장으로 된 겹잎으로, 뒷면에 긴 털이 있으며, 가장자리에 잔 톱니가 있다. 6월 하순~9월 하순 개화. 잎겨드랑이에서 작은꽃자루가 나와 길이 6~9mm의 꽃이 4~9송이 정도 달린다. 중부 이북과 제주 지역에 자생한다. 개자리와 달리 협과가 말리지 않고, 선형이다.

0529

자주개자리 콩과

Medicago sativa L.

들이나 목초지, 길가에 자란다. 높이 40~100cm. 잎은 작은잎 3장으로 된 겹잎이며, 위쪽 가장자리에 잔 톱니가 있다. 5월 하순~11월 초순 개화. 잎겨드랑이에서 꽃줄기가 나와 끝에 5~30개의 꽃이 달린다. 열매는 나선형으로 말리고 가시가 없다. '알파파(Alfalfa)'라 부르는 사료작물로 지중해 연안이 원산이며, 주로 중부와 북부지방에 자생한다.

전동싸리 콩과

Melilotus suaveolens Ledeb.

들이나 민가, 경작지 주변에 자란다. 높이 40~100cm. 잎은 3개의 작은잎으로 된 겹잎으로, 가장자리에 톱니가 있고 턱잎은 송곳모양이다. 5월 하순~9월 초순 개화. 잎겨드랑이에서 나온 꽃차례에 길이 4~6mm의 꽃이 30~70개 정도 달린다. 중국 원산으로 흰꽃이 피는 흰전동싸리*M. officinalis* subsp. *alba*에 비해 담황색의 꽃을 피운다.

흰전동싸리 콩과

Melilotus officinalis subsp. *alba* (Medik.) H.Ohashi & Tateishi

들이나 길가에 자란다. 높이 70~120 cm. 잎은 작은잎 3장으로 된 겹잎으로 가장자리에 날카로운 톱니가 있고, 턱잎은 송곳모양이다. 5월 하순~9월 중순 개화. 잎겨드랑이나 가지 끝에서 나온 꽃차례에 길이 4~5mm의 꽃이 40~100개 정도 달린다. 열매에 그물무늬가 있다. 중앙아시아 원산이며, 사방용으로 들여와 널리 퍼졌다.

눈개승마 장미과

Aruncus dioicus (Walter) Fernald

산지의 숲 속에 자란다. 높이 30~100 cm. 잎은 2~3회 깃모양겹잎으로, 작은 잎은 가장자리에 톱니가 있고, 잎자루가 길며, 표면에 윤이 난다. 5월 중순~7월 하순 개화. 암수딴그루로 수꽃은 20여 개의 수술이 꽃잎보다 길게 자라고, 암꽃은 3개의 씨방이 있다. 제주를 제외한 전국에 자생한다. '삼나물'이라 하여 울릉도에서 재배된다.

수염가래꽃 초롱꽃과

Lobelia chinensis Lour.

냇가, 논둑의 습한 곳에 자란다. 높이 3~15cm. 전체에 털이 없고, 줄기가 옆으로 뻗으며 가지가 갈라지고, 마디에서 뿌리를 내린다. 잎은 2줄로 어긋나며, 가장자리에 둔한 톱니가 있다. 5월 하순~10월 중순 개화. 꽃은 잎겨드랑이에서 1개씩 달린다. 꽃의 폭은 1cm 정도로, 꽃부리가 5갈래로 깊게 갈라지며, 좌우대칭이다. 꽃이 수염처럼 갈라진데서 유래한 이름이다.

끈끈이귀개 끈끈이귀개과

Drosera peltata var. nipponica (Masam.) Ohwi ex E.H.Walker

바닷가에 인접한 지역의 풀밭에 자란다. 높이 10~30cm. 줄기는 가지를 치고, 잎자루는 10~20mm이며 그 끝에 초승달모양의 잎이 달린다. 잎가장자리에 긴 샘털이 있어서 점액을 분비하여 곤충을 포획하여 영양을 보충한다. 5월 초순~6월 초순 개화. 꽃의 지름은 10mm 정도이며, 맑고 바람이 없는 날에 꽃을 피운다. 전남의 일부 섬지역과 해안지역에 드물게 자생한다.

끈끈이주걱 끈끈이귀개과

Drosera rotundifolia L.

산지의 습지에 자란다. 높이 6~30cm. 잎은 방석모양으로 퍼져나며, 숟갈모양으로 잎자루가 가늘고, 가장자리에 적색의 긴 샘털이 있어 점액질을 분비한다. 5월 하순~8월 하순 개화. 꽃의 지름은 5mm 정도로, 수술은 5개이고 3개로 갈라지는 암술대는 다시 2개로 갈라진다. 녹색잎으로 광합성을 하나 샘털에서 분비하는 점액으로 곤충을 포획하여 질소를 보충하는 식충식물이다.

좀끈끈이주걱 끈끈이귀개과

Drosera tokaiensis (Komiya & Shibata) T. Nakamura & Ueda

낮은 산지의 습지에 자란다. 꽃줄기의 높이 10~25cm. 잎은 숟갈모양의 끈끈이주걱과 달리 잎자루가 넓은 주걱모양으로 뿌리에서 방석처럼 바닥에 퍼져나며, 햇빛을 충분히 받거나 영양 상태가 좋으면 붉은색을 띤다. 5월 하순~10월 하순 개화. 길게 자란 꽃줄기에 분홍색의 꽃이 총상꽃차례로 달린다. 2012년 국내 미기록식물로 발표되었으며, 부산에 자생한다.

0531

물벼룩이자리 물별과

Elatine triandra Schkuhr

논이나 습지의 바닥이나 얕은 물에 잠겨 자란다. 높이 2~10cm. 줄기가 옆으로 기며 뿌리를 내리고, 가지가 갈라진다. 잎은 좁은 달걀모양이다. 5월 하순~10월 하순 개화. 잎겨드랑이에서 지름 1mm 정도의 작은 꽃이 피며, 꽃잎과 암술, 수술이 각각 3개이다. 꽃자루의 유무나 길이에 따라 **물별** var. *pedicellata* 과 구별하기도 하나 두 국명을 바꿔 사용하기도 한다.

물별이끼 별이끼과

Callitriche palustris L.

논이나 얕은 연못에 자란다. 길이 5~50 cm. 줄기가 물속에서는 길게 자란다. 물속의 잎은 마주나고 선형이며, 물 위에 뜨는 잎은 모여나고 주걱모양이다. 5월 하순~10월 초순 개화. 꽃은 잎겨드랑에서 마주보고 달리며, 열매는 타원모양으로 끝이 약간 파지며, 가장자리에 좁은 날개가 있다. 주로 남부지방에 분포한다.

6월

바람꽃

노루발 노루발과

Pyrola japonica Klenze ex Alef.

산지의 숲 속에 흔히 자란다. 높이 15~30cm. 잎은 상록성으로 광택이 있으며, 1~8장이 밑부분에 모여나고, 가장자리에 낮은 톱니가 있다. 6월 초순~7월 초순 개화. 꽃의 지름은 12~15mm이며, 총상꽃차례로 2~12송이 정도 달린다. 열매는 흑갈색으로 이듬해까지 남아 있다. 잎이 노루의 발바닥을 닮은데서 유래한 이름이다.

매화노루발 노루발과

Chimaphila japonica Miq.

산지의 숲 속에 자란다. 높이 5~10cm. 원줄기 끝에 2~3개의 잎이 모여달리며, 잎은 가죽질로 가장자리에 날카로운 톱니가 있다. 5월 하순~6월 하순 개화. 줄기 끝에 지름 10mm 정도의 꽃이 1~2개가 옆을 보며 핀다. 열매는 삭과로 지름이 5mm 정도이며, 암술머리가 남아 있다. 노루발과 달리 지상줄기에만 잎이 나고, 잎자루가 짧다.

나도수정초 수정난풀과

Monotropastrum humile (D.Don) Hara

산지의 습한 숲 속에 자라는 부생식물이다. 높이 10~20cm. 잎은 퇴화하여 비늘조각처럼 보이며, 좁고 긴 타원모양이다. 5월 중순~6월 중순 개화. 줄기 끝에 지름 10~15mm의 꽃이 1개씩 달리고 암술머리는 푸른색을 띤다. 꽃은 개화 초기에 땅을 보고 피다가, 시간이 지나면 정면을 향한다. 열매는 장과로 길쭉한 구형이다.

구상난풀 수정난풀과

Monotropa hypopitys L.

산지의 그늘지고 습한 곳에 자란다. 높이 20cm 정도의 부생식물이다. 8~9월 개화. 지름 1cm, 길이 1.5cm 정도의 꽃이 줄기 끝에 3~10개 달리며, 꽃잎에 털이 밀생한다. 열매는 타원상 구형으로, 익을수록 곧추서며, 암술대가 남아 있고 털이 있다. 구상나무 숲에서 처음 발견되어 붙여진 이름이나 다른 침엽수림이나 혼합림에서도 드물게 발견된다.

알며느리밥풀 현삼과

Melampyrum roseum var. *ovalifolium* Nakai ex Beauverd

산지의 반그늘진 곳에 자란다. 높이 30~70cm. 잎은 달걀모양으로 밑부분이 급하게 좁아진다. 6월 초순~9월 중순 개화. 꽃받침은 잔털이 다소 있으며, 꽃부리는 길이 16~18mm이다. 중부 이남에 분포한다. 꽃며느리밥풀에 비해 잎이 둥글고 포의 가시같은 톱니가 더 길며, 수염며느리밥풀에 비해서는 꽃이 빽빽하게 달리고 털이 적어 구분된다.

꽃며느리밥풀 현삼과

Melampyrum roseum Maxim.

산지의 숲 가장자리에 자란다. 높이 30~50cm. 줄기는 둔하게 네모지며 전체에 비늘모양의 짧은 털이 있다. 잎은 좁은 달걀모양으로 양면에 짧은 털이 흩어져 난다. 6월 초순~8월 중순 개화. 포는 녹색이며 끝이 뾰족하고, 가장자리에 가시 같은 돌기가 있다. 꽃은 성글게 달리며, 꽃부리 겉에 잔돌기가 있고, 안쪽에 다세포로 된 털이 있다.

애기며느리밥풀 현삼과

Melampyrum roseum var. *setaceum* Maxim. ex Palib.

산지의 숲 가장자리에 자라며, 건조한 솔밭이나 능선에서 잘 자란다. 높이 30~60cm. 잎은 넓은 선형으로 잎끝이 꼬리처럼 길게 뾰족해진다. 8월 초순~10월 하순 개화. 꽃부리의 길이는 15~18mm로, 윗부분의 포가 붉은색을 띤다. 새며느리밥풀에 비해 포가 가늘다. 같은 며느리밥풀속의 식물 중에서 가장 개화가 늦은 편이다.

새며느리밥풀 현삼과

Melampyrum setaceum var. *nakaianum* (Tuyama) T.Yamaz.

산지의 숲 가장자리 풀밭에 자란다. 높이 50cm 정도. 줄기에 꼬불꼬불한 짧은 털이 있다. 잎은 애기며느리밥풀에 비해 폭이 넓은 피침모양이다. 7~9월 개화. 포는 붉은색이며, 달걀모양이다. 애기며느리밥풀에 비해 꽃차례가 짧고 꽃이 빽빽하게 달리며, 잎의 폭이 넓고, 포가 계란모양으로 가시같은 돌기가 많이 있다.

물꽈리아재비 현삼과

Mimulus tenellus var. *nepalensis* (Benth.) Tsoong

산지의 습한 숲 속이나 물가에 자란다. 높이 10~30cm. 줄기가 연약하여 길어지면 비스듬히 누워 자라는 경향이 있으며, 잎은 달걀모양으로 톱니가 있다. 6월 초순~8월 초순 개화. 잎겨드랑이에서 10~40mm의 긴 꽃자루가 나와 길이 10~15mm의 꽃이 1송이씩 달리며, 꽃 안쪽 위에 두 줄의 털같은 돌기가 있다. 전국적으로 분포하나 드물게 발견된다.

애기물꽈리아재비 현삼과

Mimulus tenellus Bunge

산지의 물가나 그늘진 습지에 자란다. 높이 10~25cm. 전체에 털이 없고 연하며, 마디가 땅에 닿으면 뿌리를 내린다. 잎은 타원모양으로 양끝이 좁다. 6월 중순~9월 초순 개화. 잎겨드랑이에서 4~7mm의 꽃자루가 나와 끝에 길이 7mm 정도의 꽃이 1송이씩 달린다. 경기, 강원에 주로 분포한다. 물꽈리아재비에 비해 꽃자루가 잎보다 짧다.

금강봄맞이 앵초과

Androsace cortusifolia Nakai

높은 산의 그늘진 곳이나 바위 곁에 무리지어 자란다. 꽃줄기 높이 5~20cm. 뿌리에서 모여나는 잎은 잎자루가 길고, 7~11개로 갈라지며 작은톱니가 있다. 6월 초순 개화. 뿌리에서 나온 긴꽃자루 끝에 지름 5~7mm의 꽃이 7~17송이씩 우산꽃차례로 달린다. 금강산에서 최초로 발견되어 유래한 이름으로, 설악산의 암벽지대에 드물게 자생한다.

우단담배풀 현삼과

Verbascum thapsus L.

길가나 풀밭에 자란다. 높이 1~2m. 줄기 전체에 갈라진 털이 밀생하여 우단처럼 부드럽다. 잎은 긴 타원모양이고 두껍다. 6월 초순~8월 하순 개화. 이삭꽃차례로 꽃이 피며, 꽃차례의 길이는 50cm 정도이다. 열매는 털로 덮여 있으며, 공모양이다. 유럽 원산으로 미국을 거쳐 들어온 귀화식물이다. 잎이 담배잎을 많이 닮았다.

피막이 산형과

Hydrocotyle sibthorpioides Lam.

들이나 길가, 개울 근처의 습한 곳에 자란다. 높이 5~10cm. 줄기가 땅 위를 기며 마디에서 뿌리를 내린다. 잎은 원모양으로 가장자리가 5~7갈래로 깊게 갈라진다. 6월 초순~8월 하순 개화. 잎자루보다 짧은 꽃자루가 잎겨드랑이에서 나오며, 끝에 5~8개의 자잘한 꽃이 달린다. 잎을 지혈용으로 사용한데서 유래한 이름이다. 주로 남부지방에 자생한다.

큰피막이 산형과

Hydrocotyle ramiflora Maxim.
Hydrocotyle maritima Honda

약간 습한 들이나 길가에 자란다. 높이 10~25cm. 줄기가 옆으로 기며 마디에서 뿌리를 내린다. 잎은 둥글고 지름은 1~3cm로, 가장자리가 5~7갈래로 얕게 갈라진다. 잎자루의 길이는 4~8cm로, 꽃자루가 잎자루보다 길다. 6~8월 개화. 꽃은 지름 2mm 정도로, 잎겨드랑이에서 나온 꽃자루 끝에 10여 개가 공 모양으로 뭉쳐달린다.

갯까치수염 앵초과

Lysimachia mauritiana Lam.

바닷가의 바위틈에 자란다. 높이 10~40cm. 전체에 털이 없다. 줄기는 아래에서 가지를 치고, 붉은색을 띠며, 곧게 선다. 잎은 주걱모양이며, 윤이 난다. 5월 하순~6월 하순 개화. 지름 7mm 정도의 꽃이 총상꽃차례로 달린다. 열매 끝의 작고 둥근 구멍에서 여러 개의 씨앗이 나온다. 남부지방의 해안과 제주, 울릉 해안에 널리 자생한다.

물까치수염 앵초과

Lysimachia candida Lindl.

물가나 습지에 자란다. 높이 40~60cm. 줄기는 곧추서고, 모서리가 도드라지며, 털이 없다. 잎은 거꿀피침모양으로, 길이 20~45mm이며 가장자리가 밋밋하다. 5월 하순~6월 하순 개화. 지름 5mm 정도의 꽃이 곧게 선 꽃차례에 달린다. 길이 10~20mm의 작은꽃자루가 포보다 2~3배 길다. 전남, 경남, 제주에 드물게 자생한다.

0604

홍도까치수염 앵초과

Lysimachia pentapetala Bunge

산지의 풀밭이나 습지에 자란다. 높이 30~80cm. 줄기에서 가지가 많이 갈라진다. 속 내 다른 분류군에 비해 잎이 좁고 끝이 뾰족하다. 6월 중순~8월 하순 개화. 꽃은 줄기 끝에 총상꽃차례로 달리며, 열매는 삭과로 익는다. 홍도와 주변의 섬에 자생하며, 최근 전북, 충남, 경북 등의 도로 주변 사면녹화용으로 수입된 종자에 의해 퍼져 있다.

진퍼리까치수염 앵초과

Lysimachia fortunei Maxim.

산지의 습지나 물가, 논 주변에 자란다. 높이 40~70cm. 뿌리줄기가 옆으로 뻗는다. 줄기는 아랫부분이 붉고 전체에 털이 없다. 잎은 긴 타원모양으로 길이 4~7cm. 7월 초순~8월 중순 개화. 까치수염, 큰까치수염과 달리 꽃차례가 곧게 서고, 꽃받침잎의 뒷면에 갈색 반점이 있다. 부산, 전남, 경남 등 남부지방에 드물게 자생한다.

까치수염 앵초과

Lysimachia barystachys Bunge

낮은 산지나 들의 습한 곳에 자란다. 높이 50~100cm. 전체에 부드러운 털이 빽빽하게 난다. 6월 중순~8월 하순 개화. 꽃차례는 줄기 끝에서 꼬리처럼 옆으로 굽고 끝에 가서 약간 말려 올라간다. 꽃의 지름은 7~12mm이다. 꽃이름과 관련된 명확한 자료는 없으나 '까치'는 '개'라는 의미로, '수염'은 마디풀과 식물인 '수영'과 닮은데서 유래되었다.

큰까치수염 앵초과

Lysimachia clethroides Duby

양지바른 들이나 산지에 자란다. 높이 60~100cm. 줄기 아랫부분은 대개 붉은 자주색을 띠고, 전체에 털이 거의 없다. 6월 초순~8월 중순 개화. 지름 5mm 정도의 꽃이 줄기 끝에 총상꽃차례로 달린다. 까치수염에 비해 잎이 넓고 전체에 털이 거의 없으며, 줄기와 잎자루 사이가 붉은색을 띤다. 산야에서 흔히 볼 수 있는 것은 거의 큰까치수염이다.

0604

좀닭의장풀

애기닭의장풀

고깔닭의장풀

닭의장풀 닭의장풀과

Commelina communis L.

들이나 길가에 자란다. 높이 15~40cm. 6월 초순~10월 초순 개화. 꽃은 포에 싸여 있고, 포의 길이는 2cm로 겉에 털이 있거나 없다. 3개의 수술이 아래로 늘어져 있고, 윗부분에 꽃밥 없이 곤충을 유혹하는 3개의 노란 헛수술이 있다. 볕이 강한 정오 무렵에 꽃을 닫는다. 잎이 좁은 피침형이고 털이 있는 **좀닭의장풀***var. angustifolia*과 꽃의 지름이 1cm 이하인 **애기닭의장풀***C. mina* 등의 유사종이 있다. **고깔닭의장풀** *C. benghalensis*은 최근에 알려진 귀화식물로서, 전체에 털이 있고, 줄기는 주로 땅을 기며 마디에서 뿌리를 내리고, 가지 끝이 곧추선다. 뿌리줄기의 끝에도 길이 1.5~2mm의 닫힌꽃이 달린다. 강원, 전남, 제주에 분포한다.

덩굴닭의장풀 닭의장풀과

Streptolirion volubile Edgew.

산기슭이나 계곡 주변의 습기가 많은 곳에 자란다. 길이 80~100cm. 줄기에는 털이 없다. 잎은 표면에 털이 있고 잎자루가 길며, 잎자루의 밑부분은 길이 10~20mm의 잎집이 된다. 8월 중순~10월 초순 개화. 꽃의 지름은 5~6mm, 가지 끝과 원줄기 끝에 2~3개씩 달리며, 열매는 3개의 모서리가 있는 타원모양으로 2~6개의 종자가 들어 있다.

누운닭의장풀 닭의장풀과

Commelina caroliniana Walter

경작지 주변이나 길가의 습한 곳에 자란다. 줄기는 땅을 기고 가지가 갈라지며 마디에서 뿌리를 내리고 1m까지 퍼진다. 잎은 피침모양으로 밑부분은 줄기를 감싼다. 8월 초순~9월 하순 개화. 줄기 끝의 꽃싸개잎 밖으로 하나씩 꽃을 피우며 꽃자루는 1~3cm이다. 인도 지역에서 미국을 거쳐 유입된 것으로 추정되며 제주에서 처음 발견되어 내륙으로 확산되고 있다.

패랭이꽃 석죽과
Dianthus chinensis L.

양지바른 풀밭에 자란다. 높이 30cm 정도. 줄기는 여러 대가 같이 나와 곧게 자라며, 분백색이 돈다. 잎은 피침모양으로 잎자루가 없고 가장자리는 밋밋하다. 6월 초순~10월 초순 개화. 줄기 끝에 지름 2cm 정도의 꽃이 1개씩 달린다. 꽃잎 안쪽에 짙은 무늬가 있고 끝부분이 얕게 갈라지는 **갯바위패랭이꽃***D. koreanus*이 경북 해안에서 새로 발견되었다.

갯패랭이꽃 석죽과
Dianthus japonicus Thunb.

바닷가에 자란다. 높이 20~50cm. 줄기는 여러 대가 모여나며, 아랫부분이 목질이다. 거꿀피침모양의 뿌리잎은 방석처럼 퍼져나고, 줄기잎은 긴 피침모양으로, 길이는 5~9cm이며 마주난다. 6월 초순~8월 초순 개화. 지름 15mm의 꽃이 가지 끝에 취산꽃차례로 모여달리며, 꽃잎 끝에 톱니가 있다. 부산, 경남, 제주지역에 분포한다.

술패랭이꽃 석죽과
Dianthus longicalyx Miq.

양지바른 풀밭이나 산기슭에 자란다. 높이 30~100cm. 줄기는 밑부분이 비스듬히 자라면서 가지를 치고 윗부분은 곧게 자란다. 잎은 선상피침모양으로, 밑동은 줄기를 감싼다. 6월 중순~9월 초순 개화. 꽃은 지름 3cm 정도이며, 꽃잎가장자리가 가늘고 깊게 갈라진다. 꽃받침은 대롱모양으로 길이가 약 3cm이다.

가는대나물 석죽과
Gypsophila pacifica Kom.

석회암지대의 양지바른 바위 주변에 자란다. 높이 50~100cm. 줄기는 털이 없고 담록색을 띠며, 한군데에서 여러 대가 나와 윗부분에서 가지가 갈라진다. 잎은 긴 타원모양으로 육질이며 밑부분이 줄기를 완전히 감싼다. 6월 초순~8월 초순 개화. 지름 8mm 정도의 꽃이 편평한 취산꽃차례로 핀다. 중북부지방에 드물게 자생한다.

좀딸기 장미과

Potentilla centigrana Maxim.

산지 그늘진 곳에 자란다. 높이 10~30 cm. 줄기가 옆으로 기고 마디에서 뿌리가 내린다. 잎은 3개의 작은잎으로 되고 잎 뒷면은 녹백색이며 달걀모양의 턱잎이 있다. 5월 중순~6월 하순 개화. 꽃의 지름은 7~8mm로 잎겨드랑이에서 나온 5~20mm의 꽃자루 끝에 1개씩 달린다. 열매의 지름이 5mm 이하로 매우 작다. 경북, 강원 등지에 분포한다.

돌양지꽃 장미과

Potentilla ancistrifolia var. *dickinsii* (Franch. & Sav.) Koidz.

높은 산지의 바위틈에 자란다. 높이 10~20cm. 전체에 누운털이 있다. 잎은 보통 3출엽으로 잎 뒷면은 백색이다. 6월 중순~8월 중순 개화. 유사한 종으로 수과 밑에 있는 털이 수과보다 훨씬 짧은 **참양지꽃** var. *breviseta*과, 한반도고유종으로 울릉도에 자생하며 잎의 맥 위에만 털이 있고 뒷면이 거의 녹색인 **섬양지꽃** var. *glabrata*이 있다.

당양지꽃 장미과

Potentilla ancistrifolia Bunge

산지의 석회암 지대에 자란다. 높이 20~30cm. 전체에 누운 털이 있다. 잎은 3출엽 또는 깃모양겹잎으로 작은잎은 3~9개이다. 6월 중순~7월 초순 개화. 경북 및 중부 이북에 드물게 자생한다. 양지꽃에 비해 잎이 두껍고 털이 많으며 잎 뒷면이 회색인 점이 다르다. 보통 3장의 작은잎을 달고 있는 돌양지꽃과는 작은잎의 수가 많아 구분된다.

물양지꽃 장미과

Potentilla cryptotaeniae Maxim.

깊은 산지의 물가에 자란다. 높이 50~100cm. 줄기에 퍼진털이 나고 가지를 많이 친다. 뿌리잎은 꽃이 필 즈음 말라 없어지고, 줄기잎은 3장의 작은잎으로 되며, 작은잎은 양끝이 뾰족한 타원모양이다. 잎자루 아래에 피침모양의 턱잎이 있다. 7월 초순~9월 초순 개화. 꽃은 지름 10mm 정도로, 가지 끝에 취산꽃차례로 달린다.

딱지꽃 장미과

Potentilla chinensis Ser.

들이나 강가, 바닷가에 자란다. 높이 20~60cm. 잎은 깃꼴겹잎으로 작은잎은 15~29개이며, 앞면은 털이 거의 없으나 뒷면에 흰 솜털이 많이 나며, 작은잎 사이에 잎조각이 작게 난다. 6월 초순~8월 초순 개화. 꽃의 지름은 10~15mm이다. 원산딱지꽃에 비해 작은잎의 수가 많고 중앙맥까지 더 깊게 갈라지며, 작은잎 사이에 작은 잎조각이 있다.

원산딱지꽃 장미과

Potentilla nipponica Th.Wolf

바닷가에 자란다. 꽃줄기 길이 30~50cm. 잎은 깃모양겹잎으로 작은잎은 7~13개이며 중간까지 갈라진다. 6월 중순~8월 하순 개화. 꽃의 지름은 13mm 정도이다. 강원, 경남 등의 동해안에 드물게 자생한다. 딱지꽃에 비해 작은잎의 수가 적고 얕게 갈라지며 작은잎 사이의 잎조각이 없고 꽃받침과 겉꽃받침에 흰 솜털이 있어 구분된다.

상치아재비 마타리과

Valerianella locusta (L.) Laterr.

들의 풀밭이나 길가에 자란다. 높이 10~40cm. 줄기는 반복적으로 두 개의 가지로 갈라진다. 줄기 아랫부분의 잎은 주걱모양이며 윗부분의 잎은 가장자리에 3~4쌍의 톱니가 있다. 5월 초순~6월 초순 개화. 지름 1.5~2.5mm의 연한 청자색 꽃이 10~20개 정도 가지 끝에 달린다. 유럽 원산으로 제주와 전북 등에 자생하며, 'Corn salad'라 하여 샐러드용 채소로 재배하기도 한다.

가지더부살이 열당과

Phacellanthus tubiflorus Siebold & Zucc.

산지의 숲 속에서 물푸레나무속의 식물에 기생한다. 높이 5~10cm. 6월 중순~7월 중순 개화. 꽃은 줄기 끝에 5~10개씩 뭉쳐달린다. 꽃받침은 2개로 갈라지며, 안쪽은 피침모양, 바깥쪽은 주걱모양으로 꽃을 둘러싼다. 수술은 4개로 꽃대롱 속에 들어 있으며, 암술대는 꽃밥 밑까지 자라고 암술머리가 크다. 전국에 드물게 분포한다.

호장근 마디풀과

Reynoutria japonica Houtt.
Fallopia japonica (Houtt.) Ronse Decr.

냇가나 산지에 자란다. 높이 1~2m. 줄기는 비스듬히 자라며 속이 비어있다. 6~8월 개화. 암수딴그루로 줄기 끝과 잎겨드랑이에 복총상꽃차례로 꽃이 핀다. 어린줄기에 호피 같은 붉은색 무늬가 있고 지팡이처럼 생겨서 호장근(虎杖根)이라고 부른다. **왕호장근** *R. sachalinensis*은 울릉도에 자생하며 높이 2~3m로 호장근보다 전체적으로 대형이다.

싱아 마디풀과

Persicaria alpina H.Gross
Aconogonon alpinum (All.) Schur

산과 들의 양지바른 곳에 자란다. 높이 1m 정도. 줄기는 굵고 곧게 서며 가지가 많다. 잎은 잎자루가 짧고 긴 타원모양으로 끝이 좁아진다. 6월 하순~8월 중순 개화. 자잘한 꽃이 잎겨드랑이와 가지 끝에 원추꽃차례로 달리며, 아래로부터 핀다. **참개싱아** *P. microcarpum*에 비해 전체에 털이 없고 꽃은 흰색이며 잎집이 막질로 되어 있다.

범꼬리 마디풀과

Polygonum manshuriense Petrov ex Kom.

산지 양지바른 곳에서 자란다. 높이 50~80cm. 뿌리잎은 잎자루가 길며 넓은 달걀모양이고 점차 좁아져서 끝이 뾰족해진다. 줄기잎은 올라갈수록 작아지고 잎자루가 없어지며 화살촉모양이지만, 잎자루로 흘러 날개처럼 되는 것도 있다. 6~7월 개화. 길이 3mm 정도의 작은 꽃들이 4~8cm 길이의 원통모양 이삭꽃차례를 이룬다.

가는범꼬리 마디풀과

Polygonum alopecuroides Turcz. ex Meissn.

높은 산지의 풀밭에 자란다. 높이 50~90cm. 줄기잎은 길이 10~20cm로 범꼬리에 비해 좁고 긴 피침모양이며 잎자루가 없다. 6월 중순~7월 하순 개화. 꽃은 줄기끝에 4~7cm 정도의 이삭꽃차례로 달리며, 수과에 3개의 모서리가 있다. 일반적으로 제주 한라산, 경기도 일대에만 자생한다고 알려져 오고 있으나, 전국의 산지에 분포한다.

토현삼 현삼과

Scrophularia koraiensis Nakai

산지에 자란다. 높이 1.5m 정도. 6월 중순~8월 하순 개화. 5mm 정도의 꽃이 성기게 원추꽃차례로 달리고, 꽃자루에 샘털이 있다. 잎겨드랑에서 꽃자루가 나오며, 잎보다 짧거나 같다. 같은 속의 큰개현삼에 비해 꽃받침의 갈래조각이 가늘고 깊게 갈라지며 끝이 뾰족하다. **현삼***S. buergeriana*은 꽃이 녹황색이어서 쉽게 구별된다.

큰개현삼 현삼과

Scrophularia kakudensis Franch.

산지의 풀밭이나 숲 속에 자란다. 높이 80~150cm. 줄기는 네모지며, 잎은 긴 달걀모양으로 끝은 좁고 뾰족하다. 7월 초순~9월 하순 개화. 지름 6mm 정도의 꽃이 줄기 끝에 원추꽃차례로 달리며, 꽃자루에 샘털이 있다. 토현삼에 비해 꽃받침의 갈래조각이 짧고, 끝이 둥글며, 줄기 위쪽의 잎겨드랑이에서 나오는 꽃차례의 길이는 잎보다 길다.

몽울토현삼 현삼과

Scrophularia cephalantha Nakai

산지에 자란다. 높이 50~60cm. 줄기에 3~6개의 마디가 있으며, 잎은 달걀모양 또는 넓은 달걀모양이다. 4월 하순~5월 하순 개화. 꽃차례는 줄기 끝에 짧게 발달한다. 경남 통영에서 처음 발견되었으며 대구, 경북, 강원 등에 드물게 분포한다. 속 내 다른 분류군에 비해 전초의 높이가 짧고 꽃이 피는 시기가 2~3개월 정도 이르다.

개현삼 현삼과

Scrophularia umbrosa Dumort.
Scrophularia alata Gilib.

산지에 자란다. 높이 50~100cm. 전초에 털이 없고, 줄기는 모가 지고 날개가 있다. 잎은 달걀모양으로 잎자루에 날개가 발달하며 가장자리에 톱니가 있다. 6~8월 개화. 줄기 끝에 취산꽃차례로 달려 큰 원추꽃차례를 이룬다. 꽃부리가 짧은 통모양의 입술꽃으로, 꽃받침조각은 5개로 갈라지고 끝이 둥글다. 북방계식물로 강원 이북에 분포한다.

미역취 국화과

Solidago virgaurea subsp. *asiatica* Kitam. ex Hara

산과 들의 볕이 드는 풀밭에 주로 자란다. 높이 30~80cm. 줄기는 가지를 치기도 하며, 잎은 긴 타원모양으로 끝이 뾰족하고 가장자리에 톱니가 있으며, 잎자루에 날개가 있다. 6월 초순~11월 초순 개화. 지름 1cm 내외의 머리모양꽃 10~20개가 가지나 줄기 끝에 이삭꽃차례로 촘촘하게 달리며, 총포조각은 4줄로 배열된다.

미국미역취 국화과

Solidago gigantea Aiton
Solidago serotina Aiton

들이나 빈터에 자란다. 높이 50~150cm. 줄기와 잎에 털이 거의 없으며, 잎은 피침모양으로 위쪽부분의 가장자리에 톱니가 있다. 6월 중순~8월 중순 개화. 꽃은 옆으로 퍼지거나 아래로 굽은 가지에 한쪽으로 치우쳐 달린다. 북아메리카 원산으로 개화시기가 빠르고, 혀꽃의 암술머리가 짧아 양미역취와 구분된다.

양미역취 국화과

Solidago altissima L.

길가나 빈터에 무리지어 자란다. 높이 150~250cm. 줄기는 곧게 서며 거의 가지를 치지 않고, 잎은 끝이 뾰족하고 단단하며 털이 있어 껄끄럽다. 8월 하순~10월 중순 개화. 원뿔모양꽃차례에 자잘한 꽃이 달린다. 북아메리카 원산의 귀화식물로 남부지방을 중심으로 급속히 확산되고 있다. 미국미역취에 비해 암술머리가 길다.

국화방망이 국화과

Tephroseris koreana (Kom.) B.Nord. & Pelser

깊은 산지의 바위지대에 자란다. 높이 30~60cm. 전체에 거미줄 같은 털이 있다. 뿌리잎은 꽃이 필 때 없어지고, 줄기잎은 잎자루가 줄기로 약간 흐르거나 줄기를 감싸며, 가장자리에 불규칙한 톱니가 있다. 6월 하순~8월 중순 개화. 지름 20mm 정도의 머리모양꽃이 편평꽃차례로 달린다. 강원 동부, 경북 북부의 석회암지역에 자생한다.

사데풀 국화과

Sonchus brachyotus DC.

바닷가나 양지바른 들에 자란다. 높이 50~100cm. 줄기는 털이 없고 속이 비어 있다. 잎은 어릴 때 자홍색이나 차츰 회록색을 띤다. 줄기잎은 긴 타원모양으로 끝이 둔하며, 밑부분이 원줄기를 감싸고 가장자리에 약간의 톱니가 있다. 7월 중순~10월 중순 개화. 머리꽃의 지름은 3~4cm로 줄기 끝에 산형꽃차례로 달린다.

조밥나물 국화과

Hieracium umbellatum L.

산과 들의 풀밭에 자란다. 높이 30~120cm. 줄기는 곧게 서며, 윗쪽에서 갈라지고 윗부분에 잔털이 있다. 줄기잎은 피침모양으로 약간 두껍고, 가장자리에 톱니가 듬성듬성 있으며, 뒷면 맥 위에 잔털이 있다. 6월 하순~10월 하순 개화. 줄기와 가지 끝에 지름 25~30mm의 머리꽃이 달리며, 총포조각은 3~4열로 배열한다. 자르면 흰색의 액이 나온다.

우산나물의 어린 잎

애기우산나물의 꽃

애기우산나물의 잎

우산나물 국화과

Syneilesis palmata (Thunb.) Maxim.

산지의 숲 속 그늘진 곳에 자란다. 높이 70~100cm. 줄기는 곧게 서고 2~3장의 잎이 난다. 잎은 둥근 방패모양으로 7~9갈래로 완전히 갈라지고, 갈래조각이 다시 2회로 2개씩 갈라지며 가장자리에 잔 톱니가 있다. 6월 초순~9월 하순 개화. 대롱꽃만으로 된 지름 8~10mm의 머리꽃이 꽃줄기 끝에 원추꽃차례로 달린다. 잎거린 잎이 우산처럼 접혀 있다가 펴지는 모습에서 유래한 이름이다.

애기우산나물*S. aconitifolia*은 우산나물에 비해 잎이 더욱 좁고 깊게 갈라진다. 겹우산모양꽃차례를 이루며 주로 남부지방에서 분포한다.

중대가리풀 국화과

Centipeda minima (L.) A.Braun & Asch.

논이나 밭, 빈터의 습한 곳에 자란다. 길이 10~20cm. 줄기는 땅을 기고, 가지를 치며, 마디에서 가는 뿌리를 내린다. 잎 윗부분에 톱니가 약간 있다. 6월 중순~11월 하순 개화. 잎겨드랑이에서 지름 3~4mm의 머리모양꽃이 1개씩 달린다. 가장자리에는 암꽃이 있고, 가운데의 양성꽃은 수술 5개, 암술 1개로 암술머리는 2갈래로 깊게 갈라진다.

왜젓가락나물 미나리아재비과

Ranunculus quelpaertensis Nakai

습지 주변에 자란다. 높이 15~80cm. 밑에서 나온 잎은 3개의 작은잎으로 이루어진 겹잎이고, 3개로 얕게 갈라지며 톱니가 있고, 윗부분에서는 점차 작아져서 3개로 갈라진다. 6월 중순~8월 중순 개화. 꽃받침조각은 젖혀지고 뒷면에 털이 있다. 제주와 전남, 경남에 분포한다. 털개구리미나리에 비해 전체에 털이 적고 갈라진 잎의 폭이 넓다.

개구리미나리 미나리아재비과

Ranunculus tachiroei Franch. & Sav.

저지대의 논 주변이나 습지에 자란다. 높이 50~100cm. 줄기의 아랫부분에는 퍼진 털이 나고 윗부분에는 누운 털이 난다. 잎은 3갈래씩 2회 좁게 갈라진다. 6월 초순~7월 하순 개화. 지름 10~15mm 정도의 꽃이 가지 끝에 달리며, 꽃받침잎이 뒤로 젖혀진다. 비슷한 식물인 젓가락나물에 비해 열매가 원주모양인 점이 다르다.

털개구리미나리 미나리아재비과

Ranunculus cantoniensis DC.

산과 들의 약간 습한 곳에 자란다. 높이 30~70cm. 전체에 거친 털이 많다. 잎이 3갈래로 2회 넓게 갈라지며 불규칙하고, 뾰족한 톱니가 있다. 6월 중순~8월 중순 개화. 꽃의 지름은 10~15mm 정도로 작은꽃자루 끝에 1개씩 달린다. 암술대가 약간 굵고 짧으며 밖으로 굽지 않고, 꽃받침잎은 뒤로 젖혀진다. 제주와 남부지방에 분포한다.

마편초 마편초과

Verbena officinalis L.

바닷가와 가까운 풀밭이나 산기슭에 자란다. 높이 30~60cm. 전체에 털이 있고 줄기는 곧게 서며 네모지다. 6월 초순~9월 하순 개화. 꽃의 지름은 4mm 정도로, 원줄기나 가지 끝에 달린다. 꽃차례는 5~10개의 꽃이 밀집하여 피어올라가며 30cm까지 길어진다. 말채찍을 닮은데서 유래한 이름으로 '말초리풀'이라고도 한다. 주로 남부지방에 분포한다.

긴포마편초 마편초과

Verbena bracteata Cav. ex Lag. & Rodr.

양지바른 풀밭이나 길가에 자란다. 높이 1~5cm. 줄기는 눕고 많은 가지를 내어 40cm까지 방석처럼 퍼지며, 전초에 털이 많다. 계란모양의 잎은 3갈래로 깊게 갈라지고 톱니가 있다. 6월 중순~8월 하순 개화. 꽃은 총상꽃차례로 달리고 각 꽃의 밑부분에 가늘고 긴 포엽이 있다. 북아메리카 원산으로 인천, 경남 통영 등지에 분포하며 2022년에 발표되었다.

박새 백합과

Veratrum oxysepalum Turcz.

높은 산지의 숲 속이나 풀밭에 자란다. 높이 100~150cm. 줄기는 속이 비어 있고, 잎은 넓은 타원모양으로 밑부분이 줄기를 감싸며 줄기 위쪽으로 갈수록 좁아진다. 6월 초순~8월 중순 개화. 꽃차례의 길이는 30~60cm이며, 지름 20mm 정도의 작은꽃들이 원추꽃차례로 달린다. 식물체에 강한 독성이 있으며 뿌리는 살충제로 사용한다.

푸른박새 백합과

Veratrum dolichopetalum O.Loes.

깊은 산지의 습한 곳에 자란다. 높이 150cm 정도. 잎은 넓은 타원모양으로 가장자리에 털이 있고, 뒷면에 짧은 털이 드물게 난다. 6~8월 개화. 지름 15mm 정도의 꽃이 원추꽃차례로 줄기 끝에 달린다. 꽃은 흰줄무늬가 은은히 보이는 녹색으로 꽃잎과 수술이 각각 6개이다. 전국에 드물게 자생하며 뿌리는 독성이 강하다.

하늘말나리 백합과

Lilium tsingtauense Gilg

낮은 산지나 숲 가장자리에 자란다. 높이 50~100cm. 줄기는 곧게 서며, 잎은 줄기 중간에서 6~12개가 돌려나고, 윗부분에서는 2~3개의 작은잎이 어긋난다. 6월 중순~8월 초순 개화. 꽃은 줄기 끝에서 위를 향해 피며 바탕에 자주색 반점이 있다. 꽃덮이에 자주색 반점이 없는 **지리산하늘말나리** var. *carneum*, 노란색 꽃이 피는 **누른하늘말나리** var. *flavum*등의 변종이 있다.

말나리 백합과

Lilium distichum Nakai ex Kamib.

높은 산지에 자란다. 높이 60~120cm. 비늘줄기에서 원줄기가 나와 곧게 선다. 줄기 중간의 잎은 타원모양으로 4~9장이 돌려나며, 줄기 위쪽의 잎은 어긋나고 피침모양으로 아주 작다. 6~7월 개화. 2~12개의 꽃이 옆을 향하여 피며 안쪽에 짙은 자갈색 반점이 있다. 울릉도에 자생하는 섬말나리는 잎이 2~3층으로 돌려난다.

하늘나리 백합과

Lilium concolor Salisb.

별이 잘 드는 산지에 자란다. 높이 30~80cm. 비늘줄기는 15~30mm 정도로 다른 나리 종류에 비해 작으며, 줄기는 곧게 서고, 잎은 넓은 선형으로 좁고 길쭉하며 잎자루가 없다. 6월 초순~7월 중순 개화. 꽃의 지름은 6~7cm 정도로, 줄기 윗부분에 1~5개가 위를 향해 핀다. 주로 진홍색이나 주홍색도 있으며, 안쪽에 자색 반점이 있다.

날개하늘나리 백합과

Lilium dauricum Ker Gawl.

높은 산지 능선의 풀밭에 자란다. 높이 50~100cm. 비늘줄기는 지름이 3~5cm 정도이다. 원줄기는 곧게 서며 굵고, 잎겨드랑이에서 흘러내린 날개가 발달한다. 잎은 잎자루가 없으며 좁은 피침모양이다. 7월 초순~8월 중순 개화. 원줄기 끝에 1~2개의 꽃이 피며, 안쪽에 자갈색 반점이 있다. 강원과 경북 일부 산지에 드물게 자생한다.

털중나리 백합과

Lilium amabile Palib.

산지의 양지바른 풀밭에 자란다. 높이 50~100cm. 줄기는 곧추서고 윗부분에서 가지가 약간 갈라진다. 줄기와 잎 양면에 잔털이 많이 난다. 잎은 피침모양으로 잎자루가 없다. 6월 중순~8월 초순 개화. 꽃은 원줄기와 가지 끝에 1~5개씩 밑을 향하여 달리며, 안쪽에 자갈색 반점이 있다. 6개의 수술과 1개의 암술은 모두 꽃 밖으로 길게 나온다.

참나리 백합과

Lilium lancifolium Thunb.

산이나 들, 바닷가에 자라며 관상용으로 재배되기도 한다. 높이 100~200cm. 줄기에 자주색 점이 있으며, 잎은 피침모양으로 잎겨드랑이에 자갈색의 살눈이 달린다. 6월 하순~8월 초순 개화. 4~20개의 꽃이 줄기 끝에서 밑을 향하여 달리며 꽃덮이가 뒤로 말린다. 주로 살눈이 땅에 떨어져 번식하고 드물게 열매를 맺기도 한다.

땅나리 백합과

Lilium callosum Siebold & Zucc.

산과 들의 양지바른 곳이나 바닷가에 자란다. 높이 30~100cm. 줄기는 곧게 서, 잎은 선형으로 가장가리가 밋밋하다. 6월 하순~7월 하순 개화. 꽃은 줄기 끝에 1~8개가 총상꽃차례로 달리고 밑을 향해 핀다. 꽃덮이 안쪽에 희미한 자갈색 반점이 있으며 뒤로 말리고, 안쪽에 꼬불거리는 털이 있다. 중부 이남에 드물게 자생한다.

중나리 백합과

Lilium leichtlinii var. *maximowiczii* (Regel) Baker

산지의 풀밭에 자란다. 높이 100~150cm. 땅속줄기가 옆으로 뻗어 새 비늘줄기를 만든다. 7~8월 개화. 줄기와 가지 끝에 2~10개의 꽃이 밑을 향하여 달리며 안쪽에 자주색 반점이 있다. 경기 북부와 강원, 경북에 분포한다. 참나리와 전체 모습이 매우 비슷하나 개화시기가 한 달 정도 늦고, 잎겨드랑이에 살눈을 만들지 않는다.

솔나리 백합과
Lilium cernuum Kom.

높은 산지의 풀밭이나 능선에 자란다. 높이 50~70cm. 줄기는 가늘며 윗부분에서 가지를 친다. 솔잎처럼 가는 잎이 촘촘히 달리며 잎자루는 없다. 7월 초순~8월 중순 개화. 원줄기 끝과 가지 끝에 1~4개의 꽃이 밑을 향해 피고, 안쪽에 자주색 반점이 있으며, 꽃덮이의 끝이 뒤로 말린다. 강원, 충북, 경북, 경남의 산지에 드물게 자생한다.

냄새명아주 명아주과
Dysphania pumilio (R.Br.) Mosyakin & Clemants

길가나 빈터에 자란다. 높이 15~40cm. 줄기는 대체로 곧게 서며, 굽은털과 샘털이 있다. 잎은 긴 타원모양으로 가장자리에 불규칙한 4쌍의 톱니가 있다. 잎 윗면 맥부분은 들어가며, 잎 뒷면에 황색의 선점이 있어 고약한 냄새가 난다. 7~8월 개화. 꽃은 잎겨드랑이에 밀집해 달린다. 호주 원산의 귀화식물로 제주, 경기, 영남, 강원에 자생한다.

명아주 명아주과

Chenopodium giganteum D.Don

길가나 빈터, 들에 자란다. 높이 30~150 cm. 줄기에 녹색의 능선이 있고 가지를 친다. 잎은 세모진 달걀모양으로 가장자리에 물결모양의 톱니가 있고 원줄기 끝의 어린 잎은 붉은빛이 돈다. 6월 중순~10월 중순 개화. 꽃은 꽃잎이 없고 꽃받침은 5개로 갈라지며 5개의 수술과 1개의 암술이 있다. 잘 자란 명아주는 말려서 지팡이(청려장)를 만든다.

흰명아주 명아주과

Chenopodium album L.

길가나 빈터에 흔히 자란다. 높이 30~150cm. 줄기에 뚜렷하게 골이 파여 있다. 아래쪽 잎은 삼각상 달걀모양으로 가장자리에 불규칙한 톱니가 있으며, 위쪽 잎은 피침모양으로 톱니가 없다. 6월 하순~10월 초순 개화. 이삭꽃차례가 모여 원추꽃차례를 이룬다. 명아주와 비슷하나 백색 가루모양의 털이 있어 흰빛이 돌며 개화기가 빠르다.

좀명아주 명아주과

Chenopodium ficifolium Sm.

길가나 빈터, 논밭에 자란다. 높이 30~100cm. 줄기는 털이 없으며 곧게 서고, 윗부분이 흰가루로 덮여 있다. 잎가장자리에 물결모양 톱니가 있으며, 가장 아래의 톱니가 두드러지게 크게 발달한다. 6월 초순~7월 하순 개화. 꽃받침조각과 수술은 5개씩이며, 꽃잎은 없고 암술대는 2개이다. 유럽 원산으로 제주도를 제외한 전국에 분포한다.

취명아주 명아주과

Chenopodium glaucum L.

바닷가 근처의 들이나 빈터에 자란다. 높이 10~30cm. 줄기는 비스듬히 서서 자란다. 전초에 털이 없으며 가지가 많고 다소 육질이다. 잎은 두꺼우며 가장자리에 깊은 물결모양의 톱니가 있고, 표면은 녹색, 뒷면은 분백색을 띤다. 7월 초순~8월 하순 개화. 원줄기나 가지 끝에 짧은 이삭꽃차례가 모여 원추꽃차례를 이룬다. 유럽 원산이다.

양명아주 명아주과

Dysphania ambrosioides (L.) Mosyakin & Clemants

길가나 공터, 바닷가, 하천 주변에 자란다. 높이 30~80cm. 줄기는 가지를 많이 치며, 긴 털이 있다. 잎은 피침모양으로 가장자리에 불규칙한 톱니가 있으며, 뒷면에 담황색 선점이 있어 독특한 냄새가 난다. 6월 중순~9월 중순 개화. 자잘한 꽃들이 원추꽃차례를 이룬다. 남아메리카 원산으로 제주와 남부지방에 주로 분포한다.

창명아주 명아주과

Atriplex prostrata subsp. *calotheca* (Rafn) M.A.Gust.

해안 가까운 모래밭에 자란다. 높이 20~80cm. 줄기는 가지를 많이 친다. 전체에 털이 없고, 흰 가루모양의 털이 약간 덮여 있다. 위쪽 잎은 어긋나고, 아래쪽은 마주나며, 삼각모양이다. 7~9월 개화. 유럽 원산으로 전남, 충남, 경기 등 서해안 지방과 도서지역에 주로 분포한다. 잎이 창 끝모양을 닮아서 붙여진 이름이다.

짚신나물 장미과

Agrimonia pilosa Ledeb.

산과 들에 자란다. 높이 30~100cm. 잎은 5~7장의 작은잎으로 된 깃모양겹잎으로 뒷면에 황 색 선점이 있다. 턱잎은 반달모양이며 한쪽 가장자리에 톱니가 있다. 6월 중순~9월 초순 개화. 꽃은 총상꽃차례로 달리며 수술은 10~17개이다. **좀짚신나물**var. *nipponica*은 꽃이 작고 수술이 5~8개이다. **고로보이짚신나물***A. gorovoii*은 전초에 갈색의 긴 털이 있다.

산짚신나물 장미과

Agrimonia coreana Nakai

산과 들에 자란다. 높이 50~100cm. 줄기는 곧추서며, 전체에 흰 털이 있다. 잎은 5~7장의 작은잎으로 된 깃모양겹잎이며, 턱잎은 길이 2cm 정도로 부채모양으로 크게 발달한다. 6~8월 개화. 꽃은 줄기나 가지 끝에 총상꽃차례로 달리며, 수술의 개수는 18~27개이다. 짚신나물에 비해 턱잎이 크고, 꽃이 듬성듬성 달려 구분된다.

터리풀 장미과

Filipendula glaberrima Nakai

산지의 반그늘진 곳에 자란다. 높이 1m 정도. 줄기는 가늘고 곧게 선다. 뿌리잎은 1회 깃모양겹잎이고, 줄기잎은 단풍잎처럼 5~7갈래로 갈라지며 잎자루가 길다. 6월 중순~7월 중순 개화. 가지 끝에 자잘한 꽃이 취산상 편평꽃차례로 빽빽하게 달린다. 꽃잎은 4~5장으로 길이가 약 3mm 정도이고, 수술은 꽃밥이 붉으며, 꽃잎보다 길게 난다.

지리터리풀 장미과

Filipendula formosa Nakai

높은 산의 풀밭에 자란다. 높이 1m 정도. 흑갈색의 뿌리줄기가 굵게 발달하며, 잎은 손바닥모양으로 깊게 갈라지고, 잎자루에 달린 작은잎은 6~11쌍이다. 7월 중순~8월 초순 개화. 꽃은 짙은 홍자색으로 꽃줄기 끝에 빽빽하게 달린다. 지리산 주변의 높은 산지에 자생한다. 암술이 1~3개이고, 열매에 털이 없어 다른 분류군과 구분된다.

으름난초 난초과

Cyrtosia septentrionalis (Rchb.f.) Garay

산지의 숲 속에 자란다. 높이 20~100cm. 부생식물로 땅속줄기는 굵고 옆으로 뻗으며, 국내에 자생하는 난초과 중에 유일하게 가지를 친다. 6월 중순~7월 하순 개화. 꽃은 5~20mm이며, 열매는 타원모양으로 육질이고 적색으로 익는다. 제주, 전남, 충남, 전북 등에 드물게 자생한다. 으름*Akebia quinata*의 열매를 닮아 붙여진 이름이다.

무엽란 난초과

Lecanorchis japonica Blume

숲 속 그늘진 곳에 자란다. 높이 20~40cm. 부생식물로 땅속줄기가 옆으로 뻗는다. 줄기는 가늘고 갈색을 띠며, 비늘모양의 잎은 막질이다. 6월 초순~7월 초순 개화. 꽃은 갈색을 띤 연노랑색으로, 활짝 열리며 입술꽃잎 가운데 갈래에 털이 있다. 제주와 전남에 드물게 자생한다. 제주무엽란은 홍색을 띤 담황색의 꽃이 반 정도만 열린다.

닭의난초 난초과

Epipactis thunbergii A.Gray

숲 가장자리 풀밭이나 습지 주변에 자란다. 높이 20~70cm. 옆으로 기는 굵은 땅속줄기의 마디에서 수염뿌리가 나온다. 잎은 6~12개 정도 나고 밑부분이 줄기를 감싼다. 6월 하순~7월 하순 개화. 1.5cm 정도의 꽃이 총상꽃차례로 달린다. 갑자기 나타난 것처럼 보일 정도로 성장이 빠르다. 꽃색이 닭의 깃털과 색이 비슷한 데서 유래한 이름이다.

청닭의난초 난초과

Epipactis papillosa Franch. & Sav.

산지의 습한 숲 속에 자란다. 높이 30~70cm. 전체에 갈색의 털이 많고, 잎은 5~7장이 어긋나며 가장자리와 맥 위에 돌기가 있다. 7월 초순~8월 초순 개화. 꽃은 크기가 9~12mm이며, 20~30개 정도가 한쪽으로 치우쳐 총상꽃차례로 달린다. 경기, 강원, 경북에 드물게 자생하며 닭의난초와 달리 연녹색의 꽃을 피워 구분된다.

천마 난초과

Gastrodia elata Blume

산지의 숲 속 반그늘이나 숲 가장자리에 자란다. 높이 30~100cm. 부생식물로 긴 타원모양의 덩이줄기는 뚜렷하지 않은 마디가 있으며, 잎은 없다. 6월 초순~8월 중순 개화. 길이 7~12mm의 꽃은 총상꽃차례로 달리며, 항아리모양이다. 입술꽃잎 밑부분에 2개의 부속체가 있다. 덩이줄기가 약재로 쓰여 남채되고 있으며, 일부 재배되기도 한다.

병아리난초 난초과

Amitostigma gracile (Blume) Schltr.

산지의 숲 속이나 계곡의 축축한 바위 위에 자란다. 높이 10~20cm. 양끝이 뾰족한 원기둥모양의 뿌리에서 1~2장의 잎이 나며 줄기가 가늘다. 6월 중순~8월 초순 개화. 4~8mm의 꽃이 한쪽으로 치우쳐 총상꽃차례로 달린다. 포는 달걀모양으로 1개의 맥이 있으며, 꽃잎은 꽃받침의 길이와 비슷하다. 식물체가 작고 귀여운데서 붙여진 이름이다.

풍란 난초과

Neofinetia falcata (Thunb.) Hu

산지의 오래된 나무나 바위, 해안 절벽에 붙어 자란다. 높이 5~10cm. 뿌리를 사방으로 길게 뻗으며, 잎은 활처럼 굽는다. 6월 하순~7월 중순 개화. 꽃은 잎겨드랑이에서 나온 꽃자루 끝에 3~5개가 달리며, 꿀주머니는 5cm 정도이고, 가늘다. 갓 필 때는 순백색이나 시간이 지나면 황색으로 변한다. 제주와 전남에 드물게 자생한다.

순채 어항마름과

Brasenia schreberi J.F.Gmel.

연못에 자란다. 길이 1~2m. 물속의 뿌리줄기가 옆으로 길게 뻗으며, 타원모양의 잎이 달린다. 어린 잎과 줄기는 점액으로 덮여 있다. 6월 중순~8월 하순 개화. 꽃은 잎겨드랑이에서 자란 꽃자루 끝에 1개씩 달리며, 암술이 먼저 나와 수분을 한 후 수술이 길게 자란다. 강원, 경남, 제주 등에 자생하나 개발과 오염으로 멸종위기에 처해 있다.

0612

수련 수련과

Nymphaea spp.

연못에 자란다. 뿌리줄기에서 많은 잎자루가 나와 물 위에 길이 15cm 정도의 타원모양 잎을 펼친다. 잎은 밑부분이 화살모양으로 깊게 갈라진다. 6~9월 개화. 꽃은 긴 꽃자루 끝에 1개씩 달린다. 꽃받침조각은 4개, 꽃잎은 8~15개이며 3~4일 정도 피고 지기를 반복한다. 자생하는 각시수련과 달리 다양한 크기와 꽃색의 많은 원예종들이 있다.

각시수련 수련과

Nymphaea tetragona var. *minima* (Nakai) W.T.Lee

늪이나 연못에 자란다. 뿌리에서 모여 나는 잎은 길이 5cm 정도의 타원형이며 깊게 갈라진다. 6월 중순~8월 중순 개화. 뿌리에서 나온 긴 꽃줄기 끝에 지름 3cm 정도의 꽃이 달린다. 꽃받침잎은 4장, 꽃잎은 8~10장 정도다. 강원, 전남 일부지역에 드물게 자생한다. 2016년에 새로 발표된 **꼬마수련***N. pygmaea*은 각시수련에 비해 꽃이 약간 크고 잎이 넓은 타원형이다.

개연꽃 수련과

Nuphar japonica DC.

연못이나 늪에 자란다. 뿌리줄기가 옆으로 뻗고 잎은 뿌리줄기에서 모여나와 물 밖으로 자란다. 7~9월 개화. 물 위로 나온 꽃자루 끝에 지름 4cm 정도의 꽃이 1개씩 달린다.

왜개연꽃 수련과

Nuphar pumilum (Timm) DC.

연못이나 늪에 자란다. 꽃줄기의 높이 20~50cm. 뿌리줄기는 굵고 옆으로 뻗는다. 뿌리줄기 끝에서 난 잎은 개연꽃과 달리 수면에 뜬다. 8~9월 개화. 주로 남부지방에 자생한다.

남개연 수련과

Nuphar pumilum var. *ozeense* (Miki) Hara

연못이나 흐름이 느린 하천에 자란다. 5월 하순~9월 하순 개화. 왜개연꽃과 달리 암술머리가 붉다. 일본의 오제(Oze)에서 처음 발견되어 '오제왜개연'이라고도 한다.

0613

이삭물수세미 개미탑과

Myriophyllum spicatum L.

연못이나 도랑에 자라며 수심에 따라 1m 정도 자란다. 잎은 4장씩 돌려나며 잎자루가 없고, 깃모양으로 깊게 갈라지며 갈라진 조각은 실처럼 가늘다. 6월 중순~10월 중순 개화. 줄기 끝에 이삭꽃차례로 많은 꽃들이 층을 이루어 4개씩 달린다. 위쪽은 수꽃으로 8개의 수술이 있고 아래쪽은 암꽃이다. 중부이남에 분포 한다. 개화하기 전에는 물수세미와의 구분이 쉽지 않다.

선물수세미 개미탑과

Myriophyllum ussuriense Maxim.

연못이나 습지에 자란다. 길이 10~50cm 정도로 수심에 따라 차이가 있다. 잎은 3~4개씩 돌려나고, 깃처럼 깊고 가늘게 갈라진다. 7~8월 개화. 꽃은 줄기 윗부분의 잎겨드랑이에 달리며, 물수세미와 비슷한 모양이나 암수딴그루로 꽃의 크기가 조금 작고, 물 위의 잎이 더 길게 갈라져 구분된다. 전남, 경남지방에 드물게 자생한다.

물수세미 개미탑과

Myriophyllum verticillatum L.

연못에 자란다. 길이 50cm 정도. 땅속 줄기가 있고 줄기 끝부분이 물 위로 뜬다. 잎은 4개씩 돌려나며 깃모양으로, 물 밖의 잎은 갈래조각이 넓다. 5월 하순~8월 중순 개화. 암수한그루로 물 위 줄기의 잎겨드랑이에 꽃이 달리며 줄기 위쪽은 수꽃, 아래쪽은 암꽃이다. 중부 이북에 분포한다. 브라질 원산 **아쿠아티쿰물수세미***M. aquaticum*는 제주 포함한 남부지방에 퍼지고 있다.

긴동아물수세미 개미탑과

Myriophyllum oguraense Miki

연못에 자란다. 길이 10~150cm 정도. 물속 잎은 물 위로 자란 잎과 모양이 다르고 크기가 보다 작다. 5~7월 개화. 암수한그루이며 줄기 윗부분은 수꽃, 아랫부분은 암꽃이 달린다. 경남에 자생하며 최근 미기록종으로 보고되었다. 겨울눈이 선형으로 가늘고 길어서, 동아가 곤봉모양으로 발달하는 물수세미와 구분된다.

구실바위취 범의귀과

Saxifraga octopetala Nakai

높은 산지의 계곡 주변이나 바위틈의 습한 곳에 자란다. 높이 15~30cm. 땅속줄기가 옆으로 짧게 뻗으며, 줄기에 거친 털이 난다. 잎은 콩팥모양으로 가장자리에 다소 둔한 톱니가 있다. 6월 중순~7월 하순 개화. 꽃은 원추꽃차례로 달리며, 꽃잎보다 긴 16개의 수술 끝에 주홍색의 꽃밥이 달린다. 강원, 경기, 충북, 경북에 드물게 분포 한다.

바위취 범의귀과

Saxifraga stolonifera Curtis

습기가 많은 곳이나 바위틈에 자란다. 높이 20~40cm. 전체에 긴 갈색 털이 있다. 기는줄기 끝에 새로 싹을 틔워 번식하며 잎의 표면에 흰색의 연한 무늬가 있고, 뒷면은 자주색이다. 5월 중순~7월 초순 개화. 꽃잎 5장 중 위의 3장은 길이 3mm 정도로 연한 붉은색 바탕에 진한 붉은색 반점이 있고, 아래 2장은 길이 10~20mm로 흰색이다. 조경용으로 흔히 재배된다.

참바위취 범의귀과

Saxifraga oblongifolia Nakai

높은 산지의 바위틈에 자란다. 높이 30 cm 정도. 뿌리잎은 타원모양으로 가장자리에 불규칙한 톱니가 있고, 줄기잎은 1~2장으로 크기가 작다. 6월 하순~8월 중순 개화. 지름 5mm 정도의 작은 꽃들이 원추꽃차례로 달린다. 속명 '*Saxifraga*'는 '바위를 잘 깨트린다'는 뜻으로, 바위틈에 주로 자라는 이 식물들의 특징을 나타낸다.

바위떡풀 범의귀과

Saxifraga fortunei Hook.

산지의 그늘지고 습한 바위 위에 드물게 자란다. 꽃줄기의 높이 10~30cm. 잎은 둥근 콩팥모양으로, 가장자리가 11~17갈래로 얕게 갈라지며 뒷면은 희고, 잎자루가 길다. 7월 하순~9월 초순 개화. 꽃은 꽃줄기 끝에 취산꽃차례로 달리며, 꽃잎 5장 중 위의 3장은 길이 3~4mm, 아래의 2장은 5~15mm로 길다. 바위취와 달리 꽃잎에 붉은 반점이 없어 구분된다.

배풍등 가지과

Solanum lyratum Thunb.

볕이 잘 드는 길가나 숲 가장자리에 자란다. 길이 3m 정도. 줄기가 가늘고 다른 식물들에 기대어 자라며, 끝이 덩굴처럼된다. 전체에 가늘고 긴 털이 밀생한다. 6월 하순~9월 중순 개화. 꽃은 흰색이고 중앙부가 녹색이며, 꽃잎이 뒤로 젖혀지고, 꽃의 길이는 7~8mm이다. 수술들이 가운데로 뭉쳐져 암술대를 싸고 있으며 열매는 붉게 익는다.

좁은잎배풍등 가지과

Solanum japonense Nakai

주로 산지에 자란다. 전체에 털이 거의 없으며, 가지가 갈라져 윗부분이 덩굴처럼 길게 뻗는다. 잎은 피침모양으로 가장자리가 밋밋하거나 밑부분에 1~2쌍의 갈래조각이 있다. 6월 하순~8월 중순 개화. 꽃은 연한 보라색으로 가운데가 녹색이다. 중부 이남에 주로 분포한다. 배풍등에 비해 꽃 색이 짙고 잎이 좁으며, '산꽈리'라고도 부른다.

꽈리 가지과

Physalis alkekengi var. *franchetii* (Mast.) Makino

민가 주변 양지바른 풀밭이나 공터에 자란다. 높이 40~80cm. 뿌리줄기가 땅속으로 길게 뻗는다. 줄기는 곧게 서고 털이 없으며, 잎가장자리에 불규칙한 톱니가 있다. 6월 하순~9월 중순 개화. 꽃은 잎겨드랑이에 1개씩 달리며, 꽃이 진 뒤 꽃받침이 자라 달걀모양으로 붉은색 열매를 완전히 감싼다. 중국 원산으로 주로 관상용으로 재배된다.

땅꽈리 가지과

Physalis angulata L.

들이나 길가에 자란다. 높이 30~40cm. 줄기에 털이 있고, 가지가 많이 친다. 6~9월 개화. 잎겨드랑이에 지름 1cm 정도의 꽃이 밑을 향해 달리며, 중심부에 흑자색 무늬가 있다. 열대 아메리카 원산으로 제주, 전남 등에 자생한다. **노란꽃땅꽈리** *P. wrightii*는 북아메리카 원산으로, 줄기에 털이 없고 꽃의 중심부에 옅은 노란색 무늬가 있다.

가시꽈리 가지과

Physaliastrum japonicum (Franch. & Sav.) *Honda*

산지의 숲 속에 자란다. 높이 50~70cm. 전체에 부드러운 털이 있다. 잎은 달걀모양으로 끝이 뾰족하고 가장자리가 밋밋하다. 6월 하순~8월 중순 개화. 꽃은 잎겨드랑이에 1~3개씩 밑을 향해 달리며 열매는 흰색으로 익는다. 전국에 드물게 분포한다. 열매를 둥글게 싸고 있는 꽃받침의 겉면에 가시모양의 돌기가 있어 붙여진 이름이다.

페루꽈리 가지과

Nicandra physalodes (L.) Gaertn.

관상용으로 재배되던 것이 야화되었다. 높이 100cm 정도. 줄기는 가지를 많이 치고 털이 없다. 잎은 달걀모양으로 가장자리에 굵은 톱니가 있다. 7월 하순~10월 초순 개화. 꽃은 잎겨드랑이에 1개씩 달리며, 오후에 피었다가 저녁에 시들고 다음 날 떨어진다. 꽃받침은 5갈래로 갈라지고 밑부분에 귀모양의 뾰족한 돌기가 있으며 꽃이 진 뒤 열매를 감싼다. 남아메리카 원산이다.

알꽈리 가지과

Tubocapsicum anomalum (Franch. & Sav.) Makino

산지의 숲 속에 자란다. 높이 60~100cm. 줄기는 차상(줄기가 굵기의 변화 없는 Y자 모양)으로 많이 갈라진다. 잎은 긴 타원모양으로 밑부분이 좁아져 잎자루에 날개가 된다. 7~8월 개화. 꽃은 잎겨드랑이에 1~5개씩 달리며, 꽃부리는 납작한 종모양으로 지름 8mm이고, 가장자리는 얕게 5갈래로 갈라진다. 제주와 전남에 분포한다.

가시꽈리 열매

알꽈리 열매

도깨비가지 가지과

Solanum carolinense L.

길가나 빈터에 자란다. 높이 40~70cm. 전체에 4~8갈래로 갈라지는 털이 있으며, 줄기와 잎에 날카로운 가시가 있다. 5~9월 개화. 꽃은 총상꽃차례로 3~10개가 달리며 지름이 25mm이다. 북아메리카 원산으로 번식력이 강해 생태교란종으로 지정되어 있다. 비슷한 귀화식물로 **왕도깨비가지***S. viarum*, **둥근가시가지***S. sisymbriifolium*, **가시가지***S. rostratum* 등이 있다.

큰바늘꽃 바늘꽃과

Epilobium hirsutum L.

산지 계곡 주변 풀밭에 자란다. 높이 70~100cm. 줄기에서 가지가 갈라지며 잎은 긴 타원모양 으로 밑부분이 줄기를 감싼다. 6월 하순~8월 하순 개화. 꽃은 지름이 12~15mm로 잎겨드랑이에 달리며, 암술머리가 4개로 갈라지며 경북, 강원도 일부 지역에 자생한다. 한반도고유종으로 새로 발표된 **울릉바늘꽃***E. ulleungensis*은 암술머리가 사각형 모양이다.

버들바늘꽃 바늘꽃과

Epilobium palustre L.

산과 들의 습한 곳에 자란다. 높이 10~60cm. 뿌리줄기가 실처럼 길게 뻗어 가지를 내고 그 끝에 겨울눈이 달려 월동한다. 잎은 가는 피침모양으로 가장자리에 뚜렷하지 않은 톱니가 있고, 표면과 뒷면 맥 위에 굽은 털이 있다. 7~8월 개화. 꽃은 잎겨드랑이에 1개씩 달리고, 짧은 꽃자루에 털이 촘촘히 난다. 경기, 강원, 경북 등에 드물게 자생한다.

돌바늘꽃 바늘꽃과

Epilobium amurense subsp. *cephalostigma* (Hausskn.) C.J.Chen, Hoch & P.H.Raven

산지의 습지에 자란다. 높이 20~60cm. 줄기는 곧게 서며 가지를 치고, 전체에 가는 털이 난다. 잎은 밑이 좁고 끝이 뾰족하며 가장자리에 톱니가 있고 잎자루가 짧다. 6월 하순~8월 중순 개화. 지름 8mm 정도의 꽃이 줄기와 가지 윗부분의 잎겨드랑이에 1개씩 달리며, 4개의 꽃잎은 끝이 2갈로 얕게 갈라진다. 암술대가 길고 끝이 공모양이다.

바늘꽃 바늘꽃과

Epilobium pyrricholophum Franch. & Sav.

산지의 물가나 습지에 자란다. 높이 30~70cm. 줄기는 밑부분에 굽은 털이 있고 윗부분에 샘털이 있다. 잎은 달걀모양 또는 긴 타원모양으로 가장자리에 불규칙한 톱니가 있고 밑부분이 둥글다. 가을에 붉게 단풍이 든다. 7월 초순~9월 중순 개화. 꽃은 줄기 윗부분의 잎겨드랑이에 1개씩 달리며 꽃잎은 4개로 끝이 2갈래로 갈라진다.

0615

분홍바늘꽃 바늘꽃과

Epilobium angustifolium L.
Chamerion angustifolium (L.) Holub

숲 가장자리나 양지바른 풀밭에 자란다. 높이 1~1.5m. 땅속줄기가 옆으로 길게 뻗는다. 줄기는 대개 가지를 치지 않고, 잎은 피침모양으로 가장자리에 잔톱니가 있다. 6월 중순~8월 중순 개화. 꽃은 원줄기 끝에 총상꽃차례로 달리고, 꽃받침조각과 꽃잎은 4개씩이며 8개의 수술과 1개의 암술이 있다. 강원 일부 지역에 드물게 자생한다.

개정향풀 협죽도과

Apocynum venetum L.

바닷가 가까운 곳의 풀밭이나 길가에 주로 자란다. 높이 40~150cm. 잎은 대개 어긋나나 가지에서는 마주나기도 한다. 6월 중순~8월 중순 개화. 꽃은 줄기와 가지 끝에 원추꽃차례로 달리며 지름은 5mm 정도이다. 2005년 경기만 일대에 자생지가 확인되었고, 이후 중부 지방의 동해안과 서해안 지역에서 드물게 자생하는 것이 알려졌다.

활량나물 콩과

Lathyrus davidii Hance

산지나 들의 양지바른 곳에 주로 자란다. 높이 80~120cm. 줄기는 비스듬히 서며 털이 없다. 잎은 2~4쌍의 작은잎으로 된 짝수깃모양겹잎으로, 잎자루 끝에 2~3개로 갈라진 덩굴손이 있다. 6월 중순~8월 하순 개화. 꽃은 길이 15mm 정도로 잎겨드랑이에서 나온 꽃자루에 총상꽃차례로 10~40개가 달리며, 황색에서 황갈색으로 변한다.

갯활량나물 콩과

Thermopsis lupinoides (L.) Link

해안의 모래땅이나 풀밭에 자란다. 높이 40~80cm. 줄기는 가지를 치지 않으며, 잎은 3개의 작은잎으로 된 겹잎으로 작은잎은 거꿀달걀모양으로 끝이 둔하며 턱잎은 길이 30~40mm로 크게 발달한다. 5~8월 개화. 꽃은 나비모양으로 줄기 끝에 총상꽃차례로 달리며, 종자는 흑색으로 익는다. 최근 강원도에 자생하는 것이 확인된 희귀식물이다.

0616

호골무꽃 꿀풀과

Scutellaria pekinensis var. *ussuriensis* (Regel) Hand.-Mazz.

산지의 반그늘에 자란다. 높이 15~30cm. 줄기는 가늘며 약간 가지를 치고, 각 마디에 위로 굽은 털이 다소 있다. 잎은 달걀모양으로 맥을 따라 털이 드문드문 나며 대체로 표면에 광택이 나고 가장자리에 톱니가 있다. 6~8월 개화. 꽃이 앞을 향해 약간 굽은 모양으로 가지 끝에 달리며, 꽃자루에 털이 있다. 중부 이북에 분포한다.

그늘골무꽃 꿀풀과

Scutellaria fauriei H.Lév. & Vaniot

산지의 숲 속에 자란다. 높이 10~25cm. 뿌리줄기가 옆으로 뻗는다. 줄기는 네모지며 털이 없거나 드물고 가지를 많이 친다. 잎은 잎자루가 길며 가장자리에 톱니가 있고 뒷면의 맥 위에 드문드문 털이 있다. 6월 중순~9월 하순 개화. 꽃은 줄기 끝에서 한쪽으로 치우쳐 달리며, 전체에 털이 드문 편이나, 꽃자루, 꽃받침잎, 꽃부리에 샘털과 털이 있다.

애기골무꽃 꿀풀과

Scutellaria dependens Maxim.

산지의 습지 주변이나 습한 들에 자란다. 높이 10~50cm. 땅속줄기가 뻗어 번식하며, 줄기는 네모지고 모서리에 위로 굽은 털이 약간 있으며 가지를 많이 친다. 잎은 밑부분이 넓은 달걀모양으로 가장자리에 낮은 톱니가 있다. 6월 초순~8월 하순 개화. 꽃은 줄기 윗부분의 잎겨드랑이에 1개씩 달리며, 꽃부리의 길이가 6~8mm로 작다.

창골무꽃 꿀풀과

Scutellaria barbata D.Don

논 주변이나 강가의 습한 곳에 자란다. 높이 15~50cm. 줄기는 모여나고 네모지며 털이 없다. 잎은 달걀모양으로, 끝이 뾰족하고 가장자리에 톱니가 있고 잎자루는 짧거나 거의 없다. 5~7월 개화. 꽃부리의 길이는 13mm 정도이다. 중국 원산으로 약초로 재배되며, 낙동강, 금강 주변의 습지에 자생한다고 알려져 있으나 정확한 조사가 필요하다.

황금 꿀풀과

Scutellaria baicalensis Georgi

산지의 풀밭에 자란다. 높이 20~60cm. 전체에 털이 있고, 줄기는 네모지며, 여러 대가 나와서 가지가 갈라지고, 곧게 서거나 비스듬히 자란다. 6월 하순~9월 하순 개화. 꽃은 원줄기와 가지 끝에 총상꽃차례로 달리며 꽃부리는 밑이 꼬부라져 곧게 선다. 중국, 몽골 원산으로, 약용식물로 재배되며 일부가 야화했다.

시베리아여뀌 마디풀과

Knorringia sibirica (Laxm.) Tzvelev

바닷가 모래땅에 자란다. 높이 10~25 cm. 전체에 털이 없으며 줄기는 아래쪽에서 가지를 많이 치고 곧게 서거나 비스듬히 눕는다. 잎은 긴 피침모양으로 끝이 뾰족하다. 5월 중순~9월 중순 개화. 꽃의 지름은 5mm 정도이고, 가운데가 붉은 특징이 있으며, 이삭꽃차례를 이룬다. 국내에는 2008년 백령도의 남쪽 바닷가에 처음 자생하는 것이 알려진 북방계식물이다.

개여뀌 마디풀과

Persicaria longiseta (Bruijn) Kitag.

경작지 주변이나 길가, 빈터에 흔히 자란다. 높이 20~50cm. 줄기는 털이 없고 비스듬히 서며, 밑부분에서 가지가 많이 갈라진다. 잎은 좁은 피침모양으로 양끝이 좁고 가장자리와 뒷면 맥 위에 털이 있다. 6월 하순~10월 하순 개화. 꽃은 자주색 또는 흰색으로 줄기와 가지 끝에 이삭꽃차례로 달리며, 씨는 세모진 달걀모양으로 흑갈색으로 익는다.

물여뀌 마디풀과

Persicaria amphibia (L.) Delarbre

연못이나 습지에 자란다. 높이 40~60 cm. 줄기 밑부분은 물속에서 옆으로 기며 마디에서 뿌리를 내리고, 물 위로 나온 줄기는 곧게 서고 잎이 많이 달린다. 6월 중순~10월 초순 개화. 꽃은 잎겨드랑이에서 나온 길이 2~4cm의 꽃대에 이삭꽃차례로 달린다. 북반구 온대 북부에 주로 분포하며, 대구, 경북에 자생한다.

꽃여뀌 마디풀과

Persicaria conspicua (Nakai) Nakai ex T. Mori

물가에 자란다. 높이 50~100cm. 뿌리줄기가 땅속으로 길게 뻗으며 줄기는 곧게 서고 가지가 적다. 잎은 양끝이 좁고 가장자리와 뒷면 맥 위에 털이 있다. 6월 하순~7월 하순 개화. 암수딴그루로 줄기 끝에 이삭꽃차례로 달리며, 열매는 세모진 달걀모양이다. 흰꽃여뀌에 비해 꽃이 성기게 달리고 보통 분홍색의 꽃이 피어 구분된다.

여뀌 마디풀과

Persicaria hydropiper (L.) Delarbre

개울가나 습기가 많은 들에 자란다. 높이 40~80cm. 전체에 거의 털이 없으며 가지가 많이 갈라진다. 잎은 피침모양으로 잎자루가 짧으며, 턱잎은 가장자리에 짧은 털이 있다. 6월 하순~9월 하순 개화. 꽃은 가지 끝이나 잎겨드랑이에서 나온 꽃대에 처지는 이삭꽃차례로 달린다. 바보여뀌에 비해 줄기에 털이 없고 잎에 매운맛이 난다.

봄여뀌 마디풀과

Persicaria vulgaris Webb & Moq.

경작지 주변에 자란다. 높이 20~60cm. 줄기는 밑부분이 비스듬히 서고 털이 있다. 잎은 양면에 털이 있으며, 잎의 중앙에 검은 무늬가 있고 잎집은 얇은 막질이다. 5월 하순~10월 초순 개화. 꽃은 3~5cm의 꽃이삭에 달리고 연한 홍자색으로 핀다. 여뀌속 중에 가장 일찍 꽃을 피워 붙은 이름이나, 가을까지 오래도록 꽃을 피운다.

흰여뀌 마디풀과

Persicaria lapathifolia (L.) Delarbre

들이나 길가, 개울가에 흔히 자란다. 높이 40~90cm. 줄기는 가지가 갈라지고 마디가 굵다. 잎맥과 가장자리에 털이 있으며, 잎 표면에 더러 검은색 반점이 있고 잎자루 짧다. 잎집의 가장자리에 털이 없다. 6월 하순~9월 중순 개화. 꽃이삭의 길이는 2~4cm이며 수과인 열매는 편평한 원모양이다. 흰명아주여뀌, 명아자여뀌, 큰개여뀌라고도 한다.

며느리배꼽 마디풀과

Polygonum perfoliatum L.

들이나 산지에 흔히 자란다. 길이 1~2 m. 덩굴성으로 줄기에 갈고리 같은 가시가 있어 다른 물체를 타고 자란다. 잎은 긴 잎자루가 잎의 안쪽에 붙어 배꼽처럼 보이며, 뒷면의 맥 위에 잔 가시가 나고 턱잎은 나팔처럼 퍼진다. 6월 하순~9월 중순 개화. 꽃은 길이 2cm 정도의 이삭꽃차례에 달리며, 꽃이삭 밑에 넓은 포가 있다.

며느리밑씻개 마디풀과

Persicaria senticosa (Meisn.) H.Gross ex Nakai

산이나 들에 흔히 자란다. 길이 1~2m. 줄기는 덩굴성으로 가지가 많이 갈라지며, 네모지고 갈고리 같은 가시가 있다. 잎은 삼각모양으로 가장자리가 밋밋하다. 6월 중순~9월 하순 개화. 꽃은 가지 끝에 모여달리고, 꽃대에 털과 샘털이 있다. 며느리배꼽과 닮았으나 줄기나 잎에 잔털이 있으며, 잎자루가 잎의 가장자리에 붙는 점으로 구분된다.

긴잎꿩의다리 미나리아재비과

Thalictrum simplex var. *brevipes* H.Hara

산이나 들의 풀밭에 자란다. 높이 60~100cm. 전체에 털이 없고 줄기에 예리한 모서리가 있다. 잎은 2~3회 깃모양으로 갈라지고 작은잎은 쐐기모양이며, 뒷면에 녹백색이 돈다. 6~8월 개화. 꽃은 원추꽃차례로 달리며, 꽃받침잎은 4~5개로 3개의 맥이 있다. 경북, 충남, 전남, 전남, 제주 등에 매우 드물게 자생한다.

좀꿩의다리 미나리아재비과

Thalictrum minus var. *hypoleucum* (Siebold & Zucc.) Miq.

양지바른 풀밭이나 숲 가장자리에 자란다. 높이 50~100cm. 줄기는 녹색으로 윗부분에서 가지가 갈라진다. 잎은 2~4회 깃모양으로 갈라지며, 작은잎은 끝이 2~3갈래 갈라진다. 6월 초순~8월 하순 개화. 총상꽃차례로 달리며, 꽃받침조각은 3~4개로 일찍 떨어진다. 꽃자루가 2~6mm 정도로 짧으며 열매에 8개의 능선이 있다.

자주꿩의다리 미나리아재비과

Thalictrum uchiyamae Nakai

높은 산지의 그늘진 숲 속이나 바위지대에 자란다. 높이 50cm 내외. 전체에 털이 없다. 잎은 3출엽으로 2~3회 갈라지고, 작은잎은 끝부분 가장자리에 3~5개의 톱니가 있으며, 잎의 뒷면이 다소 회청색이다. 6월 초순~8월 하순 개화. 줄기 끝에 편평꽃차례로 달린다. 꽃잎은 없고 꽃받침잎은 3~4개이며, 열매는 수과로 3~5개씩 달린다.

금꿩의다리 미나리아재비과

Thalictrum rochebrunianum var. *grandisepalum* (H.Lev.) Nakai

산지의 습한 숲 속이나 계곡 주변에 자란다. 높이 70~150cm. 큰 것은 2m까지 자란다. 전체에 털이 없으며, 잎은 3~4회 3출엽으로 갈라지고, 작은잎은 윗부분에 2~3개의 둔한 톱니가 있다. 7월 하순~8월 초순 개화. 원추꽃차례로 피며, 4개의 분홍색 꽃받침잎이 크게 발달하고 꽃밥이 노란색이다. 강원, 경기 등 주로 중부 이북에 분포한다.

연잎꿩의다리 미나리아재비과

Thalictrum ichangense var. *coreanum* (H. Lév.) H. Lév. ex Tamura

높은 산지의 바위지대에 자란다. 높이 20~60cm. 곤봉모양의 흑갈색 알뿌리가 있다. 잎은 1~2회 3출엽으로 둥근 방패모양이며 가장자리에 톱니가 있다. 5월 하순~7월 하순 개화. 꽃받침잎은 4~5장으로 꽃이 피자마자 떨어진다. 강원, 충북, 경북 등에 드물게 자생한다. 작은잎의 잎자루가 연잎처럼 가운데 부분에 달려 붙여진 이름이다.

꼭지연잎꿩의다리 미나리아재비과

Thalictrum ichangense Lecoy. ex Oliv.

높은 산지에 자란다. 높이 20~30cm 정도. 줄기에 털이 없고 곧게 선다. 잎은 1~2회 3출엽으로 가장자리에 톱니가 있다. 5월 하순~6월 하순 개화. 원줄기 끝에 2~3송이가 원추꽃차례로 달린다. 강원 이북에 드물게 자생한다. 연잎꿩의다리가 통상 독립적으로 자라며 알뿌리가 있는데 비하여, 주로 군락을 이루고 수염뿌리가 있어서 구분된다.

산꿩의다리 미나리아재비과

Thalictrum tuberiferum Maxim.

높은 산지의 그늘진 숲 속에 자란다. 높이 20~60cm. 뿌리잎은 1장으로, 잎자루가 길며 3개씩 2~3회 갈라지고, 가장자리에 2~3개의 톱니가 있다. 줄기잎은 3출엽이다. 6월 초순~7월 하순 개화. 꽃받침잎은 4~5장이며, 일찍 떨어지고, 암술대가 거의 발달하지 않는다. 자주꿩의다리에 비해 잎이 얇고 꽃받침잎이 흰색이어서 구분된다.

꿩의다리 미나리아재비과

Thalictrum aquilegiifolium var. *sibiricum* Regel & Tiling

산지의 숲 가장자리나 풀밭에 자란다. 높이 50~100cm. 줄기는 속이 비어 있고 분백색이 돈다. 줄기 밑부분의 잎은 잎자루가 길고 2~3회 깃모양으로 갈라지며, 작은잎은 끝이 3~4갈래 얕게 갈라진다. 5월 하순~8월 중순 개화. 꽃은 흰색 또는 연홍색을 띠며 꽃잎은 없고 흰 수술이 수북하게 모여난다. 열매는 수과로 3~4개의 날개가 있다.

은꿩의다리 미나리아재비과

Thalictrum acteifolium Siebold & Zucc.

주로 산지의 그늘지고 돌이 많은 곳에 자란다. 높이 30~60cm. 줄기는 곧게 선다. 잎은 2~3회 깃모양으로 갈라지고, 작은잎은 가장자리에 뾰족한 톱니가 있고 뒷면이 분백색이다. 6월 하순~9월 하순 개화. 꽃은 원추꽃차례로 달리고, 꽃받침잎은 4개이다. 수과에 자루가 없고 암술대 끝이 구부러진다. 중부 이남에 분포한다.

꽃꿩의다리 미나리아재비과

Thalictrum petaloideum L.

산지 숲 속이나 들에 자란다. 높이 50~100cm. 전체에 털이 없다. 잎은 2~3회 갈라지는 3출엽으로, 작은잎은 계란모양이며 가장자리가 밋밋하다. 5월 하순~7월 하순 개화. 수술대가 꽃밥에 비해 현저히 넓고 꽃받침잎이 없다. 열매자루가 없고 열매에 날개같은 능선이 발달한다. 경남, 충북, 전남 등지에 매우 드물게 자생한다.

0619

도깨비부채 범의귀과

Rodgersia podophylla A. Gray

깊은 산지의 그늘진 숲 속에 자란다. 높이 1~1.5m. 줄기 전체에 갈라진 털이 빽빽하게 나며 부드럽다. 잎은 손바닥모양으로 갈라진 겹잎으로, 작은잎은 길이가 15~35cm이며 가장자리에 불규칙한 톱니가 있다. 6월 개화. 꽃차례의 길이는 20~40cm이며, 꽃잎은 없고 꽃받침은 5개로 깊게 갈라진다. 경북을 포함한 중부 이북에 분포한다.

개병풍 범의귀과

Astilboides tabularis (Hemsl.) Engl.

깊은 산지의 계곡 주변에 자란다. 높이 1~2m. 줄기와 잎자루에 거센 털이 많다. 뿌리잎은 잎자루가 길며 둥근모양으로 지름 80cm 정도까지 자라고, 5~9갈래로 얕게 갈라지며 갈래마다 불규칙한 톱니가 있다. 6월 초순~7월 하순 개화. 꽃은 줄기 끝에 원추꽃차례로 달리며 꽃잎은 5장이다. 강원, 경기의 높은 산에 드물게 자생한다.

서양메꽃 메꽃과

Convolvulus arvensis L.

길가나 들에 자란다. 덩굴성으로 길이 1~2m. 전체에 털이 없다. 잎은 긴 타원모양으로 끝이 둔하고 밑부분은 화살 모양이다. 7~8월 개화. 꽃의 지름은 3cm 정도이며 하나의 꽃자루에 보통 2개의 꽃이 달린다. 꽃자루 중간에 비늘 모양의 잎(포엽; 苞葉)이 있어 메꽃속과 다른 속으로 분류된다. 유럽 원산으로 군산항에서 처음 발견되었다.

갯메꽃 메꽃과

Calystegia soldanella (L.) R. Br.

바닷가의 모래땅에 흔히 자란다. 줄기는 덩굴성으로 길이 30~80cm. 굵은 땅속줄기가 옆으로 길게 뻗는다. 잎은 둥근 신장모양으로 표면에 광택이 있고 잎맥이 선명하다. 5월 중순~8월 하순 개화. 꽃은 지름 4~5cm로 잎겨드랑이에서 난 꽃자루에 1개씩 달린다. 대표적인 사구식물(砂丘植物)로 전국의 해안에서 볼 수 있다.

0619

메꽃 메꽃과

Calystegia pubescens Lindl.

길가나 들에 자란다. 줄기는 덩굴성으로 2~4m. 희고 긴 땅속줄기가 발달한다. 잎은 피침모양으로 밑부분 좌우에 귀같은 돌기가 있다. 6월 중순~8월 하순 개화. 지름 5cm 정도의 깔때기모양 꽃이 잎겨드랑이에서 나온 꽃자루 끝에 1개씩 위를 향해 달린다. 긴 꽃자루에 포는 2개이며 꽃받침은 5갈래이다. 뿌리줄기로 밥(메)을 지어먹어 유래된 이름이다.

큰메꽃 메꽃과

Calystegia sepium (L.) R. Br.

길가나 들에 자란다. 줄기는 덩굴성으로 3~4m. 땅속줄기가 옆으로 뻗는다. 잎은 삼각상 달걀모양으로 밑부분이 좌우로 뾰족하며 다시 2개로 갈라진다. 6월 초순~8월 하순 개화. 꽃은 잎겨드랑이서 나온 긴 꽃자루 끝에 1개씩 달리며 지름은 5cm 정도이다. 애기메꽃과 달리 꽃자루에 날개가 없고, 잎이 삼각모양으로 넓어 메꽃과 다르다. 주로 경기 이북에 분포한다.

애기메꽃 메꽃과

Calystegia hederacea Wall.

흔히 들에 자란다. 줄기는 덩굴성으로 길이 1m 정도. 땅속줄기가 옆으로 뻗는다. 잎은 긴 달걀모양으로 밑부분이 양쪽으로 뾰족해지며 다시 2~3개로 크게 갈라진다. 6월 중순~8월 중순 개화. 꽃의 지름은 3~4cm로 작고, 잎겨드랑이에 1개씩 달린다. 메꽃, 큰메꽃에 비해 꽃색은 흰색에 가까우며 꽃자루 위쪽에 좁은 날개가 있어 구분된다.

선메꽃 메꽃과

Calystegia pellita (Ledeb.) G. Don

들에 자란다. 덩굴성으로 길이 1~2m. 땅속줄기가 길게 뻗는다. 전체에 털이 있으며, 잎은 피침모양으로 밑부분이 화살촉처럼 된다. 6~8월 개화. 꽃은 잎겨드랑이에서 나온 꽃자루 끝에 달리고 지름 4cm 정도이다. 꽃 밑에 달걀모양의 포가 2개 달리며 가장자리에 털이 있어 다른 분류군과 구분된다. 중부 이북에 주로 분포한다. 잎이 곧게 서 있는 경우가 많아 유래된 이름이다.

0620

톱풀 국화과

Achillea alpina L.

산과 들의 풀밭에 자란다. 높이 50~120cm. 줄기는 곧게 서며 위쪽에 털이 있다. 잎은 잎자루가 없고 밑부분이 줄기를 감싸며 가장자리가 톱날 같고 갈래조각에 톱니가 있다. 6월 중순~10월 중순 개화. 지름 7~9mm의 머리꽃이 가지와 원줄기 끝에 편평꽃차례로 달린다. **산톱풀**var. *discoidea*은 머리꽃 크기가 작고 혀꽃의 길이가 3mm 정도로 짧고 뒤로 젖혀진다.

서양톱풀 국화과

Achillea millefolium L.

들이나 길가, 풀밭에 자란다. 높이 30~100cm. 땅속줄기가 옆으로 뻗으며, 줄기는 곧게 서고 연한 털로 덮여 있다. 톱풀과 달리 잎이 2~3회 깃모양으로 가늘게 갈라지며 밑부분이 줄기를 감싼다. 6~9월 개화. 흰색 또는 담홍색 머리꽃이 편평꽃차례로 달리며, 머리꽃의 지름은 4mm 정도이다. 유럽 원산으로 관상용과 약용으로 재배되던 것이 야화하였다.

털별꽃아재비의 꽃

별꽃아재비의 꽃

별꽃아재비

털별꽃아재비 국화과

Galinsoga quadriradiata Ruiz & Pav.
Galinsoga ciliata (Raf.) S.F.Blake

열대 아메리카 원산으로 밭이나 길가, 빈터에 흔히 자란다. 높이 10~50cm. 줄기에 긴 털이 많다. 잎은 끝이 뾰족하며 가장자리에 톱니가 있고 양면에 털이 있다. 6월 중순~12월 하순 개화. 지름 6~7mm의 머리꽃이 줄기와 가지 끝에 달리며 총포조각에 샘털이 있다. 5개의 혀꽃은 폭이 4mm 정도이고 끝이 3개로 갈라진다.

별꽃아재비*G. parviflora*는 털이 드물게 나고, 꽃차례의 지름이 5mm 정도로 털별꽃아재비에 비해 약간 작은 편이며, 혀꽃은 매우 작다. 털별꽃아재비와 혼생하기도 한다.

이질풀 쥐손이풀과

Geranium thunbergii Siebold ex Lindl. & Paxton

산과 들의 풀밭에 자란다. 높이 20~50cm. 줄기는 가지를 많이 치고 옆으로 비스듬히 자란다. 잎은 3갈래로 깊게 갈라진다. 6월 하순~9월 중순 개화. 잎겨드랑이에서 나온 꽃줄기에서 2개로 꽃자루가 갈라져 지름 10~15mm의 꽃이 1개씩 달린다. 꽃자루와 꽃받침에 짧은 털과 샘털이 있으며, 삭과인 열매는 5개로 갈라져 뒤로 말린다.

선이질풀 쥐손이풀과

Geranium krameri Franch. & Sav.

산이나 들에 자란다. 높이 60~80cm. 줄기는 밑부분이 옆으로 자라다 곧게 선다. 잎은 5개로 깊게 갈라지며 줄기 위로 올라갈수록 잎자루가 짧아진다. 7월 중순~9월 중순 개화. 긴 꽃자루가 2갈래로 갈라져 지름 20~25mm의 꽃이 끝에 달린다. 꽃잎에 짙은 자주색 줄이 있으며, 10개의 수술이 있고, 꽃받침조각 끝이 바늘처럼 뾰족해진다.

둥근이질풀 쥐손이풀과

Geranium koreanum Kom.

높은 산지의 풀밭에 자란다. 높이 30~90cm. 전체에 털이 있으며, 줄기는 여러 대가 한 포기에서 나와 곧게 선다. 잎은 손바닥모양으로 3~5갈래로 다소 깊게 갈라진다. 6월 하순~9월 하순 개화. 지름 18~20mm의 꽃 3~5개가 원줄기 끝에 산형꽃차례로 달린다. 꽃잎은 긴 타원모양으로 수술보다 길며, 끝이 둥글고 6개 정도의 진한 맥이 있다.

말즘 가래과

Potamogeton crispus L.

연못이나 하천의 물속에 자란다. 길이 30~70cm. 땅속줄기가 옆으로 뻗는다. 잎은 모두 물속에 잠기고, 잎가장자리가 주름지며 잔 톱니가 있다. 6~9월 개화. 꽃은 줄기 끝에서 이삭꽃차례로 달리며, 꽃차례의 길이는 10~15mm이다. 열매는 수과로 단단한 과피에 싸여 있다. 가을에 잎겨드랑이에서 번식아가 만들어져 물 밑에서 겨울을 난다.

가래 가래과

Potamogeton distinctus A.Benn.

논, 개울, 연못에 자란다. 길이 10~60cm. 땅속줄기가 진흙 속으로 뻗으며 원줄기가 나온다. 물속 잎은 선형이며 잎자루가 길고, 물 위에 뜨는 잎은 긴 타원모양으로 앞면에 윤기가 있다. 6월 하순~9월 중순 개화. 꽃은 길이 25~50mm의 이삭꽃차례에 달리며, 열매는 등쪽에 좁은 날개가 있고 끝에 암술대가 남아 있다. 잎이 농기구인 가래와 닮아 유래한 이름이다.

애기가래 가래과

Potamogeton octandrus Poir.

연못이나 수로의 물속에 자란다. 줄기는 위쪽에서 갈라진다. 물속 잎은 선형으로 가늘고, 물 위에 뜨는 잎은 긴 타원모양으로 잎자루가 있다. 6월 중순~9월 하순 개화. 꽃은 길이 5~15mm의 이삭꽃차례에 달린다. 가는가래에 비해 땅속줄기는 거의 없고, 수과인 열매의 부리가 0.5mm로 짧고 3개의 능선이 있어 구분된다.

가는가래 가래과

Potamogeton cristatus Regel & Maack

연못이나 수로의 물속에 자란다. 땅속줄기가 길게 뻗는다. 물속 잎은 선형으로 잎자루가 없고, 물 위에 뜨는 잎은 긴 타원모양이다. 6월 초순~9월 중순 개화. 꽃차례의 길이는 6~9mm이며 가래에 비해 가지가 많이 갈라지며, 수과인 열매는 등쪽이 닭벼슬모양으로 돌출하고 부리가 있다. 애기가래는 열매의 등쪽이 밋밋하거나 둔한 톱니가 있다.

애기가래의 열매

가는가래의 열매

대가래 가래과

Potamogeton nodosus Poir.
Potamogeton malaianus Miq.

흐르는 물속에 자란다. 땅속줄기가 옆으로 뻗으며 마디에서 뿌리와 줄기가 나온다. 잎은 물속에 잠기며 선형으로 길이 10~20cm, 폭 1~2cm이며 가장자리는 물결모양으로 주름진다. 7월 초순~9월 중순 개화. 꽃은 길이 3~5cm의 이삭꽃차례에 달리고, 열매는 수과로 달걀모양으로 짧은 부리가 있으며, 뒷면에 3개의 능선이 있다.

왜박주가리 협죽도과

Tylophora floribunda Miq.

산지의 숲 가장자리에 자란다. 덩굴성으로 길이 70~250cm. 줄기가 가늘며, 잎은 삼각상 피침모양으로 밑부분이 심장모양이고 가장자리는 밋밋하다. 6월 하순~9월 중순 개화. 꽃은 지름 4~5mm로 잎겨드랑이에서 나온 꽃차례에 달린다. 골돌과인 열매는 좁은 피침모양으로 길이 40~50mm 정도이다. 전국에 드물게 자생한다.

산해박 협죽도과

Cynanchum paniculatum (Bunge) Kitag. ex H.Hara

산이나 들의 풀밭에 자란다. 높이 40~100cm. 줄기는 가늘고 길며 단단하고 곧게 선다. 잎은 표면과 가장자리에 짧은 털이 약간 있다. 5월 하순~9월 초순 개화. 지름 6~8mm 정도의 꽃이 줄기 윗부분의 잎겨드랑이에 달린다. 야간에 곤충에 의해 수분을 하고, 수분이 된 꽃은 낮동안 폐쇄화로 있다가 오후 늦게 다시 꽃잎을 연다.

솜아마존 협죽도과

Cynanchum amplexicaule (Siebold & Zucc.) Hemsl.

산이나 들에 자란다. 높이 40~60cm. 줄기는 곧게 서며 전체에 흰빛이 돈다. 긴 타원모양의 잎은 길이 4~8cm로 가장자리는 밋밋하다. 6월 하순~8월 하순 개화. 꽃은 잎겨드랑이에서 나온 꽃차례에 달린다. 꽃부리 안쪽에 털이 있고, 종자에 길고 흰 털이 있다. 경기, 충북, 제주에 드물게 자생한다. **검은솜아마존**for. *castaneum*은 꽃이 자갈색이다.

덩굴박주가리 협죽도과

Vincetoxicum nipponicum (Matsum.) Kitag.

산지의 습한 곳에 주로 자란다. 길이 40~100cm. 줄기의 밑부분은 곧게 서고 윗부분은 덩굴이 된다. 잎은 넓은 피침모양으로 밑부분이 심장모양이다. 6월 중순~9월 초순 개화. 지름 7~8mm의 꽃이 잎겨드랑이에서 산형꽃차례로 달린다. 잎이 보다 두껍고 부화관(副花冠)의 길이가 꽃술대보다 짧은 **흑박주가리**V. *glabrum*가 있다.

가는털백미 협죽도과

Cynanchum chinense R.Br.

볕이 잘 드는 들판에 주로 자란다. 덩굴성으로 줄기의 길이 2~4m. 잎은 삼각상 심장모양이며, 전초에 짧고 꼬부라진 털이 빽빽하게 난다. 6월 하순~9월 초순 개화. 꽃은 잎겨드랑이에서 나온 꽃차례에 달리며, 5개로 갈라진 꽃부리는 끝부분이 비틀어져 꼬인다. 몽고, 만주, 북한에 걸쳐 넓게 분포하며 최근 경기도의 해안 도서지역에 자생지가 확인되었다.

박주가리 협죽도과

Metaplexis japonica (Thunb.) Makino

양지바른 산이나 들에 흔히 자란다. 덩굴성으로 줄기의 길이 3m 정도. 줄기를 자르면 흰 즙이 나온다. 잎은 심장모양이며 끝이 뾰족하다. 6월 하순~10월 하순 개화. 흰색 또는 연한 보라색의 꽃은 잎겨드랑이에서 나온 총상꽃차례에 달리며, 5개로 갈라진 꽃부리의 안쪽에 긴 털이 밀생한다. 열매는 방추모양의 골돌로 겉에 돌기가 많으며 종자에 흰색의 긴 우산털이 달린다.

왕과 박과
Thladiantha dubia Bunge

민가 근처의 돌담이나 들에 자란다. 줄기는 덩굴성으로 길이 2.5m. 땅속에 감자모양의 덩이줄기가 발달하며, 전체에 가는 털이 난다. 잎은 심장모양으로 가장자리에 톱니가 있다. 6월 하순~8월 하순 개화. 꽃은 암수딴그루로 종모양이며 끝이 5개로 갈라져서 뒤로 말린다. 열매는 장과로 작은 참외모양이며 경북 및 중부지역에 드물게 자생하며, 암꽃그루가 특히 희귀하다.

거지덩굴 포도과
Cayratia japonica (Thunb.) Gagnep.

숲 가장자리나 들에 자란다. 길이 3~5 m. 줄기는 덩굴성으로 마디에 긴 털이 있다. 잎은 5장의 작은잎으로 된 겹잎으로, 맥 위에 털이 있으며, 덩굴손이 있다. 6월 하순~10월 중순 개화. 꽃은 편평한 취산꽃차례로 피며, 연한 녹색이다. 꽃 중심부의 화반(花盤)은 꽃이 피는 동안 주황색이고 시간이 지나면서 담홍색으로 변한다. 열매는 검게 익고 제주, 울릉도를 포함해 남부지방에 분포한다.

부처꽃(털부처꽃) 부처꽃과

Lythrum salicaria L.
Lythrum anceps (Koehne) Makino

산과 들의 물가나 습지에 자란다. 높이 30~150cm. 줄기는 곧게 서며 윗부분은 가지가 갈라진다. 잎은 피침모양으로 가장자리가 밋밋하다. 6월 초순~9월 초순 개화. 줄기 윗부분의 잎겨드랑이에서 지름 7mm의 꽃이 3~5개 정도씩 층층이 달린다. 꽃받침조각과 꽃부리는 6개씩이며 길이가 다른 수술이 12개가 있다.

남가새 남가새과

Tribulus terrestris L.

바닷가 모래땅에 자란다. 길이 1m. 줄기는 가지를 많이 치며 옆으로 뻗는다. 잎은 4~8쌍의 작은잎으로 된 짝수깃모양겹잎으로 뒷면 맥 위에 누운 털이 있다. 6~10월 개화. 꽃은 잎겨드랑이에 1개씩 달리며 열매는 5개로 갈라지고 겉에 가시털이 있고 각 실마다 2개씩 뾰족한 돌기가 난다. 경남, 경북, 제주 일부 해안에 드물게 자생한다.

바람꽃 미나리아재비과

Anemone narcissiflora L.

높은 산지의 풀밭이나 바위지대에 자란다. 높이 30~50cm. 뿌리잎은 잎자루가 길고 심장모양으로 3개로 완전히 갈라지고, 작은잎은 다시 잘게 갈라진다. 6월 하순~8월 중순 개화. 긴 꽃줄기 끝에 3개의 포가 달리고 그 위에 5~6개의 꽃자루가 나와 끝에 지름 15mm 정도의 꽃이 1개씩 달린다. 설악산 일대의 높은 지대에 제한적으로 자생한다.

냉초 현삼과

Veronicastrum sibiricum (L.) Pennell

산지의 습한 곳에 자란다. 높이 50~150cm. 줄기는 곧추서며 전체에 털이 있다. 잎은 꼬리풀속*Veronica*식물들과 달리 마디마다 3~9장씩 돌려난다. 6월 하순~8월 초순 개화. 꽃부리의 길이 7mm 정도의 자잘한 꽃이 이삭꽃차례로 빽빽하게 달리며, 수술대와 암술대가 꽃부리 밖으로 나온다. 제주도를 제외한 전국에 분포한다.

개아마 아마과

Linum medium Planch.

양지바른 풀밭에 자란다. 높이 40~60 cm. 줄기 윗부분에서 가지를 친다. 잎은 길이 1~3cm, 폭 3mm 내외로 뚜렷한 3맥이 있다. 6월 하순~10월 중순 개화. 꽃은 지름 8mm 정도로 줄기나 가지 윗부분의 잎겨드랑이에 총상꽃차례로 달리며, 수술은 5개, 암술은 1개이다. **아마** *L. usitatissimum*와 달리 꽃받침 조각에 검붉은 선점이 있다.

노랑개아마 아마과

Linum medium var. *texanum* (Planch.) Fernald

양지바른 풀밭에 자란다. 높이 20~50 cm. 줄기는 곧게 서며 윗부분에서 가지를 친다. 아래쪽의 잎은 마주나고, 위쪽은 어긋나며 주걱모양으로 다소 두껍다. 6월 하순~8월 중순 개화. 꽃은 지름 8mm 정도로 오후 2시~5시의 짧은 시간 동안만 꽃잎을 연다. 북아메리카 원산으로, 개아마 *L. stelleroides*와 닮았으나 노란색 꽃을 피운다.

환삼덩굴 삼과

Humulus scandens (Lour.) Merr.
Humulus japonicus Sieboid & Zucc.

들이나 빈터, 산자락에 흔히 자란다. 덩굴성으로 길이 2~4m. 줄기와 잎자루에 밑을 향한 억센 가시가 있다. 잎은 손바닥모양으로 5~7개로 깊게 갈라지고, 가장자리에 규칙적인 톱니가 있으며, 양면에 거친 털이 있다. 6월 하순~10월 중순 개화. 암수딴그루이며 수꽃은 원뿔모양꽃차례, 암꽃은 짧은 이삭꽃차례로 달린다.

쇠비름 쇠비름과

Portulaca oleracea L.

밭이나 길가의 양지바른 곳에 자란다. 높이 30cm. 가지를 많이 치고 옆으로 퍼지며 육질이다. 6월 중순~10월 하순 개화. 지름 8mm 정도의 꽃이 잎겨드랑이에 달리며 오전에만 잠시 핀다. 줄기는 적색, 잎은 녹색, 꽃은 황색, 열매는 흑색, 뿌리는 백색으로 '오행초'라고도 불리며, 여러가지 약효가 있는 나물이라는 뜻으로 '장명채'라고도 한다.

갈퀴나물 콩과

Vicia amoena Fisch.

산지 풀밭이나 숲 가장자리에 자란다. 길이 1~2m. 줄기는 네모지다. 잎은 5~8쌍의 작은잎으로 된 짝수깃모양겹잎이며 짧은 잎자루가 있고, 끝에 2~3개로 갈라진 덩굴손이 있으며, 턱잎은 달걀모양으로 1cm 이상 크다. 6월 중순~9월 하순 개화. 지름 12~15mm의 꽃이 잎겨드랑이에서 나온 꽃자루에 총상꽃차례로 달린다. 등갈퀴나물에 비해 덩굴손이 많고 턱잎이 둥근 차이가 있다.

등갈퀴나물 콩과

Vicia cracca L.

들이나 산지의 풀밭에 자란다. 길이 50~150cm. 줄기에 능선이 있고 잔털이 난다. 잎은 짝수깃모양겹잎으로 작은잎은 폭이 좁고 끝이 뾰족한 타원모양이다. 끝에 여러 개로 갈라지는 덩굴손이 있다. 5월 하순~8월 하순 개화. 잎겨드랑이에서 나온 꽃자루에 총상꽃차례로 한쪽으로 치우쳐 달린다. 작은잎의 수가 5~8쌍인 갈퀴나물에 비해 8~12쌍으로 많아 구분된다.

벌완두 콩과

Vicia amurensis Oett.

볕이 드는 풀밭이나 숲 가장자리에 자란다. 길이 1~2m. 잎은 5~8쌍의 작은잎으로 된 짝수깃모양겹입으로 끝에 2~3개로 덩굴손이 있고, 1cm 미만인 피침모양의 턱잎이 있다. 6월 중순~8월 하순 개화. 잎겨드랑이에서 나온 꽃줄기 끝에 15~30개의 꽃이 총상꽃차례로 한쪽에 치우쳐 달린다. 열매는 협과로 길이 15~25mm 정도이며, 안에 1~5개의 종자가 있다.

네잎갈퀴나물 콩과

Vicia nipponica Matsum.

숲 가장자리나 바닷가 풀밭에 자란다. 높이 30~80cm. 줄기는 곧게 서며, 잎은 긴 타원모양의 작은잎이 2~3쌍으로 된 짝수깃모양겹잎이며, 덩굴손이 발달하지 않고 작은 돌기로 되어 있다. 6월 초순~9월 하순 개화. 꽃은 잎겨드랑이에서 나온 꽃자루에 총상꽃차례로 달린다. 주로 중부지방에 분포하며, 광릉갈퀴에 비해 작은잎이 2~3쌍으로 적게 달리는 차이가 있다.

광릉갈퀴 콩과

Vicia venosa var. *cuspidata* Maxim.

산지의 숲 가장자리나 풀밭에 자란다. 높이 80~100cm. 줄기는 곧게 서며 윗부분에서 가지가 갈라진다. 잎은 피침모양의 작은잎 3~7쌍으로 된 짝수깃모양겹잎이며, 끝에 돌기처럼 덩굴손이 흔적으로 남아 있다. 턱잎은 삼각모양으로 날카로운 톱니가 있다. 6월 하순~9월 중순 개화. 꽃은 잎겨드랑이에서 나온 꽃자루에 한쪽으로 치우쳐 달린다.

나비나물 콩과

Vicia unijuga A.Br.

산과 들에 흔하다. 높이 30~80cm. 줄기는 네모지며 뭉쳐나고 비스듬히 서거나 곧다. 잎은 1쌍의 작은잎으로 된 겹잎으로, 작은잎은 끝이 뾰족한 타원모양이다. 턱잎은 2개로 갈라지거나 톱니가 있다. 6월 중순~9월 하순 개화. 꽃은 잎겨드랑이에서 나온 꽃자루에 총상꽃차례로 달린다. 작은잎이 나비모양으로 1쌍씩 나며, 꽃과 잎 등의 변이가 많아 다양한 변종과 품종이 있다.

수송나물 명아주과

Salsola komarovii Iljin

바닷가 모래땅에 자란다. 높이 10~50 cm. 줄기는 밑부분에서 가지가 많이 갈라지고 비스듬히 서거나 옆으로 자란다. 잎은 길이 10~30mm로 통통하고 부드러우나 자랄수록 딱딱해져 가시처럼 된다. 6월 중순~10월 초순 개화. 꽃은 연한 녹색으로 잎겨드랑이에 1개씩 달리며 꽃잎이 없고, 꽃받침조각이 꽃잎처럼 보인다. 수술 5개, 암술 1개이며 가시솔나물이라고도 한다.

솔장다리 명아주과

Salsola collina Pall.

강가 모래밭이나 길가, 빈터에 자란다. 높이 20~100cm. 줄기에서 가지가 많이 갈라진다. 잎은 끝이 가시처럼 뾰족하다. 7월 중순~9월 하순 개화. 잎겨드랑이에 꽃이 달리는 수송나물과 달리, 줄기와 가지 끝에 이삭꽃차례로 달린다. 총포(포엽, 苞葉)는 달걀모양이며 꽃받침조각 5개, 수술 5개이다. 해변에 자생한다고 알려졌으나 경북 낙동강 주변에 자생하는 것이 확인되었다.

좁은해홍나물 명아주과

Suaeda maritima subsp. *salsa* (L.) Soó

갯벌에 자란다. 높이 20~80cm. 줄기는 곧게 서며 가지가 갈라진다. 잎은 다육질로 끝이 뾰족하며, 흰가루가 덮여 있고, 녹색에서 차츰 붉은색으로 변한다. 7월 중순~10월 중순 개화. 꽃은 잎겨드랑이에 3~5개가 모여달리며 양성화와 암술만 있는 암꽃이 드물게 섞여 있고 꽃받침조각은 5개이다. 나문재에 비해 잎이 짧으며 꽃자루가 없다.

해홍나물 명아주과

Suaeda maritima (L.) Dumort.

갯벌에 자란다. 높이 20~50cm. 가지가 갈라지고 곧게 선다. 잎은 다육질로 곤봉모양이며 끝이 둔하고 차츰 붉은색으로 변한다. 6월 하순~9월 하순 개화. 꽃은 잎겨드랑이에 2개 이상 모여달리며 꽃자루가 없고, 수술은 5개로 꽃받침조각보다 길게 자란다. **칠면초** *S. japonica*는 수술이 꽃받침조각 밖으로 드러나지 않는다고 하나 국내 자생여부는 불명확하다.

나문재 명아주과

Suaeda glauca (Bunge) Bunge

바닷가 모래땅이나 갯벌 주변에 자란다. 높이 30~90cm. 줄기는 곧게 서며 가지가 많이 갈라진다. 잎은 다육질로, 빽빽하게 나고, 단면은 반달모양이다. 7월 하순~10월 초순 개화. 꽃은 줄기 윗부분의 잎겨드랑이에 1~3개씩 달리거나 줄기 끝에 이삭꽃차례로 달린다. 전국의 해안에 분포한다. 좁은해홍나물 비해 잎이 길다.

방석나물 명아주과

Suaeda australis (R.Br.) Moq.

바닷가 모래밭이나 자갈 틈에 자란다. 높이 10~25cm. 줄기 아랫부분이 비스듬히 누워 방석모양으로 사방으로 가지가 퍼져 지면을 덮는다. 마주나는 잎은 선형으로, 줄기에 빽빽하게 붙으며 단면은 반원모양이다. 8~10월 개화. 꽃은 잎겨드랑이에서 나온 이삭꽃차례에 달리며 꽃받침조각은 5개이다. 주로 서해안과 남해안에 분포한다.

0625

털향유 꿀풀과

Galeopsis bifida Boenn.

산지의 약간 습한 곳에 자란다. 높이 30~60cm. 전체에 짧고 뻣뻣한 털이 밑을 향해 빽빽하게 난다. 잎은 달걀모양으로 가장자리에 둔한 톱니가 있다. 6월 하순~10월 초순 개화. 꽃은 줄기 윗부분의 잎겨드랑이에서 모여나며, 꽃자루가 없고 꽃부리의 길이는 15mm 정도이다. 강원 이북에 분포하는 북방계 식물로 경남의 고산지대에 자생하는 것이 알려졌다.

익모초 꿀풀과

Leonurus japonicus Houtt.

들이나 길가, 민가 주변에 흔히 자란다. 높이 30~100cm. 줄기는 곧게 서며 가지가 많이 갈라지고, 전체에 흰 털이 난다. 뿌리잎은 5~7개로 갈라지고 잎자루가 길며 꽃이 필 때 마르고, 줄기잎은 깃모양으로 잎자루가 짧거나 없다. 6월 하순~9월 하순 개화. 꽃은 줄기 위쪽의 잎겨드랑이에 층층이 모여달린다. 꽃부리는 입술모양으로 2개로 갈라지며 아랫입술은 다시 3개로 갈라진다.

송장풀 꿀풀과

Leonurus macranthus Maxim.

산지의 숲 속이나 가장자리에 자란다. 높이 60~120cm. 줄기는 곧게 서고 가지를 거의 치지 않으며, 전체에 갈색의 누운털이 빽빽하게 난다. 잎은 달걀모양으로 가장자리에 둔한 톱니가 있다. 7월 하순~10월 초순 개화. 꽃은 줄기 윗부분의 잎겨드랑이에 여러 개가 층층이 모여달린다. 꽃부리는 길이 25~30mm로 윗입술 겉에 털이 많고 아랫입술은 끝이 3개로 짧게 갈라진다.

아마풀 팥꽃나무과

Diarthron linifolium Turcz.

석회암지대나 낮은 산지 양지바른 곳에 자란다. 높이 10~40cm. 가지를 많이 치며, 잎은 길이 5~15mm의 선형으로 잎자루가 짧고, 양면에 짧은 털이 빽빽하다. 6월 하순~8월 하순 개화. 지름 1mm 정도의 꽃이 줄기와 가지 끝에 총상꽃차례로 달린다. 꽃잎은 없고 자주색의 꽃받침조각이 4개이며, 열매는 긴 달걀모양이다. 강원, 충청, 경북 일부 지역에 드물게 분포한다.

마 마과

Dioscorea polystachya Turcz.

산지나 숲 가장자리에 자란다. 줄기의 길이는 1~3m. 잎은 허리가 오목한 삼각 모양이며 잎자루는 잎맥과 함께 자줏빛이 돌고 잎겨드랑이에 살눈이 달린다. 6월 중순~8월 초순 개화. 암수딴그루로 꽃은 이삭꽃차례로 핀다. 수꽃이삭은 곧게 서고 암꽃이삭은 아래로 처진다. 잎의 허리가 오목하고 꽃이 상아색인 마에 비해 참마는 잎이 긴 심장모양이고 꽃이 흰색이다.

부채마 마과

Dioscorea nipponica Makino

산지에 자란다. 줄기는 2~5m. 줄기는 가지를 치며 길게 뻗는다. 잎은 손바닥 모양이며 잎 뒷면 맥이 돌출하고 양면에 잔털이 약간 있다. 잎자루가 길며 살눈이 없다. 6월 중순~8월 하순 개화. 암수딴그루로 꽃은 녹황색이며, 수꽃이삭은 곧추서고 가지를 치기도 하며, 암꽃이삭은 아래로 처진다. 단풍마와 달리 잎자루 밑부분에 돌기가 없고 종자 윗부분에만 날개가 발달한다.

각시마 마과

Dioscorea tenuipes Franch. & Sav.

산지에 자란다. 줄기는 1~2m. 땅속줄기가 옆으로 뻗는다. 잎은 끝이 뾰족한 심장모양으로 잎자루가 길고 밑부분에 1쌍의 작은 돌기가 있다. 6월 중순~8월 중순 개화. 암수딴그루로 이삭꽃차례이며, 수꽃은 꽃잎이 뒤로 젖혀지고 3~4mm의 꽃자루가 있다. 남부지방에 주로 분포한다. 다른 마 종류에 비해 줄기가 가늘고, 날개를 포함한 종자의 크기가 10mm 정도로 작다.

단풍마 마과

Dioscorea quinquelobata Thunb.

산지에 자란다. 줄기의 길이 3~5m. 잎은 손바닥모양으로 5~9개로 갈라진다. 잎자루가 길고 밑부분에 작은 1쌍의 돌기가 있어 잎모양이 비슷한 부채마, **국화마***D. septemloba*와 구분된다. 6월 하순~9월 초순 개화. 암수딴그루이며 주황색의 꽃이 이삭꽃차례로 달린다. 암꽃은 꽃자루가 없고 수꽃은 짧은 꽃자루가 있다. 주로 남부지방에 분포한다.

벗풀 택사과

Sagittaria trifolia L.

얕은 물가나 연못, 논에 자란다. 꽃줄기의 높이 20~60cm. 어린 잎은 선형이고 성숙한 잎은 잎자루가 길고 밑부분이 깊게 갈라진 창모양이다. 6월 하순~9월 하순 개화. 꽃은 층으로 3개씩 돌려나며, 꽃차례의 아래는 암꽃, 위는 수꽃이 달리고 달걀모양의 포가 있다. 보풀에 비해 흔하며 잎겨드랑이에 구슬눈이 달리지 않고 땅속줄기 끝에 작은 덩이줄기가 달려 번식한다.

올미 택사과

Sagittaria pygmaea Miq.

논이나 연못 가장자리의 얕은 곳에 자란다. 꽃줄기의 높이 10~25cm. 땅속줄기는 가늘고 길게 옆으로 뻗으며 끝에 덩이줄기가 달린다. 잎은 길이 8~16cm, 폭 4~8mm이며 가장자리가 밋밋하다. 6월 하순~9월 중순 개화. 꽃은 지름 15~20mm 정도이고, 1~2개의 층을 이루어 돌려나며 꽃차례의 위쪽에는 수꽃, 아래쪽에는 꽃자루가 없는 1~2개의 암꽃이 달린다.

보풀 택사과

Sagittaria aginashii Makino

오래된 묵논이나 산지의 습지에 자생한다. 꽃줄기의 높이 30~80cm. 덩이줄기가 달리는 벗풀과 달리 뿌리줄기가 짧다. 가을에 잎겨드랑이에 20~30개의 구슬눈이 달려 번식한다. 잎은 잎자루가 길고 창모양이다. 6월 중순~9월 초순 개화. 꽃은 총상꽃차례로 층층이 돌려나며, 암꽃은 아래에 수꽃은 위에 달린다. 제초제에 대한 내성이 약해 논에서 자생하는 경우가 드물다.

소귀나물 택사과

Sagittaria trifolia subsp. *leucopetala* (Miq.) Q.F.Wang

논이나 연못, 강가에 자란다. 꽃줄기의 높이 40~80cm. 옆으로 뻗는 땅속줄기 끝에 굵은 덩이줄기가 달린다. 벗풀에 비해 전체가 대형이고 잎몸은 넓은 창모양이다. 6월 하순~9월 중순 개화. 꽃은 여러 층을 이루어 3개씩 돌려나며 꽃차례 위쪽은 수꽃, 아래쪽은 암꽃이 달린다. 덩이줄기를 자고(慈姑)라 하여 식용하기 위해 주로 재배된다.

인삼 두릅나무과

Panax ginseng C.A.Mey.

부식질이 많고 배수가 잘되는 곳에 재배한다. 높이 60cm 정도. 원줄기 끝에 3~4개의 잎이 나고 잎자루 끝에 5개의 작은잎이 달린다. 4월 하순~6월 하순 개화. 줄기 끝에 1개의 긴 꽃대가 나와 꽃이 달리며, 열매는 붉고, 납작한 원모양이다. 뿌리가 사람 형상을 닮아서 유래한 이름이다. 습기가 있는 700~800m 이상 높은 산지에 자라는 인삼을 '산삼', '장뇌삼'이라 부른다.

땅두릅 두릅나무과

Aralia cordata Thunb.

그늘진 산지에 자라며 재배도 한다. 높이 50~150cm. 짧은 털이 드문드문 있다. 잎은 2회 깃모양겹잎으로 작은잎은 5~9개, 잎자루 밑 양측에 턱잎이 있다. 7월 하순~9월 하순 개화. 꽃은 줄기 윗부분에 원모양 우산꽃차례가 모인 원추꽃차례이며, 열매는 공모양으로 검은 자주색이다. '바람에 흔들리지 않는다'는 뜻의 **독활**(獨活) var. *continentalis*을 꽃자루의 길이로 구분하기도 한다.

금불초 국화과

Inula japonica Thunb.

산과 들의 습기가 있는 풀밭에 자란다. 높이 30~100cm. 줄기는 곧게 서고 위쪽에서 가지가 갈라지며, 전체에 털이 있다. 잎은 긴 타원모양으로 잎자루가 없이 줄기를 반쯤 감싸고, 끝이 뾰족하며 양면에 누운털이 있다. 6월 하순~10월 하순 개화. 지름 30~40mm의 머리모양꽃이 줄기와 가지 끝에 달린다. 총포조각은 5줄로 붙으며 열매는 수과로 털이 있다.

가는금불초 국화과

Inula linariifolia Turcz.

개울 근처나 습한 풀밭에 자란다. 높이 30~80cm. 줄기는 곧게 자라며 전체에 털이 있다. 줄기 밑부분의 잎은 피침모양으로 꽃이 필 즈음 시들고, 윗부분의 잎은선형으로 끝이 뾰족하고 뒷면에 선점(腺點)과 털이 있다. 6월 하순~9월 하순 개화. 지름 15~20mm의 머리모양꽃이 줄기와 가지 끝에 달리며 총포조각은 4줄로 붙고 선점이 있다.

원추리 백합과

Hemerocallis fulva (L.) L.

양지바른 산지나 민가 근처에 자란다. 꽃줄기의 높이 100cm 정도. 뿌리는 끝부분이 타원모양으로 굵어진다. 잎은 길이 80cm 정도로 2줄로 늘어서 길게 자란다. 6월 하순~8월 중순 개화. 잎 사이에서 나온 꽃줄기 끝에 가지가 갈라져 6~8개의 꽃이 총상꽃차례로 달린다. 수술은 6개로 꽃덮이보다 짧으며 꽃밥은 노란색이다. 중국 원산으로 식용이나 관상용으로 주로 재배된다.

큰원추리 백합과

Hemerocallis middendorffii Trautv. & C.A.Mey.

산지의 숲 가장자리에 자란다. 꽃줄기의 높이 40~70cm. 뿌리는 사방으로 퍼지고 붉은빛을 띤 갈색이며, 양끝이 뾰족한 타원모양으로 굵어진다. 6월 하순~8월 하순 개화. 잎 사이에서 나온 꽃줄기 끝에 2~4개의 꽃이 달린다. 꽃차례가 짧고 꽃자루가 거의 없으며, 달걀모양의 포엽이 크게 발달한다. 주로 중부 이북에 분포한다.

노랑원추리 백합과

Hemerocallis thunbergii Barr

산지의 풀밭이나 들에 자란다. 꽃줄기의 높이 80~100cm. 굵은 뿌리가 사방으로 뻗는다. 선형의 잎은 2줄로 늘어서 나고 비스듬히 서며 윗부분이 뒤로 젖혀진다. 6월 하순~7월 하순 개화. 잎 사이에서 나온 꽃줄기는 가지를 치고 끝에 2~4개의 꽃이 달린다. 꽃은 오후 늦게 피고 다음 날 오전에 진다. 전남, 충남, 경기 등 주로 서부에 분포한다.

백운산원추리 백합과

Hemerocallis hakuunensis Nakai

숲 가장자리나 풀밭, 바닷가에 자란다. 꽃줄기 높이 50~100cm. 뿌리는 끝부분이 비후해진다. 잎의 길이 50~100cm. 6월 하순~8월 하순 개화. 꽃줄기 끝이 가지를 쳐서 3~14개의 꽃이 달린다. 꽃은 향기가 없고 오렌지빛 황색을 띠며 한반도에서 가장 흔히 자생한다. 훤초(萱草)에서 유래된 이름으로 어린 순을 나물로 먹는다.

0627

태안원추리 백합과

Hemerocallis taeanensis S.S.Kang & M.G.Chung

바닷가의 풀밭이나 숲 가장자리에 자란다. 꽃줄기의 높이 30~60cm. 뿌리는 끝부분만 조금 비후해진다. 선형의 잎은 폭 7~11mm로 좁다. 5월 중순~6월 하순 개화. 꽃줄기의 끝이 1~2회 얕게 갈라지며 1~5개 정도의 꽃이 달린다. 꽃은 향기가 없고 꽃자루의 밑부분이 좁다. 충남 태안에 자생하며 백운산원추리에 비해 작은꽃자루가 5cm 미만으로 짧다.

옥잠화 백합과

Hosta plantaginea (Lam.) Asch.

민가 주변이나 화단에 관상용으로 기른다. 꽃줄기의 높이 40~60cm. 잎은 달걀모양으로 8~9쌍의 맥이 있으며, 가장자리가 물결지고 잎자루가 길다. 8월 초순~9월 하순 개화. 깔때기모양의 꽃은 길이 10~12cm로, 꽃줄기 끝에 총상꽃차례로 달리며 향기가 있다. 열매는 삭과이며 종자에 날개가 있다. 중국 원산으로 주로 오후에 피고 다음 날 오전에 시든다.

비비추 백합과

Hosta longipes (Franch. & Sav.) Matsum.

민가 주변, 공원에 관상용으로 심는다. 꽃줄기의 높이 30~40cm. 잎은 타원모양으로 8~9맥이 있고 끝이 뾰족하다. 7월 초순~8월 하순 개화. 지름 2.5cm, 길이 5cm 정도의 꽃은 한쪽으로 치우쳐 총상꽃차례로 달린다. 꽃부리는 끝이 6개로 갈라져 갈래조각이 약간 뒤로 젖혀지고, 6개의 수술과 1개의 암술이 길게 꽃 밖으로 나온다. 자생여부는 명확하지 않고 다양한 품종이 개발되었다.

참비비추 백합과

Hosta clausa var. *normalis* F.Maek.

산지에 자란다. 꽃줄기 높이 30~50cm. 뿌리줄기는 흰색이다. 잎은 비스듬히 퍼지고, 긴 타원모양으로 끝이 좁고 잎자루에 날개가 있다. 잎 표면은 진녹색에 윤기가 있다. 7월 하순~9월 중순 개화. 꽃은 한쪽으로 총상꽃차례로 달린다. 6개의 수술과 1개의 암술이 있고 꽃밥은 짙은 보라색이다. **주걱비비추***H. clausa*는 종모양의 꽃부리가 완전히 벌어지지 않고 개화하여 구분된다.

0627

좀비비추 백합과

Hosta minor (Baker) Nakai

산지의 숲 속이나 숲 가장자리에 자란다. 꽃줄기의 높이 30~35cm. 수염뿌리가 뭉쳐난다. 잎은 넓은 달걀모양으로 비스듬히 서며, 잎몸 밑부분이 얕은 심장저이다. 7월 초순~8월 하순 개화. 꽃줄기에 세로줄이 있으며, 꽃은 한쪽으로 치우쳐 총상꽃차례로 달리고 길이는 5cm 정도이다. 암술이 길게 밖으로 나오고 비비추에 비해 전체가 작다.

일월비비추 백합과

Hosta capitata (Koidz.) Nakai

높은 산지의 습한 곳에 자란다. 꽃줄기 높이 30~60cm. 잎은 넓은 달걀모양으로 가장자리는 물결지며, 잎자루 밑부분에 자주색 점이 있다. 6월 하순~8월 중순 개화. 꽃부리의 길이가 4.5~5cm인 꽃이 꽃줄기 끝에 모여달리며, 포는 자줏빛을 띤 흰색으로 크게 발달한다. 지리산, 백운산, 가야산, 덕유산을 포함 중부지방에 분포하며 방울비비추, 비녀비비추라고도 한다.

다도해비비추 백합과

Hosta jonesii M.G.Chung

낮은 산지의 숲 가장자리에 자란다. 꽃줄기의 높이 30~60cm. 잎은 길이 10~20cm 정도로 5~7개의 맥이 있고 잎자루에 자색 반점이 있다. 8월 중순~9월 중순 개화. 꽃자루의 단면이 둥글고 포조각이 결실기에도 남아 있으며, 꽃은 한쪽으로 치우쳐 총상꽃차례로 달린다. 남부지방의 섬과 해안 가까운 곳에 드물게 자생한다.

흑산도비비추 백합과

Hosta yingeri S.B.Jones

낮은 산지 숲 속이나 가장자리에 자란다. 꽃줄기의 높이 20~30cm. 타원모양의 잎은 표면이 두껍고 반들거리며 뒷면은 밝은 회록색을 띤다. 8월 초순~9월 중순 개화. 꽃줄기 끝에 10~25개의 꽃이 총상꽃차례로 달린다. 전남 신안의 흑산도, 홍도 등에 드물게 자생한다. 꽃차례의 포조각은 녹색으로 결실기까지 남아 있으며, 꽃은 나선형으로 배열된다.

애기달맞이꽃 바늘꽃과

Oenothera laciniata Hill

바닷가의 모래땅에 자란다. 높이 20~60cm. 줄기는 땅을 기며 자라고, 잎은 깃모양으로 갈라진다. 6월 중순~8월 중순 개화. 지름 2~2.5cm의 꽃이 잎겨드랑이에 1개씩 달리며, 황적색으로 시든다. 열매는 아래쪽에 비해 위쪽이 더 굵고 털이 있다. 북아메리카 원산으로 1980년 제주에서 최초로 확인됐고, 서남해안 일대에 분포한다.

달맞이꽃 바늘꽃과

Oenothera biennis L.

길가, 공터, 하천가에 흔히 자란다. 높이 30~120cm. 뿌리잎은 땅에 방석모양으로 펼쳐지고, 줄기잎은 선형으로 끝이 뾰족하고 가장자리에 잔톱니가 있다. 6월 하순~10월 초순 개화. 줄기 윗부분의 잎겨드랑이에서 지름 3~4cm의 꽃이 달리며, 수술 8개, 암술 1개로 암술 끝이 4개로 갈라진다. 남아메리카 원산으로 밤에 꽃이 핀다.

큰달맞이꽃 바늘꽃과

Oenothera glazioviana Micheli

바닷가의 모래땅이나 공터, 하천가에 자란다. 높이 1.5m 정도. 줄기에 밑부분이 붉게 부푼 털이 나며 줄기잎은 주름이 진다. 6월 중순~8월 중순 개화. 지름 5~6cm 정도의 꽃이 달린다. 북아메리카 원산으로 전국에 드물게 자생한다. 달맞이꽃에 비해 털의 생김이 다르고, 잎이 거꿀달걀모양의 피침형이며, 암술이 수술보다 길게 자란다.

긴잎달맞이꽃 바늘꽃과

Oenothera stricta Ledeb. ex Link

바닷가 모래밭이나 공터에 자란다. 높이 30~90cm. 잎은 길쭉한 피침모양이고 줄기 위쪽의 잎은 잎자루가 없이 줄기를 감싼다. 5월 중순~8월 중순 개화. 지름 5~6cm의 꽃이 잎겨드랑이에 달린다. 열매는 곤봉모양으로 털이 있다. 남아메리카 원산으로 제주의 해안에 흔히 보이며 다른 달맞이꽃들에 비해 봄부터 일찍 꽃을 피운다.

궁궁이 산형과

Angelica polymorpha Maxim.

계곡 근처 습한 곳에 자란다. 높이 80~150cm. 줄기는 자색을 띠고 가지를 친다. 뿌리에서 난 잎과 줄기 밑부분 잎은 깃모양겹잎으로 3개씩 3~4회 갈라지며, 작은잎의 가장자리에는 겹톱니가 있다. 8월 중순~9월 하순 개화. 꽃은 겹우산꽃차례며 작은우산자루는 20~40개다. 총포조각은 5개 정도이고, 작은총포조각은 없다. 열매는 날개 달린 납작한 타원모양이다.

고본 산형과

Ligusticum tenuissimum (Nakai) Kitag.

높은 산지의 능선에 자란다. 높이 30~80cm. 전체에 털이 없고 진한 향기가 나며, 줄기는 곧게 서고 가지를 친다. 뿌리에 달린 잎은 잎자루가 길고, 3회 깃모양으로 갈라지며 갈라진 조각은 선형이다. 8월 중순~9월 하순 개화. 꽃은 겹우산꽃차례로 달리며, 꽃자루는 10개 정도이고, 작은꽃자루는 20~22개 정도이다. 총포조각은 1개, 작은총포조각은 여러 개가 있다.

왜우산풀 산형과

Pleurospermum uralense Hoffm.

높은 산지의 숲 속에 자란다. 높이 50~150cm. 줄기는 곧으며 속이 비어 있고 전체에 털이 없다. 줄기 윗부분에서 굵고 짧은 가지가 나온다. 뿌리에서 난 잎은 2회 깃모양으로 갈라지며 끝이 뾰족하다. 6월 하순~8월 하순 개화. 겹우산꽃차례로, 작은우산자루는 10~15개 정도이다. 여러 개의 총포조각은 잎처럼 생겼고 아래로 처진다. 누린 냄새가 나 '누룩치'라고도 한다.

파드득나물 산형과

Cryptotaenia japonica Hassk.

계곡 근처 습한 곳에 자란다. 높이 30~60cm. 줄기는 속이 비었고, 윗부분에서 가지를 조금 친다. 잎은 3갈래겹잎이며 잎자루 밑부분은 줄기를 감싼다. 6월 하순~8월 중순 개화. 꽃은 줄기 끝이나 잎겨드랑이에서 나온 꽃자루 끝에 겹우산꽃차례로 달린다. 꽃자루는 1~4개로 3~15mm이나 일정하지 않다. '반디나물'이라고도 하며 '참나물'과 혼동되기도 한다.

잔대 초롱꽃과

Adenophora triphylla var. *japonica* (Regel.) Hara

산과 들에 자란다. 높이 50~120cm. 뿌리는 희고 굵으며, 줄기에 잔털이 있다. 뿌리잎은 잎자루가 길고 둥글며, 줄기잎은 3~5장씩 돌려나고 가장자리에 톱니가 있다. 7월 초순~10월 중순 개화. 꽃은 원줄기 끝에 원추꽃차례로 달리며, 꽃부리 길이는 15~20mm로 종모양이다. 암술대는 꽃부리 밖으로 나오고, 끝이 3개로 갈라지며, 꽃받침조각은 선형으로 톱니가 있다.

가야산잔대 초롱꽃과

Adenophora kayasanensis Kitam.

높은 산지 숲가장자리에 자란다. 높이 20~40cm. 잎은 3~4장씩 돌려나고, 7~12cm로 끝이 뾰족하며, 가장자리에 예리한 톱니가 있다. 7월 중순~9월 초순 개화. 꽃은 줄기와 가지 끝에 총상꽃차례로 달리며, 꽃부리는 지름 1cm 정도의 깔때기모양으로 끝이 5개로 갈라진다. 암술대는 꽃부리 밖에 나오고 꽃받침조각은 가장자리가 밋밋하다. 가야산에 자생한다.

도라지모시대 초롱꽃과

Adenophora grandiflora Nakai

높은 산지 숲에 자란다. 높이 70cm 정도. 뿌리가 굵고 줄기에 털이 없다. 잎은 피침모양으로 끝이 뾰족하고 가장자리에 불규칙한 톱니가 있다. 7월 초순~9월 중순 개화. 꽃은 원줄기 끝에서 밑을 향해 총상꽃차례로 엉성하게 달린다. 꽃부리는 넓은 종모양으로 길이 4cm 정도로, 모시대에 비해 크며 꽃받침조각은 가장자리가 밋밋하다. 지리산, 설악산 등에 드물게 자생한다.

모시대 초롱꽃과

Adenophora remotiflora (Siebold & Zucc.) Miq.

숲 속 그늘진 곳에 자란다. 높이 40~100 cm. 뿌리는 도라지 뿌리처럼 굵다. 잎은 길이가 5~20cm이며, 끝이 길게 뾰족해지고 가장자리에 톱니가 있으며, 밑부분이 둥글거나 심장모양이다. 잔대와 달리 뚜렷한 잎자루가 있다. 7월 초순~9월 중순 개화. 꽃은 원줄기 끝에서 밑을 향해 엉성한 원추꽃차례로 달리며, 꽃부리의 길이는 2~4cm로 작아 도라지모시대와 구분된다.

0629

진퍼리잔대 초롱꽃과
Adenophora palustris Kom.

산지 양지바른 습지나 물가에 자란다. 높이 60~100cm. 줄기는 다소 자줏빛을 띠고 능선에 털이 있으며 가지가 갈라지지 않는다. 잎은 긴 타원모양으로 잎자루가 없고, 가장자리에 톱니가 있다. 7월 초순~9월 중순 개화. 꽃은 넓은 종모양으로 원줄기 끝에 이삭꽃차례로 달린다. 꽃부리의 길이는 10~15mm 정도이며, 강원, 충남, 전북, 경남 등의 높은 산에 주로 자생한다.

수원잔대 초롱꽃과
Adenophora polyantha Nakai

산과 들의 풀밭에 자란다. 높이 20~100cm. 줄기는 곧게 서고, 대체로 털이 없다. 잎은 피침모양으로, 가장자리에 톱니가 드문드문 있으며 밑부분이 둥근 편이다. 7월 중순~10월 하순 개화. 꽃은 원줄기 끝에 총상꽃차례로 달리며, 꽃부리의 길이는 15~22mm로 종모양이다. 꽃받침조각은 가장자리가 밋밋하고 암술대가 밖으로 나오나 형태의 변이가 심해 구별이 어렵다.

넓은잔대 초롱꽃과

Adenophora divaricata Franch. & Sav.

산지에 자란다. 높이 60~100cm. 뿌리가 굵고, 식물체를 자르면 흰 즙이 나온다. 잎은 3~4개씩 돌려나며, 잎자루가 거의 없고, 가장자리에 톱니가 있다. 6월 하순~9월 초순 개화. 종모양의 꽃은 줄기와 가지 끝에 원추꽃차례로 밑을 향해 많이 달린다. 꽃부리는 15~20mm 정도며, 잎 변이가 심하나 잔대에 비해 꽃받침조각이 넓고 가장자리가 밋밋하다.

층층잔대 초롱꽃과

Adenophora radiatifolia Nakai

산과 들의 양지바른 풀밭에 자란다. 높이 40~120cm. 뿌리잎은 잎자루가 길며 꽃이 필 즈음 말라 없어지고, 줄기잎은 긴 타원모양으로 대개 3~5개가 돌려나며, 잎의 가장자리에 톱니가 있다. 7월 중순~10월 하순 개화. 꽃은 원추꽃차례로 층층이 돌려나며, 꽃부리는 종모양으로 끝이 오므라지고, 암술대는 화관 밖으로 길게 나온다. 꽃받침조각의 가장자리는 밋밋하다.

0629

도라지 초롱꽃과

Platycodon grandiflorus (Jacq.) A.DC.

산과 들의 양지바른 곳에 자란다. 높이 40~90cm. 줄기는 곧게 서며, 자르면 흰 즙이 나온다. 잎은 긴 달걀모양으로, 뒷면은 분청색을 띠며, 가장자리에 예리한 톱니가 있다. 6월 하순~9월 중순 개화. 흰색 또는 보라색의 꽃이 피며, 꽃부리는 지름 4~5cm로 끝이 퍼진 종모양이다. 전국에 분포하며, 뿌리를 나물로 먹는다.

비너스도라지 초롱꽃과

Triodanis perfoliata (L.) Nieuwl.

길가나 하천변에 자란다. 높이 15~60cm. 줄기 모서리를 따라 털이 난다. 잎은 잎자루가 없이 줄기를 감싸며 가장자리에 톱니가 있다. 4월 초순~8월 초순 개화. 잎겨드랑이에 1~3개의 꽃이 꽃자루가 없이 달리며 줄기의 중간 아래는 폐쇄화가 달린다. 열매가 익으면 옆부분이 터져 씨앗이 나온다. 아메리카 원산으로 서귀포에서 처음 발견되었으며 내륙에도 드물게 자생한다.

어저귀 아욱과

Abutilon theophrasti Medik.

마을 근처의 빈터에 주로 자란다. 높이 50~150cm. 줄기는 가지를 많이 치고, 전체에 짧은 털이 있다. 잎은 심장모양으로, 양면에 별모양의 털이 있으며 잎자루가 길다. 6월 하순~9월 하순 개화. 지름 15~20mm의 꽃이 줄기와 가지 끝에 가까운 잎겨드랑이에 1~2개씩 달린다. 인도 원산으로 섬유작물로 들여와 재배되었으며, 들로 퍼져 야화되었다.

나도어저귀 아욱과

Anoda cristata (L.) Schltdl.

농경지나 길가의 풀밭에 자란다. 높이 40~80cm. 줄기는 누워 자라기도 하며 가지를 치고 전체에 털이 있다. 잎은 삼각상 화살촉모양, 손바닥모양으로 다양하다. 7월 중순~10월 하순 개 화. 잎겨드랑이에 1개의 꽃이 달리며 꽃자루는 4~12cm로 길다. 열매에 10~19개의 씨방이 있다. 북아메리카 남부, 남아메리카에 분포하며 전북, 경북 등지에서 드물게 발견된다.

밭뚝외풀 현삼과

Lindernia procumbens (Krock.) Borbas

논, 밭 주변에 흔히 자란다. 높이 7~15cm. 줄기는 털이 없으며, 가지를 많이 친다. 잎은 긴 타원모양이고 끝이 둔하고, 3~5개의 평행한 맥이 뚜렷하다. 6월 초순~10월 초순 개화. 잎겨드랑이에서 잎보다 긴 꽃자루가 나오며, 꽃부리의 길이가 6mm 정도인 입술모양의 꽃이 달린다. 외풀과 논뚝외풀에 비해 잎이 평행맥이고 가장자리에 톱니가 없다.

논뚝외풀 현삼과

Lindernia micrantha D.Don

논이나 밭 주변의 습한 곳에 자란다. 높이 8~20cm. 줄기는 비스듬히 자라고 밑부분에서 가지를 많이 친다. 잎은 좁은 피침모양으로 2~4cm 정도이며, 가장자리에 밋밋한 톱니의 흔적이 남아 있다. 6월 하순~10월 중순 개화. 줄기 윗부분의 잎겨드랑이에 1개의 꽃자루가 나와 1cm 길이의 꽃이 달리며, 꽃자루는 꽃받침의 길이보다 3~4배 길다.

미국외풀 현삼과

Lindernia dubia (L.) Pennell

논이나 밭, 하천 주변 습한 곳에 자란다. 높이 10~30cm. 줄기는 네모지며, 가지를 많이 친다. 잎은 긴 타원모양으로, 가장자리에 2~3쌍의 톱니가 있으며, 밑부분이 좁아진다. 6월 하순~9월 하순 개화. 꽃은 잎겨드랑이에서 꽃자루가 나와 1개씩 달린다. 북아메리카 원산으로, 가는미국외풀과 달리 꽃자루가 잎보다 짧고, 잎은 양끝이 좁다.

가는미국외풀 현삼과

Lindernia dubia var. *anagallidea* (Michx.) Cooperr.

논이나 하천 주변의 습한 곳에 자란다. 높이 20~30cm. 줄기 밑부분에서 가지를 치며, 잎에 3~5개의 맥이 뚜렷하고, 잎가장자리에 2~3쌍의 둔한 톱니가 있다. 6월 하순~9월 하순 개화. 꽃은 잎겨드랑이에서 나온 꽃자루 끝에 달리며, 아랫입술꽃잎에 엷은 자색 반점이 있다. 북아메리카 원산으로, 꽃자루가 2~3cm로 잎보다 1.5~3배 정도 길다.

외풀 현삼과

Lindernia crustacea (L.) F.Muell.

길가나 밭 주변에 자란다. 높이 7~15cm. 줄기에 잔털이 다소 있으며, 잎은 넓은 달걀모양으로, 잎자루가 짧고 가장자리에 둔한 톱니가 있다. 6월 하순~9월 하순 개화. 꽃은 잎겨드랑이에서 나온 10~25mm의 꽃자루 끝에 달리며 꽃부리는 10mm 정도이다. 다른 분류군과 달리 꽃받침의 끝이 얕게 5개로 갈라진다. 열매가 참외를 닮아 붙여진 이름으로 제주와 남부지방에 자생한다.

참새외풀 현삼과

Lindernia antipoda (L.) Alston

논, 길가의 습한 곳에 자란다. 높이 5~25cm. 줄기는 땅을 기거나 비스듬히 자라며, 땅에 닿는 마디에서 뿌리가 내린다. 잎은 긴 타원모양으로 가장자리에 톱니가 많다. 6월 하순~10월 초순 개화. 꽃은 잎겨드랑이에서 나온 길이 15mm 정도의 꽃자루 끝에 달리며, 꽃부리는 7mm 정도로 만지면 쉽게 떨어진다. 최근에 제주와 남부지방에 자생하는 것이 확인되었다.

미국큰고추풀 현삼과

Gratiola neglecta Torr.

강 가장자리 습한 곳에 자란다. 높이 10~35cm. 줄기에서 가지가 많이 갈라지며 잎가장자리에 톱니가 있다. 5월 중순~7월 중순 개화. 잎겨드랑이에서 긴 꽃자루가 나와 연한 황색의 꽃이 하나씩 달리며 꽃부리 안쪽에 털이 있다. 여러해살이풀로 땅속줄기가 뻗는 유럽큰고추풀*G. officinalis*로 잘못 알려져 왔으며, 북아메리카에 분포하고 한강변에서 발견된다.

해란초아재비 현삼과

Kickxia elatine (L.) Dumort.

길가나 들의 풀밭에 자란다. 길이 10~40cm. 줄기는 많은 가지를 내고 땅 위를 기듯이 자라며 줄기에 퍼진 털이 있다. 잎은 화살촉 모양으로 짧은 잎자루가 있다. 7월 초순~8월 하순 개화. 꽃은 잎겨드랑이에서 나온 꽃자루 끝에 1개씩 달린다. 유라시아와 아프리카 북부에 주로 분포하는 침입성 외래식물로 경기 양주시와 경북 영천시에서 처음 발견되었다.

쥐방울덩굴 쥐방울덩굴과

Aristolochia contorta Bunge

산야 또는 숲의 가장자리에서 자란다. 잎은 밑이 깊게 패어 있으며 가장자리는 밋밋하다. 6월 초순~9월 하순 개화. 꽃은 길이 5cm 정도의 색소폰 모양으로, 잎겨드랑이에 달리며, 아래쪽이 혹처럼 볼록하고 그 윗부분은 깔때기처럼 생겼다. 열매는 6갈래로, 터지면 뒤집힌 낙하산모양이다. 역한 냄새가 나며 사향제비나비와 꼬리명주나비 애벌레는 쥐방울덩굴 잎을 먹고 자란다.

꽃여뀌바늘 바늘꽃과

Ludwigia peploides subsp. *montevidensis* (Spreng.) Raven

호수나 하천 가장자리에 자란다. 높이 30~80cm. 줄기는 물과 땅 위로 가지가 뻗어 3m까지 퍼지고 마디에서 뿌리를 내리며 짧은 털이 있다. 잎은 타원모양으로 표면에 광택이 난다. 6월 초순~8월 하순 개화. 꽃은 잎겨드랑이에 하나씩 달린다. 남아메리카 원산으로 원예용으로 들어와 야화했다. 빠른 성장과 확산으로 다른 수생식물을 질식시키는 생태계교란식물이다.

7월
노루오줌

큰벼룩아재비 마전과

Mitrasacme pygmaea R.Br.

산지의 양지바른 길가나 무덤 주변에 자란다. 높이 5~20cm. 꽃줄기는 곧게 서며 밑에서 갈라지기도 한다. 잎은 꽃줄기 밑부분에 모여나고 길이 7~15mm, 폭 3~6mm로 희미한 3개의 맥이 있다. 7월 초순~9월 하순 개화. 지름 5mm 정도의 꽃이 꽃줄기 끝에 달리며 산형꽃차례를 이루기도 한다. 꽃받침은 4개로 갈라지고 수술은 4개이다. 중부 이남에 분포한다.

벼룩아재비 마전과

Mitrasacme indica Wight

낮은 산지나 들의 습지에 자란다. 높이 5~15cm. 줄기의 밑부분에서 가지가 갈라지며 잎은 좁은 피침모양이다. 7월 초순~10월 하순 개화. 작은 꽃자루가 줄기 끝이나 잎겨드랑이에 1~2개씩 나와 지름 4mm 정도의 작은 꽃이 1개씩 달린다. 줄기 밑부분에 잎이 모여나는 큰벼룩아재비와 달리 줄기 끝에도 잎이 달리며 전체에 털이 없다. 전남에 드물게 자생한다.

병아리다리 원지과

Salomonia ciliata (L.) DC.

낮은 산지의 양지바른 습지 주변에 자란다. 높이 5~30cm. 원줄기는 곧게 자라고 가지가 갈라지기도 한다. 잎은 가장자리가 밋밋하며 잎자루가 거의 없다. 7월 초순~9월 중순 개화. 지름 1mm, 길이 2mm 정도의 작은 꽃이 원줄기에 이삭꽃차례로 달리며 꽃자루는 없다. 전남, 경남에 매우 드물게 자생하며 다른 풀과 섞여 자라고 꽃이 작아 찾기가 쉽지 않다.

병아리풀 원지과

Polygala tatarinowii Regel

산지의 습한 바위지대에 자란다. 높이 4~15cm. 줄기는 털이 거의 없고 밑에서 가지가 갈라진다. 잎은 타원모양으로 가장자리가 밋밋하며 연한 털이 있다. 7월 하순~9월 중순 개화. 꽃은 한쪽으로 치우쳐 총상꽃차례로 달리며 꽃차례의 길이는 1~8cm이다. 열매는 삭과로 원반모양이며, 씨는 검고 털이 있다. 주로 중·북부지방에 분포하며 전남, 경북 등에서도 관찰된다.

한련초 국화과

Eclipta prostrata (L.) L.

논둑이나 물가에 흔히 자란다. 높이 20~60cm. 줄기는 밑부분이 비스듬히 자라다 곧게 서고 흰 털이 있다. 잎은 가장자리에 톱니가 있고 양면에 털이 있다. 7월 초순~11월 중순 개화. 지름 10mm 정도의 머리모양꽃이 줄기와 가지 끝에 1~2개씩 달리며 혀꽃은 흰색으로 암꽃이고, 가운데의 대롱꽃은 노란색으로 양성화이다. 줄기를 자르면 맑은 즙액이 나와 점점 검게 변한다.

범부채 붓꽃과

Iris domestica (L.) Goldblatt & Mabb.

산이나 들의 풀밭에 자란다. 높이 50~100cm. 줄기 윗부분에서 가지를 친다. 넓은 칼모양의 잎은 2줄로 배열되어 서로 어긋나며 밑부분을 서로 감싼다. 6월 하순~9월 중순 개화. 가지 끝에 지름 4~5cm의 꽃이 가지런한 높이로 3~4개 달린다. 꽃은 6장의 꽃잎으로 이루어져 있고, 표면에 붉은 반점이 흩어져 있다. 관상용으로 주로 재배한다.

갈퀴아재비 꼭두서니과

Asperula lasiantha Nakai

산지의 숲 속에 자란다. 높이 50~70cm. 줄기에 능선이 있다. 잎은 4~6장이 돌려나며 긴 타원모양으로 잎자루가 짧고, 3~5개의 맥이 있으며 잎가장자리에 짧은 털이 있다. 7월 중순~8월 중순 개화. 꽃은 줄기와 가지 끝에 취산꽃차례로 달리며 꽃부리는 2mm 정도로 안쪽에 돌기가 밀생하고, 겉면에 날카로운 털이 있다. 경남에 주로 분포한다.

개갈퀴 꼭두서니과

Galium maximowiczii (Kom.) Pobed.

산지의 숲 속에 자란다. 높이 25~90cm. 줄기는 네모지고 곧게 선다. 잎은 2장의 턱잎을 포함해 4~5장이 돌려나며, 타원모양으로 3맥이 뚜렷하고 짧은 잎자루가 있다. 7~9월 중순 개화. 자잘한 꽃이 줄기나 가지 끝에 취산꽃차례로 달리며, 꽃부리는 깔때기모양으로 4개로 갈라진다. 갈퀴아재비와 달리 꽃부리의 겉에 날카로운 털이 없다.

주홍서나물 국화과

Crassocephalum crepidioides (Benth.) S.Moore

길가나 빈터에 자란다. 높이 30~100cm. 줄기는 곧게 서고 털이 성글게 있다. 줄기 아래쪽 잎은 깃모양로 갈라지며, 위쪽 잎은 가장자리에 불규칙한 톱니가 있다. 7월 초순~12월 초순 개화. 머리꽃이 가지나 줄기 끝에 총상꽃차례로 아래를 향해 달리며 대롱꽃의 끝부분이 주홍색을 띤다. 아프리카 원산으로 남부지방에 주로 분포한다.

붉은서나물 국화과

Erechtites hieraciifolius (L.) Raf. ex DC.

산지나 들의 그늘진 곳에 주로 자란다. 높이 1~1.2m. 줄기에 세로로 줄이 있으며 다소 붉은빛이 돈다. 잎은 끝이 뾰족하고 가장자리에 불규칙한 톱니가 있으며 털이 없다. 8월 하순~10월 하순 개화. 길이 15mm, 지름 5mm인 원통모양의 머리꽃이 줄기와 가지 끝에 편평꽃차례로 달리며 혀꽃이 없다. 북아메리카 원산으로 전국에 흔히 자생한다.

쇠서나물 국화과

Picris hieracioides subsp. *japonica* (Thunb.) Krylov

산과 들의 풀밭에 자란다. 높이 70~90cm. 줄기에서 가지가 많이 갈라지며, 전체에 적갈색의 거센 털이 많다. 뿌리에서 나온 잎은 방석모양으로 퍼져나며 꽃이 필 때 사라지고, 줄기의 아래쪽 잎은 가장자리에 뾰족한 톱니가 있다. 6월 하순~10월 하순 개화. 줄기와 가지 끝에 지름 20~25mm의 머리꽃이 달리며 총포조각은 2줄로 배열한다.

우영사마귀풀 닭의장풀과

Murdannia nudiflora (L.) Brenan

경작지 주변의 습한 땅이나 풀밭에서 자란다. 줄기를 10~30cm 뻗으며 가지를 많이 친다. 7~9월에 지름 7mm 정도의 연한 자주, 또는 자주색 꽃이 정오 전후에 핀다. 수술이 3개인 사마귀풀에 비해 수술이 2개이고 작은 꽃이 여러 개 달린다. 인도 및 동남아시아 원산으로 10여 년 전에 제주도, 경북 등지에서 발견되었으며, 2023년에 우영사마귀풀로 공식 발표되었다.

0703

등골나물 국화과

Eupatorium japonicum Thunb.

산과 들의 풀밭에 자란다. 높이 50~150cm. 전체에 털이 나며 줄기에 흑자색의 점이 있다. 잎은 끝이 뾰족하고 가장자리에 톱니가 있으며 짧은 잎자루가 있고 뒷면에 선점(腺點)이 있다. 7월 초순~10월 초순 개화. 머리모양꽃이 편평꽃차례에 조밀하게 달리며 총포에 선점과 털이 있다. **벌등골나물***E. chinense*은 줄기 아랫부분에 털이 없으며, 잎의 뒷면에 선점이 없어 구분된다.

골등골나물 국화과

Eupatorium lindleyanum DC.

산과 들에 자란다. 높이 40~120cm. 줄기는 곧게 서고 전체에 거친 털이 있다. 잎은 밑부분이 3갈래로 깊게 갈라지며 잎자루가 없고 끝이 둔하다. 잎 양면에 털이 나며 뒷면에 선점이 있고 3개의 맥이 뚜렷하다. 7월 초순~10월 초순 개화. 대롱꽃으로 이루어진 머리모양꽃이 편평꽃차례로 모여달린다. 총포는 10개의 조각이 2줄로 붙으며, 등골나물에 비해 향이 덜하다.

곰취 국화과

Ligularia fischeri (Ledeb.) Turcz.

높은 산지에 자란다. 높이 1~2m. 뿌리잎은 잎자루가 길며 가장자리에 톱니가 있고, 줄기잎은 보통 3장으로 잎자루에 홈이 있으며 밑부분이 줄기를 감싼다. 7월 초순~9월 하순 개화. 머리모양꽃이 총상꽃차례로 달리며 혀꽃은 5~9개이고 총포조각은 8~9조각이 1줄로 붙는다. **곤달비***L. stenocephala*는 잎이 작고 잎자루에 홈이 없으며 원모양으로 구분된다.

갯취 국화과

Ligularia taquetii (H.Lev. & Vaniot) Nakai

볕이 드는 풀밭에 자란다. 높이 1m 정도. 줄기는 곧게 서고 가지가 갈라지지 않는다. 넓은 타원모양의 뿌리잎은 잎자루가 길고, 털이 없고 가장자리가 주름진다. 줄기잎은 잎자루가 없고 잎집이 줄기를 싼다. 7월 초순~9월 중순 개화. 머리모양꽃이 줄기 끝에 총상꽃차례로 달린다. 비슷한 종들과 다르게 꽃차례와 꽃자루에 포가 없다. 제주, 거제, 부산에 자생한다.

여로 백합과

Veratrum maackii var. *japonicum* (Baker) T.Schmizu

산지의 풀밭이나 숲 속에 자란다. 높이 40~120cm. 잎은 좁은 피침모양으로 잎집이 원줄기를 완전히 둘러싸며 뒤로 젖혀진다. 7월 초순~8월 하순 개화. 자줏빛이 도는 갈색의 꽃이 원추꽃차례로 달리며 수꽃과 양성화가 있다. 유독식물로 뿌리줄기를 살충제로 사용한다. 꽃자루의 포가 긴 **긴잎여로** *V. maackii* 와 녹색 꽃이 피는 **파란여로** var. *parviflorum* 등으로 구분하기도 한다.

흰여로 백합과

Veratrum versicolor Nakai

산지에 자란다. 높이 1m 정도. 뿌리줄기는 짧고 굵으며 줄기는 곧게 선다. 줄기 아래에 3~4 개의 잎이 촘촘히 어긋나며 좁고 끝이 뾰족하고 위에 달리는 잎은 선형이다. 6월 하순~8월 하순 개화. 꽃은 성기게 원추꽃차례로 달리며 노란빛이 도는 흰색이다. 유독식물이며, 꽃의 색에 따라 **붉은여로** for. *brunneum*, **푸른여로** for. *viride* 등으로 분류하기도 한다.

참여로 백합과

Veratrum nigrum L.

높은 산지의 풀밭에 자란다. 높이 1~1.5m. 수염뿌리가 굵고, 잎은 밑부분이 좁아져서 잎집이 되며 그물모양으로 오래 남아 있다. 7월 중순~9월 초순 개화. 지름 10mm 정도의 꽃이 원추꽃차례로 달린다. 꽃대에 흰 털이 많으며 여로와 달리 꽃덮이조각 뒷면에 털이 빽빽하게 나고, 수술은 6개, 암술머리는 3개로 갈라진다. 경북 이북의 석회암 지대에 주로 자생한다.

나도여로 백합과

Anticlea sibirica (L.) Kunth

높은 산지의 숲 가장자리에 자란다. 높이 15~30cm. 줄기는 곧게 서고 가지가 많이 갈라지지 않는다. 잎은 3개 정도가 나며 끝이 뾰족하고 가장 아랫부분의 잎은 줄기를 완전히 감싼다. 7월 중순~8월 중순 개화. 지름 10mm 정도의 꽃은 줄기 끝에 총상꽃차례로 모여달리며, 꽃덮이의 갈래조각 안쪽이 연한 황록색을 띤다. 강원 일부 지역에 매우 드물게 자생한다.

0704

무릇 백합과

Barnardia japonica (Thunb.) Schult. & Schult.f.

산이나 들의 양지바른 곳에 자란다. 꽃줄기의 높이 20~50cm. 달걀모양의 비늘줄기에서 나온 꽃줄기는 곧게 선다. 잎은 여러 개가 밑동에서 나온다. 7월 초순~9월 중순 개화. 지름 5mm 정도의 꽃이 꽃줄기 끝에 총상꽃차례로 달리며 꽃덮이조각과 수술은 각각 6개, 암술은 1개이다. 비늘줄기와 어린잎을 먹기도 하였다.

뻐꾹나리 백합과

Tricyrtis macropoda Miq.

산지의 숲 속에 자란다. 높이 40~80cm. 잎은 아랫부분이 원줄기를 감싸며 가장자리에 미세한 톱니가 있다. 7월 초순~9월 하순 개화. 지름 3cm 정도의 꽃이 원줄기와 가지 끝부분의 잎겨드랑이에서 나온 꽃대에 2~3개씩 편평꽃차례로 달린다. 꽃자루에 짧은 털이 있고 꽃덮이갈래조각에 자주색 반점이 있다. 전국에 분포하며 남부지방에서 더 많이 발견된다.

꽃장포 꽃장포과

Tofieldia nuda Maxim.

습기가 있는 바위 곁에 자란다. 높이 10~30cm. 뿌리줄기는 짧으며, 잎은 2줄로 붙어 나고 3~7개의 맥이 있다. 7월 초순~8월 초순 개화. 지름 6~8mm 정도의 꽃이 꽃줄기 끝에 총상꽃차례로 달린다. 꽃자루의 길이는 5~12mm이며 6개의 수술은 꽃덮이와 길이가 비슷하거나 조금 짧다. 강원, 경기 등지에 드물게 자생하며, '돌창포'라고도 한다.

숙은꽃장포 백합과

Tofieldia coccinea Richardson

높은 산지에 자란다. 꽃줄기의 높이 5~15cm. 줄기 아랫부분의 잎은 선형으로 길이 3~8cm이며 윗부분의 잎은 짧고 1~2개 달린다. 6월 하순~8월 중순 개화. 꽃은 흰색 또는 갈색을 띤 자주색이며 줄기 끝에 총상꽃차례로 빽빽하게 달린다. 한라꽃장포에 비해 전체가 조금 크고 꽃자루가 짧으며 꽃차례가 아래를 향해 숙여져 붙여진 이름이다. 경남 일부 지역에 드물게 자생한다.

쉽싸리 꿀풀과

Lycopus lucidus Turcz. ex Benth.

물가나 습지 주변에 자란다. 높이 20~70cm. 땅속줄기가 옆으로 뻗으며 끝에서 새순이 나오고, 가지를 치지 않는다. 잎은 너비 1~2cm로 가장자리에 날카로운 톱니가 있다. 7월 초순~9월 초순 개화. 꽃은 잎겨드랑이에 여러 개가 모여 달린다. 산지 습지에 자라며 꽃받침통이 2/3 정도까지 깊게 갈라지는 **산쉽싸리***L. charkeviczii*가 최근 미기록종으로 발표되었다.

애기쉽싸리 꿀풀과

Lycopus lucidus var. *maackianus* Maxim. ex Herder

습지 주변에 자란다. 높이 20~50cm. 줄기는 곧게 서고, 마디에 다소 흰 털이 있다. 잎은 너비 5~15mm로 밑부분이 대개 둥글고 가장자리에 얕은 톱니가 있으며 줄기 윗부분으로 갈수록 밋밋해진다. 7월 중순~9월 중순 개화. 줄기 윗부분의 잎겨드랑이에서 모여달린다. 쉽싸리에 비해 전체가 작고 줄기가 가늘며 마디에 털이 없다.

개쉽싸리 꿀풀과

Lycopus cavaleriei H. Lév.
Lycopus coreanus H. Lév.

산지의 습기가 많은 풀밭에 자란다. 높이 15~50cm. 줄기는 밑부분이 비스듬히 자라다 곧게 서며 가지가 많이 갈라지고 마디에 흰 털이 있다. 잎의 폭은 10~20mm 정도이며 둔한 톱니가 있고 밑부분이 급하게 좁아진다. 7월 중순~9월 하순 개화. 꽃은 줄기 윗부분의 잎겨드랑이에 모여달리며 꽃받침은 윗부분이 5개로 갈라진다.

털쉽싸리 꿀풀과

Lycopus uniflorus Michx.

산지의 습한 풀밭에 자란다. 높이 20~40cm. 땅속줄기가 옆으로 뻗고 끝의 덩이줄기에서 새순이 나온다. 전체에 털이 있으며 줄기는 가지를 치지 않고 곧게 자란다. 양면에 선점과 잔털이 있고 가장자리에 둔한 톱니가 있다. 7월 중순~9월 중순 개화. 꽃은 줄기 윗부분의 잎겨드랑이에 모여달리며 꽃받침의 끝이 뭉툭하다. 경북 북부, 강원 등에 드물게 자생한다.

마디꽃 부처꽃과

Rotala indica (Willd.) Koehne

논이나 습지, 물가에 자란다. 높이 10~15cm. 줄기의 밑부분이 땅을 기며 자라고 마디에서 뿌리가 내린다. 윗부분은 곧거나 비스듬히 자라며 가지가 갈라진다. 잎은 거꿀달걀모양으로 양끝이 둥글고 잎자루가 없다. 7월 초순~10월 하순 개화. 지름 2mm 정도의 분홍색 꽃이 잎겨드랑이에 1개씩 달린다. 꽃잎은 4장이며 꽃받침은 4개로 갈라진다.

가는마디꽃 부처꽃과

Rotala mexicana Schltdl. & Cham.

논이나 습지에 자란다. 높이 3~10cm. 전체에 붉은색이 돌고, 줄기는 옆으로 기다가 윗부분이 곧게 선다. 잎은 좁은 피침모양으로 3~4개가 돌려나고 끝이 잘린 모양이며 잎자루가 없다. 7월 중순~10월 하순 개화. 꽃은 잎겨드랑이에 1개씩 달리며 길이는 0.8mm 정도이고 꽃잎이 없으며 꽃받침은 5개로 갈라진다. 수술은 2~3개, 암술은 1개이며 열매는 익으면 3갈래로 갈라진다.

물마디꽃 부처꽃과

Rotala rosea (Poir.) C.D.K. Cook
Rotala littorea (Miq.) Nakai

논이나 습지에 자란다. 높이 10~30cm. 줄기는 밑부분이 옆으로 누워 자라며 마디에서 뿌리를 내리고 윗부분은 가지를 친다. 7월 하순~9월 하순 개화. 꽃은 잎겨드랑이에 1개씩 달리고 꽃받침은 4개로 갈라지며 끝이 가시처럼 뾰족하다. 전남, 전북 등에 분포한다. 마디꽃에 비해 줄기가 연녹색을 띠고 꽃이 더 연한 분홍색이다.

산여뀌 마디풀과

Persicaria nepalensis (Meisn.) Miyabe

산지의 다소 습한 곳에 자란다. 높이 20~30cm. 줄기는 가지가 많이 갈라지며 붉은빛이 돌고 마디에 아래를 향한 털이 있다. 잎은 뒷면에 선점이 있으며 밑부분이 좁아져 잎자루에 날개처럼 붙는다. 7월 중순~10월 초순 개화. 꽃은 줄기 끝이나 잎겨드랑이에 머리모양으로 여러 개가 모여달리며 꽃잎은 없고 꽃받침은 4개로 갈라진다.

장대여뀌 마디풀과

Persicaria posumbu (Buch.-Ham. ex D.Don) H. Gross

산지의 그늘진 숲 속에 자란다. 높이 30~60cm. 전체에 털이 없고 줄기는 비스듬히 자란다. 밑부분에서 가지를 많이 치고 땅에 닿는 부분에서 뿌리를 내린다. 잎은 끝이 꼬리처럼 길어지고 표면의 중앙에 흔히 검은 무늬가 있다. 7월 중순~9월 중순 개화. 꽃은 줄기와 가지 끝에 엉성하게 이삭꽃차례로 달리며 씨는 세모진 달걀모양이다.

가시여뀌 마디풀과

Persicaria dissitiflora (Hemsl.) H.Gross ex Mori

산지의 물가나 그늘진 곳에 자란다. 높이 70~100cm. 줄기는 곧게 서며 가지를 많이 치고 꽃자루와 더불어 윗부분에 붉은색의 샘털이 빽빽하게 난다. 잎은 피침모양으로 밑부분이 화살촉모양이며 잎자루가 길다. 7월 중순~9월 초순 개화. 줄기 끝에서 갈라진 가지마다 꽃이 달리며 수과인 열매는 세모진다. 줄기에 난 거친 털에서 유래한 이름이다.

털여뀌 마디풀과

Persicaria orientalis (L.) Spach

들이나 강가의 습한 곳에 자란다. 높이 1.5~2m. 줄기는 곧게 서고 가지가 갈라지며 전체에 털이 많다. 잎은 너비가 7~15cm 정도로 크고 줄기를 감싼 턱잎은 위쪽이 가장자리가 넓어진다. 7월 중순~9월 중순 개화. 꽃은 줄기와 가지 끝에 이삭꽃차례로 빽빽하게 달리며 열매는 흑갈색으로 원반모양이다. 인도 원산으로 '노인장대'라고도 한다.

기생여뀌 마디풀과

Persicaria viscosa (Buch.-Ham. ex D. Don) H. Gross ex T. Mori

물가나 습지 주변에 자란다. 높이 40~120cm. 줄기는 곧게 자라고 갈색의 긴 털과 샘털이 있으며 잎의 양면에 선점(腺點)이 있다. 7월 하순~9월 하순 개화. 꽃은 가지 끝과 잎겨드랑이에 이삭꽃차례로 달린다. 꽃색이 예쁘고 향기가 있어서 유래된 이름이다. 털여뀌와 비슷하나 크기가 작고, 꽃자루가 끈적거리고 향기가 있어 구분된다.

0706

흰꽃여뀌 마디풀과

Persicaria japonica (Meisn.) Nakai

습지, 물가에 자란다. 높이 50~100cm. 땅속줄기가 옆으로 길게 뻗으며 줄기 밑부분에서 가지가 갈라진다. 잎은 가장자리와 뒷면 맥 위에 거센 털이 있고 잎집 윗부분에 수염털이 있다. 7월 중순~10월 초순 개화. 꽃은 줄기와 가지 끝에 이삭꽃차례로 달리며, 꽃차례가 아래로 처진다. 꽃여뀌에 비해 꽃이 조밀하다. 씨는 검은색으로 윤기가 있다.

바보여뀌 마디풀과

Persicaria pubescens (Blume) H. Hara

물가에 자란다. 높이 40~80cm. 줄기는 곧게 서거나 비스듬히 자라고 약간의 털이 있다. 잎은 피침모양으로 표면에 검은색의 무늬가 있고 양면에 짧은 털이 나며 뒷면에 선점(腺點)이 있다. 7월 중순~9월 하순 개화. 꽃차례가 가늘며 아래로 처지고 드문드문 꽃이 달린다. 여뀌와 달리 매운맛이 없으며 열매는 세모진 달걀모양으로 검게 익는다.

끈끈이여뀌 마디풀과

Persicaria viscofera (Makino) H. Gross ex Nakai

산이나 들에 자란다. 높이 40~80cm. 줄기는 곧게 서며 가지를 치고 전체에 털이 난다. 잎은 피침모양으로 잎자루가 거의 없고 잎집모양의 턱잎은 가장자리에 털이 있다. 7월 중순~10월 초순 개화. 꽃은 줄기와 가지 끝에 이삭꽃차례로 달리며 마디 밑부분이나 꽃줄기에 끈끈한 점액이 나온다. 씨는 검은색으로 익으며 세모진 달걀모양이다.

큰끈끈이여뀌 마디풀과

Persicaria viscofera (Makino) H. Gross var. *robusta* (Makino) Hiyama

산과 들에 자란다. 높이 60~100cm. 줄기는 곧게 서고 가지가 갈라진다. 잎은 잎자루가 거의 없고 가장자리와 표면, 뒷면 맥 위에 누운 털이 있으며 턱잎의 가장자리에 연한 털이 있다. 7월 중순~9월 중순 개화. 꽃은 줄기와 가지 끝에 이삭꽃차례로 달리며 꽃줄기에 끈끈한 점액이 나온다. 끈끈이여뀌에 비해 식물체가 크고 전체에 털이 적다.

세뿔여뀌 마디풀과

Persicaria debilis H. Gross ex W. T. Lee

산지의 그늘진 숲 속에 자란다. 높이 20~40cm. 줄기가 옆으로 뻗고 마디에서 뿌리가 내리며 갈라진 가지가 비스듬히 선다. 잎은 삼각모양으로 표면에 짙은 무늬가 있고 앞면과 가장자리, 뒷면 맥 위에 잔털이 있다. 7월 하순~9월 중순 개화. 줄기와 가지 끝에 2~5개씩 달리며 꽃덮이는 5개로 갈라지고 수술 5~8개, 암술머리는 3개이다.

이삭여뀌 마디풀과

Antenoron filiforme (Thunb.) Roberty & Vautier

산지의 물가나 반그늘진 곳에 자란다. 높이 50~80cm. 줄기의 마디가 굵고 전체에 털이 있다. 잎은 양끝이 좁으며 표면에 흔히 검은색 반점이 있다. 7월 중순~9월 초순 개화. 꽃은 줄기 윗부분에 이삭꽃차례로 드문드문 달리며 꽃받침은 4개로 갈라지고 꽃잎은 없다. **새이삭여뀌**var. *neofiliforme*는 전체에 털이 없고 잎의 표면에 반점이 없어 구분된다.

좀고추나물 물레나물과

Hypericum laxum (Blume) Koidz.

논이나 습기가 있는 들에 자란다. 높이 5~30cm. 줄기는 4개의 모서리가 있고 윗부분에서 가지가 갈라진다. 잎은 타원모양으로 끝이 둥글며 밑부분이 줄기를 감싼다. 7월 중순~9월 중순 개화. 지름 5~7mm의 꽃이 줄기와 가지 끝에 취산꽃차례로 달리며 총포잎은 타원모양이다. 애기고추나물에 비해 낮게 자라고 수술수가 10개 미만으로 적다.

애기고추나물 물레나물과

Hypericum japonicum Thunb.

들이나 습지에 자란다. 높이 15~50cm. 줄기에 털이 없으며 4개의 모서리가 있다. 잎은 달걀모양으로 가장자리가 밋밋하나 물결지며 밑부분이 줄기를 감싼다. 7월 중순~9월 하순 개화. 지름 6~8mm의 꽃이 줄기와 가지 끝에 취산꽃차례로 달리며 총포잎은 선상 피침모양이다. 좀고추나물과 달리 수술이 10~20개로 많고 더 높게 자란다.

고추나물 물레나물과
Hypericum erectum Thunb.

산과 들에 자란다. 높이 30~70cm. 잎은 잎자루가 없고 줄기를 마주 감싸며 검은 점이 흩어져 있다. 7월 중순~8월 하순 개화. 지름 15~20mm의 꽃이 가지 끝에 취산꽃차례로 달린다. 수술은 25~30개로 많고 꽃잎과 꽃받침잎에 검은 점이 있다. **다북고추나물**var. *caespitosum*은 높이 20~30cm로 작고 줄기가 아래쪽에 뭉쳐나며 지리산 등 높은 산지에 자생한다.

서양고추나물 물레나물과
Hypericum perforatum L.

들이나 길가에 자란다. 높이 20~70cm. 줄기는 가지를 많이 치고 마디마다 위치를 바꿔가며 2개의 모서리가 세로로 발달한다. 잎은 잎자루가 없고 다수의 명점(明点)이 있고 가장자리와 뒷면에 흑점이 있다. 7월 초순~8월 하순 개화. 지름이 2cm 정도의 꽃이 줄기와 가지 끝에 취산꽃차례로 달린다. 꽃받침에 명점이 있고 꽃잎의 가장자리와 뒷면에 흑점이 있다. 유럽 원산이다.

진주고추나물 물레나물과

Hypericum oliganthum Franch. & Sav.

강가나 습지 주변에 자란다. 높이 20~60cm. 줄기는 옆으로 기다가 비스듬히 서고 가지가 많이 갈라진다. 잎은 긴 타원모양으로 밑부분이 줄기를 마주 감싸며 투명한 기름점과 검은 점이 있다. 7월 중순~8월 하순 개화. 꽃은 취산꽃차례로 달리며 꽃받침조각은 긴 타원모양이고 꽃잎이 짧다. 남부지방에 드물게 자생하며 줄기 밑부분에 겨울을 나는 싹이 생긴다.

물레나물 물레나물과

Hypericum ascyron L.

산과 들에 자란다. 높이 50~130cm. 줄기는 네모지고 윗부분에서 더러 가지가 갈라진다. 잎은 잎자루가 없고 밑부분이 줄기를 마주 감싼다. 6월 하순~8월 중순 개화. 줄기와 가지 끝에 지름 5~8cm의 꽃이 취산꽃차례로 달린다. 많은 수술은 다섯 묶음으로 뭉쳐나며 암술대가 5개로 갈라진다. 꽃이 물레를 닮아 붙여진 이름이며, **큰물레나물** var. *longistylum* 은 물레나물에 통합되었다.

민나자스말 자라풀과

Najas marina L.

하천이나 강 하구의 물속에 자란다. 줄기의 길이 50~150cm. 줄기는 가지가 갈라지며 잎은 밑부분이 둥근 잎집으로 되어 있고, 잎몸은 넓은 선형으로 가장자리에 4~14개의 톱니가 있다. 7월 중순~9월 하순 개화. 국내에 자생하는 속 내 다른 분류군과 달리 꽃은 암수딴포기이며 줄기 윗부분의 잎겨드랑이에 꽃자루가 없이 1개씩 달린다. 제주를 제외한 전국에 분포한다.

톱니나자스말 자라풀과

Najas minor All.

하천이나 논, 저수지의 물속에 자란다. 줄기는 30cm 정도. 가지는 2개씩 갈라진다. 잎은 보통 3장이 겹쳐나고 밑부분은 귀모양의 잎집으로 되며 잎몸은 침모양으로 길이 1.5~4.5cm이며 가장자리에 잔 톱니가 있다. 7월 중순~9월 하순 개화. 암수한포기로 잎겨드랑이에 1개씩 달린다. 열매는 수과로 긴 타원모양이며 씨가 1개씩 들어 있다. 나자스말과 더불어 전국에 흔히 분포한다.

붕어마름 붕어마름과

Ceratophyllum demersum L.

연못이나 하천의 물속에 자란다. 길이 30~80cm. 줄기는 가지를 치며 가지가 변한 헛뿌리가 있다. 잎은 2~12개가 돌려나며 2~3회 갈라지고 가장자리에 끝에 톱니가 있다. 7월 하순~9월 하순 개화. 한 꽃봉오리에 수술이나 암술 하나만 갖춘 단성꽃이 잎겨드랑이에 1개씩 달리며 열매는 1개의 긴 암술대와 밑부분에 2개의 가시가 있다. 가지 끝에 생기는 생식아로 월동한다.

오성붕어마름 붕어마름과

Ceratophyllum platyacanthum subsp. *oryzetorum* (Kom.) Les

연못이나 하천, 수로에 자란다. 길이 20~40cm. 헛뿌리가 땅속으로 뻗으며 가지 끝의 생식아로 월동한다. 잎은 5~12개가 합쳐져 원줄기를 둘러싸며 차상(叉狀)으로 갈라지고 가장자리에 잔톱니가 있다. 7월 초순~9월 초순 개화. 꽃은 단성화로 잎겨드랑이에 1개씩 달린다. 열매는 긴 암술대와 아랫부분에 2개, 윗부분에 2개의 가시가 있다.

곽향 꿀풀과

Teucrium veronicoides Maxim.

산지의 숲 속에 자란다. 높이 10~30cm. 줄기는 전체에 1~2mm의 퍼진 털이 있고 더러 가지가 갈라진다. 잎은 달걀모양이며 끝이 다소 둔하고 가장자리에 톱니가 있으며 잎자루가 길다. 7월 중순~9월 하순 개화. 꽃은 총상꽃차례로 한쪽으로 치우쳐 성글게 달리며 꽃받침의 윗부분에 샘털이 있고 꽃부리에 털이 없다. 경남, 제주에 드물게 자생한다.

개곽향 꿀풀과

Teucrium japonicum Houtt.

산과 들에 자란다. 높이 30~70cm. 기는 줄기가 옆으로 뻗으며 가지를 치며 밑으로 굽는 털이 있다. 잎은 두텁고 가장자리에 톱니가 있으며, 잎 뒷면 맥 위에 털이 성글게 난다. 7월 중순~9월 초순 개화. 꽃은 줄기 윗부분의 잎겨드랑이에서 총상꽃차례로 달린다. 윗입술꽃잎은 2개로 갈라지고 아랫입술꽃잎은 3갈래로 가운데 입술이 가장 크다.

덩굴곽향 꿀풀과

Teucrium viscidum var. *miquelianum* (Maxim.) Hara

산지의 숲 속이나 물가 근처에 자란다. 높이 25~40cm. 줄기에 밑으로 구부러진 짧은 털이 있고 가지를 거의 치지 않는다. 잎은 밑부분이 넓은 쐐기모양이며 뒷면에 구부러진 털이 있다. 7월 초순~8월 하순 개화. 꽃은 잎겨드랑이에서 총상꽃차례로 달리며 꽃받침에 짧은 샘털이 있다. 아랫입술꽃잎은 3개로 나뉘며 가운데 입술이 가장 크다.

속단 꿀풀과

Phlomis umbrosa Turcz.

높은 산지의 숲 속에 자란다. 높이 40~100cm. 방추모양의 굵은 덩이뿌리가 있다. 줄기는 가지가 성기게 갈라지고 전체에 잔털이 있다. 잎은 잎자루가 길고 뒷면에 잔털이 있다. 7월 초순~9월 초순 개화. 꽃은 잎겨드랑이에서 층층이 달리며 전체가 원추꽃차례를 이룬다. 윗입술꽃잎은 겉에 털이 빽빽하게 나며 아랫입술꽃입은 3개로 갈라진다.

참반디 산형과

Sanicula chinensis Bunge

산지의 그늘진 숲 속에 자란다. 높이 15~100cm. 뿌리잎은 잎자루가 길고 깊게 3개로 갈라지고 옆의 갈래조각이 다시 2개로 갈라지며 줄기잎은 위로 갈수록 잎자루가 짧아진다. 6월 하순~7월 하순 개화. 꽃은 겹우산모양꽃차례로 피며, 작은꽃줄기의 가장자리에 수꽃이 달리고 가운데에 양성꽃이 달린다. 열매에 갈고리모양의 가시가 있다.

병풀 산형과

Centella asiatica (L.) Urb.

들의 다소 습한 곳에 자란다. 높이 10cm 정도. 원줄기가 옆으로 뻗으며 마디에서 뿌리가 나고 마디 근처에 2개의 퇴화된 잎이 있다. 퇴화된 잎겨드랑이에 난 정상잎 잎자루는 길고 가장자리에 톱니가 있다. 7월 중순~8월 하순 개화. 2~5개의 꽃이 꽃자루 끝에 우산꽃차례로 달리며 꽃잎은 5개이다. 적설초(積雪草)라 하여 종기 등을 치료하는데 쓰였으며 제주와 남부지방에 자생한다.

노루오줌 범의귀과

Astilbe rubra Hook.f. & Thomson

산지 숲 속에 자란다. 높이 50~70cm. 줄기는 곧게 서며 갈색의 긴 털이 있다. 뿌리잎은 2회 3장의 작은잎이 나며 잎자루가 길고 줄기잎은 어긋난다. 7월 중순~8월 하순 개화. 꽃은 줄기 끝에 원추꽃차례로 달리며, 꽃차례와 꽃자루에 샘털이 있다. **숙은노루오줌** *A. grandis*은 꽃색이 주로 희고 꽃차례의 곁가지가 아래로 처져 구분된다.

나도승마 범의귀과

Kirengeshoma palmata Yatabe

산지의 그늘지고 습한 계곡 주변에 무리지어 자란다. 높이 60~100cm. 뿌리줄기가 옆으로 뻗으며 끝에서 싹이 나고 줄기 마디에 흰 털이 난다. 잎은 손바닥 모양으로 지름 20cm 정도이며 가장자리에 가는 톱니가 있다. 7월 중순~8월 중순 개화. 길이 4cm 정도의 꽃이 꽃자루 끝에 1~5개가 총상꽃차례로 달린다. 전남, 경남에 드물게 자생한다.

연꽃 연꽃과

Nelumbo nucifera Gaertn.

연못에 자라며 재배하기도 한다. 높이 1~2m. 땅속줄기가 옆으로 뻗으며 마디가 있다. 지름 40cm 정도의 잎은 땅속줄기에서 나며 물에 젖지 않는다. 7월 중순~8월 중순 개화. 꽃줄기 끝에 지름 15~20cm의 꽃이 1개씩 달린다. 깔때기 모양의 꽃받침이 지름 10cm 정도로 커지고 종자가 구멍에 들어 있다. 땅속줄기를 연근(蓮根)이라 하여 식용한다.

가시연꽃 수련과

Euryale ferox Salisb.

II

수심이 낮고 오래된 연못이나 늪지에 자란다. 전체에 가시가 있다. 지름이 2m에 이르기도 하는 잎은 표면은 주름지고 광택이 나며 뒷면은 짙은 자주색을 띤다. 7월 중순~8월 하순 개화. 가시가 돋은 꽃자루 끝에 지름 4cm 정도의 꽃이 1개씩 달리며 꽃잎이 꽃받침조각보다 작다. 씨는 우무질에 싸여 한동안 물 위를 떠다닌다. 전국에 자생하나 개발과 수질 오염 등으로 드물게 보인다.

사마귀풀 닭의장풀과

Murdannia keisak (Hassk.) Hand.-Mazz.

논이나 얕은 물가에 자란다. 높이 10~30cm. 줄기는 옆으로 뻗으며 가지가 갈라지고 마디에서 수염뿌리가 나며 윗부분이 비스듬히 선다. 잎은 윤이 나며 밑부분이 잎집이 되고 털이 있다. 8월 초순~10월 초순 개화. 지름 13mm 정도의 꽃이 잎겨드랑이에 1개씩 달린다. 3개의 긴 수술과 3개의 헛수술이 있으며 씨방의 밑부분에 흰 털이 난다.

나도생강 닭의장풀과

Pollia japonica Thunb.

낮은 산지의 그늘진 숲 속에 자란다. 높이 40~80cm. 땅속줄기가 옆으로 뻗으며 마디에서 수염뿌리가 나고 줄기는 곧게 서며 연하다. 잎은 10개 정도 나고 밑부분이 줄기를 감싸며 표면이 거칠고 뒷면에 잔털이 있다. 7월 중순~8월 하순 개화. 지름 7~10mm의 꽃은 줄기 끝에 5~6개의 층으로 달리며 꽃차례의 길이는 10~30cm 정도이다. 제주, 울릉, 전남, 경남 등에 분포한다.

0710

꽃층층이꽃 꿀풀과

Clinopodium chinense subsp. *grandiflorum* (Maxim.) H.Hara

산과 들에 자란다. 높이 15~60cm. 줄기 전체에 희고 짧은 털이 있다. 잎은 달걀 모양으로 밑이 둥글며 가장자리에 톱니가 있다. 7월 중순~9월 초순 개화. 꽃은 줄기와 가지 윗부분의 잎겨드랑이에 모여서 층으로 달린다. 꽃받침은 5개로 갈라지고 붉은색을 띠며 퍼진털이 있는 **층층이꽃**var. *parviflorum*과 달리 털과 샘털이 있다.

산층층이 꿀풀과

Clinopodium chinense var. *shibetchense* (H.Lev.) Koidz.

산과 들에 자란다. 높이 30~60cm. 줄기는 네모지며 곧게 자란다. 잎은 달걀 모양으로 밑부분이 둥글고 가장자리에 톱니가 있으며 양면에 가는 털이 있다. 7월 초순~8월 하순 개화. 줄기 끝과 잎겨드랑이에 흰색의 꽃이 층으로 모여달린다. 꽃받침에 샘털만 있으며, 꽃층층이꽃에 비해 전체가 녹색이고 꽃은 연한 보라색을 띤 흰색이어서 구분된다.

애기탑꽃 꿀풀과

Clinopodium gracile (Benth.) Kuntze

산지의 숲 속에 자란다. 높이 15~30cm. 줄기는 뭉쳐나서 비스듬히 자라다가 곧게 서고 잔털이 있다. 잎은 넓은 달걀모양으로 끝이 둔하다. 7월 초순~9월 초순 개화. 길이 5~6mm인 꽃이 줄기 윗부분의 잎겨드랑이에 뭉쳐달리며 좁게 층을 이룬다. 아랫입술꽃잎은 3개로 갈라지며 꽃받침의 맥 위에 잔털이 있다. 주로 남부지방에 분포한다.

탑꽃 꿀풀과

Clinopodium multicaule (Maxim.) Kuntze

산지의 숲 속에 자란다. 높이 10~30cm. 줄기는 비스듬히 서고 가지가 갈라지며 꼬불꼬불한 털이 있다. 잎은 달걀모양으로 윗부분으로 갈수록 좁아지며 끝이 뾰족하다. 6월 하순~8월 중순 개화. 꽃은 원줄기나 가지 끝에 달리며 꽃부리의 길이가 8~9mm 정도로 애기탑꽃보다 길고 꽃받침의 맥 위에 잔털이 있다. 제주와 남부지방에 분포한다.

동자꽃 석죽과

Lychnis cognata Maxim.

높은 산지에 자란다. 높이 40~120cm. 줄기에 털이 있고 마디가 뚜렷하다. 잎은 털이 있으며 가장자리는 밋밋하다. 7월 초순~8월 하순 개화. 지름 4cm의 꽃이 줄기 끝과 잎겨드랑이에서 나온 꽃자루에 1개씩 달린다. 꽃받침은 끝부분이 5개로 갈라지며, 꽃잎은 수평으로 벌어지고, 꽃잎은 2개로 갈라진다. 제주를 제외한 전국에 분포한다.

털동자꽃 석죽과

Lychnis fulgens Fisch.

깊은 산지의 습한 곳에 자란다. 높이 30~100cm. 줄기 전체에 길고 연한 털이 있다. 잎은 긴 달걀모양으로 끝부분이 뾰족하다. 7월 초순~8월 하순 개화. 꽃은 줄기 끝과 윗부분의 잎겨드랑이에 취산꽃차례로 달리며 5장의 꽃잎이 수평으로 벌어지고 끝부분이 깊게 2개로 갈라지고 가장자리에 얕은 톱니가 있다. 강원 북부에 드물게 자생한다.

제비동자꽃 석죽과

Lychnis wilfordii (Regel) Maxim.

높은 산지의 습지 주변에 자란다. 높이 50~80cm. 줄기 전체에 털이 거의 없다. 마주나는 잎은 피침모양으로 잎자루가 없고 밑부분이 줄기를 감싼다. 7월 하순~8월 하순 개화. 꽃은 줄기 끝에 취산꽃차례로 달리며 작은꽃자루에 황갈색 털이 있다. 5장의 꽃잎이 제비꼬리처럼 깊게 갈라져 붙여진 이름이며 강원 일부 지역에 드물게 자생한다.

가는동자꽃 석죽과

Lychnis kiusiana Makino

빛이 잘 드는 습지에서 자란다. 높이 30~80cm. 줄기에 밑으로 향한 털이 있고 잎은 선상 피침모양이다. 7월 중순~9월 초순 개화. 지름 2.5cm 정도의 황적색 꽃이 원줄기 끝에 취산꽃차례로 달린다. 꽃잎은 5장으로, 끝부분이 잘게 갈라진다. 강원도 이북에 자생한다고 알려져 왔으나 근래에 부산, 경남 지역에서도 자생하는 것이 확인되었다.

큰조롱 협죽도과

Cynanchum wilfordii (Maxim.) Hemsl.

양지바른 산자락의 풀밭에 자란다. 줄기의 길이 1~3m. 굵은 뿌리가 땅속 깊이 뻗으며 줄기는 다른 물체를 감고 자라고 자르면 흰 즙이 나온다. 잎은 밑부분이 심장모양으로 가장자리가 밋밋하다. 7월 초순~9월 초순 개화. 꽃은 잎겨드랑이에서 나온 꽃대 끝에 산형꽃차례로 달리며 활짝 벌어지지 않는다. 뿌리를 백하수오(白何首烏)라 하여 약용하며 재배하기도 한다.

세포큰조롱 협죽도과

Cynanchum volubile (Maxim.) Hemsl.

산지에 자란다. 줄기의 길이 1~3m. 줄기는 다른 물체를 감고 자란다. 잎은 삼각상 피침모양으로 끝이 뾰족하고 뒷면 맥 위에 털이 다소 나며 가장자리가 거칠다. 7월 하순~9월 중순 개화. 꽃은 잎겨드랑이에서 나온 꽃대 끝에 산형꽃차례로 달리며 꽃받침과 꽃잎은 5개로 갈라진다. 강원 세포(洗浦)에서 처음 발견되어 붙여진 이름으로, 강원, 전북, 경북, 경남 등에 드물게 자생한다.

나도은조롱 협죽도과

Marsdenia tomentosa Morren & Decne.

숲 가장자리에 주로 자란다. 줄기의 길이 1~3m. 늘 푸르며 덩굴져 자란다. 잎은 끝이 뾰족하며 표면에 윤이 나고, 잎자루의 길이는 3~6cm이다. 7월 하순~8월 하순 개화. 꽃은 잎겨드랑이에서 나온 꽃자루 끝에 산형꽃차례로 달리며 황백색이다. 꽃자루는 잎자루보다 짧거나 비슷하고 털이 나며 열매는 골돌로 익는다. 제주, 인천, 전남, 전북 등에 드물게 자생한다.

솔체꽃 산토끼꽃과

Scabiosa comosa Fisch. ex Roem. & Schult.

높은 산지에 자란다. 높이 30~90cm. 줄기는 곧게 서고 털이 있다. 뿌리잎은 깊게 패어진 톱니가 있고 잎자루가 길며, 줄기잎은 깃모양으로 깊게 갈라지고 가장자리에 톱니가 있다. 7월 초순~9월 하순 개화. 지름 3cm 정도의 꽃이 줄기와 가지 끝에 머리모양꽃차례로 달린다. 가장자리의 꽃은 5개로 갈라지며 바깥갈래조각이 가장 크고, 가운데의 꽃은 대롱꽃으로 4개로 갈라진다.

영아자 초롱꽃과

Asyneuma japonicum (Miq.) Briq.

산지의 계곡 주변 반그늘진 곳에 자란다. 높이 50~100cm. 줄기는 모가 나고 윗부분에서 약간의 가지를 치며 전체에 털이 퍼져난다. 잎은 양끝이 좁고 가장자리에 톱니가 있다. 7월 중순~9월 하순 개화. 꽃은 잎겨드랑이에 총상꽃차례로 달리며 꽃잎은 가늘고 깊게 갈라져서 뒤로 젖혀진다. 수술은 5개로 수술대에 털이 있으며 암술은 1개로 끝부분이 3개로 갈라진다.

낚시돌풀 꼭두서니과

Oldenlandia strigulosa Bartl. ex DC.

바닷가의 바위틈이나 곁에 자란다. 높이 5~20cm. 줄기는 가지가 많이 갈라져 옆으로 퍼지며, 전체에 털이 없고 다육질이다. 잎은 윤이 나고 가장자리가 밋밋하다. 7월 중순~9월 초순 개화. 줄기와 가지 끝에 취산꽃차례로 달리며 꽃받침조각은 4개이고 꽃부리는 끝이 4개로 갈라진다. 제주와 남부지방의 해안에 드물게 자생한다.

호자덩굴 꼭두서니과

Mitchella undulata Siebold & Zucc.

산지의 숲 속에 자란다. 상록성으로 높이 10~20cm. 줄기는 땅 위를 기며 마디에서 뿌리를 내린다. 잎은 두터우며 털이 없고 가장자리가 물결진다. 6월 하순~7월 하순 개화. 꽃은 잎겨드랑이에서 2개씩 달리며 꽃부리의 안쪽에 털이 있고 열매는 둥글고 빨갛게 익는다. 목본인 호자나무*Damnacanthus indicus*와 달리 줄기가 땅을 긴다. 제주, 울릉, 전남지방에 드물게 자생한다.

긴두잎갈퀴 꼭두서니과

Oldenlandia brachypoda DC.

개울 주변과 경작지 주변의 습한 곳에 자란다. 높이 10~30cm. 줄기 밑부분에서 가지가 갈라지고 비스듬히 자라거나 곧게 서며 잎은 너비 1.5~3mm로 양끝이 좁다. 7월 중순~9월 초순 개화. 잎겨드랑이에서 나온 4~20mm의 꽃자루 끝에 1개의 꽃이 달리며 꽃부리 끝이 4개로 갈라진다. 제주와 남부지방에 분포한다. 꽃자루가 열매보다 2~4배 정도 길어 백운풀과 구별된다.

백운풀 꼭두서니과

Oldenlandia diffusa (Willd.) Roxb.

낮은 산지의 습한 곳에 자란다. 높이 10~30cm. 줄기는 밑부분에서 가지가 갈라져서 비스듬히 자라거나 곧게 선다. 잎은 선형으로 톱니는 없으나 거칠거칠하다. 7월 중순~9월 하순 개화. 꽃은 잎겨드랑이에서 나온 길이 2~3mm 정도의 꽃자루 끝에 1개씩 달린다. 꽃부리는 4개로 갈라지며 전남 백운산에서 처음 발견되어 붙여진 이름으로 제주와 남부지방에 자생한다.

산방백운풀 꼭두서니과

Oldenlandia corymbosa L.

개울가나 경작지 주변의 습한 곳에 자란다. 길이 15~40cm. 줄기는 가지를 많이 치며 땅을 기듯 자란다. 잎은 좁은 피침모양으로 양끝이 뾰족하다. 7월 하순~10월 하순 개화. 1~7개의 꽃이 잎겨드랑이와 줄기 끝에 편평꽃차례 또는 취산꽃차례로 달리며 꽃자루의 길이는 5~25mm, 작은꽃자루는 1~5mm이고 꽃부리는 끝이 4개로 갈라진다. 부산, 대구, 대전, 전남 등에 자생한다.

백령풀 꼭두서니과

Diodella teres (Walter) Small

바닷가나 산지의 양지바른 풀밭에 자란다. 높이 10~50cm. 줄기 밑부분에서 많은 가지가 갈라지고 전체에 짧은 털이 있다. 잎은 밑부분이 서로 합쳐져 원줄기를 둘러싸고 마디에 긴 털이 난다. 7월 중순~9월 하순 개화. 꽃부리의 길이가 4~6mm 정도인 꽃이 잎겨드랑이에 1개씩 달리며 꽃자루가 없다. 북아메리카 원산으로 서해의 백령도에서 처음 발견되어 붙여진 이름이다.

큰백령풀 꼭두서니과

Diodia virginiana L.

양지바른 풀밭에 자란다. 높이 10~60cm. 줄기는 밑부분에서 가지를 치고 비스듬히 누워 자라며 잎은 양면에 털이 거의 없다. 6월 하순~9월 초순 개화. 꽃부리의 길이가 8~11mm인 꽃이 잎겨드랑이에 1~2개씩 달리며 오후에 꽃잎을 닫는다. 북아메리카 원산으로 전남 장성호에서 처음 발견되었고 백령풀에 비해 꽃받침이 2개이고 암술머리가 2갈래로 실처럼 갈라져 구분된다.

석류풀 석류풀과

Mollugo pentaphylla L.

밭이나 길가, 빈터에 자란다. 높이 10~30cm. 줄기에 털이 없으며 많은 가지가 갈라진다. 줄기 아랫부분의 잎은 3~5개가 돌려나고 윗부분의 잎은 마주나며 가장자리가 밋밋하고 잎자루가 없다. 7월 중순~10월 하순 개화. 꽃은 가지 끝과 잎겨드랑이에서 난 꽃자루 끝에 취산꽃차례로 달린다. 열매는 삭과로 둥글고 3개로 갈라지며 중부 이남에 분포한다.

큰석류풀 석류풀과

Mollugo verticillata L.

밭이나 길가, 빈터에 자란다. 높이 10~25cm. 줄기는 누워 자라며 지면을 덮을 정도로 많은 가지가 엇갈려 갈라진다. 줄기 윗부분의 잎은 석류풀과 달리 4~7개씩 돌려나며, 1개의 맥이 있고 가장자리는 밋밋하다. 7월 중순~10월 중순 개화. 꽃은 잎겨드랑이에 3~5개씩 모여달린다. 열매는 삭과로 달걀모양이며 열대 아메리카 원산으로 전국에 분포한다.

물옥잠 물옥잠과

Monochoria korsakowii Regel & Maack

늪이나 연못, 논의 얕은 물속에 자란다. 높이 30~70cm. 땅속으로 기는줄기가 있으며 원줄기는 속이 스펀지처럼 구멍이 많다. 잎은 잎자루가 길고 밑부분이 넓어져 원줄기를 감싸며 위로 올라갈수록 잎자루가 짧아진다. 7월 하순~9월 하순 개화. 10~20개의 꽃이 원줄기 끝에 총상꽃차례로 달리며 지름은 25~30mm이다. 수술 6개 중 5개는 짧고 노란색이며 1개는 길고 자주색이다.

물달개비 물옥잠과

Monochoria vaginalis (Burm.f.) C.Presl

논이나 연못의 얕은 물가에 자란다. 높이 10~20cm. 줄기는 5~6개가 뭉쳐난다. 뿌리에서 나온 잎은 잎자루가 10~20cm로 길고 줄기에 달린 잎은 잎자루가 3~7cm이다. 7월 중순~10월 중순 개화. 지름 15~20mm의 꽃은 줄기에서 나온 꽃자루 끝에 3~5개가 총상꽃차례로 달린다. 꽃차례의 길이가 잎보다 짧으며 수술은 6개 중 1개가 크다.

대흥란 난초과

Cymbidium macrorhizon Lindl.

산지의 숲 속에 자라며 썩은 식물체에 기생하는 부생식물이다. 꽃줄기의 높이 10~30cm. 뿌리줄기가 옆으로 뻗으며 꽃줄기에 막질의 비늘조각이 드문드문 달린다. 7월 중순~8월 중순 개화. 지름 25mm 정도의 꽃이 꽃줄기 끝에 2~6개가 총상꽃차례로 성글게 달리며 간혹 향이 난다. 전남 두륜산 대흥사 주변에서 처음 발견되어 붙여진 이름이며 전국에 드물게 자생한다.

구름병아리난초 난초과

Neottianthe cucullata (L.) Schltr.

높은 산지의 다소 양지바른 곳에 자란다. 꽃줄기의 높이 10~20cm. 덩이뿌리가 있으며, 뿌리 근처의 잎은 2장으로 타원모양이고 꽃줄기에 피침모양의 포가 드문드문 달리며 간혹 잎에 흑자색의 반점이 있기도 하다. 7월 중순~9월 중순 개화. 지름 5~7mm의 꽃이 꽃줄기 끝에 이삭모양의 총상꽃차례로 한쪽으로 치우쳐 달린다. 전국의 높은 산지에 매우 드물게 자생한다.

이삭단엽란 난초과

Malaxis monophyllos (L.) Sw.

높은 산지의 숲 속이나 풀밭에 자란다. 꽃줄기의 높이 15~35cm. 방추모양의 헛뿌리가 있으며 잎은 짧은 잎자루가 있고 밑은 잎집으로 되어 꽃줄기를 감싼다. 7월 중순~8월 초순 개화. 지름 2.5~4mm의 꽃이 꽃줄기 윗부분에 총상꽃차례로 촘촘히 달리며 대개의 난초과 식물들과 달리 입술꽃잎이 위쪽에 있다. 북방계 식물로 경기, 강원 일부 지역에 드물게 자생한다.

백운란 난초과

Kuhlhasseltia nakaiana (F.Maek.) Ormerod

산지의 숲 속 그늘진 곳에 자란다. 꽃줄기의 높이 5~10cm. 뿌리줄기가 옆으로 뻗으며 마디에서 뿌리가 내린다. 잎은 꽃줄기의 아랫부분에 2~4장이 달리며 잎자루가 꽃줄기를 감싼다. 7월 중순~8월 초순 개화. 꽃줄기 윗부분에 2~6개의 꽃이 이삭꽃차례로 달리며 입술꽃잎의 끝부분은 가운데가 깊게 파인다. 전남 백운산에서 최초로 발견되었으며 울릉, 제주, 전남, 전북에 자생한다.

0715

씨눈난초 난초과

Herminium lanceum (Thunb. ex Sw.) Vuijk

산지의 숲 가장자리나 풀밭에 자란다. 꽃줄기의 높이 20~45cm. 구슬모양의 덩이줄기가 있고 잎은 길이 8~20cm이며 끝이 뾰족하다. 7월 중순~8월 중순 개화. 꽃은 꽃줄기의 윗부분에 이삭꽃차례로 촘촘히 달린다. 입술꽃잎은 길이 6~8mm 정도이며 3개로 깊게 갈라지고 가운데갈래조각이 곁갈래조각보다 짧다. 전남, 전북, 경남, 제주에 드물게 자생한다.

나도씨눈란 난초과

Herminium monorchis (L.) R.Br.

높은 산지의 풀밭에 자란다. 꽃줄기의 높이 10~35cm. 둥근 덩이줄기가 있으며, 잎은 꽃줄기의 아랫부분에 2개가 나고 길이 3~10cm로 좁은 타원모양이다. 7월 초순~8월 초순 개화. 꽃은 꽃줄기 윗부분에 이삭꽃차례로 달린다. 길이 3~5mm의 입술꽃잎은 3개로 깊게 갈라지며, 씨눈난초와 달리 가운데갈래조각이 곁갈래조각보다 길다. 충북, 강원 등에 드물게 자생한다.

잠자리난초 난초과

Habenaria linearifolia Maxim.

산지의 양지바른 습지에 주로 자란다. 꽃줄기의 높이 40~70cm. 타원모양의 덩이줄기가 있고 길이 10~20cm인 줄모양의 잎이 2~3개 난다. 7월 중순~9월 초순 개화. 꽃은 꽃줄기 끝에 총상꽃차례로 달린다. 꽃받침의 옆갈래조각은 달걀모양으로 옆으로 퍼지며, 입술꽃잎은 십자모양으로 갈라지고, 옆갈래조각이 줄모양이며 꿀주머니는 길이 25~40mm이다.

개잠자리난초 난초과

Habenaria cruciformis Ohwi

산지의 습지 주변 풀밭에 자란다. 꽃줄기의 높이 25~80cm. 달걀모양의 덩이줄기가 있고 10~20cm이다. 7월 하순~8월 하순 개화. 5~25개 정도의 꽃이 꽃줄기 윗부분에 총상꽃차례로 달린다. 꽃받침의 옆갈래조각이 뒤로 젖혀지며 입술꽃잎은 씨방쪽으로 굽고 곁갈래조각의 끝이 술처럼 갈라진다. 꿀주머니는 15~20mm로 짧고 끝부분이 부풀어 뭉툭해진다.

애기사철란 난초과

Goodyera repens (L.) R.Br.

높은 산지의 침엽수림 아래에 주로 자란다. 꽃줄기의 높이 10~20cm. 뿌리줄기가 옆으로 뻗으며, 잎은 꽃줄기의 아랫부분에 모여나고 잎 표면에 흰색의 그물모양 무늬가 있다. 7월 중순~8월 초순 개화. 꽃은 꽃줄기 윗부분에 총상꽃차례로 한쪽으로 치우쳐 달린다. 꽃차례와 꽃, 씨방에 갈색의 털이 있으며 경기, 강원, 경북, 전북, 제주 등에 드물게 자생한다.

사철란 난초과

Goodyera schlechtendaliana Rchb.f.

산지의 다소 건조한 숲 속에 자란다. 꽃줄기의 높이 15~25cm. 뿌리줄기가 옆으로 뻗으며 마디에서 뿌리를 내리고 늘푸른 잎은 꽃줄기의 아랫부분에 모여달리고 부드러우며 표면에 흰색의 그물모양 무늬가 뚜렷하다. 8월 초순~9월 중순 개화. 7~10mm 정도의 꽃은 7~15개가 한쪽으로 치우쳐 총상꽃차례로 달린다. 입술꽃잎은 꽃받침조각과 붙어 있으며 안쪽에 털이 난다.

붉은사철란 난초과

Goodyera biflora (Lindl.) Hook.f.
Goodyera macrantha Maxim.

산지의 숲 속 약간 습한 곳에 자란다. 꽃줄기의 높이 5~10cm. 줄기의 밑부분이 옆으로 길게 뻗는다. 잎은 표면에 흰색의 그물모양 무늬가 있고 잎자루의 밑부분이 꽃줄기를 감싼다. 7월 중순~8월 중순 개화. 25~30mm의 꽃이 1~3개 정도 짧은 꽃줄기에 달리며 꽃줄기, 꽃받침, 씨방에 털이 난다. 국내에 자생하는 같은 속의 식물 중 꽃이 가장 크다. 제주와 전남의 일부 섬에 자생한다.

로젯사철란 난초과

Goodyera rosulacea Y.N.Lee

낮은 산지의 숲 속에 자란다. 꽃줄기의 높이 20~40cm. 뿌리는 1~6개로 갈색의 털에 싸여 있고 땅속줄기보다 길다. 잎은 꽃줄기의 아랫부분에 3~8개가 모여나며 뒷면이 회록색이다. 6월 하순~7월 중순 개화. 3~4mm 정도의 꽃이 꽃줄기의 윗부분에 이삭꽃차례로 달리며 입술꽃잎을 제외한 전체에 털이 난다. 중부지방의 석회암 지대에 드물게 자생하며 '한국사철란'이라고도 한다.

구름제비란 난초과

Platanthera ophrydioides F.Schmidt

높은 산지의 숲 속에 자란다. 꽃줄기의 높이 15~40cm. 덩이줄기는 방추모양이다. 꽃줄기 아랫부분에 큰 잎은 밑동이 줄기를 감싸며 윗부분에 1~2개의 비늘잎이 달린다. 7월 중순~8월 초순 개화. 5~15개의 꽃이 이삭꽃차례로 달린다. 꽃받침의 가운데갈래조각은 달걀모양, 곁갈래조각은 선상 피침모양이다. 강원 북부에 자생한다.

애기제비란 난초과

Platanthera maximowicziana Schltr.

높은 산지의 풀밭에 자란다. 꽃줄기의 높이 10~20cm. 방추모양의 덩이줄기가 있다. 잎은 긴 타원모양으로 꽃줄기의 아랫부분에 달리는 잎이 가장 크고 위로 갈수록 점점 작아져 비늘잎이 된다. 7월 하순~8월 초순 개화. 크기가 1cm 정도인 꽃이 5~10개 정도 달리며 포는 피침모양으로 꽃보다 길다. 강원 일부 고산지대에 자생한다.

지네발란 난초과

Pelatantheria scolopendrifolia (Makino) Aver.

산지의 숲 속 나무줄기나 바위에 붙어 자란다. 줄기가 길게 뻗으며 드문드문 가지가 갈라지고 굵은 뿌리를 낸다. 잎은 2줄로 어긋나며 가죽질로 길이 7~10mm이다. 7월 하순~8월 하순 개화. 지름 5~8mm의 꽃이 잎겨드랑이에 나온 꽃자루 끝에 1개씩 달리며 입술꽃잎은 주머니모양이다. 제주, 전남, 경남에 드물게 자생한다.

배초향 꿀풀과

Agastache rugosa (Fisch. & C.A.Mey.) Kuntze

산과 들의 양지바른 풀밭에 자란다. 높이 40~100cm. 줄기는 네모지며 윗부분에서 가지가 갈라진다. 잎은 끝이 뾰족하고 밑이 둥글며 잎자루가 길다. 7월 중순~9월 하순 개화. 꽃은 가지 끝에 이삭꽃차례로 달리며 꽃차례의 길이는 5~15cm이고 꽃부리의 길이는 8~10mm이다. 전체에 강한 향이 있으며 식용이나 약용하고 민가 주변에 재배된다.

박하 꿀풀과

Mentha canadensis L.

들의 습한 풀밭에 주로 자란다. 높이 50~100cm. 땅속줄기가 옆으로 뻗으며 번식하고 전체에 짧은 털이 나며 특유의 향이 있다. 줄기는 네모지고 가지가 갈라지며 잎가장자리에 톱니가 있다. 7월 중순~10월 중순 개화. 꽃은 잎겨드랑이에서 층층이 모여달린다. 꽃부리는 길이 4개로 갈라지고 길이가 비슷한 4개의 수술이 꽃부리 밖으로 길게 나온다.

산박하 꿀풀과

Isodon inflexus (Thunb.) Kudô

산지의 볕이 잘 드는 곳에 자란다. 높이 40~100cm. 전체에 잔털이 난다. 잎은 밑부분이 잎자루에 날개처럼 붙으며 양면 맥 위에 털이 있다. 7월 중순~9월 중순 개화. 길이 8~10mm 정도의 꽃이 줄기와 가지 끝부분에 취산꽃차례로 달리며 꽃부리는 입술모양이다. 거북의 꼬리처럼 잎 끝이 길게 나오지 않아 오리방풀과 구분된다.

방아풀 꿀풀과

Isodon japonicus (Burm.f.) H.Hara

산지의 반그늘진 곳에 자란다. 높이 50~100cm. 땅속줄기가 있고 줄기는 네모진 모서리에 아래를 향한 털이 있다. 잎은 가장자리에 톱니가 있고 밑부분이 좁아져서 잎자루의 날개가 된다. 8월 하순~10월 중순 개화. 길이 5~7mm의 꽃이 원추꽃차례로 달린다. 꽃은 연한 자주색이고 꽃부리는 입술모양이며 암술과 수술이 꽃부리 밖으로 나온다.

오리방풀 꿀풀과

Isodon excisus (Maxim.) Kudô

산지의 반그늘진 곳에 자란다. 높이 50~100cm. 네모진 줄기의 모서리에 아래를 향한 털이 있다. 잎은 끝부분이 3개로 갈라지고 가운데의 갈래조각이 거북의 꼬리처럼 길게 발달한다. 7월 초순~9월 중순 개화. 꽃은 잎겨드랑이와 가지의 끝부분에 취산꽃차례로 달리고 꽃차례의 길이는 5~20cm이며 꽃부리는 길이 8~12mm로 입술모양이다.

0718

꽃

대나물 석죽과

Gypsophila oldhamiana Miq.

양지바른 풀밭에서 자란다. 높이 50~120cm. 줄기는 한 군데에서 여러 대가 나와 윗부분에서 가지가 갈라지고 전체에 털이 없다. 잎은 피침모양으로 밑부분이 좁아져서 잎자루처럼 되고 중앙부의 잎은 길이 6cm 정도이다. 7월 중순~10월 초순 개화. 지름 1cm 정도의 꽃이 줄기 끝에서 편평한 모양을 이루며 취산꽃차례로 핀다.

끈끈이대나물 석죽과

Silene armeria L.

바닷가, 강가 등에 잘 자란다. 높이 50cm 정도. 전체가 분백색이 돌며 털이 없고 줄기 윗부분의 마디 밑에서 점액이 분비되어 끈적끈적하다. 잎은 달걀모양이며 끝부분이 뾰쪽하다. 5월 하순~8월 초순 개화. 지름 1cm 정도의 꽃이 줄기 끝부분에서 갈라져 분홍색이나 흰색으로 핀다. 유럽 원산으로 원예용으로 가꾸던 것이 야화되었다.

미나리 산형과

Oenanthe javanica (Blume) DC.

개울이나 얕은 습지에서 자란다. 높이 30~50cm 정도. 줄기가 땅을 기며 마디에서 뿌리를 내려 번식한다. 줄기는 곧게 서고, 털이 없으며 속이 비어 있고 세로로 도드라진 맥(능각)이 있다. 7~8월 개화. 10~25송이의 작은 산형꽃차례가 모인 겹산형꽃차례를 이룬다. 야생에 자생하기도 하지만 향기가 좋아 식용으로 널리 재배한다.

선괴불주머니 양귀비과

Corydalis pauciovulata Ohwi

산지의 계곡이나 숲 가장자리에 자란다. 높이 60cm 정도. 줄기는 갈색을 띤 녹색이며, 잎은 2~3회 갈라지고 가장자리가 밋밋하다. 7월 하순~10월 중순 개화. 꽃은 총상꽃차례로 달리고, 위, 아래 꽃잎의 끝이 적갈색이며 열매는 2~4개의 씨가 1줄로 배열한다. **가는괴불주머니***C. raddeana*에 비해 열매가 짧고 종자의 수가 적어 구분된다.

0718

털이슬 바늘꽃과

Circaea mollis Slebold & Zucc.

산지의 그늘진 곳에 자란다. 높이 40~60cm. 뿌리줄기가 뻗으면서 번식한다. 줄기 마디 사이가 약간 굵으며 붉은빛을 띤다. 잎은 끝이 뾰족하고 가는 털이 나며 잎자루가 길다. 7월 하순~9월 하순 개화. 줄기 끝이나 잎겨드랑이에서 나온 꽃대에 총상꽃차례로 달린다. 꽃받침잎과 꽃잎이 각각 2개씩으로 꽃잎의 끝은 2개로 갈라진다.

쥐털이슬 바늘꽃과

Circaea alpina L.

높은 산의 그늘진 숲 속에 자란다. 높이 5~25cm. 가지를 거의 치지 않고 잎은 세모난 달걀모양으로 끝이 뾰족하며 가장자리에 톱니가 약간 있다. 7~8월 개화. 지름 3mm 정도의 자잘한 분홍색 꽃들이 총상꽃차례로 달린다. 꽃잎은 2개이고 꽃받침과 길이가 비슷하며 열매는 갈고리처럼 생긴 털로 덮인다. 털이슬속의 다른 식물들에 비해서 키가 작다.

말털이슬 바늘꽃과

Circaea lutetiana subsp. *quadrisulcata* Maxim. ex Asch. & Magnus.

산지의 그늘진 숲 속에 자란다. 높이 30~50cm. 잎은 끝이 뾰족한 긴 타원모양으로 가장자리에 점과 같은 희미한 톱니와 잔털이 있다. 7~8월 개화. 꽃은 약간 붉은색이 도는 흰색으로 핀다. 꽃자루에 샘털이 많으며, 꽃받침이 붉다. 털이슬에 비해 털이 거의 없어 구분되며 꽃받침이 녹색인 것은 **푸른말털이슬** for. *viridicalyx*로 분류한다.

쇠털이슬 바늘꽃과

Circaea cordata Royle.

산지의 숲 속에 자란다. 높이 20~60cm. 전체에 잔털이 있으며 잎가장자리에 물결모양의 자잘한 톱니가 있고, 잎자루가 길다. 7~8월 개화. 지름 3mm 정도의 자잘한 꽃들이 총상꽃차례로 달리며 샘털이 밀생한다. 털이슬, 말털이슬에 비해 잎의 밑부분이 둥글거나 심장모양이고 전체에 잔털이 나며 줄기의 마디가 붉은색을 띠지 않아 구분된다.

0720

붉은털이슬 바늘꽃과

Circaea erubescens Franch. & Sav.

산지의 숲 가장자리에 자란다. 높이 20~60cm. 줄기는 보통 가지를 치지 않고 곧추서서 자라며 털이 없고 붉은색을 띤다. 7~8월 개화. 가지 끝에서 총상꽃차례로 달리며 꽃차례에 털이 없다. 전국에 드물게 자생한다. 말털이슬에 비해 줄기, 꽃자루, 열매가 붉은색을 띠며 꽃잎의 끝부분이 얕게 갈라져 구분된다.

세수염마름 참깨과

Trapella sinensis Oliv.

연못이나 저수지에 자란다. 줄기가 물 위에 떠서 뻗어가며 꽃대를 올린다. 7월 하순~9월 초순 개화. 꽃의 지름은 1cm 정도이다. 열매에 뿔모양의 부속체가 5개 달려 있는데 그중 3개는 길이 1.5~5cm로 끝이 말린 수염모양이며, 2개는 길이 0.2~1.2cm로 가시처럼 끝이 날카롭다. 중부 이남에 자생한다. 이와 닮은 **수염마름**var. *antenifera*은 5개의 부속체가 모두 길고 길이가 같다.

새삼 메꽃과
Cuscuta japonica Choisy.

산과 들의 양지바른 곳에서 다른 식물에 기생해서 자란다. 덩굴성으로 길이 3~5m. 줄기는 지름 2mm 정도이다. 땅속의 뿌리가 없어지고, 줄기에서 기생뿌리가 나와 숙주식물의 피질에 침투한다. 7월 하순~10월 중순 개화. 꽃부리는 3.5~4mm로 끝이 5갈래로 갈라진다.

실새삼 메꽃과
Cuscuta australis R.Br.

들이나 풀밭에 자라며 콩과, 국화과 쑥속의 초본에 주로 기생한다. 덩굴성으로 길이 50cm 정도. 7~8월 개화. 미국실새삼에 비해 꽃잎 통부 안쪽의 비늘조각 부속체는 작고 끝이 Y자 모양으로 갈라져 구분된다.

미국실새삼 메꽃과
Cuscuta pentagona Engelm.

빈터나 들에 자라며 숙주를 가리지 않고 다른 초본에 기생한다. 북아메리카 원산으로 실새삼에 비해 꽃잎 통부 안쪽의 인편 부속체가 크고 끝이 술처럼 발달하며 암술머리가 공모양이어서 구분된다.

0720

여우팥 콩과

Dunbaria villosa (Thunb.) Makino.

들이나 산기슭에서 자란다. 줄기는 덩굴성이고 잎은 삼출엽으로서 잎자루가 길고 비스듬히 선 짧은털이 밀생하며 작은잎은 마름모꼴 비슷하다. 7월 하순~10월 중순 개화. 줄기 끝의 잎겨드랑이에 3~8개의 꽃이 달린다. 꽃받침은 길이 1cm로서 샘털이 있으며 새팥, 덩굴팥과 달리 열매에 털이 있다. 전라, 경상 등 주로 남부지역에 분포한다.

좀돌팥 콩과

Vigna nakashimae (Ohwi) Ohwi & H.Ohashi.

볕이 잘 드는 저지대에 주로 자라며 새팥보다 흔히 보인다. 길이 2~3m. 잎은 3출엽으로 소엽은 잎가장자리에 결각이 없고 좁은 난형~피침형이다. 8~10월 개화. 새팥의 소포 길이가 꽃받침과 같거나 긴데 비해 소포의 길이가 꽃받침보다 짧다. 종자는 흑갈색 반점이 있으며 제(종자의 흰 배꼽)가 일자형으로 뚜렷하고 흰색을 띤다. 제주도를 제외한 전국에 분포한다.

새팥 콩과

Vigna angularis var. nipponensis (Ohwi) Ohwi & H.Ohashi

길가나 들에 자란다. 길이 1m 정도. 줄기는 각이 지며 황갈색의 긴 털이 난다. 잎은 어긋나고 3출겹잎으로 작은잎의 가장자리에 1~2개의 결각이 있기도 하다. 8월 중순~9월 하순 개화. 꽃의 지름은 10~15mm이고 잎겨드랑이에서 나온 긴 꽃자루 끝에 2~8개가 달리며, 열매의 길이는 4~6cm이다. **팥**var. *angularis*과는 달리 덩굴성이나 같은 종으로 보기도 한다.

왕관갈퀴나물 콩과

Securigera varia (L.) Lassen.

양지바른 들에 자란다. 길이 30~120cm. 줄기는 가지를 많이 치고 털이 없다. 잎은 홀수깃꼴겹잎으로 15~25개의 작은잎으로 이루어진다. 꽃은 5~8월에 가지 끝 쪽의 잎짬에서 나온 길이 5~10cm의 꽃자루 끝에 20개 내외의 꽃이 왕관모양으로 달려 핀다. 유라시아 원산의 귀화식물로 서울 근교에 분포하며 영명인 'Crown Vetch'를 풀어 이름을 사용했으나 갈퀴나물*Vicia*속과는 다른 속이다.

0720

누린내풀 마편초과

Tripora divaricata (Maxim.) P.D.Cantino

낮은 산자락에 자란다. 높이 1m 정도. 전체에 짧은 털이 있고 줄기는 네모지다. 전체에서 누린내가 나며 꽃이 필 때 냄새가 더욱 강하다. 7월 중순~9월 하순 개화. 꽃의 길이는 3cm 정도이며, 수분곤충이 앉으면 꽃술이 곤충의 등에 닿아 꽃가루를 붙이거나 받는다. 열매는 꽃받침보다 짧고 4개로 갈라진다. 구렁내풀, 노린재풀이라고도 한다.

물질경이 자라풀과

Ottelia alismoides (L.) Pers.

논이나 도랑, 작은 연못의 물속에 자란다. 꽃자루의 높이는 논과 연못 등 자라는 곳의 수심에 따라 5~50cm 정도로 차이가 있다. 잎은 뿌리에서 모여나며 얇은 잎자루가 있고, 처음 나 온것은 거꿀피침모양, 나중 나온 것은 넓은 달걀모양이다. 7월 하순~9월 개화. 꽃대 끝에서 포에 싸인 1개의 꽃이 피고 통 모양의 포에 닭벼슬같은 날개가 있으며 길이 4cm 정도이다.

택사의 꽃

질경이택사

택사 택사과

Alisma canaliculatum A.Br. & Bouche.

개울, 연못, 논 등 얕은 물에서 자란다. 높이 40~130cm. 잎은 뿌리에서 나고 밑부분이 넓어져 서로 감싼다. 잎자루는 길이 15~20cm, 잎몸은 피침모양 또는 넓은 피침모양으로 10~30cm이다. 7월 중순~9월 중순 개화. 긴 꽃자루에 3개씩 잔가지가 돌려난다. 꽃의 지름은 1cm 정도로 하루만 피고 오후에 피기 시작해 저녁이면 진다. 덩이뿌리를 말려 약재로 쓰이고 쇠태나물이라도 하며 소가 많이 먹으면 소변에 피가 섞여 나온다. **질경이택사***A. orientale*는 택사와 비슷한 환경에서 자라며 꽃은 택사를 닮았지만 잎은 질경이의 잎과 같이 숟가락처럼 생겼다. 잎몸은 길이 4~10cm 정도이다. 6~9월 개화. 꽃은 옅은 분홍색으로도 핀다.

매듭풀 콩과

Kummerowia striata (Thunb. ex Murray) Schindl.

산과 들, 길가의 양지바른 풀밭에서 자란다. 높이 10~30cm. 밑에서 가지가 많이 갈라지고, 줄기에 아래를 향한 털이 있다. 잎은 3출엽이고 잎 끝이 둥글거나 다소 파지며 잎자루는 짧고 잎가장자리에 털이 없어서 매끈한 편이다. 7월 하순~9월 하순 개화. 꽃은 길이 5mm 정도의 크기로 잎겨드랑이에 1~2씩 피며, 꽃받침에 털이 있다.

둥근매듭풀 콩과

Kummerowia stipulacea (Maxim.) Makino.

산이나 들, 모래자갈땅의 양지바른 곳에서 자란다. 높이 10~20cm. 줄기의 털이 위를 향한다. 7~9월 개화. 꽃의 크기와 모양은 매듭풀과 거의 차이가 없으나 꽃받침에 털이 없다. 전국에 드물게 분포한다. 이 종은 매듭풀에 비해 잎의 폭이 넓고 줄기에 위로 향하는 털이 있으며, 잎가장자리에 센털이 있고 잎의 끝이 오목한 편이다.

병풍쌈 국화과

Parasenecio firmus (Kom.) Y.L.Chen

깊은 산의 반그늘에서 무리지어 자란다. 높이 1~2m. 줄기에는 세로줄이 있고, 뿌리잎은 잎자루가 길고 잎의 지름이 35~100cm로 크다. 잎 밑부분은 심장모양이고 가장자리는 11~15개로 얕게 갈라지며 불규칙한 톱니가 있다. 줄기잎은 작고 밑부분이 줄기를 감싼다. 7~9월 개화. 경기, 강원, 전라도와 경북에 드물게 분포한다.

어리병풍 국화과

Parasenecio pseudotaimingasa (Nakai) B.U.Oh

꽃

높고 깊은 산의 숲그늘에 자란다. 높이 60~100cm. 줄기는 세로로 모가 난 줄이 있고 윗부분에 털이 약간 있다. 줄기잎은 1개이며 둥글고 지름이 27~32cm로 가장자리가 손바닥모양으로 깊게 갈라지며, 갈라진 조각은 다시 3갈래로 얕게 갈라진다. 7~8월 개화. 중부 이남에 드물게 자생한다. 병풍쌈과 비슷하나 잎이 작고 키도 작다.

분취 국화과

Saussurea seoulensis Nakai.

산지에서 자란다. 높이 20~80cm. 잎은 로제트모양으로 퍼지고 잎 양면에 거미줄같은 흰 털이 있다. 잎가장자리에 뾰족한 톱니가 있고 잎자루는 길이 4~9cm이다. 8월 초순~10월 중순 개화. 지름 3cm 정도의 꽃이 피며, 총포는 종모양으로, 약간 자줏빛이 돌고 흰 털로 덮여 있으며, 포조각은 6줄로 배열된다. 그늘취에 비해 잎자루에 털이 있다.

은분취 국화과

Saussurea gracilis Maxim.

볕이 잘 드는 건조한 풀밭에서 자란다. 높이 10~30cm. 잎 뒷면은 샘털이 밀생하며 흰색이다. 7월 하순~10월 초순 개화. 꽃부리 길이 12mm 정도의 꽃이 편평꽃차례로 달리고 총포에 거미줄같은 털이 약간 덮여 있다. 포편은 8~11줄로 배열되고 뒷면에 7맥이 있으며, 외포편은 난상 피침모양, 중포편은 긴 타원상 피침모양이고 내포편은 선형이다.

버들분취 국화과

Saussurea maximowiczii Herd.

산지의 볕이 잘드는 습지 주변의 풀밭에서 자란다. 높이 50~150cm. 잎이 깃 모양으로 얕게 갈라지고, 뒷면에 선점과 더불어 흰 털이 약간 있다. 7월 초순~10월 하순 개화. 포조각은 8줄이고 꽃부리의 길이는 11~13mm이다. 중부 이남에 분포한다. 버들분취와 비슷한 톱분취는 잎가장자리가 깊고 가늘며 규칙적으로 갈라진다.

당분취 국화과

Saussurea tanakae Franch. & Sav. ex Maxim.

산지에서 자란다. 높이 50~100cm. 아랫쪽의 잎은 잎자루가 있고 위로 갈수록 잎자루가 없어진다. 잎 양면과 잎자루에 털이 약간 있다. 7월 하순~10월 초순 개화. 줄기나 가지 끝에 지름 1cm 정도의 머리모양꽃차례들이 편평꽃차례로 달린다. 총포는 길이 14mm이며 총포편은 5~6줄이다. 줄기에 날개가 있어 쉽게 다른 종과 구별된다.

각시취 국화과

Saussurea pulchella (Fisch.) Fisch.

양지바른 풀밭에서 자란다. 높이 30~150cm. 줄기는 곧게 서고 날개가 있기도 하다. 잎 양면에 털이 있고 뒷면에는 선점이 있다. 7월 중순~11월 중순(남부지방) 개화. 지름 1.5cm 정도의 두상화가 편평꽃차례로 달린다. 총포는 길이 11~13cm이며 포편은 6~7줄로 배열된다. **큰각시취**는 잎이 깃모양으로 얕게 갈라지는 차이가 있다.

서덜취 국화과

Saussurea grandifolia Maxim.

깊은 산지에서 자란다. 높이 30~50cm. 밑부분의 잎은 잎자루가 10cm 정도이고 위로 갈수록 짧아진다. 7월 초순~10월 중순 개화. 머리모양꽃차례의 지름이 1cm 정도이고 포편은 7~10줄로 배열하며 끝이 가치처럼 돌출한다. 뿌리잎은 개화시 없어지고 줄기잎은 달걀모양 또는 삼각형의 달걀모양인 것이 특징이다.

각시서덜취 국화과

Saussurea macrolepis (Nakai) Kitam.

깊은 산지에서 자란다. 높이 30~90cm. 뿌리줄기 부분이 목질화되어 있고, 줄기의 밑부분은 붉은색을 띤다. 7월 초순~10월 중순 개화. 머리모양꽃차례의 지름은 1.5cm 정도로 연한 분홍색을 띠며, 줄기 끝에 1개 또는 여러 개씩 달린다. 총포는 지름 6~9mm이고 포편은 6~7줄이다. 서덜취에 비해 잎 끝이 꼬리 모양으로 길다.

홍도서덜취 국화과

Saussurea polylepis Nakai.

숲 가장자리의 풀밭에 자란다. 높이 70cm 정도. 줄기의 윗부분에서 가지가 갈라진다. 뿌리잎은 긴 잎자루가 있고 꽃이 필 때 없어지며 줄기잎은 콩팥 모양으로 가장자리에 불규칙한 톱니가 있다. 7월 중순~9월 중순 개화. 총포는 좁은 종모양으로 털이 있고 포조각은 7줄로 배열한다. 홍도, 매가도, 가거도 등 전남의 섬지역에 자생한다.

큰쐐기풀 쐐기풀과

Laportea cuspidata (Wedd.) Friis

산지 그늘진 곳에 자란다. 높이 40~80cm. 줄기는 곧게 서고 큰 가시털이 성글게 난다. 잎은 쐐기풀속 분류군과 달리 어긋나고 크고 넓은 달걀모양으로 가장자리에 톱니가 있다. 8~9월 개화. 꽃은 연한 녹색으로 작은이삭꽃차례를 이룬다. 쐐기풀의 가시털은 주사바늘 구조로 피부에 닿으면 벌에 쏘인 듯한 통증이 느껴진다.

애기쐐기풀 쐐기풀과

Urtica laetevirens Maxim.

산지의 숲 가장자리에서 자란다. 높이 50~100cm. 줄기는 단면이 사각형으로 잔털과 가시털이 있고 잎은 달걀모양으로 양면에 털과 함께 선점이 있다. 턱잎은 4개로 길이 6~7mm의 줄모양이다. 7~10월 개화. 암수한그루로 수꽃이삭은 가지 끝에, 암꽃이삭이 그 밑에 달린다. **섬쐐기풀**var. *robusta*은 애기쐐기풀보다 잎이 크고 주로 섬에 자생한다.

가는잎쐐기풀 쐐기풀과

Urtica angustifolia Fisch. ex Hornem.

산지에 자란다. 높이 50~100cm. 줄기는 가지가 다소 갈라지며 둔한 네모모양으로 가시털이 있다. 잎은 긴 피침모양이다. 6~8월 개화. 꽃은 단성화로, 각 잎겨드랑이에서 2개씩 나오고 위쪽 꽃차례에는 암꽃, 아래쪽 꽃차례에는 수꽃이 이삭꽃차례로 핀다. **긴꼬리쐐기풀**var. *sikokiana*은 잎이 더 좁고 길다.

혹쐐기풀 쐐기풀과

Laportea bulbifera (Siebold & Zucc.) Wedd.

산지의 숲에 자란다. 높이 40~70cm. 전체에 가시털이 있고 뿌리는 고구마 모양처럼 생겼다. 잎은 달걀모양이고 가장자리에 규칙적인 톱니가 있다. 7~9월 개화. 암수한그루로 수꽃이삭은 잎겨드랑이 부분에 달리며, 암꽃이삭은 원줄기 끝부분에 달린다. 잎겨드랑이에 육아(肉芽)가 달려서 붙여진 이름이다.

닭의덩굴 마디풀과

Fallopia dumetorum (L.) Holub.

들에서 주로 자란다. 줄기는 2m 정도로 뻗으며 다른 물체를 감는다. 6~9월 개화. 꽃은 잎겨드랑이에 총상꽃차례로 몇 개씩 달리며, 아래로 처진다. 잎 밑동의 좌우측 날개끝이 뾰족하고, 꽃밥이 붉으며 열매에 날개가 있다.

큰닭의덩굴 마디풀과

Fallopia dentatoalata (F.Schmidt) Holub.

들에 자란다. 줄기 1m 정도. 닭의덩굴이 잎 아랫부분이 뾰족한데 반해 큰닭의덩굴은 잎의 아랫부분이 둥글고 열매의 날개에 결각이 있으며 열매가 더 크고 길다. 9~10월 개화.

나도닭의덩굴 마디풀과

Fallopia convolvulus (L.) A.Love

들에 자란다. 덩굴 길이 40~100cm. 5~10월 개화. 유라시아 원산의 귀화식물이다. 화살촉 모양의 잎끝이 닭의덩굴에 비해 날카롭고 꽃밥의 색상도 흰색에 가깝다. 열매에 날개가 없다.

산외 박과

Schizopepon bryoniaefolius Maxim.

산지에 자란다. 2개로 갈라지는 덩굴손으로 다른 물체를 감으면서 자란다. 잎자루가 길고 잎 표면에는 털이 산발적으로 난다. 8월 초순~9월 하순 개화. 양성꽃과 수꽃이 따로 있다. 양성꽃은 잎겨드랑이에 1개씩 달리고 수꽃은 총상꽃차례로 달린다. 꽃부리는 5개로 갈라지며 수술은 3개, 암술대는 3개로 갈라져 다시 2개로 갈라진다.

돌외 박과

Gynostemma pentaphyllum (Thunb.) Makino

산지의 숲 속이나 길가에 자란다. 줄기를 2m 정도 뻗으며 땅을 기거나 덩굴손이 있어 물체를 감고 올라간다. 잎은 손바닥모양으로 5~7갈래로 갈라지며 표면에 털이 있으나 떨어진다. 7월 초순~10월 초순 개화. 암수딴그루로 잎겨드랑이에서 나온 원뿔모양꽃차례에 황록색 꽃이 달린다. 울릉도를 포함하여 남부지방과 제주도에 주로 분포한다.

0723

가야물봉선의 꽃

흰물봉선의 꽃

산물봉선의 꽃

물봉선 봉선화과

Impatiens textorii Miq.

산지의 습지에서 자란다. 높이 60cm 정도. 잎은 넓은 피침모양이고 끝은 뾰족하고 밑동은 좁아져서 잎자루에 이른다. 7월 하순~10월 중순 개화. 꽃부리의 길이 3cm 정도의 꽃이 핀다. 열매가 마르면 껍질이 터지면서 씨앗이 튀어나가고 열매껍질이 용수철처럼 말린다. 물봉선에 비해 생식기관이 작고 꽃이 흑자색으로 피는 **가야물봉선***I. atrosanguinea*과 꽃이 흰색으로 피는 **흰물봉선**var. *koreana*, 2022년 한반도 고유종으로 새로 발표된 **산물봉선***I. hambaeksanensis*이 있다.

노랑물봉선 봉선화과

Impatiens noli-tangere L.

산지의 습한 곳에서 종종 물봉선과 함께 자란다. 높이 50cm 정도. 6월 초순~10월 초순 개화. 노란 바탕에 자잘한 붉은 반점이 있는 꽃이 핀다. 물봉선에 비해 잎 크기가 작고 끝이 둔하며 잎가장자리의 결각이 크다.

꼬마물봉선 봉선화과

Impatiens violascens B.U.Oh & Y.Y.Kim.

높은 산지의 숲 속에 자란다. 높이 20~60cm. 8~9월 개화. 꽃이 1.4~2.4cm 정도로 작고, 하악편이 급격히 좁아지며 거가 한바퀴 이내로 감긴다. 경북 보현산에 자생한다.

처진물봉선 봉선화과

Impatiens furcillata Hemsl.

계곡 주변의 습한 곳에 자란다. 높이 60cm 정도. 7월 하순~10월 초순 개화. 꽃뿔 끝부분이 말리지 않으며, 측면과 끝부분이 연노랑색을 띤다. 전남, 경남 지역에 매우 드물게 분포한다.

시호 산형과

Bupleurum falcatum L.

낮고 양지바른 산기슭에서 자란다. 높이 40~70cm. 원줄기는 털이 없고 딱딱하며 윗부분에서 가지를 친다. 뿌리잎은 밑부분이 좁아져서 잎자루처럼 되며 줄기잎은 넓은 선형 또는 피침모양이다. 8~10월 개화. 뿌리줄기를 약재로 쓰기 위해 재배한다. **참시호**는 잎의 폭이 3~5mm 정도로 시호에 비해 좁은 편이고, 꽃차례가 작다.

개시호 산형과

Bupleurum longeradiatum Turcz.

주로 높은 산의 반그늘에서 자란다. 높이 50~120cm. 전체에 털이 없고 줄기는 곧게 서며 윗부분에서 가지가 갈라진다. 잎의 폭이 2~3.5cm로 시호에 비해 넓고 구두 주걱같이 생겼으며 잎이 줄기를 감싸듯이 달려 있는 차이가 있다. 7~8월 개화. 자잘한 꽃들이 겹산형꽃차례를 이룬다. 시호에 비해 훨씬 크게 자라므로 큰시호라고도 한다.

등대시호 산형과

Bupleurum euphorbioides Nakai.

해발 1,000m 이상의 높은 산 정상 부근에서 자란다. 다른 종류의 시호에 비해 높이가 40cm 이하로 작다. 7~8월 개화. 개화 초기에는 꽃이 밝은 형광색을 띠다가 시간이 지나면서 점점 적자색으로 변한다. 소총포가 4~6개로 마치 꽃받침처럼 넓은 달걀모양으로 보인다. 꽃차례가 등잔받침(등대)을 닮아서 유래한 이름이다.

네귀쓴풀 용담과

Swertia tetrapetala (Pall.) Grossh.

해발 1,000m 이상 높은 산의 풀밭에 자란다. 높이 15~35cm 정도. 줄기는 네모지고 가지를 많이 친다. 잎은 삼각상 넓은 피침모양으로 잎자루는 없다. 7월 하순~8월 하순 개화. 꽃의 지름은 1cm 정도로 꽃잎은 4장이고, 흰색 바탕에 청색 반점과 작은 귀모양의 돌기가 발달하여 있으며 꽃받침은 꽃잎의 1/3 정도이다.

0724

맥문동 백합과

Liriope muscari (Decne.) L.H. Bailey

낮은 산지나 풀밭의 그늘에서 자란다. 높이 30~50cm. 줄기는 곧게 서며, 잎은 짙은 녹색을 띠고 선형이며 밑부분이 잎집처럼 된다. 짧고 굵은 뿌리줄기에서 잎이 모여나와서 포기를 형성하고 흔히 뿌리 끝이 커져서 땅콩같이 된다. 5~8월 개화. 지름 5mm 정도의 자잘한 꽃들이 총상꽃차례로 달린다. 중부 이남에 분포한다.

개맥문동 백합과

Liriope spicata (Thunb.) Lour.

산과 들의 나무그늘에서 자란다. 높이 15cm 정도. 뿌리줄기가 옆으로 길게 뻗으면서 번식한다. 잎은 뿌리줄기에서 빽빽하게 나고 줄모양이며 7~11맥이 있다. 5~7월 개화. 지름 4mm 정도의 꽃이 총상꽃차례를 이룬다. 맥문동에 비해 잎이 좁고, 꽃차례가 성기어 빈약한 편이고 꽃이 작으며, 흰색에 가까운 보라색을 띤다.

느러진장대 배추과

Catolobus pendulus (L.) Al-Shehbaz

산과 들의 습한 곳에 자란다. 높이 50~100cm. 줄기 위에서 가지가 갈라지며, 줄기와 잎에 퍼진 털과 3~5개로 갈라진 별모양의 털이 있다. 뿌리잎은 긴 타원형으로 밑부분이 귀처럼 된다. 7월 하순~8월 중순 개화. 지름 3mm 정도의 흰색 꽃이 핀다. 7~10cm의 기다란 열매가 밑으로 늘어져서 유래한 이름으로 경북, 충북 이북에 자생한다.

꽃

절국대 현삼과

Siphonostegia chinensis Benth.

산비탈의 볕이 잘 드는 풀섶에서 자란다. 높이 30~60cm. 잎은 줄기 중간 이하에서는 마주나지만 위에서는 어긋난다. 잎자루는 짧거나 없고, 1~3개의 톱니가 있다. 7월 하순~9월 하순 개화. 잎겨드랑이에 1개씩 옆을 향해 달리는 이삭꽃차례로, 꽃부리의 길이는 2.5cm로 입술모양이다. 옛이름 벌곡대(伐曲大)가 변음이 된 이름이다.

0724

애기앉은부채 천남성과

Symplocarpus nipponicus Makino.

낙엽수림 아래의 습윤한 곳에서 자란다. 이른 봄에 꽃을 피우는 앉은부채와 달리 이른 봄에 잎이 먼저 돋아 크게 자랐다가 6월이 되면 지상부가 사라지고 휴면에 들어가며, 8~10월에 검붉은색의 불염포가 10cm 정도 자라고 그 안에 꽃을 피운다. 꽃차례는 길이 2~3cm로 이듬해 꽃이 필 때 완전히 익는다. 중부 이북의 산지에 주로 분포한다.

칠보치마 백합과

Metanarthecium luteoviride Maxim.

산지의 볕이 잘 들고 물기가 있는 풀밭에서 자란다. 꽃줄기 높이 20~40cm. 잎은 뿌리에서 10여 개가 나와서 사방으로 퍼지며 잎맥이 10개 정도 있다. 6~7월 개화. 꽃줄기 끝에 지름 8mm 정도의 꽃이 이삭꽃차례를 이루며 달린다. 경남 남해안에 자생한다. 잎이 처녀치마와 비슷하고 수원의 칠보산에서 처음 발견이 되어서 붙여진 이름이다.

하늘타리 박과

Trichosanthes kirilowii Maxim.

주로 민가 주변에 자란다. 잎은 단풍잎처럼 깊게 갈라진다. 7월 초순~8월 하순 개화. 암수딴그루로 수꽃은 수상꽃차례로 달리고 암꽃은 1개씩 달린다. 밤에 꽃을 피우고 햇빛을 받으면 꽃잎을 말아 시든다. 열매는 7cm 내외로 둥글고 노란색으로 익는다. 근연종인 **노랑하늘타리**var. *japonica*는 잎이 얕게 갈라지며 주로 남부지방에 분포한다.

개미탑 개미탑과

Gonocarpus micranthus Thunb.

물기가 많은 양지쪽 풀밭에 자란다. 높이 10~30cm. 밑부분이 기면서 가지가 갈라지며 보통 적갈색이 돌고 네모진다. 잎은 마주나지만 윗부분에서는 일부가 어긋나며 달걀모양이다. 7~9월 개화. 1mm 정도의 자잘한 꽃들이 밑을 향하여 달린다. 전국에 분포하나 남부지방에 흔하다. 수술이 먼저 생겨 꽃가루를 날린 후 암술이 발달한다.

땅빈대 대극과

Euphorbia humifusa Willd. ex Schltdl.

길가나 들판에서 자란다. 길이 15~30cm. 줄기는 땅을 기고, 가지는 2개로 갈라지며 긴 털이 많다. 잎은 수평으로 2줄로 배열되며 가장자리에 잔톱니가 있다. 8월 하순~10월 중순 개화. 꽃은 가지끝과 잎겨드랑이에서 연한 적자색으로 핀다.

큰땅빈대 대극과

Euphorbia nutans Lag.

풀밭에서 자란다. 높이 20~40cm. 줄기가 땅을 기지 않는다. 8월 초순~11월 초순 개화. 가지 끝에 잔모양꽃차례로 작은 꽃이 핀다. 열매에 털이 있는 털땅빈대*E. hirta*는 제주에 분포한다.

애기땅빈대 대극과

Euphorbia maculata L.

양지바르고 메마른 땅에서 흔히 자란다. 줄기는 지면을 따라 10~20cm 정도 사방으로 퍼진다. 잎의 중앙부에 갈색 반점이 있다. 7월 하순~10월 중순 개화. 잎겨드랑이에 잔모양꽃차례로 달린다.

깨풀 대극과

Acalypha australis L.

들이나 길 가장자리 등 척박한 토양에서 잡초들과 섞여 자란다. 높이 15~40cm. 줄기에 짧은 털이 있으며 곧게 서고 가지가 갈라진다. 잎은 달걀모양이며 끝이 뾰족하다. 7월 하순~10월 초순 개화. 수꽃은 윗부분에 이삭꽃차례로 달리고 암꽃은 꽃차례 밑동에 달린다. 포가 암꽃을 둘러싸고, 꽃받침이 3개로 깊게 갈라지며 씨방은 둥글고 털이 있다.

톱니대극 대극과

Euphorbia dentata Michx.

길가의 풀밭에 자란다. 높이 20~50cm. 줄기에서 많은 가지가 나오며 미세한 털과 드문드문 거센털이 난다. 아래쪽 잎은 마주나며, 2cm 이내의 자루가 있고 달걀모양 또는 선형으로 가장자리가 톱니모양이며 변이가 심하다. 7월 중순~9월 초순 개화. 줄기 끝에 자잘한 꽃들이 등잔모양꽃차례로 달린다. 북아메리카 원산으로 경북에 자생하며 2009년에 보고되었다.

0725

꼬리풀 현삼과

Pseudolysimachion linariifolium (Pall.) Holub

산기슭이나 풀밭에서 자란다. 높이 40~70cm. 잎은 밑동이 좁아지면서 잎자루같이 되며 윗부분에 몇 개의 톱니가 있고, 뒷면 맥 위에 굽은 털이 있다. 7월 하순~8월 하순 개화. 지름 6mm 정도의 작은꽃들이 총상꽃차례로 달린다. 다른 꼬리풀에 비하여 잎이 좁은 것이 특징이다. 꽃차례의 모양이 동물의 꼬리를 닮아서 유래한 이름이다.

부산꼬리풀 현삼과

Pseudolysimachion pusanensis Y. Lee

바닷가 풀밭에 자란다. 높이 15~20cm. 줄기가 옆으로 기다가 윗부분이 서고, 밑부분에서 가지를 치며 털이 있다. 잎은 달걀모양으로 가장자리에 둔한 톱니가 있다. 7월 하순~9월 하순 개화. 지름 3mm 정도의 자잘한 꽃이 총상꽃차례를 이루며 꽃차례의 길이는 10cm 정도로 짧은 편이다. 부산 근교에서 2004년 처음 발견되어 명명된 이름이다.

구와꼬리풀 현삼과
Pseudolysimachion dauricum (Steven) Holub

산지의 풀밭에서 자란다. 높이 50cm 정도. 잎은 달걀모양으로 깃모양으로 얕게 갈라진다. 7월 중순~9월 중순 개화. 줄기 끝에 길이 15~20cm 정도의 촘촘한 총상꽃차례로 꽃이 핀다. 큰구와꼬리풀에 비해 잎이 얕게 갈라지고 꽃부리가 길며 삭과가 크다. 잎이 국화잎을 닮은데서 유래한 이름이다. 접두어 '구와'는 국화를 지칭하는 옛말이다.

큰구와꼬리풀 현삼과
Pseudolysimachion pyrethrinum (Nakai) T. Yamaz.

숲 가장자리에서 자란다. 높이 30~50cm. 식물체 전체에 연한 털이 밀생한다. 잎은 긴 타원형으로 국화잎처럼 갈라진다. 7월 중순~9월 초순 개화. 구와꼬리풀에 비해 잎이 깊게 갈라지고 꽃차례의 길이는 8~10cm로 다소 짧은 편이며, 삭과는 길이 1.5mm, 너비 2mm로 작다. 대구, 경북지방에 분포하며 '가새잎꼬리풀'이라고도 한다.

0725

긴산꼬리풀 현삼과

Pseudolysimachion longifolium (L.) Opiz

산지의 풀밭에서 자란다. 높이 1m 정도. 줄기는 곧게 서고, 긴 타원형의 피침모양 잎이 마주나거나 3~4장이 돌려난다. 6월 하순~9월 하순 개화. 지름 5mm 정도의 꽃들이 30cm 길이의 총상꽃차례로 촘촘하게 달린다. 꼬리풀 종류 중에서 전초와 꽃차례의 길이가 가장 길며 잎가장자리의 톱니가 안으로 굽어 있어 구분된다.

둥근산꼬리풀 현삼과

Pseudolysimachion rotundum (Nakai) Holub

높은 산지의 풀밭에서 자란다. 높이 40~100cm. 줄기에 털이 없다. 잎의 길이가 2~4cm로 짧은 편이고, 밑동의 잎은 잎자루가 불분명하다. 7월 하순~8월 중순 개화. 꼬리풀에 비해 잎이 넓고, 긴산꼬리풀에 비해서는 잎이 짧은 특징이 있다. 경남 가야산 정상에 분포한다. 잎모양이 둥근데서 붙은 이름이나, 생육환경에 따라 잎모양의 변이가 많다.

봉래꼬리풀 현삼과

Pseudolysimachion kiusianum var. *diamantiacum* (Nakai) T.Yamaz.

높은 산지의 사스레나무와 눈잣나무 숲에서 주로 자란다. 높이 20cm 정도. 줄기에 약간 붉은빛이 돌며 긴 털이 있다. 잎 표면은 녹색이고 뒷면은 붉은빛이 돌며, 센 털이 흩어져 나고 가장자리에 둔한 톱니가 있다. 7~8월 개화. 설악산 등 중부 이북의 고산지대에 분포하며, 금강산의 다른 이름인 봉래산에서 유래한 이름이다.

마타리 마타리과

Patrinia scabiosifolia Link

산과 들의 양지바른 곳에 자란다. 높이 60~150cm. 윗부분에서 가지를 치고 밑에서 새싹이 나와 자란다. 잎은 새깃모양으로 깊이 갈라진다. 7월 하순~10월 초순 개화. 지름 3~4mm 정도의 자잘한 꽃들이 가지 끝과 줄기 끝에 편평꽃차례로 달린다. 뿌리에서 좋지 않은 냄새가 나서 유래된 이름이라고 하며, 썩은 장이라는 뜻의 '패장'이라고도 한다.

돌마타리 마타리과

Patrinia rupestris (Pall.) Juss.

산지에 자란다. 높이 20~60cm. 전체에 털이 거의 없으며, 줄기는 곧게 서고, 윗부분에서 가지가 갈라진다. 잎자루가 거의 없고 깃모양으로 깊게 갈라지며 갈래는 좁은 피침모양이다. 7월 하순~9월 하순 개화. 금마타리에 비해 개체가 크고, 가지를 많이 치며 갈래잎이 좁고 개화시기가 두 달 정도 늦어 구분되며 충청 이북에 자생한다.

금마타리 마타리과

Patrinia saniculifolia Hemsl.

높은 산지의 바위지대에 자란다. 높이 30cm 정도. 줄기는 곧게 선다. 뿌리잎은 손바닥모양으로 5~7갈래로 갈라지며, 줄기잎은 깃모양으로 깊게 갈라지므로 줄기잎과 뿌리잎 모양이 현저하게 차이가 나는 특징이 있다. 작은꽃은 마타리와 같은 모양이나 꽃차례의 크기가 작다. 6월 초순~7월 초순 개화. 전국의 고산지대에 분포한다.

뚝갈 마타리과

Patrinia villosa (Thunb.) Juss.

산이나 들의 양지바른 곳에 자란다. 높이 1m 정도. 줄기가 곧게 서고 전체에 짧은 털이 밀생한다. 7월 하순~10월 중순 개화. 지름 4mm 정도의 자잘한 꽃들이 줄기나 가지 끝에 편평꽃차례로 달린다. 전체 모양이 마타리와 닮았으나, 털이 많고 꽃이 흰색으로 4개의 수술과 1개의 암술이 있다. 열매의 포가 발달한 길이 4~5mm의 날개가 있다.

긴뚝갈 마타리과

Patrinia monandra C.B.Clarke.

산지에 자란다. 높이 1.5~2.2m. 줄기와 잎에 털이 있다. 8~9월 개화. 꽃은 담황색으로 피고 수술은 1~2(3)개이다. 뚝갈에 비해 잎과 화서의 포가 길어 긴뚝갈로 명명하였고 열매의 포가 발달한 5~7mm 정도의 날개가 있다. 인도, 중국, 대만 등에 분포하고 국내에는 2004년 미기록종으로 보고되었으며 전남, 전북에 분포한다.

장구채 석죽과

Silene firma Siebold & Zucc.

볕이 잘 드는 산이나 들에서 자란다. 높이 30~80cm. 줄기는 곧게 서고, 가지를 치지 않으며 털이 없고 밋밋하다. 7월 하순~10월 하순 개화. 잎겨드랑이와 원줄기 끝에 지름 8mm 정도의 꽃이 취산꽃차례로 층층이 핀다. 꽃잎은 흰색이 도는 연분홍색을 띠고, 끝이 2개로 갈라진다. 원통형 꽃받침이 장구채를 닮아 유래한 이름이다.

가는장구채 석죽과

Silene seoulensis Nakai.

산지 숲 속의 그늘진 곳에서 자란다. 높이 50cm 정도. 줄기는 가늘고 옆으로 기며, 줄기의 마디에서 뿌리가 나온다. 전체에 굽은 털이 있다. 잎은 마주나며 달걀모양이다. 6월 하순~9월 중순 개화. 원줄기에서 많은 가지가 갈라지고 가지마다 지름 8mm 정도의 꽃이 핀다. 중부 이남에 분포한다. 줄기와 꽃자루가 매우 가늘어 유래한 이름이다.

가는다리장구채 석죽과

Silene jenisseensis Willd.

높은 산의 암석지대에서 자란다. 높이 25cm 내외. 줄기는 가늘고 가지가 갈라지지 않는다. 잎은 선형으로 뿌리잎은 모여나고 줄기잎은 마주난다. 7월 중순~9월 중순 개화. 지름 1cm 정도의 꽃이 잎겨드랑이와 가지 끝에서 총상으로 핀다. 꽃받침은 통모양이고 길이 1cm 정도로서 털이 없다. 강원도, 경북 북부에 분포한다.

끈끈이장구채 석죽과

Silene koreana Kom.

산지나 들에서 자란다. 높이 90cm 정도. 줄기 윗부분의 마디와 마디사이, 작은꽃줄기에 선점이 있어 끈적끈적하다. 7월 하순~10월 하순 개화. 꽃의 지름과 꽃받침의 길이는 각각 1cm 정도이고 꽃자루의 길이는 2cm 정도이다. 북방계 식물로 주로 중북부지방에 드물게 분포하였으나 경북 안동 지역에서도 발견되었다.

가는끈끈이장구채 석죽과

Silene antirrhina L.

도로나 길가, 하천변에 자란다. 높이 20~80cm. 줄기 윗부분의 마디와 꽃자루 사이에 끈적거리는 샘점이 있다. 잎은 길이 3~4.5cm로 폭이 좁고 1개의 맥이 있으며 잎집이 줄기를 감싼다. 4월 하순~6월 중순 개화. 꽃은 잎겨드랑이와 줄기 끝에 겹취산꽃차례로 달리며, 아침에 꽃잎을 오므린다. 북아메리카 원산으로 대구 금호강변에서 처음 발견되었다.

분홍장구채 석죽과

Silene capitata Kom.

II

현무암지대 하천의 반그늘 암벽에서 자란다. 높이 30cm 정도. 뿌리에서 여러 개의 줄기가 나오며 마디가 튀어나오고, 잎겨드랑이에서 가지가 나와 자라므로 원줄기는 비스듬히 눕는다. 전체에 꼬부라진 털이 있다. 잎은 긴달걀모양 혹은 피침모양이다. 8월 중순~10월 하순 개화. 지름 8mm 정도의 꽃이 가지 끝에 밀생한다. 중북부 지방에 드물게 자생한다.

가는갯는쟁이 명아주과

Atriplex gmelinii C.A.Mey.

바닷가의 모래 섞인 갯벌에서 자란다. 높이 30~50cm. 줄기는 단단하고 가지는 다육성이다. 잎은 긴 타원모양으로 가장자리가 밋밋하거나 2~3개의 톱니가 있다. 7~8월 개화. 줄기 위쪽의 잎겨드랑이나 줄기 끝에서 성긴 이삭꽃차례로 암꽃과 수꽃이 섞여서 달린다. 가을에 열매와 줄기가 빨갛게 변한다. '는쟁이'는 명아주의 강원도 방언이다.

호모초 명아주과

Corispermum stauntonii Moq.

바닷가나 강가의 모래땅에서 자란다. 높이 30~50cm. 줄기는 곧게 서고 밑부분에서 가지가 많이 갈라지며 털이 없다. 잎은 너비 1mm, 길이 3cm 정도이며, 위로 다소 말리고 잎자루가 없다. 7~8월 개화. 꽃은 포보다 작고 꽃자루가 없다. 포는 끝이 뾰족한 이삭모양이며 가장자리가 얇은 종이처럼 반투명하다. 주로 중부 이북에 분포한다.

0726

말뱅이나물 석죽과

Vaccaria hispanica (Mill.) Rauschert

풀밭이나 길가에 자란다. 높이 30~70cm. 줄기 윗부분에서 가지가 갈라진다. 잎은 잎자루가 없고 밑부분이 줄기를 둘러싸며 가장자리가 밋밋하다. 6월 초순~9월 중순 개화. 지름 1.5cm 정도의 꽃이 원줄기 끝에 드문드문 달리며 작은꽃자루 가운데에 포가 있다. 유럽 원산으로 주로 관상용으로 재배되며 중부 이남에 드물게 야화하였다.

덩굴별꽃 석죽과

Silene baccifera (L.) Roth

야산 개울가나 들에서 자란다. 줄기는 덩굴성으로 길이 100cm 정도까지 자라며, 가지가 많고 꼬불꼬불한 털이 있으며 마디에서 뿌리가 내린다. 7월 하순~10월 초순 개화. 가지 끝에 지름 2cm 정도의 꽃이 1개씩 옆을 향해 달린다. 꽃잎은 5개이고 길이 15mm 정도로서 끝이 두 갈래이며 ㄱ자 형으로 제껴진다. 씨방이 크게 발달하고 검게 익는다.

개구리밥 천남성과

Spirodela polyrrhiza (L.) Schleid.

논이나 연못에 자란다. 잎은 길이 5~8mm로 뒷면 가운데 부분에서 5~11개의 실뿌리가 난다. 7월 초순~8월 하순 개화. 1개의 작은 포 안에 1개의 암꽃과 2개의 수꽃이 달리며 겨울눈으로 월동한다. 국내에 분포하는 가장 작은 식물인 **분개구리밥** *Wolffia arrhiza*은 1mm 정도의 달걀모양 잎이 1개 혹은 2개가 붙어 있다.

개구리밥과 분개구리밥이 혼생하는 모습

좀개구리밥 천남성과

Lemna perpusilla Torr.

논이나 물가, 얕은 습지에 자란다. 뿌리는 실모양으로 잎에서 1개가 나온다. 잎은 길이 3~4mm, 폭 2~3mm로 가장자리가 밋밋하고 전체가 물 위에 뜨고 무리를 이룬다. 7월 초순~8월 하순 개화. 암수한그루로 1개의 포조각에 1~2개의 수꽃과 1개의 암꽃이 싸여 있다. 개구리밥과 달리 뿌리가 1개이고 잎의 뒷면이 연한 녹색이다.

오이풀의 꽃

긴오이풀의 꽃

가는오이풀의 꽃

산오이풀의 꽃

오이풀 장미과

Sanguisorba officinalis L.

산이나 들의 양지바른 곳에 흔히 자란다. 높이 30~150cm. 잎은 잎자루가 길고 1회 깃모양겹잎으로 5~13개의 작은잎은 긴 타원형 또는 타원형으로 끝이 둥글다. 잎 앞면은 짙은 녹색으로 윤이 난다. 7월 하순~9월 하순 개화. 꽃은 원추모양 이삭꽃차례로 피며 꽃차례의 길이는 1~2.5cm이다. 열매는 사각형이고 모서리에 날개가 있으며 꽃받침으로 싸여 있다. 잎을 비벼보면 오이 냄새가 난다.

큰오이풀 755p. 참조.

긴오이풀 장미과

Sanguisorba longifolia Bertol.

산지의 물가에 주로 자란다. 높이 0.8~1m. 잎은 홀수깃모양겹잎으로 작은잎은 5~9개로 긴 타원형이다. 8~9월 개화. 꽃차례의 길이는 3~4cm로 거의 휘지 않는다. 중부 이북에 분포한다. 오이풀에 비해 꽃차례가 2배 이상 길다.

가는오이풀 장미과

Sanguisorba tenuiflora Fisch. ex Link

산이나 들의 습한 곳에 자란다. 높이 50~120cm. 8월 중순~10월 중순 개화. 꽃차례의 길이는 3~6cm로 옆이나 밑을 향한다. 보통 흰 꽃이 피며 자주색이 피는 것을 자주가는오이풀var. *rubra*로 구분하기도 한다.

산오이풀 장미과

Sanguisorba hakusanensis Makino

높은 산지의 볕이 잘 드는 바위틈이나 풀밭에 자란다. 높이 40~80cm. 잎은 9~13개의 작은잎으로 된 홀수깃모양겹잎이다. 7월 중순~9월 중순 개화. 꽃차례의 길이는 4~10cm. 수술이 6~12개로 많다.

0726

땅귀개 통발과

Utricularia bifida L.

습지에서 자란다. 높이 7~15cm. 지하줄기가 옆으로 퍼지며 작은잎이 달리고, 잎 밑부분에 한두 개의 포충낭을 달아 영양을 보충한다. 7월 하순~10월 하순 개화. 꽃뿔은 아래로 향하고 3mm 정도로 끝이 뾰족하다.

이삭귀개 통발과

Utricularia caerulea L.

습지에서 자란다. 높이 10~30cm. 7~9월 개화. 꽃의 지름은 4mm 정도이고, 꽃뿔이 아랫입술꽃잎보다 길며 앞을 향한다. 땅귀개와 섞여서 자라는 경우가 많다.

자주땅귀개 통발과

Utricularia uliginosa Vahl

산지 습지의 풀밭에 자란다. 높이 5~10cm. 7~9월 개화. 땅귀개와 비슷하나 자주색 꽃이 피고, 전초의 크기도 더 작은 편이다. 부산, 경남, 전남, 제주에 드물게 자생한다.

여우구슬 대극과

Phyllanthus urinaria L.

들의 풀밭에 자란다. 높이 15~40cm. 줄기는 붉은 빛이 돌며 가지는 옆으로 비스듬히 자란다. 7월 하순~11월 초순 개화. 하나의 줄기에 암꽃과 수꽃이 적갈색으로 함께 피며 꽃자루가 거의 없다. 수꽃은 꽃받침잎이 6개이고 수술이 3개, 암꽃에는 6개의 꽃받침잎이 있다. 열매는 붉고 돌기가 있다. 주로 남부지방과 제주도에 분포하며, 여우주머니와 혼생하기도 한다.

여우주머니 대극과

Phyllanthus ussuriensis Rupr. & Maxim.

황무지나 빈터, 풀밭에서 자란다. 높이 15~40cm. 원줄기와 가지에 잎이 달리고 가지는 옆으로 휘며 아래쪽을 향해 꽃과 열매가 달린다. 6월 하순~10월 초순 개화. 꽃은 암수한그루로 꽃자루는 2~4mm, 연한 황록색으로 핀다. 암꽃은 꽃받침잎이 6개이고 수꽃은 4~5개의 꽃받침잎과 2개의 수술 및 4개의 선체가 있다. 열매는 삭과로 작은 주머니들이 매달린 모양이다.

참나물 산형과

Pimpinella brachycarpa (Kom.) Nakai.

산지의 숲 속에서 자란다. 높이 50~80cm. 줄기와 잎에 털이 없다. 뿌리잎은 길고 줄기잎은 위로 가면서 짧아진다. 잎은 3개씩 달리는 3출엽이고 작은잎은 달걀모양으로 작은 톱니가 있다. 6~8월 개화. 가지 끝에 겹우산모양꽃차례에 달리고 소산경은 10개 정도로 각각 13개 정도의 꽃이 달린다. 총포는 없지만 소총포는 1~2개 달린다. 5장의 꽃잎 크기가 같다.

큰참나물 산형과

Cymopterus melanotilingia (H.Boissieu) C.Y.Yoon.

산지에 자란다. 높이 50~100cm. 참나물과 닮았으나, 잎가장자리에 큰 톱니가 있고 잎맥 위와 가장자리에 털이 있다. 잎이 뻣뻣한 편이고, 줄기에 붉은색이 돌며 약간의 악취가 난다. 9월 개화. 흰색의 꽃도 있지만 적자색의 꽃이 피는 경우가 많다. 열매에 3~4개의 날개가 있다. 중부 이남에 분포한다. 국명과는 달리 참나물과 다른 속이다.

뱀무 장미과

Geum japonicum Thunb.

산지의 숲 속에서 자란다. 높이 20~60cm. 전체에 부드러운 털이 있다. 잎은 3갈래로 갈라진 깃꼴겹잎으로 작은 잎의 끝이 둔하다. 6월 초순~8월 하순 개화. 꽃의 지름은 1.5cm 정도로 줄기 끝이나 가지 끝에 성기게 달린다. 제주, 울릉을 포함해 전남, 전북의 일부 지역에 드물게 자생한다. 큰뱀무에 비해 전체의 크기가 작고 줄기 위쪽에 난 잎은 보통 갈라지지 않는다.

큰뱀무 장미과

Geum aleppicum Jacq.

산과 들의 양지바른 곳에 흔히 자란다. 높이 30~100cm. 전체에 퍼진 털이 있다. 뿌리잎은 모여나며, 긴 잎자루가 있는 3~5쌍의 깃모양겹잎이고, 줄기잎은 3장의 작은잎으로 된 겹잎으로 끝이 뾰족하다. 6월 초순~8월 초순 개화. 지름 1.5~2cm 정도의 꽃이 꽃줄기 끝에 3~10개 정도 달린다. 뱀무에 비해 잎이 깊게 갈라지는 차이가 있다.

구릿대 산형과

Angelica dahurica (Fisch. ex Hoffm.) Benth. & Hook.f. ex Franch. & Sav.

산지의 골짜기 주변과 습기가 많은 곳에서 자란다. 높이 1.5~2m. 잎은 2회 깃꼴겹잎으로 가장자리에 톱니가 있으며, 뒷면은 흰빛이 돌고 위로 올라갈수록 작아진다. 7~8월 개화. 흰색의 작은 꽃들이 상단부에 뭉쳐서 겹산형꽃차례를 이룬다. 줄기가 구리색을 띠고 대나무처럼 보이는 데서 유래한 이름이라는 설이 있다.

개구릿대 산형과

Angelica anomala Avé-Lall.

산지의 계곡 주변에 자란다. 높이 80~150cm. 줄기에 세로로 주름이 있고 자주색을 띤다. 잎은 2~3회 깃모양으로 갈라지고 8~13cm의 잎자루가 있고 밑동은 부풀어 줄기를 감싼다. 7월 하순~9월 초순 개화. 구릿대*A. dahurica*에 비해 잎 뒷면이 푸른색이 도는 흰색이고 가장자리에 털이 없으므로 구분된다. 지리강활은 개구릿대의 이명이다.

어수리 산형과

Heracleum moellendorffii Hance.

산지의 양지바른 비옥한 토질에서 자란다. 높이 70~150cm. 아랫부분의 잎은 깃모양으로 작은잎은 3~5개이다. 7~8월 개화. 겹우산꽃차례로 꽃잎은 5개이고, 바깥쪽 꽃잎이 안쪽보다 훨씬 크며 말편자처럼 생겨 다른 산형과 꽃과 쉽게 구분된다. **좁은잎어수리**는 어수리와 줄기, 꽃 등은 비슷하지만 잎이 좁고 2회 깃모양으로 갈라진다.

가는잎방풍 산형과

Libanotis seseloides (Fisch. & Meyer) Turcz.

산지의 풀섶에 자란다. 높이 30~130cm. 잎은 3회 갈라진 깃꼴겹잎이며 잎맥, 잎 뒷면에 퍼진털이 밀생한다. 7~9월 개화. 줄기와 가지 끝에 겹우산모양꽃차례로 달린다. 북방계식물로 강원, 경북, 경남에 드물게 자생한다. 8~14개의 침형 소총포가 있어서 **털기름나물***L. coreana*과 구분된다.

망초 국화과

Erigeron canadensis L.

들의 풀밭이나 공터에 자란다. 높이 50~150cm. 줄기는 가지를 많이 친다. 줄기잎은 길이 7~10cm로, 한쪽에 2~4개의 톱니가 있고 가장자리에 긴 털이 자란다. 7~9월 개화. 지름 2mm 정도의 자잘한 꽃들이 커다란 원추꽃차례를 이룬다. 혀꽃은 흰색, 대롱꽃은 담황색이다. 이 식물이 들어온 이후 나라가 망했다 하여 유래한 이름이라고 한다.

실망초 국화과

Erigeron bonariensis L.

바닷가 근처의 황무지나 길가에 자란다. 높이 30~50cm. 식물체 전체에 회백색 털이 많다. 뿌리잎은 선상 피침모양이고 줄기잎은 선형으로 결각이 거의 없으며 잎이 많이 뒤틀린다. 5~8월 개화. 망초에 비해 머리모양꽃이 크고 씨앗도 많이 부푼다. 귀화식물로 전국에 분포하나 남부지방에 흔하다. 남해안 지역에서는 초겨울에도 꽃을 피운다.

큰망초 국화과

Erigeron sumatrensis Retz.

들이나 빈터에 자란다. 높이 50~100cm. 뿌리잎은 피침모양이고 거친 톱니가 있으며, 줄기잎은 5~9개의 톱니가 있다. 8~11월 개화. 꽃의 지름이 5mm 정도로 망초에 비해 크며, 원추꽃차례를 이룬다. 전체적인 모습은 실망초와 비슷하나, 실망초에 비해 총포의 길이가 4mm 정도로 작고 잎이 뒤틀리지 않으며, 전초의 크기가 훨씬 크다.

비로용담 용담과

Gentiana jamesii Hemsl.

높은 산지의 습한 지역에 자란다. 높이 5~12cm. 줄기는 네모지며 흔히 적자색이 돌고 밑부분에서 실같은 기는줄기가 옆으로 뻗으면서 작은잎이 달린다. 6월 하순~9월 초순 개화. 꽃잎 사이사이에 있는 부편이 안쪽을 향하여 암,수술을 덮고 있다가 날씨가 좋을 때만 연다. 만주, 러시아 등 극동지역에 자라며, 강원도에 드물게 자생한다.

0729

개맨드라미 비름과

Celosia argentea L.

원예종으로 재배하던 것이 야화되어 밭이나 길가에 자란다. 높이 30~100cm. 줄기는 곧게 서고 원기둥모양으로 전체에 털이 없다. 잎은 긴 타원형으로 잎자루가 거의 없으며, 밑부분과 끝이 뾰족하다. 7~10월 개화. 꽃차례의 길이는 5~8cm로, **맨드라미***C. cristata*와 달리 닭의 볏처럼 퍼지지 않는다. 열대 아메리카에 널리 퍼져 있다.

개비름 비름과

Amaranthus blitum subsp. oleraceus (L.) Costea

밭이나 민가 근처 볕이 잘 드는 곳에서 자란다. 높이 20~40cm 정도. 줄기는 밑동에서 가지를 많이 치고 보통 붉은색을 띤다. 6월 중순~9월 중순 개화. 꽃차례는 2~8cm이다. 유럽 원산의 귀화식물로 전국에 흔히 자생한다. 나물로 어린 순을 먹는 비름의 국명은 '개비름'이며 국명이 '비름'인 *Amaranthus mangostanus*는 색비름*A. tricolor*의 이명으로 보인다.

청비름 비름과

Amaranthus viridis L.

열대 아메리카 원산으로 보이며 개비름 *A. lividus*과 같은 환경에 자라나 개비름에 비해 드물다. 높이 50~90cm. 식물체에 털이 거의 없다. 7~10월 개화. 원줄기 끝이나 잎겨드랑이에 이삭꽃차례로 녹색의 꽃이 핀다. 개비름에 비해 삼각상 달걀모양의 잎은 그 끝이 둔하거나 조금 들어가 있으며 줄기 끝의 꽃차례가 더 길게 자란다.

털비름 비름과

Amaranthus retroflexus L.

남아메리카 원산으로 들이나 밭 주변에서 흔히 볼 수 있는 귀화식물이다. 높이 60~200cm. 줄기는 곧게 자라고 어릴 때는 연한 털이 있으며 잎 뒷면 맥 위에 털이 남아 있다. 7~10월 개화. 털비름은 열대 아메리카 원산으로 중부지방에 드물게 자생하며, 가는털비름에 비해 꽃차례가 짧고, 굵고 꽃덮이가 곤봉모양이다.

차풀 콩과
Chamaecrista nomame (Sieber) H.Ohashi

습기가 있는 들에 자란다. 높이 30~60 cm. 줄기는 갈색이며 구부러진 털이 있다. 잎은 15~35쌍의 작은잎으로 된 깃모양겹잎이며, 턱잎은 줄모양으로 끝이 뾰족하다. 7월 하순~9월 초순 개화. 꽃은 1~2개가 잎겨드랑이에 달린다. 꽃받침조각에 털이 있고 꽃잎은 5개, 수술은 4개, 암술은 1개이며 길이 3~4cm의 열매에 짧은 털이 있다. 잎과 줄기, 볶은 씨로 차를 끓여 먹는다.

자귀풀 콩과
Aeschynomene indica L.

습기가 있는 들에 자란다. 높이 60~80 cm. 잎은 20~30쌍의 작은잎으로 된 깃모양겹잎으로, 뒷면은 분백색을 띤다. 7월 초순~9월 하순 개화. 꽃은 잎겨드랑이에서 나온 꽃줄기 끝에 총상꽃차례로 달린다. 차풀과 달리 높게 자라고 꽃이 나비모양이며 열매에 6~8개의 뚜렷한 마디가 있다. 밤이나 날씨가 흐릴 때 잎을 접는데서 유래한 이름이다.

까치깨 벽오동과

Corchoropsis tomentosa var. *psilocarpa* (Harms & Loes.) C.Y.Wu & Y.Tang

산과 들에 자란다. 높이 30~70cm. 줄기는 곧게 서며 가지를 치고 전체에 털이 있다. 잎은 끝이 뾰족하고 가장자리에 둔한 톱니가 있다. 7월 하순~9월 하순 개화. 꽃은 잎겨드랑이에서 난 꽃자루 끝에 1개씩 달리며 암술머리가 대개 붉고 꽃받침이 뒤로 젖혀지지 않는다. 열매는 뿔모양으로 길이 2cm 정도이며 털이 없고 아래로 처진다.

수까치깨 벽오동과

Corchoropsis tomentosa (Thunb.) Makino

산과 들에 자란다. 높이 40~60cm. 줄기는 곧게 서며 전체에 털이 난다. 잎은 끝이 뾰족하며 밑부분이 둥글고 가장자리에 둔한 톱니가 있다. 7월 하순~9월 하순 개화. 지름 1cm 정도의 꽃이 잎겨드랑이에서 난 꽃자루 끝에 1개씩 달리며, 10개의 수술과 5개의 헛수술이 있다. 까치깨와 달리 꽃받침이 뒤로 젖혀지고 열매는 위를 향해 곧추서며 겉에 털이 있어 구분된다.

0729

금강초롱꽃 초롱꽃과

Hanabusaya asiatica (Nakai) Nakai

높은 산지에 자란다. 높이 30~90cm. 줄기는 비스듬히 서며 윗부분의 잎은 마디 사이가 좁아 뭉쳐난 것처럼 보인다. 7월 하순~9월 하순 개화. 꽃은 줄기 끝에 원추꽃차례로 달리며 경기, 강원 북부의 고산지대에 자생한다. 속명인 '*Hanabusaya*'는 Takenosin Nakai가 그를 조선의 식물조사책임관으로 선발해 준 Hanabusa Yoshimoto에 대한 보은으로 바쳤던 아픈 역사가 있다.

더덕 초롱꽃과

Codonopsis lanceolata (Siebold & Zucc.) Benth. & Hook.f. ex Trautv.

숲 속에 자란다. 줄기의 길이 2m. 뿌리가 굵으며 줄기는 덩굴진다. 전체에 특유의 향이 나고 자르면 흰 즙이 나온다. 짧은 가지 끝에 4개의 잎은 2개씩 서로 근접하여 마주나며, 뒷면은 흰색이다. 7월 하순~9월 하순 개화. 꽃은 짧은 가지 끝에서 밑을 향해 달리며, 길이 27~35mm의 꽃부리 끝은 5개로 갈라져 뒤로 말리고 안쪽에 자주색 반점이 있다. 뿌리를 식용하며 재배되기도 한다.

만삼 초롱꽃과

Codonopsis pilosula (Franch.) Nannf.

높은 산지에 자란다. 길이 1~2m. 뿌리가 굵고 길며 식물체를 자르면 흰 즙이 나온다. 잎은 어긋나며 곁가지에서는 마주나고, 양면에 잔털이 나며 뒷면이 흰색이다. 7월 하순~8월 하순 개화. 꽃은 잎겨드랑이에서 나온 꽃자루 끝에 1개씩 달리며 연한 녹색으로, 크기가 더덕에 비해 작고 끝이 5개로 갈라진다. 경기, 강원에 주로 분포하며 지리산에도 드물게 자생한다.

소경불알 초롱꽃과

Codonopsis ussuriensis (Rupr. & Maxim.) Hemsl.

산지의 습한 풀밭에 자란다. 길이 1~3m. 땅속에 덩이줄기가 있다. 잎은 곁가지에 4개씩 모여나며 줄기와 함께 털이 많다. 7월 초순~9월 초순 개화. 꽃은 잎겨드랑이에서 나온 꽃자루 끝에 1개씩 달리며, 꽃부리의 끝이 갈라져 뒤로 살짝 말리고 안쪽에 자주색 반점이 없거나 연하다. 더덕과 닮았으나 특유의 향이 없고 뿌리가 둥글며 전체에 털이 많아 구분된다.

0729

미국나팔꽃

둥근잎나팔꽃

나팔꽃 메꽃과

Ipomoea nil (L.) Roth

민가 부근에 자란다. 덩굴성으로 길이 2~5m. 줄기는 왼쪽으로 감아 올라간다. 잎은 잎자루가 길고 심장모양으로 3개로 갈라지며 각 갈라진 조각은 끝이 뾰족하고 잎 표면에 잔털이 있다. 7~9월 개화. 잎겨드랑이에 지름 4~5cm의 꽃이 1~3개씩 달린다. 꽃잎은 깔때기모양이고 다양한 색상의 꽃이 핀다.

둥근잎나팔꽃*I. purpurea*은 잎이 갈라지지 않으며, **미국나팔꽃***I. hederacea*은 꽃의 지름이 4cm 미만으로 작고, 잎이 깊게 3갈래로 갈라지는 특징이 있다. **둥근잎미국나팔꽃***I. hederacea* var. *integriuscula*은 꽃은 작으나 잎이 갈라지지 않는다.

애기나팔꽃 메꽃과

Ipomoea lacunosa L.

들이나 민가 주변에 자란다. 줄기에 성긴 털이 있고 잎은 긴 심장모양으로 끝이 뾰족하다. 7~10월 개화. 꽃의 크기는 2cm 정도이며 꽃자루에 사마귀모양의 돌기가 빽빽하게 난다. 북아메리카 원산으로 꽃이 연한 담홍색을 띠는 품종 for. *purpurata*이 있으며 별나팔꽃에 비해 꽃자루의 돌기가 많고 꽃은 흰색이어서 구분된다.

별나팔꽃 메꽃과

Ipomoea triloba L.

들이나 민가 주변에 자란다. 덩굴성으로 길이 1~2m. 줄기에 털이 없고 잎은 가장자리가 밋밋하거나 3갈래로 얕게 갈라진다. 7~10월 개화. 꽃의 지름은 2cm 정도로 작고 꽃자루에 사마귀 모양의 돌기가 조금 있다. 남아메리카 원산의 귀화식물이다. 애기나팔꽃과는 꽃의 색이 담홍색이고, 중심부가 홍자색을 띠어 구분된다.

0730

가시상추 국화과

Lactuca serriola L.

들의 풀밭이나 길가, 빈터에 자란다. 높이 20~100cm. 줄기 밑부분에 거친 털이 있으며 윗부분에서 가지를 친다. 줄기잎은 대개 깃모양으로 갈라지며 밑부분이 줄기를 감싸고, 잎의 가장자리와 뒷면의 맥 위에 작은 가시가 줄지어 난다. 7월 하순~9월 하순 개화. 꽃은 지름 12mm 정도로 원추꽃차례로 달리며 혀꽃으로만 이루어져 있다. 유럽 원산으로 전국에 자생 한다.

산씀바귀 국화과

Lactuca raddeana Maxim.

산지의 숲 가장자리나 냇가 근처에 자란다. 높이 60~150cm. 뿌리잎은 꽃이 필 때 시들고, 줄기잎은 잎자루가 길고 날개가 있으며 줄기를 감싸지 않는다. 줄기 아랫부분의 잎은 가장자리가 깊게 갈라지나 윗부분으로 갈수록 갈라지지 않는다. 7월 중순~10월 초순 개화. 지름 15mm 정도의 머리꽃이 줄기 끝에 원추꽃차례로 달리며 혀꽃으로만 이루어져 있다.

왕고들빼기 국화과

Lactuca indica L.

들의 풀밭이나 길가에 흔히 자란다. 높이 80~150cm. 줄기는 곧게 서며 윗부분에서 가지가 갈라진다. 뿌리잎은 꽃이 필 즈음 마르고 줄기잎은 깃모양으로 갈라지며 밑부분이 줄기에 달린다. 7월 중순~10월 하순 개화. 지름 20mm 정도의 머리꽃이 원추꽃차례로 달린다. 꽃은 모두 혀꽃으로만 이루어져 있다. 총포는 밑부분이 굵어지고 안쪽에 8개 정도의 총포조각이 있다.

두메고들빼기 국화과

Lactuca triangulata Maxim.

높은 산지의 능선이나 숲 가장자리에 자란다. 높이 60~130cm. 줄기는 곧게 서며 가지가 드물게 갈라진다. 잎은 가장자리에 고르지 못한 톱니가 있으며 잎자루에 날개가 있고 왕고들빼기, 산씀바귀와 달리 밑부분이 귀모양으로 줄기를 감싼다. 7월 초순~9월 초순 개화. 지름 7mm 정도의 혀꽃으로만 된 머리모양꽃이 원추꽃차례로 달리며 총포조각이 3줄로 붙는다.

금방망이 국화과

Senecio nemorensis L.

산지나 바닷가의 풀밭에 자란다. 높이 45~100cm. 줄기는 털이 없고, 모가 진다. 뿌리잎은 꽃이 필 즈음 없어지고, 줄기잎은 불규칙한 톱니가 있고 잎자루가 짧다. 7월 하순~10월 초순 개화. 줄기 끝에 지름 10mm 정도의 머리모양꽃이 편평꽃차례로 달리며 총포조각은 9~12개가 1줄로 붙는다. 경기 서해안 지역과 제주 한라산에 드물게 분포한다.

쑥방망이 국화과

Senecio argunensis Turcz.

산지의 숲 가장자리나 풀밭에 자란다. 높이 30~80cm. 뿌리잎은 꽃이 필 즈음 사라지고 줄기잎은 깃모양으로 갈라지며 잎자루가 없고 뒷면에 거미줄 같은 털이 있다. 7월 하순~10월 중순 개화. 지름 20~30mm의 머리모양꽃이 편평꽃차례로 달리며 가장자리가 막질인 총포조각은 1줄로 붙는다. 제주, 경기, 강원, 충북, 경북 등지에 분포한다.

나래가막사리 국화과
Verbesina alternifolia Britton ex Kearney

풀밭이나 길가, 빈터, 하천가에 모여 자란다. 높이 1.2~2.5m. 줄기에 좁은 날개가 달리며 윗부분에서 가지가 갈라진다. 잎은 양면이 거칠고 가장자리에 날카로운 톱니가 있다. 7월 하순~9월 하순 개화. 지름 2.5~5cm의 머리모양꽃이 가지 끝에 달린다. 혀꽃은 2~10개 정도이고 대롱꽃은 끝이 5개로 갈라진다. 북아메리카 원산이다.

자라풀 자라풀과
Hydrocharis dubia (Blume) Backer

연못이나 흐름이 느린 하천에 자란다. 줄기의 길이 1m 정도. 줄기가 옆으로 뻗으며 마디에서 뿌리를 내리고 턱잎이 자란다. 윤기가 나며, 뒷면의 중앙부에 자라등처럼 생긴 공기주머니가 있어 물 위에 뜬다. 7월 중순~9월 중순 개화. 한 개체에 암꽃과 수꽃이 따로 피며 종자와 식아(殖芽)로 겨울을 나고 이듬해 싹을 틔운다.

금떡쑥 국화과

Pseudognaphalium hypoleucum (Candolle) Hilliard & B. L. Burtt

양지바른 들이나 풀밭에 자란다. 높이 30~60cm. 줄기는 곧게 서며 윗부분에서 가지를 많이 친다. 뿌리잎은 꽃이 필 즈음 없어지고 줄기잎은 밑부분이 줄기를 감싸며 뒷면에 흰 솜털이 난다. 7월 하순~10월 하순 개화. 머리모양꽃이 줄기와 가지 끝에 편평꽃차례로 달리며, 포조각은 황색으로 5줄로 붙고 뒷면에 흰 털이 있다. 남부지방의 해안에 드물게 자생한다.

다북떡쑥 국화과

Anaphalis sinica Hance

산지의 건조한 풀밭에 자란다. 높이 20~35cm. 줄기는 뿌리줄기에서 여러 대가 모여나고 흰 털로 덮여 있다. 뿌리잎은 꽃이 필 즈음 사라지고, 줄기잎의 밑부분이 좁아져 줄기에 날개모양으로 흐르고 뒷면은 털이 많아 회백색을 띤다. 7월 하순~10월 하순 개화. 암수딴포기이며 머리모양꽃이 편평꽃차례로 달리고 포조각은 5줄로 붙는다. 강원, 경북에 드물게 자생한다.

낙지다리 낙지다리과

Penthorum chinense Pursh

물가나 습지 주변에 자란다. 높이 30~80cm. 줄기는 붉은색을 띠고 가지를 치지 않는다. 잎은 잎자루가 거의 없으며 가장자리에 톱니가 있다. 7월 하순~8월 하순 개화. 줄기 끝이 낙지 다리처럼 갈라지고, 꽃이 위쪽을 향해 총상꽃차례로 달린다. 꽃의 지름은 4~5mm로 꽃잎은 없고 꽃받침의 끝이 5개로 갈라지며 갈라진 조각의 끝이 뾰족하다.

큰제비고깔 미나리아재비과

Delphinium maackianum Regel

산지의 숲 가장자리에 자란다. 높이 1~1.5m. 줄기는 곧게 서며 윗부분에서 다소 가지가 갈라진다. 잎은 잎자루가 길고 3~7개로 갈라지며 가장자리에 톱니가 있다. 7월 하순~9월 초순 개화. 꽃은 원줄기 끝에 총상꽃차례로 달리며, 꽃받침조각 5개가 꽃잎처럼 되고 위쪽의 것은 꿀주머니가 있다. 열매는 골돌로 3개이며 끝이 뾰족해진다. 강원, 경기, 경북 등에 자생한다.

0731

꽃과 열매

잎

도둑놈의갈고리 콩과

Hylodesmum podocarpum subsp. oxyphyllum (DC.) H.Ohashi & R.R.Mill

산과 들에서 자란다. 높이 60~90cm. 잎은 3출엽이고 턱잎은 피침모양이다. 7월 초순~9월 초순 개화. 길이 8mm 정도의 꽃이 피고 꽃차례의 길이는 30cm에 달한다. 열매는 2개의 마디로 된 협과로 밑으로 처지고, 갈고리모양의 털이 퍼져 난다. 중부 이남에 분포한다. 씨앗 표면의 갈고리같은 털로 사람의 옷이나 동물의 털에 붙어 번식을 하는 것을 도둑에 빗대어 유래한 이름이다.

애기도둑놈의갈고리 var. *mandshuricum*는 잎이 원줄기 전체에 붙는 본종과는 달리 원줄기의 아랫부분에만 달린다.

개도둑놈의갈고리 콩과

Hylodesmum podocarpum (DC.) H. Ohashi & R.R. Mill

산기슭에서 자란다. 높이 60~90cm. 줄기 전체에 털이 밀생한다. 잎은 3출엽이고 양면에 털이 있다. 8월 초순~9월 초순 개화. 길이 3mm 정도의 자잘한 연분홍색 꽃이 겹총상꽃차례로 핀다. 도둑놈의갈고리와 비슷하지만 식물 전체에 털이 많고 중앙 작은잎이 보다 넓으며 잎 끝이 다른 근연종에 비하여 둥근 편이다.

큰도둑놈의갈고리 콩과

Hylodesmum oldhamii (Oliver) H. Ohashi & R.R. Mill

산이나 들의 반그늘에서 자란다. 높이 50~120cm. 잎은 홀수깃모양겹잎이고 작은잎은 5~7개이다. 8월 중순~9월 초순 개화. 줄기나 잎겨드랑이에서 긴 꽃대가 나와 여러 개의 꽃이 총상꽃차례로 달린다. 도둑놈의갈고리나 개도둑놈의갈고리는 3출엽인데 비해 큰도둑놈의갈고리는 식물체가 대형이고 홀수깃모양겹잎이다.

절굿대 국화과

Echinops setifer Iljin

산지의 양지바른 풀밭에 자란다. 높이 70~150cm. 줄기는 가지가 약간 갈라지며 전체가 솜 같은 털로 덮여 있다. 잎은 엉겅퀴의 잎처럼 깃모양으로 깊게 갈라지며 가장자리에 날카로운 톱니가 있다. 7월 하순~9월 초순 개화. 줄기와 가지 끝에 지름 5cm 정도의 머리모양꽃이 달리며 대롱꽃의 꽃부리는 끝이 5개로 깊게 갈라져 뒤로 젖혀진다.

큰절굿대 국화과

Echinops latifolius Tausch

양지바른 산지의 풀밭에 자란다. 높이 60~80cm. 줄기는 곧게 서며 솜털이 덮여 있다. 바늘엉겅퀴의 잎을 닮은 줄기 윗부분의 잎은 깃모양으로 깊게 갈라지고 5~6쌍의 갈래조각은 톱니가 있으며 끝이 가시처럼 된다. 7월 하순~8월 하순 개화. 지름 4~5cm의 머리모양꽃이 줄기와 가지 끝에 1개씩 달린다. 경기, 강원, 경남, 제주 등에 드물게 자생한다.

세잎쥐손이 쥐손이풀과

Geranium wilfordii Maxim.

산지에서 자란다. 높이 40~80cm. 줄기에 아주 작은 꼬부라진 털이 있다. 잎은 3갈래로 깊게 갈라지며 쥐손이풀과 달리 가운데 잎이 두드러지게 크다. 7월 하순~10월 하순 개화. 줄기 끝의 잎겨드랑이에서 긴 꽃대가 나와 꽃대 끝에 지름 1~1.5cm의 연한 자주색 꽃이 핀다. 꽃잎에 3줄의 짙은 색의 맥이 있고 꽃잎 끝부분은 살짝 들어가 있다.

큰세잎쥐손이 쥐손이풀과

Geranium knuthii Nakai

산지 풀밭에 자란다. 높이 60~90cm. 줄기는 곧게 서고 구부러진 털이 다소 있다. 줄기 아랫부분의 잎은 잎자루가 길며 5개로 갈라지고, 윗부분의 잎은 잎자루가 없고 3개로 깊게 갈라진다. 7월 초순~9월 초순 개화. 꽃은 잎겨드랑이에서 나온 긴 꽃자루 끝에 2개씩 달리며 꽃자루와 작은꽃자루에 누운 털이 있다. 꽃받침조각은 5개의 맥이 있으며 끝에 돌기가 있다. 중부 이북에 분포한다.

0731

쥐꼬리망초 쥐꼬리망초과

Justicia procumbens L.

산기슭과 들에서 흔히 자란다. 높이 10~40cm. 전초에 잔털이 많고 가지를 많이 친다. 잎은 가장자리가 밋밋하거나 가는 톱니가 있고 긴 타원모양이다. 7월 하순~11월 초순 개화. 가지 끝에 이삭모양으로 곧게 서서 2~3송이씩 피며 입술모양이다. 꽃의 길이는 7~8mm 정도이다. 2~5cm 길이의 꽃차례를 만져보면 촉감이 쥐의 꼬리와 비슷하다.

입술망초 쥐꼬리망초과

Peristrophe japonica (Thunb.) Bremek.

산지 계곡의 반그늘에서 자란다. 높이 30~50cm. 줄기는 사각형으로 가늘고 가지를 많이 치지 않는다. 짙은 녹색의 잎이 마주난다. 7월 하순~9월 중순 개화. 꽃은 입술 모양으로 길이가 2cm 정도로 윗 입술은 뒤로 말리며 안쪽에 적갈색의 무늬가 있다. 오전에 꽃을 피워 오후가 되면 시든다. 광주 전남 일부 지역에서만 발견되고 있다.

8월
뚱딴지

0801

참닻꽃 용담과

Halenia coreana S.M.Han, H.Won & C.E.Lim

높은 산지의 양지바른 숲 가장자리에 자란다. 높이 20~80cm. 줄기는 곧게 서고 4개의 능선이 있으며 가지를 많이 친다. 잎은 3개의 맥이 있다. 7월 하순~9월 하순 개화. 꽃의 지름은 1~1.5cm이고, 4개의 꿀주머니가 십자형으로 발달한다. 2019년 DNA 염기서열 분석을 통해 기존의 명칭을 수정하였다. 시베리아, 몽골, 백두산 및 중국 동북부에 널리 분포하는 **닻꽃***H. corniculata*에 비해 뿔모양의 꿀주머니가 길게 발달하여 안으로 굽고 잎의 끝부분이 꼬리모양으로 길게 뾰족해지는 특징이 있다. 경기, 강원의 일부 산지에 자란다.

회향 산형과

Foeniculum vulgare Mill.

바닷가 또는 민가 주변에서 주로 자란다. 높이 2m 정도. 식물체 전체에서 독특한 향기가 나며 줄기는 원기둥모양이고 털이 없다. 8~10월 개화. 우산모양꽃차례로 10~20개의 작은꽃차례가 달린다. 유럽 원산의 귀화식물로 약재로 사용하기 위해 재배했던 것이 야화되었다. 개회향에 비해 노란색 꽃이 피는 특징이 있다.

개회향 산형과

Ligusticum tachiroei (Franch. & Sav.) M.Hiroe & Constance

높은 산의 다소 습기 있는 바위틈에서 자란다. 뿌리가 곧고 깊게 들어간다. 뿌리잎은 길이 20cm 정도로 잎자루가 길며, 줄기잎은 잎자루가 짧고 4회 깃꼴겹잎이다. 7~8월 개화. 전국에 드물게 분포한다. 희귀식물로 지정되어 있으며 회향이나 고본과 달리 소산경의 수가 10개 미만이고, 잎의 갈림이 더 많고 갈래조각이 더 가늘어 구별된다.

0801

참당귀 꽃

왜당귀

참당귀 산형과

Angelica gigas Nakai.

산꼴짜기나 냇가 주변에서 자란다. 높이 1~2m. 줄기는 곧게 자라며 털이 없고 매끈하다. 어린 줄기는 녹색이나 점차 자주색으로 변한다. 뿌리잎과 줄기 근처에 달린 잎은 잎자루가 길며 홀수 1~3회 깃모양겹잎이다. 8~9월 개화. 큰 겹우산모양꽃차례에 20~40개의 자주색 꽃이 달린다. 뿌리를 당귀라 하며 약재로 사용한다. 바디나물과 꽃색이 같지만 바디나물은 소총포별로 꽃이 모여 있고 참당귀는 전체가 뭉쳐 있어 구별된다. **왜당귀***A. acutiloba*.는 일본 원산으로 식용으로 재배하며, 흰색 꽃이 핀다.

바디나물 산형과

Angelica decursiva (Miq.) Franch. & Sav.

햇볕이 잘 드는 양지나 반그늘의 물기가 많은 곳에서 자란다. 높이 80~150cm. 줄기는 곧추서고 세로줄이 있으며 상부에서 가지를 친다. 잎은 넓은 달걀모양의 깃모양겹잎으로 가장자리에 톱니가 있다. 8월 초순~9월, 고산지는 10월까지 개화. 짙은 자주색 또는 흰 꽃이 줄기 위와 잎 사이에서 핀다. 줄기 위쪽은 잎자루가 줄기를 감싼다.

잎

잔잎바디 산형과

Angelica czernaevia (Fisch. & C.A.Mey.) Kitag.

높은 곳의 습지 부근에 자란다. 높이 1m 정도. 바디나물의 1회 깃모양겹잎에 비해, 2회 3출 깃모양겹잎으로 잎이 작고 많으며 잎의 크기가 작다. 7월 하순~9월 개화. 꽃은 10~30개의 작은꽃차례로 이루어진 겹우산모양꽃차례로 핀다. 꽃차례의 가장자리의 꽃잎이 다소 큰 특징이 있다. 중부지방과 제주도에 분포한다.

잎

처녀바디 산형과

Angelica cartilagino-marginata (Makino) Nakai

산이나 들에 자란다. 높이 50~80cm. 뿌리가 굵으며 전체에 털이 없다. 바디나물에 비해 결각이 좁고 톱니 가장자리가 딱딱하며 상부 잎의 잎집이 원모양으로 부풀지 않는다. 8~9월 개화. 총포는 없으며 소총포의 조각은 선형이다. 처녀바디의 변종으로 첫번째 잎과 두번째의 잎 사이가 넓은 경우 흰바디나물로 분류하는 학자도 있다.

서울개발나물 산형과

Pterygopleurum neurophyllum (Maxim.) Kitag.

II

습지에서 자란다. 높이 80~150cm. 줄기는 속이 비었고 모가 졌으며 가지를 친다. 뿌리잎은 잎자루가 길고 많이 갈라지며, 줄기잎은 3갈래로 2~3회 갈라진다. 작은잎은 선형이며 가장자리는 밋밋하고 끝이 뾰족하다. 8~9월 개화. 서울에서 처음 발견되었으나, 1967년 이후 발견되지 않다가 최근 경남 지역에서 자생이 확인되었다. 나도감자개발나물, 긴잎당근이라고도 한다.

기름나물의 잎

덕우기름나물의 잎

백운기름나물의 잎

기름나물 산형과

Peucedanum terebinthaceum (Fisch.) Fisch. ex DC.

양지바른 산지에서 자란다. 높이 30~90cm. 줄기는 홍자색이 돌며 비교적 가지가 많고 끝부분에 가는 털이 난다. 잎은 어긋나며, 3갈래로 2번 갈라지는 겹잎이다. 7~9월 개화. 원줄기와 가지 끝에 겹우산모양꽃차례로 달린다. 식물체에 기름을 바른 듯 윤기가 나기 때문에 유래된 이름이다. **덕우기름나물***P. insolens*의 뿌리잎은 3갈래로 3회 갈라지는 깃모양겹잎으로 크고 넓으나 줄기 위쪽의 잎은 작아지며 마치 노루오줌의 잎과 흡사하다. **백운기름나물***P. hakuunense*은 가는기름나물에 비해 소산경이 15~30개로 더 많고 원줄기가 녹색이며 잎조각은 넓은 삼각형이다.

담배풀 국화과

Carpesium abrotanoides L.

산기슭이나 숲에서 자란다. 높이 50~100cm. 줄기가 많이 갈라지며, 식물 전체에 가는 털이 나 있다. 줄기잎은 잎자루 양쪽에 날개가 달려 있으나 위로 갈수록 입자루가 짧아진다. 8월 초순~9월 하순 개화. 잎겨드랑이에 지름 6~8mm의 종모양 꽃이 하나씩 달린다. 곧은 줄기 끝에 달린 꽃 모양이 옛날의 담뱃대를 닮아서 유래한 이름으로 보인다.

긴담배풀 국화과

Carpesium divaricatum Siebold & Zucc.

산지나 들의 풀밭에 자란다. 높이 50~80cm. 뿌리잎은 달걀모양이고, 줄기 아랫잎은 대개 날개가 있으며, 가운데잎은 긴 타원형으로 날개가 없고 윗부분의 잎은 피침모양으로 잎자루가 없다. 7월 하순~10월 하순 개화. 가지 끝에 지름 1cm 정도의 혀꽃이 없는 머리모양 꽃이 달린다. 포가 총포보다 넓고 길다.

두메담배풀 국화과

Carpesium triste Maxim.

산지의 숲에서 자란다. 높이 50~100cm. 줄기가 다른 담배풀들에 비해 가늘고 곧게 서며, 윗부분에서 가지가 갈라진다. 줄기잎 밑부분과 뿌리잎의 잎자루에 넓은 날개가 있으며 잎가장자리에 고르지 않은 톱니가 있다. 7월 하순~9월 하순 개화. 가지 끝에 지름 1cm 정도의 꽃이 달리며, 포가 총포보다 약간 길고 뒤로 젖혀진다.

천일담배풀 국화과

Carpesium glossophyllum Maxim.

건조한 숲 속에서 자란다. 높이 25~50cm. 전체에 위를 향한 거친 털이 밀생한다. 뿌리잎은 방석모양으로 모여 달린다. 드문드문 달리는 줄기잎은 넓은 피침모양이고 위로 가면 선형으로 되고 작아진다. 7월 하순~9월 초순 개화. 줄기나 가지 끝에 밑을 향해 핀다. 지름 1.2cm 정도의 머리모양꽃차례는 반구형이고 포는 총포와 크기가 비슷하다.

좀담배풀 국화과

Carpesium cernuum L.

산이나 들에 자란다. 높이 50~100cm. 가지가 사방으로 퍼진다. 잎은 주걱모양의 긴 타원형으로 밑이 잎자루로 흘러 날개가 된다. 8~9월 개화. 꽃은 연한 녹색으로 지름 15~18mm이며, 밑을 향해 머리모양꽃차례로 달린다. 총포가 뒤로 젖혀지고 바깥의 총포는 마치 잎처럼 크다. 두메담배풀에 비해 꽃이 크고 잎의 톱니가 가지런하다.

여우오줌 국화과

Carpesium macrocephalum Franch. & Sav.

산지에서 자란다. 높이 1m 정도. 줄기는 다소 굵고 잔털이 있다. 아래쪽 잎은 달걀모양으로 끝이 뾰족하고 밑부분이 좁아져서 잎자루의 날개가 되며 톱니가 있다. 7월 초순~9월 하순 개화. 줄기나 가지 끝에 지름 2.5~3cm의 꽃이 달리며 담배풀류의 꽃보다 크다. 총포보다 큰 포는 피침모양으로 가장자리에 톱니가 있고 3줄로 늘어 선다. '황담배풀'이라고도 한다.

해오라비난초 난초과

Pecteilis radiata (Thunb.) Raf.

숲 속의 습지 풀밭에서 자란다. 높이 20~35cm. 뿌리는 가는 육질이며 덩이줄기는 원모양이다. 잎은 선상피침모양이다. 8월 초~중순 개화. 꽃의 크기는 2.5~3cm 정도로 작은꽃받침은 녹색이고 꽃잎은 흰색이다. 줄기 끝에 1~2개가 달리는 꽃은 입술꽃잎의 곁갈래 가장자리가 깊게 갈라진다. 경기, 강원, 경남북 습지에 드물게 분포한다.

큰해오라비난초 난초과

Habenaria dentata (Swartz) Schlechter

해오라비난초와 형태적으로 가장 유사한 종으로, 꽃받침이 꽃잎보다 크고 흰색이며, 입술꽃잎 곁갈래 가장자리에 얕게 갈라진 톱니가 있다. 7~8월 개화. 해오라비난초에 비해 개체가 크며, 많은 꽃이 달리는 특징에서 유래한 이름이다. 일본, 대만 등지에 자생하며 국내에서는 근래에 경남 북부 지역에서 자생하는 것이 확인되었고, 인공증식에 성공하였다.

0803

승마 미나리아재비과
Actaea heracleifolia (Kom.) J. Campton

깊은 산지에서 자란다. 높이 1~2m 정도. 줄기는 흑자색이고, 잎은 1~2회 3갈래로 갈라진다. 8~9월 개화. 원줄기 윗부분에 복총상꽃차례로 달린다. 다른 류군에 비해 대형으로 서해안 의 일부 지역에 자생하며 작은잎의 자루가 길고 정소엽의 밑부분이 심장저이다. 한반도 고유종인 **세잎승마***A. bifida*는 작은잎의 자루가 짧고 정소엽의 기부가 둔저에 가까워 구분된다.

눈빛승마 미나리아재비과
Actaea dahurica (Turcz. ex Fisch. & C.A.Mey.) Franch.

산지에 자란다. 높이 1.5~2m. 8~9월 개화. 암수딴그루식물로, 큰 원뿔모양꽃차례에 총상으로 꽃이 달린다. 암그루에는 양성꽃이 있으나 수그루에서는 암술이 거의 없다. 장미과의 눈개승마와 비슷하나 눈빛승마가 더 크고 잎에 광택이 있고 잎 표면의 측맥이 뚜렷하고 균일하며, 무엇보다도 눈개승마는 6월에 개화하므로 구별하기 쉽다.

촛대승마 미나리아재비과

Actaea simplex (DC.) Wormsk. ex Prantl

깊은 산지에서 자란다. 높이 1.5m 정도. 잎은 2~3회 3갈래로 갈라지며 가장자리에는 톱니가 있고 뒷면 맥 위에 털이 있다. 6~8월 개화. 꽃이 원줄기 끝에 촛대모양의 꽃차례를 이루며, 보통 하나 또는 두 개의 꽃차례를 피운다. 꽃차례의 길이는 20cm 정도이다. 양성꽃과 수꽃이 따로 있다. 전국에 분포하나 주로 중부 이북에서 자생한다.

나제승마 미나리아재비과

Actaea austrokoreana (H.W.Lee & C.W.Park) Cubey

산지 계곡 주변이나 그늘진 숲에 자란다. 높이 40~80cm. 잎은 대개 3장으로 줄기 아래 쪽에 나고 아래 2개의 잎은 23~29장의 작은잎으로 된 겹잎이다. 9~10월 개화. 꽃차례는 10~20cm 정도로 줄기 끝에서 옆이나 아래로 휜다. 촛대승마에 비해 식물체가 작다. 지리산, 덕유산 등 중부 이남에 분포하며, 숙은촛대승마, 남부승마 등으로 불린다.

송이풀 현삼과

Pedicularis resupinata L.

깊은 산의 숲 속에서 자란다. 높이 30~60cm. 줄기는 속이 비었으며, 잎은 어긋나거나 마주나고, 좁은 달걀모양이다. 8월 초순~9월 중순 개화. 꽃부리의 길이는 2cm 정도로, 끝이 새 부리처럼 꼬부라지며 하순이 옆으로 퍼져서 끝이 얕게 3개로 갈라진다. 꽃차례가 한 곳에 밀집하여 송이를 이루는 모습에서 유래한 이름이다.

만주송이풀 현삼과

Pedicularis mandshurica Maxim.

높은 산의 암석이 풍화된 지역에서 자란다. 높이 30cm 정도. 전체에 털이 산재하고, 줄기는 곧게 서며 가지를 치지 않는다. 6월 개화. 꽃부리의 길이는 2.5cm 정도로서, 다른 송이풀에 비해 꽃이 큰 편이고 연한노란색을 띤다. 설악산 정상부 등 강원도의 고산지대에 드물게 자생하며, 만주 일대에 널리 분포하는 북방계 식물이다.

한라송이풀 현삼과

Pedicularis hallaisanensis Hurus.

높은 산 풀밭에서 자란다. 높이 5~15cm. 원줄기의 돋아난 줄에 부드러운 털이 많고 밑에서 가지가 갈라지며, 잎은 긴 타원형이다. 8월 초순~9월 하순 개화. 꽃부리의 길이는 1.5cm이다. 송이풀에 비해 왜소하고 잎이 돌려난다. 한라산과 가야산에 분포한다. 학자에 따라 **구름송이풀***P. verticillata*과 동일종으로 보는 견해도 있다.

나도송이풀 현삼과

Phtheirospermum japonicum (Thunb.) Kanitz.

산야의 양지쪽 풀밭에서 자란다. 높이 30~60cm. 전체에 끈끈한 샘털이 있어서 만지면 매우 끈적거리고, 가지를 많이 친다. 잎은 삼각상 달걀모양이며 잎자루에 날개가 있다. 8월 하순~10월 개화. 꽃부리는 길이 2cm 정도이다. 다른 송이풀들과 같은 속이 아니며, 한 달 정도 개화가 늦다. 반기생식물로 알려져 있다.

난쟁이바위솔 돌나물과

Meterostachys sikokianus (Makino) Nakai.

높은 산의 바위틈에서 자란다. 높이 5~10cm. 잎은 줄기 끝에 밀생하고, 육질이며 선형이고 길이는 1cm 내외이다. 8월 초순~9월 하순 개화. 지름 5mm 정도의 자잘한 꽃들이 취산꽃차례로 핀다. 꽃받침조각과 꽃잎은 각 5개이며 길이는 5mm 정도이다. 수술은 10개이며 씨방은 5개이다. 전국의 고산지대에 분포한다.

앉은좁쌀풀 현삼과

Euphrasia pectinata Ten.

깊은 산지의 건조한 풀밭에서 자란다. 높이 20~30cm. 중앙부의 잎은 달걀모양이며 꽃이 달린 부분의 잎은 보다 작다. 8월 초순~10월 초순 개화. 꽃부리의 길이가 4~6mm 정도의 꽃이 줄기 윗부분 잎겨드랑이에 이삭꽃차례로 달린다. 전국에 분포하나 경상도, 강원도 및 북부지방에 주로 분포한다. 잎의 톱니 끝이 까락같이 뾰족한 것이 특징이다.

올챙이풀 자라풀과

Blyxa echinosperma (C.B.Clarke) Hook.f.

물가에 자란다. 높이 7cm 정도. 8~9월 개화. 꽃잎이 3갈래로 벌어지는 올챙이솔과 달리 꽃잎이 벌어지지 않는다. 열매의 양쪽 끝에 열매 길이의 2~4배 긴 꼬리가 달리고 타원형으로 표면에 사마귀모양의 잔돌기가 있다. 같은 속의 **올챙이자리***B. aubertii*는 열매의 끝에 꼬리가 없고, 열매의 표면에 종선이 있어 구별된다.

올챙이솔 자라풀과

Blyxa japonica (Miq.) Maxim. ex Asch. & Gurk.

논이나 연못에 자란다. 줄기의 길이 5cm 정도. 뿌리줄기가 옆으로 자라 윗부분이 2갈래씩 갈라진다. 8~10월 개화. 중부 이남에 분포한다. 올챙이풀과 달리 꽃잎이 3갈래로 갈라진다. 같은 속의 올챙이풀과 올챙이자리와 마찬가지로 전국에 분포하지만 벼 경작지 감소와 제초제 등 농약 살포의 영향으로 드물게 발견된다.

마름 마름과

Trapa japonica Flerow.

수심이 2m 이하의 저수지, 연못에 자란다. 줄기는 길이 1~2m. 물속의 잎은 깃꼴로 가늘게 갈라지고 물 위에 뜬 잎은 줄기 위쪽에 모여나며 잎자루에 연한 털과 공기주머니가 있다. 7~9월 개화. 꽃은 잎겨드랑이에서 물 위로 나온 꽃자루 끝에 1개씩 피며 꽃자루와 꽃받침에 털이 있다. 열매는 흔히 말밤이라고 부르며, 납작한 역삼각형으로 양쪽에 날카로운 뿔이 2개 있다.

애기마름*T. incisa*은 강과 저수지, 늪에 자란다. 잎과 꽃, 열매의 크기가 국내에 분포하는 마름속 중 가장 작다. 7~8월 개화. 꽃자루와 꽃받침에 털이 없으며, 마름과 달리 열매에 4개의 뿔이 달려 있다.

통발 통발과

Utricularia australis R. Br.

못이나 늪에서 자란다. 꽃 줄기 높이 10~20cm. 잎은 깃모양으로 갈라지고, 물벼룩 같은 작은 벌레를 잡는 포충낭이 붙어있다. 8월 초순~9월 하순 개화. 지름8mm 정도의 꽃이 달린다. 줄기 끝에 동아를 만들어 물속에서 월동한다. 강원도 일부 지역에 자생한다. **참통발** *U. tenuicaulis*은 꽃대가 차있는 반면 통발은 비어 있으나 참통발을 통발의 한 품종으로 보는 견해도 있다.

들통발 통발과

Utricularia aurea Lour.

연못이나 논에서 자란다. 높이 10~15cm. 길이 3~4cm의 잎이 새깃모양으로 갈라지며 잎마다 몇 개씩 포충낭이 붙어있다. 8~10월 개화. 꽃의 지름은 6~7mm 정도이고, 꽃뿔이 아랫입술보다 짧으며 윗입술과 더불어 짧은 털이 성기게 나고 끝이 둔한 것이 특징이다. 통발과 달리 결실기에 열매가 아래를 향한다. 남부지방에 드물게 분포한다.

진땅고추풀 현삼과

Deinostema violacea (Maxim.) T.Yamaz.

논둑이나 습지에서 자란다. 높이 10~20cm. 줄기는 밑에서 가지가 갈라지며, 잎은 선상 피침모양 또는 넓은 선형이다. 8월 초순~10월 중순 개화. 지름 5mm 정도의 꽃이 잎겨드랑이에 1개씩 달리며 꽃자루는 길이 10~15mm로서 퍼진 샘털이 있다. 전체가 물속에 잠길 때에는 꽃을 피우지 않고 닫힌꽃으로 열매를 맺어 번식한다.

둥근잎고추풀 현삼과

Deinostema adenocaulum (Maxim.) T.Yamaz.

논밭이나 습지에서 자란다. 높이 10~18cm. 잎은 달걀모양이며 끝이 뾰족하거나 둔하다. 6월 중순~9월 하순 개화. 지름 5mm 정도의 꽃이 잎겨드랑이에 1개씩 달린다. 제주도와 전남지방에 분포한다. 진땅고추풀의 잎이 좁은 피침모양인데 비하여, 잎이 둥근달걀모양이고 끝이 짧게 뾰족하며 5~7개의 맥이 있다.

큰고추풀 현삼과

Gratiola japonica Miq.

논밭에서 자란다. 높이 10~25cm. 줄기는 밑부분에서 가지가 갈라진다. 잎은 피침모양으로 밑부분에서 3맥이 나타난다. 8~9월 개화. 잎겨드랑이에 1개씩 달리고 꽃부리는 길이 6mm 정도이다. 중부 이남에 분포한다. 진땅고추풀에 비해 줄기가 굵고 큰 편이며, 꽃받침에 2개의 작은 포가 있고 꽃대가 없으며 꽃밥에 털이 있다.

등에풀 현삼과

Dopatrium junceum (Roxb.) Ham. ex Benth.

습지나 논두렁에서 자란다. 높이 10~30cm. 줄기는 다육질이다. 밑부분 잎은 잎자루가 없으며 피침모양이고 끝이 둔하며 위로 가면서 점점 작아져서 긴 타원모양으로 된다. 8월 초순~10월 중순 개화. 꽃부리의 길이는 5~6mm이며, 하부의 꽃은 닫힌꽃이다. 경기 이남에 분포한다. 열매가 등에의 눈을 닮은 데서 유래한 이름이다.

물고추나물 물레나물과

Triadenum japonicum (Blume) Makino

산이나 들의 습지 주변에 주로 자란다. 높이 30~70cm. 가늘고 긴 포복지를 뻗는다. 줄기는 곧게 서고 1~2개의 가지를 치며, 줄기의 아랫부분은 붉은 자주색을 띤다. 잎은 긴 타원형이고 잎자루가 없다. 8~9월 개화. 꽃의 지름은 1cm 정도로, 연한 홍색을 띠며 잎겨드랑이에 1~3개씩 달리고 꽃자루는 아주 짧다. 중부 이남에 드물게 분포한다.

숫잔대 초롱꽃과

Lobelia sessilifolia Lamb.

볕이 잘 드는 습지의 풀밭에 자란다. 높이 50~100cm. 잎자루가 없고 위로 갈수록 작아져서 포가 된다. 8월 초순~10월 중순 개화. 꽃의 지름은 2~2.5cm 정도이고 수술이 암술을 기둥처럼 둘러싸고 있어 꽃술이 1개로 보이며 수술이 먼저 성숙한다. 제주를 제외한 전국에 분포한다. '습지에 나는 잔대'란 뜻의 북한 방언 '습잔대'에서 유래한 이름이며 '진들도라지'라고도 한다.

퉁퉁마디 명아주과

Salicornia europaea L.

바닷물이 드나들고 땅이 잘 굳는 갯벌 양지에서 자란다. 높이 10~30cm. 자랄수록 짙은 녹색에서 붉은색으로 변하며 두드러진 마디가 많고 짠맛이 나며 잎은 없다. 8월 초순~10월 중순 개화. 꽃은 가지 윗부분의 마디 사이 오목한 곳에 낱꽃이 3개씩 달린다. 남해, 서해 및 울릉도 해안에 분포한다. 짠맛이 난다는 뜻인 '함초'라고도 하며 미네랄이 풍부하여 건강식품으로 쓰인다.

파리풀 파리풀과

Phryma leptostachya var. *oblongifolia* (Koidz.) Honda

산과 들의 그늘진 곳에 자란다. 높이 50~70cm. 전체에 털이 나며 줄기는 곧게 선다. 6월 하순~9월 중순 개화. 꽃은 길이 10~20cm의 이삭꽃차례에 달린다. 열매 끝부분에 갈고리가 있어서 동물의 몸에 붙어 씨앗을 퍼뜨린다. 전초를 즙을 내어 종이에 먹인 다음 파리를 잡은 데서 유래된 이름으로 중국, 일본 명도 승독초(蠅毒草)로 '파리 잡는 풀'이라는 뜻이다.

0805

갯질경 갯질경과

Limonium sinense (Girard) Kuntze

바닷가에서 자란다. 높이 30~60cm. 잎은 뿌리에서 뭉쳐나며 주걱모양으로 두껍다. 8월 중순~10월 하순 개화. 꽃턱잎 속에서 2~3개의 꽃이 피며 노랗다. 꽃의 지름은 2mm, 길이는 5mm. 씨앗은 꽃받침에 싸인 채 떨어져 싹을 틔우고 잎만으로 겨울을 넘기고 이듬해 여름에 꽃을 피운 뒤 시들어 죽는다. 질경이과 식물이 아니지만, 잎이 질경이를 닮은 데서 유래한 이름이다.

산토끼꽃 인동과

Dipsacus japonicus Miq.

산지에서 자란다. 높이 1m 이상. 줄기에 털이 산발적으로 나 있다. 잎자루가 길고 날개가 있으며, 아랫잎은 깃꼴로 갈라지며, 각 조각잎은 타원모양으로 길이는 10~15cm이고, 가장자리에는 톱니가 있다. 위쪽 잎은 갈라지지 않고 잎자루도 없다. 8월 초순~9월 하순 개화. 지름 1.5cm 정도의 꽃이 꽃줄기 끝에 머리모양꽃차례로 달린다. 강원도와 경상남북도 일부 지역에 드물게 자생한다.

감자개발나물 산형과

Sium ninsi Thunb.

늪이나 습지에서 자란다. 높이 30~80cm. 밑부분의 작은잎은 5~7개, 윗부분은 3출엽으로 구성되어 있고 개발나물에 비해 잎의 모양이 더 날렵하다. 8~9월 개화. 총포는 둘다 뒤로 젖혀지지만 개발나물은 선형, 감자개발나물은 피침모양이다. 감자개발나물은 개발나물에 비해 작은잎의 수가 적고, 특히 윗부분에서는 3출엽인 차이가 있다.

개발나물 산형과

Sium suave Walter

물가 습지에서 자란다. 높이 70~100cm. 줄기 전체에 털이 없다. 뿌리잎은 홀수깃모양겹잎이고, 잎자루가 길고 위로 갈수록 잎자루와 잎이 작아진다. 작은잎은 7~17개로 좁은피침모양이다. 5~8월 개화. 산경에서 10~20개의 소산경이 갈라져 그 끝에 10여 개의 꽃이 달리는 겹우산모양꽃차례로 핀다. 중부 이남에 분포한다. 감자개발나물에 비해 소산경이 굵다.

0807

하수오 마디풀과

Reynoutria multiflora (Thunb.) Moldenke

산과 들에 자라며 주로 재배한다. 덩굴성으로 줄기는 가늘고 전체에 털이 없다. 잎은 심장모양으로 끝이 뾰족하고 잎자루가 있다. 8~9월 개화. 가지 끝의 원추꽃차례로 흰색의 자잘한 꽃이 많이 달린다. 전국에 드물게 분포한다. 뿌리를 적하수오라 부르며, 흔히 백하수오라고 부르는 큰조롱은 박주가리과의 식물이다. **나도하수오***R. cilinervis*는 하수오보다 잎이 좁고 주름이 있으며 꽃차례가 곧게 서고 야생에서 드물지 않게 발견된다. **삼도하수오***Fallopia koreana*는 꽃차례가 가지를 치는 하수오나 나도하수오에 비해 곧게 서는 꽃차례가 가지를 치지 않으므로 쉽게 구분된다.

황기 콩과

Astragalus mongholicus var. *dahuricus* (Pall.) Podl.

산지에 자란다. 높이 1m 정도. 줄기 전체에 털이 있고 잎은 6~11쌍의 작은잎으로 구성된 홀수깃꼴겹잎이다. 꽃은 7~8월에 피고 한 방향으로 몰려 핀다. 전체가 쓴 고삼*Sophora flavescens*과 닮았으나, 황기는 약간 달아 '단너삼'이라 부른다. 멸종위기종으로 지정되어 있었으나 자생여부가 불명확하여 해제되었으며 일출한 개체들이 더러 야화되었다.

정선황기 콩과

Astragalus koraiensis Y.N.Lee

냇가나 빈터 주변에 자란다. 높이 약 30cm 정도. 잎은 7~10쌍의 작은잎으로 된 깃모양겹잎이다. 작은잎은 타원모양이며 표면에 털이 없고 뒷면에 솜털이 있으며, 작은잎의 끝은 바늘모양이다. 5월 하순~8월 초순 개화. 꽃받침은 털이 있고 5갈래이다. 열매는 원통모양의 협과로서 끝이 날카롭게 구부러진다. 강원도 정선에서 처음 발견되어 붙여진 이름이다.

0807

귀박쥐나물 국화과

Parasenecio auriculatus (DC.) J.R.Grant

산지에 자란다. 높이 40~90cm. 줄기는 마디마다 약간 굽어지며 엉긴 털이 있다. 잎은 오각형 또는 삼각형의 콩팥모양이며 잎자루 윗쪽에는 날개가 없고 밑동에는 넓은 귀모양의 날개가 있다. 8~9월 개화. 줄기 끝에 총상 원추꽃차례로 달린다. 총포조각은 5장으로 긴 타원모양이며 머리모양꽃차례 1개에 대롱모양꽃 5-6개가 달린다. 강원 북부에 드물게 자생한다.

게박쥐나물 국화과

Parasenecio adenostyloides (Franch. & Sav. ex Maxim.) H.Koyama

깊은 산 나무 그늘에서 무리지어 자란다. 줄기에 털이 없고 홈이 파진 능선이 있다. 잎은 콩팥모양으로 잎자루에는 날개가 없고 잎끝이 뾰족하다. 6~9월 개화. 지름 3~4mm의 꽃이 원추꽃차례로 달리며 밑으로 처진다. 제주, 강원(설악산, 발왕산), 백두산 등지에 분포한다. 결각이 많은 잎의 모양이 게의 등껍질을 닮은데서 유래한 이름으로 보인다.

나래박쥐나물 국화과

Parasenecio auriculata var. *kamtschatica* (Maxim.) H.Koyama

깊고 높은 산에서 자란다. 높이 60~120cm. 잎자루에 날개가 있으며 귀처럼 넓다. 8~9월 개화. 꽃부리 길이 8.5mm 정도의 작은꽃 3~6개가 총상으로 달린다. 잎의 모양이 날개를 펼친 박쥐를 닮은데서 유래한 이름이다. **박쥐나물**var. *matsumurana*은 전체적인 모습은 비슷하나 잎자루 밑부분이 귀처럼 넓어지지 않아 구별된다.

둥근잎유홍초 메꽃과

Ipomoea cholulensis Kunth

들이나 민가 주변에 자란다. 덩굴성으로 길이 2~3m. 잎은 가장자리에 톱니가 없거나 아랫부분에 작게 있기도 하다. 8~10월 개화. 꽃자루 끝에 지름 1.5cm 정도의 꽃이 2~8개 달리며 암술과 수술이 꽃잎 밖으로 돌출된다. 열대 아메리카 원산으로 전국에 분포한다. **유홍초***I. quamoclit*와 유사하나 잎이 갈라지지 않는 둥근잎으로 구분된다.

투구꽃 미나리아재비과

Aconitum jaluense Kom.

주로 산지에서 자란다. 줄기의 길이 1m 정도. 줄기는 비스듬히 자라고, 잎은 3~5개로 깊이 갈라진다. 8월 중순~10월 하순 개화. 총상꽃차례로 원줄기 끝이나 줄기 상부의 잎겨드랑이에서 나온다. 꽃받침잎이 꽃잎같이 생겼으며, 표면에 털이 있다. 전국에 분포하나 속리산 이북에서 흔히 관찰된다. 뿌리에는 강한 독이 있고 이를 초오(草烏)라 하며 한약재로 쓴다.

세뿔투구꽃 미나리아재비과

Aconitum austrokoreense Koidz.

산지의 반그늘에서 자란다. 줄기의 길이 60~80cm. 줄기가 비스듬히 자라며, 잎은 위로 갈수록 3~5개로 얕게 갈려져 오각형 또는 삼각형 모양이다. 9월 하순~10월 중순 개화. 흰색 혹은 연자주색 꽃이 핀다. 경북을 포함한 남부지방에 주로 분포한다. 잎이 5각형 혹은 3각형으로 3~5갈래로 얕게 갈라지며, 열매에도 3개씩 뿔이 난 것처럼 보인다.

북투구꽃 미나리아재비과
Aconitum kirinense Nakai

산지의 초원이나 숲가장자리에 자란다. 높이 80~160cm. 줄기는 곧게 서는 편이며 아랫부분에 뻣뻣한 털이 난다. 잎은 오각형으로 크게 3갈래로 갈라지며 잎자루가 길다. 7월 하순~9월 초순 개화. 총상꽃차례는 길이 20~50cm로 12~50개의 연한 노랑색 꽃이 달린다. 경북 북부와 강원에 자생하며 2022년에 새로 발표되었다. 노랑투구꽃*A. barbatum*은 북한에 분포한다.

부전투구꽃 미나리아재비과
Aconitum puchonroenicum Uyeki & Sakata

높은 산지의 전석지나 양지바른 곳에 자란다. 높이 80~120cm. 줄기는 직립하거나 비스듬히 자라며 줄기에 털이 없다. 잎은 오각형에 가까운 신장모양으로 3~5갈래 갈라진다. 7월 중순~8월 하순 개화. 20~40cm의 총상꽃차례에 10~20개의 꽃이 성글게 달린다. 작은꽃자루는 15~75mm로 길고 부드러운 털이 난다. 강원 일부 지역에 드물게 자생한다.

꽃

잎

놋젓가락나물 미나리아재비과

Aconitum volubile var. *pubescens* Regel

산자락의 숲에서 자란다. 줄기 길이 2m 정도. 처음에는 직립하다가 덩굴성이 되어 다른 물체를 감아 올라간다. 잎은 3~5갈래로 밑부분까지 깊게 갈라지며 끝은 뾰족하고 잎자루가 길다. 8월 중순~10월 중순 개화. 제주도를 제외한 전국에 분포한다. 밑동의 줄기가 고동색으로 젓가락 굵기와 길이 정도로 곧게 서고 만지면 놋젓가락처럼 단단하고 매끈한 느낌이 든다.

백부자 미나리아재비과

Aconitum coreanum (H.Lév.) Rapaics

산지의 약간 건조한 곳에서 자란다. 높이 1m 정도. 덩이뿌리가 발달하고 잎은 잘게 갈라진다. 8월 하순~10월 초순 개화. 연한 황색 또는 자줏빛이 도는 꽃이 핀다. 꽃잎처럼 보이는 꽃받침잎은 5개로 뒤쪽이 것이 앞이마처럼 둥글게 나와 있는 특징이 있다. 충북, 경북, 강원도에 드물게 자생한다. 흰꽃이 피는 부자(약재)라는 뜻의 이름이다.

진교(진범) 미나리아재비과

Aconitum pseudolaeve Nakai

산지에서 자란다. 높이 30~80cm. 8월 초순~10월 초순 개화. 꽃잎처럼 보이는 꽃받침이 아래쪽은 넓고 위쪽은 가늘어지며, 약간 꼬부라져 마치 거위같다. 제주와 남부 해안지역을 제외한 전국에 분포한다. '진범'이란 원래 한자어 표기로 진교(秦艽)를 진봉(秦芃)로 오기하고, 이를 다시 진범으로 오독하여 얻어진 이름으로 진나라에서 사는 작은 짐승을 닮은 식물이라는 의미이다.

흰진교(흰진범) 미나리아재비과

Aconitum longecassidatum Nakai

산자락의 그늘에 자란다. 줄기는 비스듬히 자라다가 끝으로 갈수록 덩굴성 줄기로 변하여 1m 이상 자란다. 잎의 표면에는 갈라지는 털이 있고 가장자리와 뒷면 잎맥 위에도 털이 있다. 8월 초순~10월 초순 개화. 진교가 주로 높은 산에 자라는 반면, 흰진교는 낮은 산에서도 흔히 볼 수 있으며 진교와 달리 암술에 털이 없다.

비수리 콩과

Lespedeza cuneata G.Don

들에 자란다. 길이 1m 정도. 줄기는 곧게 서다가 비스듬히 눕는다. 전체에 털이나고 잎은 3장의 작은잎으로 된 겹잎이고 잎가장자리는 밋밋하다. 8월 초순~9월 하순 개화. 가축의 사료로 쓰거나 빗자루를 만들어 쓴다. 민간에서는 남성의 기를 증진시킨다는 속설이 있어서, 밤에 문을 연다는 뜻의 야관문(夜關門)이라고도 한다.

개싸리 콩과

Lespedeza tomentosa (Thunb.) Siebold ex Maxim.

산이나 들의 양지바른 곳에 자란다. 높이 1m 정도. 줄기는 관목모양으로 자라며 전체에 부드러운 융모가 많이 난다. 잎은 3장의 작은잎으로 된 겹잎이다. 8~9월 개화. 길이 5mm 정도의 자잘한 꽃들이 잎겨드랑이에 총상꽃차례로 달린다. 꽃잎 가운데에 붉은 줄무늬가 있다. 들에서 흔히 볼 수 있어서 들싸리라고도 한다.

괭이싸리 콩과

Lespedeza pilosa (Thunb.) Siebold & Zucc.

산이나 들에 자란다. 줄기 길이 60cm 가량. 전체에 부드러운 털이 밀생하고 줄기는 땅을 기며 풀밭에서 덩굴처럼 뻗는다. 잎은 3개의 작은잎으로 된 겹잎이고 달걀모양이다. 8월 중순~9월 초순 개화. 지름 5mm 정도의 꽃이 잎겨드랑이에 2~3개씩 달린다. 비수리와 닮았으나 줄기에 털이 길고 부드러우며 잎이 넓다. 중부 이남에 주로 분포한다.

활나물 콩과

Crotalaria sessiliflora L.

볕이 잘 드는 들에 자란다. 높이 20~40cm. 줄기는 곧게 서고 가지를 거의 치지 않으며 전체에 털이 많다. 잎은 좁고 길며 잎자루가 거의 없다. 줄기 윗부분에서는 잎 간격이 좁아서 마주나기잎처럼 보인다. 8월 초순~10월 중순 개화. 줄기 끝에 지름 7mm 정도의 입술모양꽃이 총상꽃차례로 달린다. 열매는 매끄러우며 꽃받침 속에 숨어 있고 늘어진 모양이다.

구절초 국화과

Chrysanthemum zawadskii subsp. *latilobum* Kitag.
Chrysanthemum naktongense Nakai

산과 들에서 자란다. 높이 50~80cm. 줄기는 곧게 서고 가지가 갈라진다. 땅속의 뿌리줄기가 옆으로 길게 뻗으며 번식한다. 뿌리잎은 달걀모양이고 가장자리가 얕게 갈라지며 줄기잎도 얕게 갈라진다. 8월 중순~11월 중순 개화. 줄기와 가지 끝에 지름 6~8cm의 흰색 또는 붉은빛이 도는 꽃이 1개씩 핀다. 혀꽃은 1줄로 배열하고 대롱꽃은 노란색이다. 예로부터 음력 9월 9일에 꽃과 줄기를 잘라 약재로 썼다고 하여 '구절초(九折草)'라고 부른다.

바위구절초 758p. 참조.

산구절초 국화과

Chrysanthemum zawadskii Herbich

높은 산지에서 자란다. 높이 30~60cm. 9~10월 개화. 꽃의 지름은 4~6cm 정도며, 구절초와 비슷하나 전초 크기와 꽃이 다소 작고 잎몸이 2회 깃모양으로 가늘고 깊게 갈라진다.

포천구절초 국화과

Chrysanthemum zawadskii subsp. *latilobum* f. tenuisectum (Nakai) Kitag.

하천 주변의 양지바른 곳에서 자란다. 높이 50cm 정도. 잎이 가늘고 깊게 갈라진다. 줄기잎은 3갈래로 갈라진다. 9월 중순~10월 중순 개화. 철원, 포천 지역의 하천 유역을 중심으로 분포한다.

남구절초 국화과

Chrysanthemum zawadskii subsp. *yezoense* Y.N.Lee

남부지방의 바닷가에서 자란다. 높이 20~50cm. 잎이 돌려나듯이 촘촘히 어긋나고, 끝부분이 얕게 갈라지며 줄기잎은 주걱모양이다. 10월 개화.

0810

쑥부쟁이 국화과

Aster yomena (Kitam.) Honda

햇볕이 잘 들고 습기가 약간 있는 풀밭과 산기슭에서 자란다. 높이 30~100cm. 9월 하순~12월 초순 개화. 머리모양꽃의 지름은 4cm 정도이고, 총포는 반원모양이며, 포는 3줄이다. 열매는 수과이고 갓털은 흰색이며 길이 약 0.5mm이다. 남부지방에 분포한다. 다른 종에 비해 잎은 난상 긴 타원모양이고 가장자리에 거친 톱니가 있다.

갯쑥부쟁이(개쑥부쟁이) 국화과

Aster hispidus Thunb.

산과 들에 자란다. 높이 30~100cm. 줄기는 곧게 서며 가지가 갈라진다. 뿌리잎은 꽃이 필 때 마르며, 줄기잎은 가장자리가 둔하다. 8월 초순~12월 초순 개화. 가지 끝에 지름 3~5cm의 머리모양꽃이 1개씩 달리며 총포조각은 3줄로 붙는다. 혀꽃의 갓털이 대롱꽃의 갓털보다 짧으며, 주로 붉은 갈색이다. 열매는 수과로 겉에 털이 있고, 전국에 가장 흔하게 자생한다.

섬갯쑥부쟁이 국화과

Aster arenarius (Kitam.) Nemoto

바닷가에 자란다. 높이 15~30cm. 줄기는 비스듬히 누워 자라며 가지를 친다. 뿌리잎은 다소 두꺼우며, 줄기잎은 끝이 둥글고 가장자리가 거의 밋밋하다. 8월 초순~12월 중순 개화. 지름 3~4cm의 머리모양꽃이 줄기와 가지 끝에 1개씩 달린다. 총포조각은 2~3줄로 붙고, 혀꽃의 갓털이 대롱꽃의 갓털보다 짧으며, 수과인 열매의 가장자리에 털이 있다. 제주와 남부지방에 자생한다.

까실쑥부쟁이 국화과

Aster trinervius subsp. ageratoides (Turcz.) Grierson

산비탈의 풀섶에서 자란다. 높이 1m 정도. 잎 양면에 짧고 거센털이 있으며, 긴 타원상피침모양이고 가장자리에 톱니가 드물게 있다. 8월 중순~11월 중순 (남부지방) 개화. 지름 2cm 정도의 희거나 연보라색 꽃이 편평꽃차례로 달리고, 총포는 달걀모양이며, 포는 3줄로 홍자색이 돌고, 가장자리에 털이 약간 있다. 중부 이남에 분포한다.

섬쑥부쟁이 국화과

Aster glehnii F. Schmidt

양지바른 풀밭에서 자란다. 높이 1~1.5m. 줄기잎은 긴 타원형으로 가장자리에 불규칙한 톱니가 있다. 8월 중순~10월 중순 개화. 지름 15mm 정도의 꽃이 편평꽃차례로 피고, 총포는 통모양이며 포의 조각은 2~3줄로 길이가 거의 같고 선형이다. 울릉도 특산식물로 알려져 왔으나 동, 서해안 일부 지역에 재배하던 것이 야화되었다. 부지깽이나물이라고 하며 흔히 재배한다.

가새쑥부쟁이 국화과

Aster incisus Fisch.

산야의 습지나 냇가에서 자란다. 높이 1~1.5m. 뿌리잎은 꽃이 필 무렵에는 말라 죽는다. 8월 하순~10월 하순 개화. 꽃의 지름은 3~3.5cm이고 총포는 반구형으로서 포의 조각은 3줄로 외편이 내편보다 약간 짧으며 끝이 뾰족하다. 줄기잎은 긴 타원상피침모양이고 길게 깃모양으로 갈라지며 위로 올라가면서 작아져서 선상 피침모양이 된다.

단양쑥부쟁이 국화과
Aster altaicus var. *uchiyamae* Kitam.

냇가 모래땅에서 자란다. 높이 30~60cm. 줄기는 자줏빛이 돈다. 줄기 잎은 넓이 2mm 정도로 좁으며, 잎자루가 없이 줄기에 촘촘하게 달린다. 9월 중순~11월 초순 개화. 지름 4cm 정도의 꽃이 피고, 혀꽃이 2줄로 배열한다. 총포는 반구형이며 총포조각은 2줄로 끝이 뾰족하다. 갓털은 길이 4mm 정도로서 붉은빛이 돈다. 충북 및 경기 지역에 분포한다.

미국쑥부쟁이 국화과
Symphyotrichum pilosum (Willd.) G.L. Nesom

양지바른 산기슭이나 들에서 자란다. 높이 30~100cm. 밑동의 잎은 주걱모양으로 가장자리에 톱니가 있고, 작은 가지의 잎은 선형 또는 송곳모양이다. 7월 중순~11월 중순 개화. 두상화의 지름은 10~17mm이며, 총포는 종모양이고 총포조각은 3줄로 배열한다. 중부 이남에 분포한다. 1970년대에 춘천 근교의 중도에서 처음 발견되어 중도국화라고 불리기도 했다.

개미취 국화과

Aster tataricus L.f.

볕이 잘 드는 계곡 주변이나 풀밭에서 자란다. 높이 1~1.5m. 8월 중순~10월 중순 개화. 꽃은 지름 3cm 정도. 편평꽃차례로 달린다. 총포는 반구형으로 포는 3줄로 배열되고 끝이 뾰족한 피침모양이며 짧은 털이 있다. 꽃은 쑥부쟁이류와 비슷하나, 꽃차례가 줄기 끝에 달리는 편평꽃차례이므로 대체로 원뿔모양의 꽃차례를 이루는 쑥부쟁이류와 구별이 된다.

벌개미취 국화과

Aster koraiensis Nakai.

볕이 잘 들고 습기가 충분한 계곡에서 자란다. 높이 50~60cm. 줄기는 곧게 서고 파진 홈과 줄이 있다. 잎은 피침모양이며 질이 딱딱하고 가장자리에 잔톱니가 있으며 위로 갈수록 점차 작아져서 선형으로 된다. 5월 하순~10월 초순 개화. 꽃 지름은 4~5cm로서 총포는 반구형이며 총포조각은 4줄로 배열되고 바깥조각은 긴 타원모양이며 끝이 둔하고 가장자리에 털이 있다.

좀개미취 국화과

Aster maackii Regel.

산골짜기 냇가 부근에서 자란다. 높이 50~80cm. 줄기는 자줏빛이고 가지가 우산살모양으로 갈라진다. 잎은 잎자루가 없는 피침모양으로, 가장자리에 톱니가 드물게 있다. 8월 중순~10월 하순 개화. 두상화의 지름은 4cm 정도이며 가지나 줄기 끝에 달린다. 총포는 반구형이며 포의 조각은 3줄로 자줏빛이 돈다. 강원도 이북에 분포한다.

갯개미취 국화과

Aster tripolium L.

바닷가의 염분이 있는 습지에서 자란다. 높이 30~90cm. 줄기는 곧게 서고 윗부분에서 가지가 많이 갈라진다. 잎은 밑부분이 줄기를 감싸고 가장자리가 밋밋하다. 9월 하순~11월 하순 개화. 꽃의 지름은 2~2.5cm이며 총포는 통모양이고, 포의 조각은 3줄로 배열한다. 갓털은 꽃이 필 때는 길이 약 5mm이나 열매가 맺힐 때에는 15mm까지 자란다.

참취 국화과

Aster scaber Thunb.

산지 숲에서 자란다. 높이 1~1.5m. 줄기는 곧게 서고 전체에 거친 털이 있다. 봄에 나물로 즐겨먹는 뿌리잎은 꽃이 필 때 쯤 없어진다. 8월 초순~11월 초순(남부지방) 개화. 지름 2~2.5cm의 꽃이 편평꽃차례로 달린다. 총포는 반구형이고 포는 3줄로 긴 타원모양이다. 취나물로 더 잘 알려져 있으며, 나물취라고도 한다.

옹굿나물 국화과

Aster fastigiatus Fisch.

양지바른 묘지나 빈터, 또는 냇가에서 자란다. 높이 30~100cm. 줄기에 능선이 있고, 잎은 피침모양이며 아랫잎에 드문드문 톱니가 있다. 8월 중순~11월 초순 개화. 머리모양꽃은 지름 7~9mm로 총포는 통모양이고, 총포조각은 4줄로 배열하고 털이 많다. 전국에 드물게 분포한다. 전초와 꽃의 크기와 모습이 개망초와 비슷하나 혀꽃이 넓은 반면 수가 적다.

산비장이 국화과

Serratula coronata var. *insularis* (Iljin) Kitam.

산지의 볕이 잘 드는 풀밭에서 자란다. 높이 30~140cm. 뿌리잎과 줄기잎은 모양이 비슷하며 가장자리가 새깃모양으로 갈라지고, 갈래조각은 6~7쌍으로 가장자리에는 고르지 않은 톱니가 있다. 8월 중순~10월 하순 개화. 줄기와 가지 끝에 지름 3~4cm의 꽃이 위를 향해 핀다. 총포조각은 6줄로 배열하고 거미줄 같은 털이 약간 있다.

삽주 국화과

Atractylodes ovata (Thunb.) DC.

산지의 양지바르고 건조한 곳에서 자란다. 높이 30~100cm. 뿌리줄기는 가로로 뻗으며 굵은 수염뿌리가 내리고 향기가 난다. 줄기에 어긋나는 잎은 가장자리에 바늘 같은 가시가 있다. 8월 초순~10월 하순 개화. 암수딴포기로 가지 끝에 총상꽃차례로 흰색 또는 홍색꽃이 피며 향기가 있고 가시모양의 포가 있다. 뿌리줄기를 창출(蒼朮)이라 하며 약용한다.

0812

새콩 콩과

Amphicarpaea bracteata subsp. edgeworthii (Benth.) H.Ohashi

산이나 들에서 자란다. 줄기 길이는 1~2m 정도. 덩굴성으로 잎은 3출엽이다. 8월 하순~10월 초순 개화. 잎겨드랑이에서 꽃자루가 나와 길이 15~20mm의 꽃이 6개 정도 핀다. 열매는 협과로 편평한 타원모양이고 종선을 따라 털이 있으며 약간 굽는다. 닫힌꽃이 땅속에서 열매를 맺는다. 돌콩에 비해 꽃부리가 두 배 정도 길다.

돌콩 콩과

Glycine max subsp. soja (Siebold & Zucc.) H. Ohashi

들이나 산기슭 풀섶에서 자란다. 줄기의 길이 2m 정도. 덩굴성으로 가늘고, 물체를 감으며 뻗고, 아래를 향한 갈색 털이 빽빽하게 난다. 잎은 삼출겹잎으로 잎자루가 7~16cm로 길다. 작은잎은 길이 3~8cm로 달걀모양이며 가장자리는 밋밋하다. 8월 초순~10월 하순 개화. 나비모양꽃이 잎겨드랑이에서 4~5개씩 총상꽃차례로 핀다.

여우콩 콩과

Rhynchosia volubilis Lour.

산이나 들에서 자란다. 줄기는 다른 물체를 감고 올라가며 갈색 털이 밀생한다. 잎은 3개의 작은잎을 단 겹잎으로 양면에 털이 많다. 8월 중순~9월 초순 개화. 잎겨드랑이에서 10~20개의 꽃이 나와 총상꽃차례를 이룬다. 열매가 익으면 붉은빛이 돌고 2개의 까만 씨가 꼬투리에 붙어 있다. 중부 이남에 분포하며 남부지방에 흔하다. 열매가 다양하게 변하는 모습을 여우의 둔갑술에 비유한 이름이다.

큰여우콩 콩과

Rhynchosia acuminatifolia Makino

산이나 들에서 자라는 덩굴식물이다. 7월 하순~9월 중순 개화. 잎겨드랑이에서 10개 정도의 꽃들이 총상꽃차례로 달린다. 잎과 열매가 여우콩보다 큰 편이고, 잎 끝이 뾰족하고 전초에 잔털이 적게 난다. 여우콩이 주로 남해안지방에 자생하는 반면 큰여우콩은 중부 내륙 산간에 드물게 분포하는 편이다.

비진도콩 콩과

Dumasia truncata Siebold & Zucc.

산지에서 자란다. 줄기가 약하며 흑자색이 돌고 밑을 향한 짧은 비단털이 있기도 하다. 잎은 3출엽으로 잎 뒷면은 흰빛이 돈다. 8월 중순~10월 초순 개화. 꽃의 길이 1.5~2cm. 열매는 협과로 거꿀피침모양이고 연한 자주색으로 익으며 흑색의 둥근 씨가 3~5개 들어 있다. 경남의 섬과 해안지방에 주로 분포하며, 비진도에서 처음으로 발견되어 붙여진 이름이다.

돌동부 콩과

Vigna vexillata var. *tsusimensis* Matsum.

산지에 자란다. 덩굴성으로 길이 3m 정도. 잎은 크기가 거의 같은 3개의 작은잎으로 된 겹잎으로 양면에 털이 있다. 턱잎은 넓은 피침모양이고 맥이 뚜렷하다. 8월 중순~9월 하순 개화. 지름 1.2cm 정도의 꽃 2~4개가 총상꽃차례로 달린다. 제주도와 진도, 서해안 일부 지역에 분포한다. 접두어 '돌'은 '야생'이라는 의미이며 동부에 비해 식물체에 털이 있다.

독말풀 가지과

Datura stramonium L.

들이나 길가, 바닷가의 건조한 땅에서 자란다. 높이 30~100cm. 6월 중순~9월 하순 개화. 꽃은 줄기 끝이나 잎겨드랑이에 붙고 지름은 5cm 정도이다. 해안 가까운 지방에서 주로 관찰되는 열대 아메리카 원산의 유독식물이다. **흰독말풀** *D. metel*은 줄기나 잎자루가 담녹색이고 꽃의 지름이 4cm 정도인 흰꽃이 핀다.

털독말풀 가지과

Datura innoxia Mill.

양지바른 들에 자란다. 높이 1m. 가지를 많이 치고 전초에 털이 많다. 8~10월에 개화. 북미 원산이며 한해살이풀인 독말풀, 흰독말풀과 달리 여러해살이풀로 잎가장자리에 톱니가 없고 꽃의 지름이 10cm 정도로 크고 둥근모양의 열매가 밑을 향해 매달리는 점으로 구분된다. 꽃이 크고 아름다워 관상용으로 흔히 재배한다.

0813

상사화

진노랑상사화

붉노랑상사화

위도상사화

상사화 수선화과

Lycoris squamigera Maxim.

민가 주변이나 길가에 관상용으로 재배된다. 꽃줄기 높이 50~70cm. 잎은 봄에 나서 초여름에 시들며 넓은 선형으로 길이 20~30cm이다. 7월 하순~8월 중순 개화. 꽃줄기만 나와 끝에 우산꽃차례로 4~8개의 꽃이 핀다. 결실은 하지 않고 구근으로 번식한다. 꽃이 필 때는 잎이 없고 잎이 있을 때는 꽃이 피지 않아 유래한 이름이다.

진노랑상사화*L. chinensis* var. *sinuolata*는 산지 계곡의 습한 곳에서 주로 자라며, 상사화와 개화기가 비슷하다. 호남 일부 지역에 자생한다.

붉노랑상사화*L. flavescens*는 낮은 산지나 들의 숲그늘에서 자란다. 8월 중순~하순 개화. 호남, 충청, 제주 등지에 드물게 분포한다.

위도상사화*L. uydoensis*는 전북 부안의 위도에만 제한적으로 자생한다. 8월 중순~9월 초순 개화.

백양꽃 수선화과

Lycoris sanguinea var. *koreana* (Nakai) T.Koyama.

그늘진 숲 속 계곡의 비옥하고 습윤한 곳에서 무리지어 자란다. 꽃줄기 높이 40~60cm 정도. 잎은 달걀모양의 비늘줄기에서 모여나고 20~40cm까지 자라며, 꽃이 피기 전에 말라 없어진다. 8월 중순~9월 초순 개화. 꽃줄기 끝에 4~6개의 꽃이 달린다. 전라도와 경남 등 남부지방 일부에 분포하며, 전남 장성 백양사 근처에서 처음 발견되었다.

석산 수선화과

Lycoris radiata (L'Her.) Herb.

낮은 산지의 계곡 주변이나 숲 그늘에 자란다. 높이 70cm 정도. 9월 초순~10월 초순 개화. 일본 원산으로 주로 남부지방에 자란다. 상사화속의 식물들은 알뿌리에 방부효과가 있어 녹말을 접착제로 사용하여 불교 경전을 제본하고, 탱화를 그릴 때 좀이 슬거나 색이 바래지 않게 첨가제로 쓰기 위해 절 주변에 심었다.

서양등골나물 국화과

Ageratina altissima (L.) R.M.King & H.Rob.
Eupatorium rugosum Houtt.

들판의 그늘진 곳이나 숲 속에서 자란다. 높이 30~100cm. 줄기는 가지를 많이 친다. 잎은 달걀모양으로 끝이 뾰족하고 가장자리에 톱니가 있다. 주맥 양쪽으로 1개씩의 뚜렷한 잎맥이 있다. 8월 중순~11월 중순 개화. 줄기와 가지 끝에 꽃잎이 없는 통꽃이 핀다. 번식력이 강하여 생태 교란식물로 지정되었다. 중부지역에서 확산 중에 있다.

뚱딴지 국화과

Helianthus tuberosus L.

마을 부근의 풀밭에서 자란다. 높이 1.5~3m. 줄기는 곧게 서고 거친 털이 있다. 잎은 긴 타원모양이고 끝이 뾰족하며, 가장자리에 톱니가 있고 밑동에서 3맥이 발달하며, 잎자루에 날개가 있다. 줄기 아래쪽 잎은 2장씩 마주나고 위에서는 어긋난다. 8월 초순~10월 하순 개화. 꽃의 지름은 8cm 정도이다. 땅속 덩어리 모양의 뿌리줄기를 '돼지감자'라고 하며, 이 모양에서 유래한 이름이다.

돼지풀 국화과

Ambrosia artemisiifolia L.

산기슭이나 들, 도시 주변의 빈터에서 흔하게 자란다. 높이 1m 내외. 줄기는 곧게 서고 전체에 짧은 털이 있다. 잎 밑부분은 마주나며 상부에서는 어긋나고, 비벼 보면 향기가 난다. 8~9월 개화. 자잘한 꽃이 가지끝에 총상꽃차례로 달린다. 북미 원산의 귀화식물로 생태교란 식물이다. 돼지풀이란 영명의 hogweed에서 온 이름이며 화분병(花粉病)을 일으키는 위해종으로 알려져 있고 소가 먹지 않는다.

단풍잎돼지풀 국화과

Ambrosia trifida L.

돼지풀과 생육환경이 비슷하며, 섞여 자라는 곳이 많다. 돼지풀에 비해 높이가 1~3m로 크며 줄기에 거센 털이 있다. 잎은 단풍잎처럼 3~5개로 깊게 갈라지며 줄기에 마주난다. 7~9월 개화. 북미원산의 귀화식물로 생태교란식물이다. 잎이 갈라지지 않는 것은 **둥근돼지풀**for. *integrifolia*이라고 한다. 주로 중부 이북에 분포한다.

0815

수리취 국화과

Synurus deltoides (Aiton) Nakai

산지의 건조한 풀밭에서 자란다. 높이 50~100cm. 줄기는 곧게 서고 세로줄이 있으며 전체에 흰 털이 밀생한다. 잎은 세모진 달걀모양으로 잎자루가 있고 끝이 뾰족하고 뒷면에 흰 털이 밀생한다. 8월 중순~10월 하순 개화. 줄기나 가지 끝에 지름 5cm 정도의 머리모양꽃이 핀다. 단오절(수릿날)에 어린 잎을 떡에 섞어 먹은데서 유래한 이름이며, '떡취'라고도 한다.

큰수리취 국화과

Synurus excelsus (Makino) Kitam.

볕이 잘 드는 산지 풀밭에 자란다. 높이 1~2m. 줄기는 검붉은 자줏빛이 돌며 거미줄 같은 털이 밀생한다. 뿌리잎은 삼각형에 가깝고 위로 갈수록 계란모양이 된다. 잎 앞면은 녹색이며 뒷면에 흰색의 털이 있어 회녹색을 띤다. 9~10월 개화. 지름 4~5cm 정도의 꽃이 줄기나 가지 끝에 아래로 숙이고 핀다. 총포는 둥글고 거미줄 같은 털로 싸여 있다. 전국에 드물게 분포한다.

산솜방망이 국화과

Tephroseris flammea (Turcz. ex DC.) Holub.

깊은 산의 풀밭에서 자란다. 높이 70~90cm. 전체에 거미줄 같은 흰 털이 빽빽하게 나 있고 회백색을 띤다. 8~9월 개화. 꽃차례의 지름은 3cm 정도이며 꽃받침조각은 1줄로 배열하고 가장자리가 안으로 말리며 꽃이 필 때 젖혀진다. 비교적 높은 산에 자생하고 흰 털이 밀생하므로 산솜방망이라는 이름이 붙여졌다. **민솜방망이**var. *glabrifolius*는 짧은 털이 없다.

멸가치 국화과

Adenocaulon himalaicum Edgew.

숲 속의 습기있는 응달에서 무리지어 자란다. 높이 20~100cm. 줄기는 보통 한 대씩 나와 곧게 자라고 윗부분에서 갈라진다. 뿌리줄기가 땅속을 기며 마디에서 수염뿌리가 난다. 8월 중순~9월 하순 개화. 머리모양꽃차례의 가장자리에 암꽃이 달리고, 가운데에 양성화가 핀다. 열매는 방사상으로 배열되고 끈적끈적한 샘털이 많아서 다른 물체에 잘 달라붙는다.

꽃

새박 박과

Zehneria japonica (Thunb.) H.Y. Liu

숲의 나뭇가지에 덩굴을 감으며 자란다. 8월 초순~9월 초순 개화. 암수딴꽃이며, 지름 7mm 정도의 작은꽃이 잎겨드랑이에 한 개씩 난다. 수꽃은 3개의 수술이 있고 암꽃은 1개의 암술에 암술머리는 2갈래로 갈라진다. 잎겨드랑이에서 덩굴손이 나오는 것이 특징이다. 열매는 둥글고 1cm 내외이다. 제주를 포함한 남부지방에 주로 분포한다.

뚜껑덩굴 박과

Actinostemma lobatum (Maxim.) Maxim. ex Franch. & Sav.

물가에 잘 자란다. 길이 2m 정도. 짧고 연한 털이 있으며 덩굴손으로 다른 물체를 감고 줄기를 뻗어나간다. 8~9월 개화. 암수꽃이 다르며 원뿔모양꽃차례를 이룬다. 수꽃은 꽃부리가 5개로 갈라지고 5개의 수술이 있다. 암꽃은 수꽃의 아랫부분에 달리며 1개의 암술이 있다. 열매가 뚜껑이 열리듯이 아랫부분이 떨어져나가며 씨앗을 떨군다.

여뀌바늘 바늘꽃과

Ludwigia prostrata Roxb.

논이나 습지에 흔히 자란다. 높이 30~60cm. 줄기는 세로줄이 있고 붉은빛이 돈다. 잎은 피침모양 또는 긴 타원모양으로 가장자리가 밋밋하며 잎자루 밑동에 선체(腺體)가 있다. 8월 중순~9월 중순 개화. 꽃은 지름 3mm 정도로 잎겨드랑이에 달리고 수술은 4~5개씩이며 암술은 1개이다. 열매는 1.5~3cm의 길이의 막대(바늘)모양이다.

눈여뀌바늘 바늘꽃과

Ludwigia ovalis Miq.

연못이나 늪, 습지에 자란다. 높이 20~40cm. 줄기는 밑부분이 땅을 기며 뿌리를 내린다. 잎은 넓은 달걀모양 또는 거꿀달걀모양으로 양끝이 둔하고 가장자리는 밋밋하다. 7~10월 개화. 연한 황록색의 꽃이 잎겨드랑이에 1개씩 달린다. 꽃받침은 4개로 갈라지고 끝이 뾰족하며 꽃잎은 없다. 제주도와 남부지방에 드물게 자생한다.

0818

털쇠무릎

털쇠무릎

쇠무릎

쇠무릎 비름과

Achyranthes bidentata Blume var. *japonica* Miq.

약간 그늘진 숲이나 들에서 자란다. 높이 50~100cm. 줄기는 네모지고 마디가 부풀어 올라 소의 무릎처럼 보인다. 8월 중순~10월 초순 개화. 원줄기 끝과 잎겨드랑이에 이삭꽃차례로 밑에서부터 피어 올라간다. 꽃 아래에 달린 송곳 모양의 작은 포 밑에 0.6~1mm 정도의 달걀모양의 비늘조각이 2개씩 있다. 열매 안에 암술대가 남아 있는 종자가 1개 있다. 열매는 짐승의 털이나 옷 등에 달라붙어 멀리 종자를 퍼뜨린다.

털쇠무릎 *A. bidentata*은 쇠무릎과 혼생하기도 하지만 쇠무릎보다 좀 더 양지바른 곳에 자란다. 쇠무릎과 달리 포 밑에 달걀모양의 비늘조각이 1개씩 있다. 주변에서 흔히 볼 수 있는 것은 거의 털쇠무릎이다.

가막사리 국화과

Bidens tripartita L.

논두렁이나 습지에서 자란다. 높이 50cm 정도. 줄기는 곧게 선다. 흔하게 볼수있는 미국가막사리와는 달리, 깃모양겹잎의 잎자루에 확실한 날개가 있으며 3~5개로 깊게 갈라지고, 잎의 톱니가 부드럽다. 8~10월 개화. 머리모양꽃차례의 지름은 1cm 정도이고 혀꽃이 없으며 통꽃은 끝이 4개로 갈라진다. 전국에 드물게 분포한다.

미국가막사리 국화과

Bidens frondosa L.

습기를 좋아해서 논뚝이나 천변에 무리를 이루어 자란다. 높이 1m 정도. 줄기는 네모지고 털이 없으며 흑자색이고, 가지가 많이 갈라진다. 잎은 깃모양겹잎으로 잎자루에 날개가 없으며 3~5개의 갈래조각은 피침모양으로 가장자리에 날카로운 톱니가 있다. 8월 하순~10월 하순 개화. 꽃은 지름 6~10mm로 가지 끝마다 1개씩 달린다. 북아메리카 원산의 귀화식물이다.

쪽 마디풀과

Persicaria tinctoria H.Gross.

중국 원산으로 잎에서 남색 염료를 얻기 위해 재배하였으나 일부가 야화되었다. 높이 50~60cm. 잎은 긴 타원모양 또는 달걀모양이며 마르면 검은빛이도는 남색이고, 잎자루가 짧다. 8~9월 개화. 자잘한 꽃이 가지 끝이나 잎겨드랑이에 이삭꽃차례로 달린다. 청출어람(靑出於藍)이란 이 쪽(藍)에서 더욱 짙푸른 물감이 나온다는 고사성어이다.

고마리 마디풀과

Persicaria thunbergii (Siebold & Zucc.) H. Gross

저지대의 습지나 도랑에 자란다. 높이 50~100cm. 줄기는 모가 나고 상부는 비스듬히 서며, 줄기는 능선을 따라 아래로 향한 가시가 있고 털은 없다. 아랫잎은 잎자루가 있으나 윗부분은 잎자루가 없고 창모양의 삼각형이다. 8월 중순~10월 초순 개화. 지름 1mm 정도의 작은꽃들이 가지 끝에 10~20개씩 뭉쳐서 달리며, 꽃줄기에 짧은 털과 선모가 있다.

미꾸리낚시 마디풀과

Persicaria sagittata (L.) H. Gross

도랑이나 냇가 주변에 흔히 자란다. 길이 20~100cm. 줄기의 단면이 네모지며, 밑부분은 옆으로 눕고 가지가 갈라진다. 줄기에 털은 없고 아래쪽을 향한 가시가 있다. 잎은 피침모양으로 잎자루가 있다. 6~8월 개화. 10여 개의 꽃이 가지 끝에 모여 핀다. **넓은잎미꾸리낚시** *P. muricat*는 잎이 넓고 잎자루가 길게 발달하여 미꾸리낚시와 구분되며 주로 중부 이남에 분포한다.

나도미꾸리낚시 마디풀과

Persicaria maackiana (Regel) Nakai ex Mori.

저지대의 물가 주변과 습기가 많은 땅에서 자란다. 높이 40~80cm. 줄기는 옆으로 된 가시가 많이 퍼져 나고 잎은 밑부분의 양쪽이 길게 돌출되어 있고 양면에 별모양의 털이 밀생한다. 7~9월 개화. 미꾸리낚시에 비해 턱잎에 톱니와 긴 털이 있고 잎은 고마리에 비해 좁은 편이나 잎 아랫부분이 양쪽으로 확연하게 돌출되어 있다.

좀부처꽃 부처꽃과

Ammannia multiflora Roxb.

햇볕이 드는 습지나 묵은 논에 자란다. 높이 20~30cm 정도. 줄기는 네모지며 가지는 십자모양으로 뻗는다. 잎은 긴 타원모양으로 끝이 뾰족하며, 밑부분이 줄기를 감싼다. 9월 초순~10월 초순 개화. 잎겨드랑이에 지름 1.5mm 정도의 꽃 여러 개가 모여달린다. 아시아, 아프리카의 온난한 지역에 분포하는 식물로 우리나라에서는 주로 남부지방에서 볼 수 있다.

미국좀부처꽃 부처꽃과

Ammannia coccinea Rottb.

햇볕이 드는 습지에서 자란다. 높이 30~80cm. 줄기는 곧게 서고 아래쪽에서 가지를 치며 털이 없다. 잎은 선상피침모양으로 잎자루는 없으며 밑동이 둥글게 팽창하여 줄기를 감싼다. 7~9월 개화. 잎겨드랑이에 자잘한 꽃 2~5개가 모여 핀다. 전국에 드물게 분포한다. 좀부처꽃보다 잎이 더 좁고, 꽃이 붉은색이며 전체 크기가 더 커서 구별된다.

공단풀 아욱과
Sida spinosa L.

공터, 길가에 자란다. 높이 30~60cm. 잎은 긴 타원모양 또는 나선상 피침모양으로 길이 2.5~6cm. 8월 중순~9월 하순 개화. 잎겨드랑이에 지름 1cm 정도의 꽃이 1~3개씩 달린다. 구로공단에서 처음 발견되었고 공단지역에서 주로 자란다고 하여 유래한 이름이다. 열대 아메리카 원산으로 경인지방, 제주, 부산 등지에 분포한다.

수박풀 아욱과
Hibiscus trionum L.

민가 근처 들이나 길가에 자란다. 높이 30~60cm. 줄기에 흰 털이 있다. 위쪽 잎은 3갈래로, 중간쪽 잎은 5갈래로 크게 갈라진 후, 다시 수박잎모양으로 잘게 갈라진다. 6월 초순~9월 중순 개화. 꽃은 지름 3cm 정도이며 잎겨드랑이에서 나오는 작은꽃자루 끝에 1개씩 달린다. 오전에만 피며 유럽 원산으로 전국에 드물게 분포한다.

0822

모시풀 쐐기풀과

Boehmeria nivea (L.) Gaudich.

습기가 많은 곳에 자란다. 높이 1~2m. 줄기는 둥글고 가지가 갈라지기도 하며 퍼진 털이 많다. 잎은 둥근 달걀모양이고 끝이 꼬리처럼 약간 길게 나오고 가장자리에 톱니가 있다. 잎의 앞면은 짙은 녹색으로서 털이 약간 있으나 잎의 뒷면은 솜털이 있어 흰빛이 돈다. 7~10월 개화. 암수한그루로서 길이 5~10cm의 꽃차례가 잎겨드랑이에 달리는데, 잎자루보다 짧으며 수꽃차례는 줄기 밑부분, 암꽃차례는 줄기 윗부분에 달린다. 고려시대부터 재배된 섬유작물이었으며, 일탈하여 중부 이남에서는 야생에서 관찰된다.

왜모시풀 쐐기풀과

Boehmeria japonica (L.f.) Miq.

산지에 자란다. 높이 80~100cm. 가지가 갈라지지 않는다. 잎은 달걀모양이며 끝이 약간 길게 나온다. 7~9월 개화. 양성화로 이삭꽃차례로 피며 윗부분에는 암꽃이, 아랫부분에 수꽃이 달린다.

개모시풀 쐐기풀과

Boehmeria platanifolia Franch. & Sav.

산지에 자란다. 높이는 1m 정도. 줄기에 둔한 능선이 있으며 짧은 털이 있다. 잎은 왜모시풀과 비교하여 원모양에 가까운 편이며 잎의 질이 얇고 끝이 3갈래로 깊게 갈라진다. 7~8월 개화.

왕모시풀 쐐기풀과

Boehmeria pannosa Nakai & Satake.

바다에 인접한 산지에 주로 자란다. 높이 1m 정도. 속 내 분류군 중 잎이 가장 두껍다. 7~8월 개화. 제주를 포함한 남부지방에 자생한다. 비슷한 **제주모시풀***B. quelpaertense*은 잎자루에 거친 털이 있다.

물통이 쐐기풀과

Pilea peploides (Gaudich.) Hook. & Arn.

산지의 그늘진 곳이나 골짜기의 물가에 주로 자란다. 높이 5~10cm. 줄기는 털이 없고 연한 녹색이다. 잎의 표면은 3개의 맥이 뚜렷하고 뒷면에는 갈색 선점이 있다. 7~8월 개화. 꽃은 연한 녹색으로, 암꽃과 수꽃이 잎겨드랑이에 뭉쳐서 달린다. 수꽃은 4개의 화피와 4개의 수술이 있고 암꽃은 3개로 갈라지는 화피 중 1개가 특히 크다.

산물통이 쐐기풀과

Achudemia japonica Maxim.

습기가 있는 산지의 그늘에 자란다. 높이 10~20cm. 줄기는 곧게 서고 가지가 갈라지며, 식물체 전체가 부드럽고 연하다. 잎은 마주나고 가장자리에는 몇 개의 톱니가 있다. 8~10월 개화. 꽃은 암수한그루로서 연한 녹색이고 꽃줄기 끝에 암꽃과 수꽃이 섞여서 피며, 꽃의 길이는 3mm 미만이다. 중부 이남 지방에 주로 분포한다.

모시물통이 쐐기풀과

Pilea mongolica Wedd.

산지 물가, 습지에 자란다. 높이 30~50cm. 줄기는 곧게 자라고, 전체에 털이 없으며, 물기가 많다. 7~8월 개화. 꽃은 녹색으로 잎겨드랑이에 수꽃과 암꽃이 모여서 핀다. 열매는 수과로 길이 1~1.2mm의 납작한 달걀모양이며 갈색 반점이 있다. 전체적으로 모시풀을 닮았으며 식물체에 물기가 많아서 유래한 이름이다.

몽울풀 쐐기풀과

Elatostema cuneatum Wight

산지의 그늘진 습지에 자란다. 높이 10~25cm. 줄기는 연하고 황록색으로 퍼진 털이 있다. 7~9월 개화. 엷은 녹색의 꽃이 잎겨드랑이에 수꽃과 암꽃이 섞여 둥글게 모여달린다. 속리산 복천암 인근에서 발견되어 '복천물통이'라고 불리기도 하며 경기, 충북, 제주에 분포한다. **푸른몽울풀** *E. laetevirens*은 줄기에 털이 없는 것으로 구분된다.

거북꼬리 쐐기풀과

Boehmeria tricuspis (Hance) Makino

산지의 약간 그늘진 곳에 자란다. 높이 1m 정도. 잎은 달걀모양이며 끝부분이 크게 3갈래로 되고 잎끝이 거북꼬리처럼 길이 2~5cm로 길게 나온다. 7~8월 개화. 녹색의 꽃이 잎겨드랑이에 이삭꽃차례로 달리며 수꽃이 줄기 윗부분에 암꽃은 줄기 아랫부분에 달린다. **풀거북꼬리**var. *unicuspis*는 잎밑이 쐐기모양이고 끝부분이 3갈래로 크게 갈라지지 않는다.

뽕모시풀 뽕나무과

Fatoua villosa (Thunb.) Nakai

숲 가장자리나 길가, 그늘진 빈터에 자란다. 높이 30~80cm. 줄기는 녹색이지만 간혹 검은 자줏빛이 돈다. 잎은 넓은 달걀모양으로 끝이 뾰족하고 잎 표면에는 털이 있으며 양면이 거칠다. 8월 하순~10월 중순 개화. 녹색 꽃이 원줄기 또는 가지의 잎겨드랑이에 빽빽하게 난다. 암꽃과 수꽃이 둥근 덩어리모양으로 혼생한다. 모시풀이 속한 쐐기풀과가 아닌 뽕나무과의 풀이다.

성주풀 현삼과

Centranthera cochinchinensis (Lour.) Merr.

습한 풀밭에서 자란다. 높이 20~40cm. 줄기 전체에 굳은 털이 있다. 잎은 잎자루가 없고 넓은 피침모양으로, 아랫부분에서는 마주나며 윗부분에서는 어긋난다. 8월 하순~10월 중순 개화. 꽃의 길이는 15~20mm이다. 1976년에 경북 성주에서 처음으로 채집되어 붙여진 이름이나 현재는 전남 일부 지역에서만 발견된다.

개차즈기 꿀풀과

Amethystea caerulea L.

산기슭이나 하천변 양지바른 곳에서 자란다. 높이 30~80cm. 줄기는 모가 지고 곧추서며 흑자색이 돌고 마디에만 잔털이 있다. 잎은 거의 밑부분까지 3~5갈래로 갈라진다. 8월 하순~9월 하순 개화. 꽃부리는 길이 4mm 정도이며, 2개의 수술과 1개의 암술대가 꽃부리 밖으로 길게 나온다. 전 세계적으로 1속 1종의 식물이다. 꽃의 색이 연한 보라색이어서 보랏빛차즈기라고도 한다.

0828

꿩의비름 돌나물과

Hylotelephium erythrostictum (Miq.) H.Ohba

산이나 들의 햇볕이 잘 드는 곳에 자란다. 높이 30~70cm. 줄기는 분백색이고 곧게 선다. 잎은 육질이며 타원형모양으로 가장자리에 둔한 톱니가 있다. 8~9월 개화. 원줄기 끝에 편평한 취산꽃차례로 지름 8mm 정도의 자잘한 꽃들이 많이 달린다. 꽃받침, 꽃잎, 수술, 암술이 모두 5개씩이다. 전국에 드물게 분포한다.

큰꿩의비름 돌나물과

Hylotelephium spectabile (Boreau) H.Ohba

산이나 들에 자란다. 줄기의 길이 30~70cm. 줄기는 곧게 서거나 비스듬히 자라고, 잎은 둥근 타원모양이다. 8~9월 개화. 줄기 끝에 홍자색 꽃이 산방상으로 피어난다. 수술이 꽃잎보다 길다. 전국에 드물게 분포한다. 비슷한 꿩의비름은 꽃이 흰색 바탕이고 수술이 꽃잎의 길이와 비슷하다. 큰꿩의비름은 잎 3장이 돌려나는데 비해 꿩의비름은 잎차례가 어긋난다.

둥근잎꿩의비름 돌나물과

Sedum ussuriense Kom.

절벽의 바위틈이나 전석지의 돌틈에서 자란다. 줄기 길이 15~40cm. 줄기는 보통 절벽에서 옆으로 뻗거나 아래로 늘어뜨리며, 잎은 원모양에 가깝다. 9월 중순~10월 초순 개화. 다른 꿩의비름류와는 달리 수술이 10개이다. 경북 동남부 지역에 자생한다. 50여 개체군이 확인되고 대부분 접근이 어려운 절벽에서 자라므로 2012년 멸종위기식물 목록에서 해제되었다.

새끼꿩의비름 돌나물과

Hylotelephium viviparum (Maxim.) H.Ohba

산지에서 자란다. 전초의 길이 50cm 정도. 8~9월 개화. 지름 5mm 정도의 자잘한 연한 녹황색 꽃이 취산꽃차례를 이루며, 수술은 10개이다. 잎겨드랑이와 꽃차례에 다육질의 육아가 있어서 이것으로 번식한다. **세잎꿩의비름** *H. verticillatum*과 같으나 잎겨드랑이에 육아가 없어 구분된다.

까치고들빼기 국화과

Crepidiastrum chelidoniifolium (Makino) Pak & Kawano

산지의 숲 가장자리나 바위에 자란다. 높이 10~25cm. 줄기의 밑부분에서 가지가 갈라진다. 잎은 깃모양으로 완전히 갈라지며 갈라진 조각은 3~6쌍으로 서로 떨어져 있다. 8월 하순~10월 초순 개화. 지름 10mm 정도의 꽃은 줄기와 가지의 끝부분에 편평꽃차례로 달리며 작은꽃은 5개로 지리고들빼기와 구분된다. 열매는 10개의 모서리가 있고 갓털은 흰색이다.

지리고들빼기 국화과

Crepidiastrum koidzumianum (Kitam.) Pak & Kawano

산지의 숲 가장자리에 자란다. 높이 30~60cm. 줄기는 곧게 서며 가지가 갈라진다. 잎은 깃모양으로 깊게 갈라지며 갈라진 조각은 3~4쌍으로 까치고들빼기와 달리 갈라진 조각 사이의 잎줄기에 날개가 있다. 8월 하순~10월 중순 개화. 꽃은 줄기와 가지 끝에 편평꽃차례로 달린다. 작은꽃은 7~9개 정도로 까치고들빼기와 구분되며 지리산에서 처음 발견되어 붙여진 이름이다.

이고들빼기 국화과

Crepidiastrum denticulatum (Houtt.) Pak & Kawano

산과 들의 풀밭에 자란다. 높이 30~100cm. 줄기는 자줏빛을 띠며 가지가 많이 갈라지고 자르면 흰 즙이 나온다. 잎은 밑부분이 귀처럼 되어 줄기를 반 정도 감싸고 가장자리에 톱니가 드문드문 있다. 7월 중순~10월 중순 개화. 지름 15mm 정도의 꽃이 산형꽃차례로 달리며 작은꽃은 12~20개이다. 꽃잎의 끝이 앞니처럼 생겨서 유래된 이름이다.

왕씀배 국화과

Prenanthes ochroleuca (Maxim.) Hemsl.

산지의 계곡 근처나 습한 곳에 자란다. 높이 50~100cm. 줄기는 곧게 서고 전체에 붉은색 털이 퍼져 난다. 줄기 아랫부분의 잎은 3개로 깊게 갈라지며 윗부분의 잎은 긴 타원모양으로 끝이 뾰족하며 잎자루에 좁은 날개가 있고 밑부분이 넓어져서 줄기를 감싼다. 7월 중순~9월 중순 개화. 머리모양꽃이 원추꽃차례로 달리며 꽃자루에 털이 있다. 제주, 충남, 경기 등에 드물게 자생한다.

0830

고슴도치풀 피나무과

Triumfetta japonica Makino.

산기슭이나 들, 길가에 자란다. 높이 60~120cm. 전체에 잔털이 퍼져나고 줄기는 곧게 서며 가지를 친다. 8월 하순~9월 하순 개화. 꽃은 잎겨드랑이에 빽빽하게 붙는다. 꽃잎은 달걀 모양 또는 긴 타원모양으로 5개, 수술은 10개이다. 열매에 갈고리모양의 가시털이 있어 다른 물체에 잘 붙고, 고슴도치처럼 생겨 붙여진 이름이다. 주로 중부 이남에 분포한다.

불암초 벽오동과

Melochia corchorifolia L.

바닷가나 들, 길가의 풀섶에 자란다. 높이 30~60cm. 밑동에서 가지가 갈라지고 별 모양의 털이 있다. 8~9월 개화. 꽃은 가지 끝에 머리모양으로 뭉쳐서 달리고 지름은 7mm 정도이며 흰색에 가까운 분홍색을 띤다. 경기도와 남부지방에 드물게 분포한다. 불암산 동측의 남양주 일대에서 발견되어 명명된 이름이며, 길뚝아욱이라고도 한다.

9/10월

해국

0901

들깨풀 꿀풀과

Mosla scabra (Thunb.) C.Y.Wu & H.W.Li

산과 들에서 흔히 자란다. 높이 20~60cm. 줄기는 보통 자줏빛이 돌고 가지가 많이 갈라진다. 잎 뒷면에 선점이 밀생하며 표면에 잔털이 있고, 잎 둘레에 톱니가 6~13개 있다. 잎자루의 길이는 1~2cm, 위쪽으로 갈수록 잎자루가 없어진다. 8월 하순~10월 하순 개화. 포의 길이가 꽃자루의 길이보다 약간 길다. 산들깨, 쥐깨풀과 매우 비슷하여 종합적으로 판단해야 한다.

산들깨 꿀풀과

Mosla japonica (Benth. ex Oliv.) Maxim.

주로 높은 산지의 건조한 능선지대에서 자란다. 높이 10~40cm. 줄기 아래쪽에서 몇 개의 가지를 치기도 하며 전체적으로 홍자색이 돌고, 마디 부분에 흰 털이 많다. 들깨풀에 비해 전초와 잎의 크기가 작고, 잎자루의 길이가 3~10mm로 현저하게 짧다. 8월 하순~10월 하순 개화. 들깨풀의 꽃에 비해 자주색이 강하며, 포의 길이는 꽃자루 길이의 2배 정도다.

가는잎산들깨 꿀풀과

Mosla chinensis Maxim.

낮은 산자락의 볕이 잘 드는 숲이나 물가 부근, 들에서 자란다. 높이 10~20cm. 줄기와 잎, 꽃받침에 별모양의 털이 난다. 잎이 가늘고 좁아서 산들깨와 쉽게 구별할 수 있다. 8월 중순~11월 초순에 지름 3mm, 꽃부리의 길이 6mm 정도의 연한 홍자색 꽃이 핀다. 전초에서 백리향과 같은 은은한 향기가 나는 토종 허브다. 주로 중부 이남에 주로 분포한다.

다도해산들깨 꿀풀과

Mosla dadoensis K.K.Jeong, M.J.Nam & H.J.Choi

도서지역 산지의 바위지대 주변에 자란다. 높이 10~60cm. 줄기는 곧추서고 밑부분에서 가지가 갈라지며 흰색의 털이 빽빽하게 난다. 잎은 피침모양으로 가장자리에 톱니가 있고, 끝이 뾰족하다. 9월 중순~10월 중순 개화. 가는잎산들깨에 비해 줄기에 길고 부드러운 털이 함께 나고 잎이 넓으며 더 크고 진한 분홍색의 꽃을 피운다. 전남, 경남의 섬지역에 분포한다.

0901

쥐깨풀 꿀풀과

Mosla dianthera (Buch.-Ham. ex Roxb.) ex Maxim.

들이나 산의 습하고 그늘진 곳에서 자란다. 높이 20~50cm. 줄기에는 밑을 향한 짧은 털이 있으나 잎에는 털이 거의 없다. 잎자루가 1~3cm로서 들깨풀이나 산들깨 등 비슷한 분류군 중에서 가장 길다. 8월 중순~10월 하순 개화. 꽃차례의 길이는 3~7cm이고 연한 홍자색이나 흰색의 꽃이 핀다. 포의 길이와 꽃자루의 길이가 비슷하다.

섬쥐깨풀 꿀풀과

Mosla japonica var. *thymolifera* (Makino) Kitam

바닷가 가까운 지대의 반그늘 풀밭에서 자란다. 높이 15~40cm. 같은 속의 식물들의 줄기가 대체로 자주색을 띠는 데 비해 녹색을 띤다. 줄기에 옆으로 퍼진 백색 털이 있으며 특히 마디에 밀생한다. 잎에는 백색의 긴 털이 빽빽하게 난다. 8~10월에 지름 4mm 꽃부리의 길이 6mm 정도의 작은 백색 꽃이 핀다. 제주도와 남부지방의 바닷가에서 주로 볼 수 있다.

물매화의 꽃

애기물매화의 꽃

물매화 범의귀과

Parnassia palustris L.

산지의 풀밭이나 물가의 습한 곳에 자란다. 높이 20~40cm. 뿌리잎은 잎자루가 길고 둥근 심장 모양이며 줄기잎은 1장으로 밑이 줄기를 반 정도 감싼다. 8월 하순~10월 하순 개화. 꽃의 지름은 2~3cm. 수술은 5개로 수술 외곽에 왕관모양의 헛수술이 둘러싸고 있고, 각각의 헛수술은 7~11갈래var. *palustris*, 13~21갈래var. *multiseta*로 갈라지며 변이의 폭이 크다.

애기물매화*P. alpicola*는 헛수술이 3~5갈래로 갈라지고 백두산 일대에 분포한다.

0901

묏미나리 산형과

Ostericum sieboldii (Miq.) Nakai.

산지나 골짜기의 습한 곳에 자란다. 높이 1m 가량. 가지 마디에 보라색 무늬가 있으며, 신감채에 비해 잎이 다소 두껍고 잎의 톱니가 얕게 파인다. 9~10월 개화. 총포와 겹우산모양꽃차례로 5~8개로 갈라진 소화축 끝에 15~20송이의 꽃이 달린다. 소총포가 피침모양이고 주름이 진다. 멧미나리라고도 하며 산에서 나는 미나리라는 뜻이다.

신감채 산형과

Ostericum grosseserratum (Maxim.) Kitag.

산지에 자란다. 높이 1.3m 정도. 뿌리잎과 줄기 밑부분의 잎은 잎자루가 길다. 신감채의 잎은 묏미나리의 잎에 비해 두께가 약간 얇고, 톱니는 깊게 갈라진 편이다. 8~9월 개화. 총포와 소총포가 선형이고 곧다. 전국에 분포하나 묏미나리에 비해 드물게 발견된다. 신감채(辛甘菜)는 쓰고 단맛이 나는 나물이라는 의미가 있다.

해국 국화과

Aster spathulifolius Maxim.

바닷가 암석지대에서 자란다. 줄기 30~60cm. 반목본성 초본으로 잎은 주걱모양이며 잎 양면에 융털이 있다. 잎은 겨울에도 반상록으로 남아 있다. 9월 초순~12월 초순 개화. 머리모양꽃의 지름은 3cm 정도이다. 총포는 반원모양이고 포의 조각은 선형으로 털이 있고 3줄이다. 주로 중부 이남 지방의 해안에 자생한다.

대청부채 붓꽃과

Iris dichotoma Pall.

바닷가의 암석지대에서 자란다. 높이 약 90cm 정도. 잎은 6~8장이 부챗살 모양을 한다. 7월 하순~9월 초순 개화. 원줄기 혹은 가지에서 3~5개씩 피며 길이는 약 2.5cm정도이다. 보라색 꽃잎 가운데는 자주색 반점이 있으며, 오후 4시 경에 피었다가 다음 날 아침에 진다. 북방계 식물로 중국 북부에 분포하며, 대청도와 백령도가 최남단의 자생지로 보인다.

0905

진득찰의 꽃

털진득찰의 꽃

진득찰 국화과

Sigesbeckia glabrescens (Makino) Makino

들이나 밭 근처에서 자란다. 높이 40~100cm. 전체에 짧은 털이 나고 줄기는 서로 마주보며 갈라진다. 잎에는 3맥이 있고 가장자리에 규칙적인 톱니가 있으며 양면에 누운털이 있다. 9월 초순~11월 중순 개화. 꽃줄기의 길이는 1~3cm로 줄기나 가지 끝에 편평꽃차례로 달린다. 5개의 총포조각의 겉에 나 있는 털에는 끈적끈적한 액체가 묻어 있다. 원줄기와 잎에 짧은 비단털이 있어서 털이 긴 털진득찰과 다르다. **털진득찰***S. orientalis* subsp. *pubescens*은 진득찰과 비슷하나 잎과 줄기에 수평으로 퍼지는 흰색 긴 털이 빽빽하게 많이 난다. 꽃줄기의 길이도 1.5~3.5cm로 약간 길다.

제주진득찰 국화과

Sigesbeckia orientalis L.

양지바른 풀밭에 자란다. 높이 20~55cm. 전초가 작고 줄기는 2개씩 짝지어 Y자형으로 많이 갈라지며 짧은 털이 빽빽하게 난다. 4~10월 개화. 제주도와 남부지방에 주로 분포한다. 근연종인 진득찰이나 털진득찰에 비해 잎이 좁고 긴 편이며, 꽃자루가 길고, 봄부터 개화하여 가을까지 오랫동안 꽃이 피는 차이가 있다.

가시박 박과

Sicyos angulatus L.

북아메리카 원산으로 주로 강유역을 중심으로 번져나가고 있다. 길이 4~8m. 줄기는 3~4개로 갈라진 덩굴손으로 다른 물체를 감아 오른다. 잎에는 연한 털이 밀생하고 지름은 10cm 내외이다. 9월 중순~10월 초순 개화. 암수한그루로 수꽃은 총상꽃차례로, 암꽃은 머리모양으로 달리며 꽃은 1cm 미만이다. 열매는 3~10개의 덩어리가 뭉친 것으로, 가시털로 덮여 있어 붙여진 이름이다.

0905

도꼬마리 국화과

Xanthium strumarium L.

들이나 길가에 자란다. 높이 50~150cm. 줄기에 흑자색 반점이 있고 거센 털이 있다. 잎은 잎자루가 길며 3갈래로 얕게 갈라진다. 잎가장자리에 불규칙한 톱니가 있고 3개의 잎맥이 뚜렷하다. 8월 하순~9월 하순 개화. 암수한포기로 암꽃은 겨드랑이에, 수꽃은 줄기 끝에 달린다. 열매 끝에 거친털과 샘털이 있어 작은 가시가 엉성하게 달린다.

큰도꼬마리 국화과

Xanthium orientale L.

길가, 하천가에 자란다. 높이 50~200cm. 줄기 표면에 반점이 있다. 잎은 넓은 달걀모양으로 삼각형을 이루고 가장자리에 불규칙한 톱니가 있다. 8월 하순~9월 하순 개화. 가지나 줄기 끝에 원추꽃차례를 이룬다. 수꽃은 가지 끝에, 암꽃은 아래쪽에 달리며 길이 20~25mm 정도의 총포는 타원모양으로 길이 3~6mm의 가시가 촘촘히 난다.

빗살서덜취 국화과

Saussurea odontolepis (Herder) Sch.Bip. ex Herder

산기슭이나 해안에서 자란다. 높이 60~100cm. 잎자루의 길이 9~12cm로서 굽은털이 약간 있으며, 뒷면에 선점이 있다. 9월 초순~10월 하순 개화. 머리꽃의 지름은 10~13mm이며, 꽃자루에 능선이 있고 털과 선점이 있다. 총포의 조각은 5줄로 배열된다. 충청, 전북, 제주를 제외한 전국에 드물게 분포한다. 포의 조각이 빗살처럼 갈라진다.

사창분취 국화과

Saussurea calcicola Nakai.

석회암지대의 계곡과 높은 산의 숲이나 풀밭에서 자란다. 높이 1m 정도. 잎 표면에 거미줄 같은 털이 있고 뒷면에도 털이 많으며 잎자루에 날개가 있다. 9월 초순~10월 초순 개화. 꽃부리의 길이는 12mm 정도이며, 총포의 조각은 6줄이다. 전남, 경남, 경기, 강원도에 분포한다. 잎이 넓은달걀모양이고 심장저인 것이 특징이다.

0905

함백취 국화과

Saussurea albifolia M. J. Nam & H. T. Im

높은 산지의 풀밭에 자란다. 높이 40~80cm. 줄기에서 가지가 약간 갈라지며 어릴 때는 황백색의 털이 있다. 심장 모양의 잎 뒷면이 희고 가장자리에 부드러운 톱니가 있다. 9월 초순~10 월 중순 개화. 줄기 끝에 머리모양꽃차례가 달리며 총포조각은 5~7열로 배열되고 거미줄 같은 회백색 털로 덮여 있다. 함백산, 소백산 등지에 자생하며, 2021년 신종으로 발표되었다.

자병취 국화과

Saussurea chabyoungsanica H. T. Im

석회암 지대의 높은 산지에 자란다. 높이 50~70cm. 전체에 갈색의 털이 있다. 뿌리잎은 긴 타원형으로 개화 전에 시들고 위로 갈수록 작아진다. 잎 뒷면은 녹백색이고 가장자리에 짧고 뾰족한 톱니가 있다. 9월 중순~10월 중순 개화. 꽃줄기 끝에 20~60개의 머리모양꽃차례가 빽빽하게 달리며 총포는 거미줄 같은 갈색의 털로 덮여 있다. 강원, 경북 일대에 자생한다.

미역취아재비 국화과

Euthamia graminifolia (L.) Nutt.

들이나 길가에 자라며 땅속줄기가 옆으로 뻗어 무리를 이룬다. 높이 30~150cm. 줄기에 억센 털이 있고 가지를 많이 친다. 잎은 피침모양이고 가장자리에 억센 털이 있으며 표면에 샘점이 있다. 8월 하순~10월에 지름 5mm 정도의 머리모양꽃이 편평꽃차례로 핀다. 총포는 종모양이고 총포편은 3~5열로 배열한다. 북아메리카 원산으로 강원, 충남 등지에 드물게 자란다.

돼지풀아재비 국화과

Parthenium hysterophorus L.

길가나 들에 자란다. 높이 30~90cm. 줄기 위쪽에서 가지를 친다. 잎은 2회 깃꼴겹잎. 9~11월 개화. 머리꽃은 지름 3~6mm로 40개 정도의 대롱꽃은 수꽃, 가장자리의 혀꽃 5개는 암꽃이다. 열대아메리카 원산으로 경남에서 번져가고 있다. 식물체에 'parthenin'이라는 독소가 있어 접촉성 피부염과 호흡기 장애를 일으키기도 하며 제초제나 살충제로 쓰이기도 한다.

0908

비짜루국화

좌:비짜루국화 우:큰비짜루국화

비짜루국화 국화과

Aster subulatus (Michx.) Hort. ex Michx.

강이나 냇가의 습한 곳에서 자란다. 높이 40~200cm. 잎은 밑동이 약간 줄기를 싸고 가장자리는 물결모양으로 된다. 9월 초순~11월 하순 개화. 머리모양꽃차례는 노란빛을 약간 띤 흰색이고 지름 5~6mm이다. 총포조각은 3~4줄이고 막질이다. 열매는 수과이고 갓털은 화관통보다 길다.

큰비짜루국화var. *sandwicensis*는 머리모양꽃차례의 지름이 1cm 정도로 크고 갓털이 화관통보다 짧다.

께묵 국화과

Hololeion maximowiczii Kitam.

들의 습지에서 자란다. 높이 50~100cm. 줄기는 곧게 서고 위쪽에서 갈라진다. 뿌리잎은 모여나고, 줄기잎은 가장자리가 밋밋하고, 잎자루가 없으며 위로 올라갈수록 작아져서 선형으로 된다. 자르면 흰 유액이 나온다. 9월 초순~10월 하순 개화. 머리꽃이 편평꽃차례로 줄기와 가지 끝에 피고, 모두 혀꽃이다. 총포조각은 2열로 배열한다.

키큰산국 국화과

Leucanthemella linearis (Matsum.) Tzvelev.

산지의 습지에서 자란다. 높이 30~100cm. 줄기에 능선이 있고 털이 다소 있다. 잎자루는 없으며 뒷면에 선점이 있고, 가장자리가 3개로 갈라지며 위로 말린다. 9월 초순~10월 하순 개화. 지름 3~4cm의 머리모양꽃이 핀다. 총포는 반구형이고 축모(縮毛)가 있다. 안산, 밀양, 산청, 울산 등 10곳의 자생지가 있으나 개체수는 많지 않다.

0910

검정말 자라풀과

Hydrilla verticillata (L.f.) Royle

연못, 개울, 저수지의 물속에 자란다. 물속 줄기 길이 30~60cm. 줄기 윗부분의 마디에서 잎이 나며 3~8개씩 돌려나지만 마주나는 것도 있고 선형으로 1맥이 있고, 가장자리에 잔톱니가 있다. 9~10월 개화. 암수딴그루로 암꽃은 줄기 끝이 물 위에 닿아서 피고, 수꽃은 물속에서 피어 떨어져서 물 표면으로 올라와 떠돌다가 암꽃과 수분한다.

수분 후의 암꽃꽃자루

나사말 자라풀과

Vallisneria natans (Lour.) H.Hara

저수지나 하천, 농수로 등의 물속에 자란다. 잎은 뿌리에서 모여나고 선 모양이며 길이 30~70cm이고 끝은 둔하며 상부 가장자리에 희미한 톱니가 있다. 8~9월 개화. 암수딴그루로 수꽃이 물속 잎겨드랑이에서 핀 후, 떨어져 물 표면으로 올라와 암꽃과 수정을 한다. 꽃가루받이가 끝나면 암꽃꽃자루가 나사처럼 말려서 유래한 이름이다.

수정난풀 수정난풀과

Monotropa uniflora L.

산지 숲 속에 자라는 부생식물이다. 높이 10~20cm. 엽록소가 없어 식물체가 희고 줄기 윗 부분에 흔히 긴 털이 있다. 잎은 퇴화한 잎으로 긴 타원모양이나 삼각상 달걀모양이다. 9월 개화. 꽃의 지름 1.4~1.8cm로 줄기 끝에 한 개씩 달린다. 나도수정초와 개화시기가 다르고, 암술머리가 황색이다.

나도수정초 291p. 참조.

야고 열당과

Aeginetia indica L.

보통 억새 뿌리에 기생하며 양하 뿌리에도 기생한다. 꽃자루의 높이 15~30cm. 줄기는 매우 짧아 거의 땅 위로 나오지 않으며 몇 개의 잎이 있다. 9~10월 개화. 길이 3~3.5cm인 꽃이 잎겨드랑이에서 나온 꽃자루 끝에 1개씩 달린다. 제주, 경남에 자생하며 서울 하늘공원의 야고는 제주도의 억새를 이식하면서 함께 옮겨간 것으로 추정된다.

도깨비바늘 국화과

Bidens bipinnata L.

산과 들의 빈터에서 자란다. 높이 25~85cm. 8월 하순~10월 하순 개화. 지름 6~10mm 정도의 머리모양꽃이 가지 끝에 피며, 1~5개의 혀꽃이 있다. 길이 1.5cm 정도의 씨앗 끝에 약 1mm 길이의 까락이 3~4개 달리고, 까락마다 눈에 잘 보이지 않는 수십 개의 거꿀가시가 있어서 옷이나 짐승의 털에 잘 붙고, 쉽게 떨어지지 않는다.

노랑도깨비바늘 국화과

Bidens polylepis S.F.Blake.

산과 들에서 자란다. 높이 20~150cm. 줄기는 곧게 서고 둔하게 네모지며, 털이 없거나 드문드문 있다. 잎은 깃처럼 길게 갈라져 3~7개의 갈래조각이 생기며 잎 아랫부분은 쐐기형으로 좁아진다. 8~10월 개화. 머리모양꽃차례의 지름은 2~3.2cm이며, 5~8장의 혀꽃이 달린다. 인천, 울산, 경남 밀양 등지에 분포한다.

울산도깨비바늘 국화과

Bidens pilosa L.

산과 들의 풀밭에 자란다. 높이 50~110cm. 8~11월 개화. 대롱꽃만으로 지름 8mm 정도의 꽃차례를 이루며, 총포조각이 1열로 주걱모양이다. 도깨비바늘과 비슷하나 혀꽃이 없다. **흰도깨비바늘**var. *minor*은 머리꽃의 가장자리에 흰색의 혀꽃이 4~6장 돌려나는 점으로 구별되고 주로 남부지방에 분포한다.

울산도깨비바늘

흰도깨비바늘의 꽃

털도깨비바늘 국화과

Bidens biternata (Lour.) Merr. & Sherff ex Sherff.

습한 풀밭이나 길가에 자란다. 높이 30~150cm. 원줄기는 다소 네모지며 굽은 털이 있다. 잎은 1~2회 깃꼴로 갈라진다. 9~11월 개화. 꽃은 가지와 줄기 끝에 달리며 총포편은 8~10개. 결실을 하지 않는 0~5개의 혀꽃이 있다. 도깨비바늘에 비해 잎에 털이 많고 난형으로 끝이 뾰족하고 많은 톱니가 있다. 전국에 드물게 분포한다.

왕도깨비바늘 국화과

Bidens subalternans DC.

민가나 도로 주변에 자란다. 높이 1~2.2m로 대형이다. 잎은 1회 깃모양겹잎으로 깊게 갈라지고 작은잎은 좁은 피침형이다. 8~10월 개화. 혀꽃이 있거나 없으며 2012년 남미원산의 귀화식물로 보고되었다. 이와 비슷하게 생긴 까치발*B. parviflora*은 잎이 2~3회 갈라지고, 혀꽃이 없으며, 높이가 70cm 미만이다.

까치발 국화과

Bidens parviflora Willd.

들에 자란다. 높이 20~70cm. 줄기에 짧은 털이 있다. 줄기잎은 2~3회 깃모양으로 갈라지며 중앙부의 잎은 표면에 털이 약간 있고 뒷면은 엽맥을 따라 약간 털이 있다. 8~9월 개화. 혀꽃이 없이 통모양의 머리모양꽃만 있고, 꽃부리는 4개로 갈라진다. 열매의 모양을 까치의 발에 빗댄 이름이다. 중부지방의 산지에 드물게 분포한다.

두메부추 백합과

Allium senescens L.

산에서 자란다. 높이 20~30cm. 잎은 뿌리에서 뭉쳐난다. 8~10월 개화. 지름 3cm 정도의 우산모양꽃차례로 핀다. 꽃차례가 구형인 다른 부추들과 다르게 반구형이다. 꽃대 위쪽에 다소 날개가 있고 잎 단면이 타원모양이다. 수술대는 밑부분이 넓지만 톱니가 없고 수술은 꽃잎보다 길거나 비슷하다. 강원도, 경남 일부와 울릉도에 자생한다.

돌부추 백합과

Allium koreanum H.J.Choi & B.U.Oh.

바닷가 바위지대나 산지에서 자란다. 높이 40cm 정도. 잎은 3~6개이고 횡단면의 각이 넓게 벌어진 V자 모양이다. 7월 초순~11월 개화. 다른 야생부추에 비해 꽃의 색깔이 연한 분홍에 가깝고, 전체 꽃차례의 모양이 반구형인 특징이 있다. 화피편은 넓은 타원형으로 뒷면에 녹색의 맥이 있다. 남부지방에 주로 분포하며 수술이 길게 돌출하여 구분된다.

0911

산부추 백합과

Allium thunbergii G.Don.

산지나 들에서 자란다. 높이 30~60cm. 8~11월 개화. 꽃자루는 속이 비어 있으며 끝에 여러 송이가 우산모양으로 달린다. 꽃덮이 갈래조각은 6개로서 넓은 타원모양이고 끝이 둥글며 뒷면에 녹색의 주맥이 있다. 씨방 밑동에 꿀주머니가 있으며 꽃밥은 자줏빛이다. 참산부추에 비해 높은 산에 주로 자라고 잎이 꽃자루와 비슷하거나 조금 길며 꽃자루와 잎집이 짧게 발달한다.

참산부추 백합과

Allium sacculiferum Maxim.

낮은 산지나 들에 자란다. 꽃줄기의 높이 30~60cm. 잎은 비늘줄기에서 2~3장이 나와 비스듬히 서고, 가늘며 뒷면의 중앙맥이 돌출한다. 8월 하순~10월 하순 개화. 잎 사이에서 나온 꽃줄기 끝에 우산꽃차례로 둥글게 모여달리며, 작은꽃자루의 길이는 10~12mm 정도이다. 산부추는 잎 뒷면의 중앙맥이 돌출하지 않고 상대적으로 높은 지대에 분포한다.

한라부추 백합과

Allium taquetii H.Lév. & Vaniot

산지의 바위틈에서 자란다. 비늘줄기는 긴 달걀모양이며, 밑부분의 가는 뿌리에 다수 모여나서 덩어리모양을 이룬다. 8~9월 개화. 3~11개의 꽃이 우산모양꽃차례로 꽃줄기 끝에 달린다. 6개의 수술은 길게 나오고 꽃실 사이에 작고 뾰족한 치아(齒牙)가 있다. 한라산, 덕유산, 지리산, 가야산 등 높은 산에 분포한다.

진주바위솔 돌나물과

Orostachys margaritifolia Y.N.Lee

산지의 바위틈에 주로 자란다. 꽃줄기의 높이 5~20cm. 타원모양의 잎은 방석모양으로 퍼져나고 녹색 바탕에 자주색을 띠고 끝에 가시가 있다. 11월 초순~12월 초순 개화. 꽃은 총상꽃차례로 조밀하게 달리며 꽃싸개잎은 피침모양이다. 꽃잎은 5장, 꽃밥은 보통 자주색이다. 겨울눈으로 월동하며 개화를 한 개체는 고사한다. 경남 진주와 사천 등지에 드물게 자생한다.

바위솔 돌나물과

Orostachys japonica A.Berger.

산지의 바위, 오래된 기와 지붕, 돌담 등에 붙어서 자란다. 원줄기 밑동에 피침모양의 잎이 촘촘하게 붙는다. 9월 초순~10월 하순 개화. 10~20cm의 높이의 총상꽃차례로 꽃이 핀다. 꽃받침잎과 꽃잎은 5개이고 피침모양이다. 수술은 10개이고 꽃밥은 적자색이다. 바위에 붙어 자라는 소나무를 닮았다는 뜻의 이름이며, 와송(瓦松)이라고도 한다.

좀바위솔 돌나물과

Orostachys minuta (Kom.) A.Berger.

산지나 물가의 바위에 붙어 자란다. 높이 15cm 정도. 잎은 비늘모양으로 통통한 짧은 피침모양이고 끝이 뾰족하다. 9~11월 개화. 꽃은 이삭꽃차례로 조밀하게 피며 꽃차례의 길이는 보통 3~5cm이나 자생환경에 따라서 훨씬 길게 자라는 개체도 있다. 경북, 충북, 경기도 등지에 분포한다. 밑동 잎에 손톱모양의 부속물이 붙어 있다.

둥근바위솔 돌나물과

Orostachys malacophylla (Pall.) Fisch.

산비탈이나 바닷가의 바위에서 주로 자란다. 높이 30cm 정도. 뿌리잎은 육질이고 주걱모양이며 길이 5~10cm 내외이다. 9월 중순~12월 초순 개화. 지름 7mm 정도의 꽃이 빽빽한 총상꽃차례를 이루며 꽃차례의 길이는 약 20cm이다. 바위솔에 비해 잎이 둥글고 넓으며, 잎과 꽃차례의 색상이 화사하여 구별하기 쉽다.

정선바위솔 돌나물과

Orostachys chongsunensis Y.N.Lee.

너덜지대의 바위에 붙어서 자란다. 높이 20~30cm. 잎은 둥근모양이고 끝은 가시처럼 뾰족하다. 9월 하순~10월 중순 개화. 전체적으로 둥근바위솔과 유사한 형태로 보이나, 둥근바위솔은 꽃밥이 적색이고 정선바위솔은 노란색이다. 강원도 정선 지역에서 처음 발견되어 붙여진 이름이며, 현재도 그 일대를 중심으로 자생지가 분포하고 있다.

향유 꿀풀과

Elsholtzia ciliata (Thunb.) Hyl.

양지 또는 반그늘의 풀밭에서 자란다. 높이 30~60cm, 원줄기는 네모지며 잎과 꽃에서 강한 향기가 난다. 9월 중순~11월 중순 개화. 꽃은 이삭꽃차례로 한쪽으로 치우쳐서 달리며, 꽃차례의 길이는 5~10cm이다. 제주도를 제외한 전국에 분포한다. 가을에 꽃과 열매가 붙어 있는 줄기와 잎을 향유(香薷)라 하여 약용하거나 목욕탕의 향료용으로 이용하였다.

애기향유 꿀풀과

Elsholtzia serotina Kom.

산과 들에 자란다. 높이 30cm 정도. 줄기는 네모지며 가지가 많이 갈라지고 잔털이 있다. 잎은 긴 달걀모양으로 끝이 뾰족하고 가장자리에 톱니가 있으며 잎자루가 길다. 9월 중순~10월 하순 개화. 줄기와 가지 끝에 달리며 한쪽으로 치우쳐 촘촘하게 달린다. 포는 넓은 달걀모양으로 가장자리에 털이 있으며 수술 4개 중 2개가 길다. 중부 이북에 주로 자생한다.

꽃향유 꿀풀과

Elsholtzia splendens Nakai ex F.Maek.

약간 건조한 자갈밭이나 반그늘의 습기가 많은 풀밭에서 자란다. 높이 50cm 정도. 잎은 달걀 모양에 끝이 뾰족하며 가장자리에 가지런한 톱니가 있다. 9월 초순~11월 중순 개화. 길이 6mm 정도의 낱꽃이 빽빽하게 달려서 2~5cm 길이의 꽃차례를 이룬다. 꽃이 한 방향으로 달려서 전체적으로 칫솔모양의 이삭꽃차례가 된다. 전초에서 아주 강한 향기가 난다.

가는잎향유 꿀풀과

Elsholtzia angustifolia (Loes.) Kitag.

반그늘이나 양지의 바위틈에서 자란다. 높이 20~40cm. 줄기는 자주색이며 비스듬하게 자란다. 잎은 길이 3~7cm, 폭이 5mm 미만으로 가늘고 길다. 9월 하순~10월 중순 개화. 자잘한 꽃들이 한쪽으로 치우쳐서 이삭모양꽃차례로 달리며 수술 4개 중 2개가 길다. 충북 보은, 괴산, 경북 문경 일대의 비교적 높은 산지의 능선과 계곡에서 군락을 이룬다.

변산향유 꿀풀과

Elsholtzia byeonsanensis M.Y.Kim.

바닷가 암석지대의 바위틈에서 자란다. 높이 20~35cm. 줄기는 곧추서며 자주색이고 털이 없다. 잎은 길이 4cm, 넓이 2cm 정도의 달걀모양으로, 가죽질이며 윤기가 있고 털은 없다. 10~11월 개화. 길이 7mm 정도의 자잘한 꽃들이 한 방향으로 치우쳐서 달리며 4cm 안팎의 이삭모양꽃차례를 이룬다. 전북 변산반도에서 발견되어 2012년에 신종으로 발표 되었다.

남방향유 꿀풀과

Elsholtzia griffithii Hook.f.

신설도로의 절개지나 제방 등의 풀밭에 자란다. 높이 15~60cm. 줄기는 직립하고 가지를 치며 아래를 향하는 털이 있다. 잎은 타원모양으로 가장자리에 톱니가 있다. 9월 중순~10월 하순 개화. 여러 개의 꽃이 모여 이삭모양꽃차례를 이룬다. 수술은 4개이며, 암술대는 고르지 않게 두 갈래로 갈라진다. 동남아시아 원산으로 경인아라뱃길 제방에 무리지어 자란다.

송이바꽃 미나리아재비과

Aconitum carmichaelii var. *truppelianum* (Ulbr.) W.T.Wang & P.K.Hsiao

산지의 습한 계곡 주변에 자란다. 높이 50~150cm. 줄기는 가지를 거의 치지 않으며 비스듬하게 자란다. 잎은 10~20개 정도 달리며 3갈래로 깊게 갈라진다. 9월 하순~10월 하순 개화. 10~60개의 청자색이나 황백색 꽃이 원뿔모양꽃차례로 달린다. 중국과 베트남 원산으로 인천, 경기, 충남 등지의 중서부 해안을 따라 자생하며, 2020년에 발표되었다.

만수국아재비 국화과

Tagetes minuta L.

민가 주변, 야산, 공터 등에 주로 자란다. 높이 20~100cm. 잎은 깃꼴로 갈라지고 갈래조각은 5~15개로 선점이 흩어져 있다. 8~12월(남부지방) 개화. 2~3개의 혀꽃과 3~5개의 대롱꽃으로 머리꽃을 이룬다. 남아메리카 원산의 귀화식물로 제주와 남부지방에 주로 보인다. '쓰레기풀'로 불리기도 하지만 식물체에 강한 향이 있고 꽃에서 채취되는 에센셜 오일은 아로마 오일과 향수로 사용된다.

0914

쓴풀 용담과

Swertia japonica (Schult.) Makino

산지의 풀밭, 길가 등에 자란다. 높이 5~25cm. 줄기는 약간 네모지며 자줏빛이 돈다. 9월 중순~11월 중순 개화. 꽃잎은 5장으로 흰색에 자주색 줄무늬가 있으며 꽃잎 안쪽에 꼬부라진 털이 있다. 잎이나 줄기, 뿌리를 자르면 나오는 흰색의 유액이 매우 쓰기 때문에 유래한 이름이다. 개쓴풀에 비해 상대적으로 물기가 적은 땅에서 자란다.

개쓴풀 용담과

Swertia diluta var. *tosaensis* (Makino) H. Hara

산지의 습한 곳에 주로 자란다. 높이 10~40cm 정도. 9~11월 개화. 위쪽 잎은 가늘고 길지만 아래쪽 잎은 3~5cm로 길면서 잎 중간 부분은 1cm로 약간 넓은 형태이다. 전국에 드물게 분포한다. 쓴풀에 비해 꽃잎 안쪽의 꼬부라진 털이 길고 훨씬 많으며, 쓴풀은 여러 개체가 뭉쳐나는 편이고, 개쓴풀은 개체별로 떨어져서 자라는 경향이 있다.

자주쓴풀 용담과

Swertia pseudochinensis H.Hara.

볕이 잘 드는 산지에 자란다. 높이 15~40cm. 뿌리는 굵은 수염모양으로 쓴맛이 강하다. 줄기는 네모지며 주로 윗부분에서 가지를 치고, 검은 자주색이다. 잎은 피침모양이고 잎자루가 없다. 9~11월 개화. 위에서부터 아래로 순차적으로 핀다. 꽃의 크기는 지름이 1~1.5cm 정도로 꽃잎은 기본 5장이며 자주색의 진한 줄무늬가 있다.

큰잎쓴풀 용담과

Swertia wilfordii A. Kern.

산지에서 자란다. 높이 15~40cm. 줄기는 네모지며 가지를 친다. 잎은 좁은 타원모양으로 끝이 뾰족하며, 다른 쓴풀 종들에 비해 폭이 약간 넓은 편이다. 8월 중순~10월 중순 개화. 쓴풀속의 근연종들이 꽃잎이 5장인데 비하여, 큰잎쓴풀은 꽃잎이 4장으로, 꽃잎에 진한 점이 찍혀 있는 것도 있다. 강원도와 경북 북부에 드물게 자생한다.

쑥 국화과

Artemisia indica Willd.

산과 들에서 흔히 자란다. 높이 60~120cm. 원줄기에 종선이 있으며 위쪽에서 가지를 친다. 줄기 가운데 부분의 잎은 깃모양로 깊게 갈라지며 위로 갈수록 작아져 점차 선형으로 변한다. 7~9월 개화. 꽃자루가 거의 없고 원줄기 끝에 한쪽으로 치우쳐 달린다. 어린 순은 떡에 넣어서 먹거나 국을 끓여 먹으며 약재로도 사용한다.

참쑥 국화과

Artemisia codonocephala Diels

산지나 양지바른 풀밭에 자란다. 높이 1~1.5m. 땅속줄기가 옆으로 뻗어 번식하며 줄기는 약간 가지를 친다. 잎은 깃모양으로 2회 정도 갈라지고 표면에 긴 털과 흰 점이 있으며 뒷면은 흰 솜털로 덮여 있다. 8월 중순~9월 하순 개화. 지름 3mm 정도의 머리모양꽃이 원추꽃차례로 달린다. 꽃받침조각은 거미줄 같은 털이 밀생하고 3~4줄로 배열한다.

개똥쑥 국화과

Artemisia annua L.

인가 부근이나 길가의 빈터, 하천가에 자란다. 높이 1m 정도. 줄기 전체에 털이 없으며 녹색이고 가지를 많이 친다. 잎은 마주나고 3회 깃모양겹잎으로 갈래조각이 피침모양이고 새순에 잎이 달리는 특징이 있다. 6~8월 개화. 머리꽃의 지름이 1.5cm 정도로 쑥속 식물 중에거 가장 큰 편이다. 식물체 전체에서 강한 냄새가 난다.

제비쑥 국화과

Artemisia japonica Thunb.

볕이 잘 드는 양지에 자란다. 높이 30~90cm. 전체에 털이 거의 없고, 잎은 거꿀달걀모양이며 대부분 곧게 자라는 특징이 있다. 아랫부분의 잎은 톱니가 있거나 깊게 갈라지고, 위로 올라갈수록 선형으로 된다. 7~9월 개화. 지름 1.5mm 정도의 자잘한 꽃들이 원추꽃차례로 달린다. 주변에서 흔히 볼 수 있는 쑥으로 어린잎을 식용한다.

0920

사철쑥 국화과
Artemisia capillaris Thunb.

냇가 또는 바닷가의 모래땅에서 주로 자란다. 높이 30~100cm. 줄기 밑부분은 목질이 발달하여 나무처럼 되고 가지가 많이 갈라지며 처음에는 비단털로 덮여 있다. 꽃이 달리지 않는 가지 끝의 잎은 로제트형으로 달리며 잎자루가 길고 잎조각은 실처럼 가늘어 비짜루처럼 보인다. 8~9월 개화. 원줄기 끝에 큰 원추꽃차례를 이룬다.

큰비쑥 국화과
Artemisia fukudo Makino

바닷가에 자란다. 높이 30~90cm. 줄기 밑부분에서 많은 가지를 치고 거미줄 같은 털이 있으나 점차 사라진다. 뿌리잎은 부채모양으로 깊게 갈라지며 일찍 떨어지고 줄기잎은 좁은 선형으로 1~2회 깊게 갈라진다. 8월 하순~10월 중순 개화. 꽃은 줄기와 가지 끝에 겹총상꽃차례로 달리며 머리모양꽃의 바깥쪽 둘레는 암꽃이 있고 안쪽은 양성의 통꽃이 있다. 중부 이남에 자생한다.

물쑥 국화과

Artemisia selengensis Turcz. ex Besser

주로 물가 주변에서 자란다. 높이 1.2m 정도. 잎조각은 피침모양 또는 선상 피침모양이며 끝이 뾰족하고, 표면에 털이 없다. 8~9월 개화. 꽃은 종모양으로 원줄기 끝에 달린다.

넓은잎외잎쑥 국화과

Artemisia stolonifera (Maxim.) Kom.

산지에 자란다. 높이 50~100cm. 줄기에 홈줄이 있으며 홍자색을 띠고 있다. 뿌리잎은 꽃이 필 때 없어지고 줄기잎은 흔히 날개가 있는 짧은 잎자루가 있으며 타원모양이다. 8~9월 개화.

맑은대쑥 국화과

Artemisia keiskeana Miq.

산지에서 자란다. 높이 30~80cm. 잎은 어긋나게 달리며 넓은 주걱모양으로 국화잎과 비슷하여 국화잎쑥이라고도 한다. 7~9월 개화. 넓은잎외잎쑥의 경우 각진 톱니가 있지만, 맑은대쑥의 톱니는 부드럽다는 점이 다르다.

고려엉겅퀴 국화과

Cirsium setidens (Dunn) Nakai

산지에 자란다. 높이 70~100cm. 가지가 사방으로 퍼지고 잎의 가장자리에 가시 같은 톱니가 있으며 밑부분이 예리하게 좁아진다. 잎의 표면에 털이 약간 있고 뒷면은 흰빛이 돌고 털이 없다. 7~10월 개화. 꽃차례의 지름은 2~3cm이다. 주로 중부 이남에 분포한다. 곤드레나물이라고도 하며 강원도 내륙에서 널리 재배한다.

정영엉겅퀴 국화과

Cirsium chanroenicum (Nakai) Nakai

높고 깊은 산에서 자란다. 높이 50~100cm. 줄기에 능선이 있다. 잎은 끝이 뾰족하고 가장자리에 가시 같은 톱니가 있으며 밑부분은 좁아져서 잎자루의 날개가 되거나 1~2쌍 정도로 갈라진다. 8~9월 개화. 흰색의 꽃이 피며 꽃차례의 지름은 2cm 정도이다. 중부 이남에 분포한다. 지리산 정령치에서 처음 발견되어 유래된 이름이다.

동래엉겅퀴 국화과

Cirsium toraiense Nakai ex Kitam.

양지바른 들이나 산지 가장자리에 자란다. 높이 30~50cm. 줄기에 골이 진 줄이 있으며, 잎가장자리가 깃꼴로 갈라진다. 8~10월 개화. 꽃은 연한 보라색으로 원줄기와 가지 끝에 달리고, 총포(總苞)는 편평한 구형으로 중편 뒷면에 점질이 있고 검은빛이 돈다. 부산 동래에서 처음 채집되어 붙여진 이름이나 개발로 사라지고 부산의 바닷가에 일부 자생한다.

버들잎엉겅퀴 국화과

Cirsium lineare (Thunb.) Sch.Bip.

산자락이나 들의 다소 습한 곳에 자란다. 높이 50~100cm. 줄기에 털이 거의 없다. 잎은 좁은 피침모양이고 가장자리에 길이 1~2mm의 미세한 가시가 있다. 7월 하순~10월 중순 개화. 줄기와 가지 끝에 지름 20~25mm의 머리모양 꽃이 1개씩 핀다. 국내에 분포하는 엉겅퀴속 식물들 중에서 잎이 버들잎처럼 가늘고 길어 구분된다.

0923

산국 국화과

Chrysanthemum boreale (Makino) Makino

산과 들의 양지바른 곳에서 자란다. 높이 70~140cm. 줄기는 곧추서고 흰 털이 있으며 윗부분에서 가지가 갈라진다. 잎은 깃모양으로 깊게 갈라지고 가장자리에 결각모양의 톱니가 있다. 9월 하순~11월 하순 개화. 줄기 끝에 지름 1.5cm 정도의 노란색 머리모양꽃이 촘촘히 달린다. '개국화'라고도 하며, 꽃잎을 따서 국화주를 담기도 한다.

감국 국화과

Chrysanthemum indicum L.

낮은 산지에 자란다. 높이 40~60cm. 뿌리줄기가 옆으로 길게 뻗고, 줄기는 여러 대가 모여난다. 9~11월 개화. 산국에 비해 꽃의 지름이 2.5cm 정도로 크고 대롱꽃들이 뭉쳐 있는 중심부분의 지름에 비하여 혀꽃의 길이가 비슷하거나 긴 편이며, 잎이 얕게 갈라지는 점이 다르다. 내륙보다 바닷가에서 더욱 흔히 볼 수 있다. 국화차의 재료로 쓴다.

털머위 국화과

Farfugium japonicum (L.) Kitam.

바닷가의 반그늘이나 숲에서 자란다. 높이 30~50cm. 줄기는 전체에 연한 갈색 솜털이 있다. 잎은 콩팥모양으로 두껍고 윤이 나고, 가장자리에 톱니가 있다. 9월 중순~11월 중순 개화. 지름 4~6cm의 포가 있는 노란색 머리모양 꽃이 가지 끝에 한 개씩 달려서 전체가 산방상으로 된다. 혀꽃은 3~4cm이다. 울릉도 및 남부해안지방에 분포한다.

소엽풀 현삼과

Limnophila aromatica (Lam.) Merr.

논밭이나 습지에서 자란다. 높이 20~25cm. 향기가 있고, 줄기에 알갱이 모양의 돌기모(突起毛)가 있다. 잎은 잎자루가 없고 뒷면에 선점이 있으며 가장자리에 둔하고 낮은 톱니가 있다. 9월 초순~10월 하순 개화. 윗부분의 잎겨드랑이에서 길이 1cm 정도의 꽃이 1송이씩 달린다. 제주도와 부산 지역에 자생한다.

용담 용담과

Gentiana scabra Bunge

산과 들의 양지에 자란다. 높이 20~60cm. 줄기에 4개의 가는 줄이 있으며 곧게 서다가 개화기에 옆으로 눕는다. 9월 하순~11월 하순 개화. 윗부분의 잎겨드랑이 줄기 끝에서 길이 5cm 정도의 꽃이 피고, 가장자리가 5개로 갈라지며 갈라진 꽃잎 사이에 부편이 있다. 용담은 한약재로 쓰이는 이 식물의 뿌리가 매우 써서 유래한 이름으로 약재명과 같다.

좁은잎덩굴용담 용담과

Pterygocalyx volubilis Maxim.

석회암 지대의 숲 가장자리에 자란다. 덩굴성으로 길이 80~100cm. 줄기에 능선이 있다. 잎은 피침형, 선상 피침형으로 끝은 길게 뾰족해지고 밑은 점차 좁아지며 가장자리는 밋밋하고 3맥이 있다. 9월 하순~10월 하순 개화. 꽃받침통은 길이 1.5~2cm로 4개의 날개가 있는 능선(稜線)이 있고 끝은 4개로 갈라진다. 강원도 중부지방에 드물게 분포한다.

진퍼리용담 용담과

Gentiana scabra for. *stenophylla* (H.Hara) W.K.Paik & W.T.Lee.

산과 들의 습지에 자란다. 줄기 길이 50~80cm. 잎이 선형 혹은 선상 피침모양인 점이 용담과 다르다. 9~11월 개화. 강원, 경기 전남 일부 지역에 드물게 분포한다.

꼬인용담 용담과

Gentianopsis contorta (Royle) Ma

석회암 바위지대나 풀밭에 자란다. 높이 5~15cm. 9월 초순~10월 하순 개화. 꽃잎과 꽃받침 갈래조각은 각각 4개이며 꽃이 피었을 때 꽃잎이 살짝 꼬여 있다. 강원도 특정 지역에 자생한다.

과남풀 용담과

Gentiana triflora subsp. *japonica* (Kusn.) Vorosch.

산지의 습한 곳에 주로 자란다. 높이 30~80cm. 8월 하순~10월 하순 개화. 5개의 꽃잎은 활짝 벌어지지 않고, 약간만 벌어진다. 칼잎용담, 큰용담이라고 했던 식물이 과남풀로 통합되었다.

0927

구와말 현삼과

Limnophila sessiliflora (Vahl) Blume.

논밭이나 냇가의 습지에서 자란다. 높이 10~30cm. 밑에서 기는줄기가 뻗으면서 갈라진다. 잎은 5~8개가 돌려나고 길이 1~2cm로 새깃모양으로 가늘게 갈라지며, 물속 잎은 실처럼 더 가늘게 갈라진다. 8월 중순~11월 중순 개화. 꽃부리는 길이 6~10mm 통모양으로 1개씩 겨드랑이에서 난다. 전국에 드물게 분포한다.

진흙풀 현삼과

Microcarpaea minima (K.D.Koenig) Merr.

습지에서 자란다. 높이 5~10cm. 잎은 넓은 선형 또는 넓은 피침모양으로 가장자리는 밋밋하고 원줄기를 다소 감싼다. 8~10월 개화. 꽃받침은 통모양이고 끝이 1/3정도 5개로 갈라진다. 꽃부리의 길이 2mm로서 양순형이다. 열매는 삭과로 긴 타원모양이며 꽃받침에 싸여 있고 씨는 황갈색이다. 제주도, 경남, 충남 등지에 분포한다. 흙탕에서 자라는 풀이라 하여 진흙풀이라 한다.

갯고들빼기 국화과

Crepidiastrum lanceolatum (Houtt.) Nakai.

바닷가 바위틈에서 자란다. 높이 30cm 정도. 다른 고들빼기 종류와는 달리 줄기 아래쪽이 목질이며 뿌리잎은 밀생하고 주걱모양의 긴 타원형으로 밑이 좁아져 잎자루의 날개처럼 되며, 줄기잎은 밑부분이 원줄기를 감싼다. 10월 초순~11월 하순 개화. 머리모양꽃 밑에 잎처럼 생긴 포가 있다. 제주도와 남해안 지역에 분포한다.

홍도고들빼기 국화과

Crepidiastrum × nakaii H.Ohashi & K. Ohashi

남부지방의 해안지대에서 드물게 자란다. 높이 60~80cm. 줄기는 담녹색으로 털이 없으며 윗부분에서 가지가 많이 갈라진다. 잎은 뒷면이 분백색이며 잎가장자리에 거친 물결 모양의 톱니가 있고 잎 밑은 둥근 잎귀가 줄기를 감싼다. 꽃은 지름이 12mm 정도로 가지 끝에 모여 달리며 혀꽃은 8개 정도이다. 갯고들빼기와 이고들빼기의 교잡종으로 알려져 있다.

단풍취 국화과

Ainsliaea acerifolia Sch.Bip.

산의 숲 속에서 자란다. 높이 40~80cm. 줄기는 가지가 없으며 긴 갈색 털이 드문드문 있다. 잎은 줄기 가운데에 4~7개가 돌려난 것처럼 모여나고 가장자리가 7~11갈래로 얕게 갈라져서 단풍잎과 비슷하다. 7월 하순~9월 하순 개화. 지름 1~1.5cm의 꽃이 줄기 끝에 이삭꽃차례로 달린다. 총포는 통모양이고 붉은빛이 돌며 총포안에 3개의 대롱꽃이 들어 있다.

좀딱취 국화과

Ainsliaea apiculata Sch.Bip.

해안가 숲 속, 산지 주변 계곡에서 자란다. 높이 10~20cm. 잎은 줄기 아래쪽에 모여달리며 표면에 광택이 있고, 양면에 긴 털이 있다. 10월 중순~11월 중순 개화. 줄기와 가지 끝에 3개씩 모여 피지만 하나의 꽃처럼 보이며 꽃차례의 지름은 1cm 미만이다. 포조각은 5줄로 배열되고 작은꽃은 흔히 닫힌꽃으로 된다. 안면도, 남부지방, 제주도 등지에 분포한다.

제주도

갯쑥부쟁이

세복수초 미나리아재비과

Adonis multiflora Nishikawa & Koki Ito

산지의 습기가 많은 곳이나 곶자왈 지대에서 자란다. 높이 20cm 정도. 1월 하순~4월 초순 개화. 꽃의 지름이 3cm 정도로 내륙의 복수초보다 큰 편이다. 잎자루가 매우 짧고 꽃이 필 때 가늘고 긴 잎이 같이 나오는 것이 특징이다. 제주도와 부산에 자생하며, 복수초는 제주도에 자생하지 않는다. 잎이 가늘게 갈라지는 특징에서 붙여진 이름으로, 가는잎복수초라고도 한다.

애기석잠풀 꿀풀과

Stachys agraria Schltdl. & Cham.

경작지 주변이나 풀밭에 자란다. 높이 10~45cm. 줄기는 곧게 서고 네모지며 털이 있다. 잎은 타원모양으로 가장자리에 고른 톱니가 있고 잎자루는 길이 1~2.5cm이다. 2월 초순~4월 하순 개화. 6~12개의 꽃이 마디에서 돌려 핀다. 꽃부리의 길이는 3~5mm로 한반도에 분포하는 석잠풀속의 다른 종에 비해 작다. 멕시코 원산으로 서귀포시 표선읍에서 처음 발견되었다.

호주단추쑥 국화과

Cotula australis (Sieber ex Spreng.) Hook. f.

길가나 경작지 주변에 자란다. 높이 5~25cm. 줄기는 주로 밑부분에서 가지가 갈라지며 털이 있다. 주걱모양의 잎은 2~3회 깃모양으로 깊게 갈라진다. 2월 중순~4월 중순 개화. 줄기나 긴 가지 끝에 지름 3~6mm 정도의 머리모양 꽃차례가 1개씩 달린다. 꽃차례의 가장자리에는 암꽃이, 중앙부에는 양성화가 달린다. 오스트레일리아 원산으로 제주와 남부지방에 분포한다.

뚜껑별꽃 앵초과

Anagallis arvensis L.

바닷가 부근의 풀밭이나 바위틈에 자란다. 높이 10~30cm. 줄기는 네모지고 털이 없으며 옆으 로 길게 벋다가 비스듬히 선다. 3월 초순~6월 초순 개화. 지름 1cm 정도의 꽃이 잎겨드랑이에 1개씩 달리며 꽃자루는 길이 2~3cm로서 포가 없다. 열매가 익으면 중앙부에서 옆으로 갈라져 뚜껑처럼 열려 씨앗이 흩어지고 별꽃을 닮아서 붙여진 이름이다.

사향제비꽃 제비꽃과

Viola obtusa Makino

양지바른 숲 가장자리나 풀밭에서 자란다. 높이 10~20cm 정도. 전체에 흰 털이 많고 꽃과 뿌리에서 향기가 난다. 3~4월 개화. 꽃줄기는 낚시제비꽃처럼 뿌리에서도 돋고 잎겨드랑이에서도 돋으며 꽃 안쪽은 흰 바탕에 진한 줄무늬가 있다. 암술머리는 끝이 꼬부라진 대롱모양이다. 제주도에서 드물게 자생한다.

각시제비꽃 제비꽃과

Viola boissieuana Makino

산지의 숲 속 반그늘에서 자란다. 꽃자루의 높이 3~10cm. 가는 뿌리줄기가 뻗고 잎은 길이 2cm 내외의 삼각형이며 아래쪽은 심장모양이다. 잎가장자리에 톱니가 성기게 나고 두텁다. 4~5월 개화. 꽃 지름은 약 1.5cm이며, 아래 꽃잎에 자주색 줄이 있다. 한라산 해발 700~1,000m에 드물게 자생한다. 식물체가 작고 귀여운 데서 유래된 이름이다.

날개골무꽃 꿀풀과

Scutellaria guilielmii A. Gray

주로 해안지대의 숲 가장자리에서 자란다. 높이 10~40cm. 줄기는 곧게 서거나 누워서 가지를 치며 드문드문 털이 있다. 잎은 계란모양으로 가장자리에 뭉툭한 톱니가 있다. 2월 초순~5월 중순 개화. 줄기 위쪽의 잎겨드랑이에 입술모양의 꽃이 2개씩 달리며 길이 7~8mm이다. 종자에 날개가 발달하는 특징이 있다. 제주 서귀포시에서 발견되어 2021년에 발표되었다.

제주골무꽃 꿀풀과

Scutellaria tuberifera C. Y. Wu & C. Chen

그늘진 계곡 주변에서 자란다. 높이 10~30cm. 줄기와 잎 앞뒷면에 긴 털이 빽빽하게 난다. 3~4월 개화. 꽃부리는 길이 10mm 정도. 국내에 자생하는 여러 종의 골무꽃류와는 다르게 땅속줄기에 구슬 같은 덩이줄기가 많이 달리는 특징이 있다. 2011년 제주에서 자생하는 것이 보고되었다.

골무꽃 143p. 참조.

벌깨냉이 배추과

Cardamine glechomifolia H.Lev.

산지의 습한 그늘에서 자란다. 높이 15~30cm. 전체에 털이 있다. 줄기는 곧게 서고 가지가 갈라지지 않는다. 뿌리줄기는 옆으로 기고 굵어진 윗부분 끝에서 원줄기가 자란다. 뿌리잎은 둥근 콩팥모양으로 1개 혹은 3~5개의 작은잎이 나오며 뒷면이 자주색을 띤다. 3월 하순~4월 초순 개화. 제주도와 경남지역에 자생한다.

꼬마냉이 배추과

Cardamine tanakae Franch. & Sav.

산지의 숲 속에 자란다. 높이 10~20cm. 전체에 털이 많다. 뿌리잎은 1~3개, 줄기잎은 3~7개의 작은잎이 달리며 뒷면이 자주색을 띠기도 한다. 4월 초순~5월 하순 개화. 지름 8mm 정도의 꽃 4~6개가 달린다. 열매는 길이 18~25mm. 일본고유종으로 알려져 왔으나, 2006년에 제주도에서도 드물게 자생하는 것이 확인되었다.

모래냉이 배추과

Diplotaxis muralis (L.) DC.

바닷가 모래밭에 자란다. 높이 10~50 cm. 줄기는 곧게 선다. 뿌리잎은 돌려나며 잎자루가 있고 거꿀피침모양으로 길이 5~15cm 정도이며 깊게 갈라진다. 줄기잎은 아예 없거나 줄기 아랫부분에 생기며 뿌리잎과 비슷하나 크기가 작다. 4월 하순~6월 하순 개화. 줄기 끝에 지름 5~8mm의 꽃이 총상꽃차례로 달린다. 지중해 연안 원산으로 제주에 자생한다.

홍노도라지 초롱꽃과

Peracarpa carnosa Hook.f. & Thomson

산지 숲 속에서 자란다. 높이 5~15cm. 땅속줄기가 옆으로 뻗고 끝에서 줄기가 나와 자란다. 잎의 표면에 짧은 털이 퍼져나고 가장자리에 둔한 톱니가 있다. 4~6월 하순 개화. 꽃부리의 길이는 4~8mm이며 끝이 5개로 깊게 갈라진다. 전라남도와 제주도에 자생한다. 서귀포 홍노리에서 최초로 발견되어 붙여진 이름이다.

좀민들레 국화과

Taraxacum hallaisanense Nakai

양지바른 산자락에서 자란다. 민들레보다 전체적으로 작고 꽃이 많이 달린다. 꽃과 꽃자루 색이 연한 노란색으로 총포가 뒤로 젖혀지지 않는다. 4~8월 개화. 꽃이 필때는 잎과 꽃줄기의 길이가 같지만 꽃줄기가 점차 길어진다. 총포는 붉은빛이 도는 녹색이고 포조각은 끝이 뾰족하고 갈라지지 않고 털이 없다. 한라산과 오름 자락에 자생한다.

제주양지꽃 장미과

Potentilla stolonifera var. *quelpaertensis* Nakai

산지의 양지바른 곳에서 자란다. 기는줄기가 20cm 정도 사방으로 퍼지며, 잎은 겹잎으로 주로 3개씩 달리나 드물게 7개까지 달리기도 한다. 4~6월 개화. 지름 1.5cm 정도의 꽃이 꽃대 끝에 1~3개 핀다. 한라산과 주변 오름에 자생한다. 양지꽃에 비해 전체가 매우 소형이고 기는줄기를 낸다.

양지꽃 100p. 참조.

주걱비름 돌나물과

Sedum tosaense Makino

숲 가장자리의 바위틈에 자란다. 높이 10~20cm. 줄기가 옆으로 뻗으며 가지를 쳐서 곧게 선다. 뿌리잎은 거꿀달걀 모양으로 끝이 오목하게 파이고 줄기잎은 위으로 갈수록 좁은 주걱모양 을 띤다. 4월 하순~5월 하순 개화. 취산꽃차례로 꽃이 달리며 꽃잎은 5개로, 꽃받침조각보다 길며 꽃받침잎은 넓은 선형으로 끝이 둥글다. 제주도와 가거도의 특정 지역에 자생한다.

세바람꽃 미나리아재비과

Anemone stolonifera Maxim.

높은 산 숲 속에서 자란다. 높이 20cm 정도. 식물체 전체에 털이 많다. 4~6월 초순 개화. 줄기 끝에 2~3개의 꽃자루가 나와 끝에 지름 1.5cm 정도의 꽃이 하나씩 달린다. 꽃이 줄기마다 대개 세 송이씩 피기 때문에 세바람꽃이라고 하나 순차적으로 꽃을 피우기 때문에 동시에 볼 수는 없다. 한라산의 높은 곳에서 자생한다.

털개구리자리 미나리아재비과

Ranunculus sardous Crantz

경작지나 연못 주변의 습한 곳에 자란다. 높이 15~50cm. 전초에 털이 나며 가지를 치고 줄기 속은 비어있다. 아랫부분의 잎은 달걀모양으로 3개의 작은 잎으로 나뉘고 깊게 갈라지며 톱니가 있다. 4월 중순~6월 하순 개화. 꽃잎은 광택이 있고 5개이며 꽃받침은 노란색으로 5개이다. 유라시아 원산으로 제주 서귀포시에서 처음 발견되어 2019년 발표되었다.

바위미나리아재비 미나리아재비과

Ranunculus crucilobus H.Lev.

높은 산의 풀밭이나 습지의 바위틈에서 자란다. 고원 습지 부근에서는 40~50cm, 높은 지대의 풀밭에서는 10~20cm 정도의 높이로 자란다. 잎에는 잔털이 있고 줄기에는 긴 털이 밀생한다. 5~6월 개화. 지름은 1cm 정도. 미나리아재비에 비하여 전체적으로 작다. 한라산에 자생한다.

미나리아재비 60p. 참조.

그늘별꽃 석죽과

Stellaria sessiliflora Y.Yabe

주로 숲 그늘 아래에서 자란다. 높이 10~15cm. 잎이 넓고 가장자리가 주름지며, 별꽃과 달리 줄기 윗부분의 잎에도 잎자루가 있다. 4월 초순~5월 개화. 꽃의 지름이 7mm 정도로 별꽃보다 약간 크고, 수술이 7개 이하인 별꽃과는 달리 수술이 10개이다. 1935년에 제주에서 표본이 채집되었으나, 2015년에 국내 미기록종으로 정식 발표되었고 제주도에 드물게 자생한다.

브라질마편초 마편초과

Verbena brasiliensis Vell.

양지바른 들에 자란다. 높이 100~200cm. 줄기는 네모지고 거친털이 있다. 6~9월 개화. 꽃의 지름은 2~3mm 정도이다. 남아메리카 원산으로 제주와 남부지방에 자생한다. 마편초와 달리 잎이 갈라지지 않으며, 취산꽃차례를 이룬다. **버들마편초** *V. bonariensis*는 꽃이 홍자색이고 꽃부리가 꽃받침 길이보다 2~3배 정도 길다.

피뿌리풀 팥꽃나무과

Stellera chamaejasme L.

볕이 잘 드는 들이나 풀밭에서 자란다. 높이 40~50cm. 4월 하순~7월 초순 개화. 원줄기 끝에 15~25개의 꽃이 모여달린다. 수술은 10개, 꽃받침은 분홍색이며 위쪽이 5개로 갈라진다. 몽고가 고려를 침략할 때 들어온 것으로 추정된다. 실제 뿌리는 황색에 가까우며, 꽃부리가 피처럼 붉다는 뜻의 '핏부리'에서 유래되었다는 설이 있다.

윤판나물아재비 백합과

Disporum sessile (Thunb.) D. Don ex Schult. & Schult. f.

숲 속에서 자란다. 높이 30~60cm. 줄기는 곧추서며 위쪽에서 가지가 갈라진다. 잎은 긴 타원모양 또는 넓은 타원모양이다. 5~6월 개화. 꽃은 끝이 녹색을 띠는 흰색으로 길이는 2~3cm이고 가지 끝에 1~3개 달리며 밑으로 처진다. 제주도와 울릉도에 자생하며, 울릉도에서 비교적 흔하게 볼 수 있다.

윤판나물 136p. 참조.

가시엉겅퀴 국화과

Cirsium japonicum var. *spinossimum* Kitam.

양지바른 풀밭에서 자란다. 엉겅퀴와 비슷하나 높이가 50cm 미만으로 작다. 촘촘하게 달리는 잎은 가장자리에 깊이 팬 모양의 톱니와 억센 가시가 많다. 5~8월 개화. 꽃은 지름 20~30mm로 가지 끝과 원줄기 끝에 달린다. 제주도와 거문도에 주로 자생한다. 제주도에서는 이 풀을 보면 소가 뒷걸음질친다고 하여 '소왕'이라고도 한다.

바늘엉겅퀴 국화과

Cirsium rhinoceros (H.Lev. & Vaniot) Nakai

고지대의 풀밭에서 자란다. 높이 30cm 정도. 전체에 뾰족하고 딱딱한 가시가 많고, 총포조각은 7줄로 길고 뾰족한 가시로 되어 있다. 가지가 많이 갈라지고 잎이 많이 달리며 거미줄 같은 털이 있다. 7~8월 개화. 꽃의 지름은 3~3.5cm이다. 한라산 고지대에 자생한다. 가시엉겅퀴와 가장 큰 차이는 총포에 날카로운 가시가 있는 점이다.

0424

금자란 난초과

Gastrochilus matsuran (Makino) Schltr.

숲 속 나무 줄기에 착생해서 자란다. 높이 3cm 정도. 줄기는 옆으로 기고, 잎은 2줄로 모여나며, 줄기를 완전히 둘러싼다. 4월 하순~5월 초순 개화. 꽃의 지름은 8~10mm이다. 제주와 남부지방에 매우 드물게 자생한다. 금자란은 금산자주난초의 줄인 이름으로 남해 금산에서 최초 발견되었고 잎과 꽃에 자주색 반점이 있는 데서 유래했다.

비자란 난초과

Thrixspermum japonicum (Miq.) Rchb. f.

계곡 주변 숲가의 나뭇가지에 착생해서 자란다. 높이 3~3.5cm. 기는줄기에서 가는 뿌리가 나오며, 잎은 짧고 2줄로 배열한다. 4월 하순~5월 하순 개화. 꽃의 크기는 5~7mm이고 노란색이며 밑으로 처진다. 제주도에서도 드물게 자생한다. 국명 '비자란'은 일본명 カヤラン(榧蘭)을 직역한 것이며, 제주난초라고도 한다.

한라새우난초(큰새우난초) 난초과

Calanthe bicolor Lindl.

상록 활엽수가 자라는 숲에서 자란다. 높이 20~45cm. 4월 하순~5월 하순 개화. 꽃의 크기는 2~3cm이고 꽃차례의 길이는 10~15cm 정도이다. 입술꽃잎을 제외한 꽃색은 다양하다. 주로 제주도에 자생한다. 새우난초와 금새우난초의 자연교잡종으로 알려져 있으며, 종소명 bicolor는 bi(2, 둘)와 color(색)의 합성어로 입술꽃잎과 화피편의 색이 달라 붙여졌다.

날개옥잠난초 난초과

Liparis pterosepala N. S. Lee, C. S. Lee & K. S. Lee sp. nov.

산지의 숲 속에서 자란다. 높이 20cm 정도. 두 장의 잎이 나며 잎자루의 길이가 2~5cm이고 날개가 있다. 5~6월 개화. 진한 자주색 꽃이 핀다. 측악편이 자색을 띤 녹색으로 날개처럼 옆으로 펴지고 순판은 짙은 자색으로 옥잠난초에 비해 많이 구부러지지 않으며 화분 덮개는 넓고 끝이 약간 뾰족하다.

옥잠난초 274p. 참조.

차걸이란 난초과

Oberonia japonica (Maxim.) Makino

II

숲 속 나무나 바위에 착생해서 자란다. 길이 2~8cm. 줄기는 짧고 잎에 가려 눈에 잘 띄지 않으며, 잎은 2줄로 나고 칼집모양이다. 5월 초순~6월 개화. 1~2mm 크기의 자잘한 꽃이 돌려나고 입술꽃잎이 위쪽에 있다. 우리나라 야생란 중에 가장 작은꽃을 피운다. 제주에 드물게 자생한다. 자동차에 거는 장식품처럼 생겼다고 해서 붙여진 이름이다.

등골나물아재비 국화과

Ageratum conyzoides L.

길가나 경작지 주변에서 자란다. 높이 40~70cm. 줄기는 가지를 치며 전체에 털이 있다. 잎은 줄기 윗부분에서 어긋나기도 하며 가장자리에 둔한 톱니가 있다. 7~8월 개화. 대롱꽃들로만 이루어진 지름 8mm 정도의 머리모양꽃차례가 편평꽃차례를 형성한다. 세계적으로 열대지방에 널리 분포하며, 1990년대 초에 제주도에서 발견되었고 서귀포시 일대에 주로 분포한다.

흰그늘용담 용담과

Gentiana aquatica var. *pseudoaquatica* (Kusn.) S. Agrawal

높은 산의 약간 습한 곳에서 자란다. 높이 5~7cm. 줄기는 밑에서 모여나와 갈라지며 비스듬히 자란다. 잎은 달걀모양으로 마주나고 가장자리가 흰색이다. 5~7월 하순 개화. 구슬붕이와 닮았으나 꽃이 희고 식물체에 잔돌기가 있어 약간 까칠거리는 느낌이 있고 습한 고산지대에 자라는 점이 다르다. 한라산 1,500m 이상에서 자생한다.

아욱메풀 메꽃과

Dichondra micrantha Urb.

산과 들, 길가에서 자란다. 줄기가 땅을 기며 마디마다 뿌리가 내려 사방으로 퍼지고 전체에 가는 털이 많다. 심장모양의 둥근 잎이 1cm 내외로 작은 편이며 가장자리 톱니가 없다. 5~6월 개화. 꽃의 지름이 3mm 정도로 작으며 잎겨드랑이에 1개씩 달린다. 꽃자루가 없거나 짧다. 제주도와 추자도에 자생한다. 아욱잎을 닮은데서 유래된 이름이다.

0520

영아리난초 난초과

Nervilia nipponica Makino

숲 속에서 자란다. 높이 7~15cm. 5월 하순~6월 하순 개화. 꽃의 크기는 16~25mm이며 꽃줄기에 1개의 꽃이 핀다. 꽃이 지고 난 후 씨를 맺으면 5각형의 조금 두꺼운 녹색 잎이 줄기 밑에서 올라온다. 제주도에 드물게 자생한다. 일본 큐슈지방에 자생하는 일본 특산종으로 알려져 왔으나, 2007년 제주 물영아리오름에서 발견되어 붙여진 이름이다.

두잎약난초 난초과

Cremastra unguiculata (Finet) Finet

숲 속에서 자란다. 높이 20~40cm. 잎은 장타원형으로 2장이 달리며, 길이 10~15cm, 폭 2~3cm 정도이다. 5월 하순~6월 초순 개화. 지름은 2cm 내외이고 꽃자루는 자갈색이다. 꽃받침과 곁꽃잎은 황갈색으로 긴 타원모양이며 자주색 반점이 있다. 제주도에 드물게 자생한다. 약난초에 비해 꽃차례가 성기고, 잎이 두 장인 점이 다르다.

흰땃딸기 장미과

Fragaria nipponica Makino

높은 산 숲 가장자리 볕이 잘 드는 곳에서 자란다. 높이 10~30cm. 전체에 털이 많다. 잎은 뿌리에서 나오고 잎자루가 길다. 양옆의 작은잎은 약간 작고 가장자리에 톱니가 있으며 잎자루에 퍼진 털이 있다. 5월 개화. 꽃의 지름은 2cm 정도. 한라산에 드물게 자생한다. **땃딸기***F. yezoensis*에 비해 꽃자루에 위를 향한 털이 있고 잎 뒷면에 털이 없다.

눈범꼬리 마디풀과

Polygonum suffultum Maxim.

산지나 계곡부 숲 속에서 자란다. 높이 35cm 정도. 뿌리잎은 잎자루가 길고 넓은 달걀모양이며, 줄기잎은 심장모양으로 원줄기를 감싼다. 5~7월 개화. 꽃이 잎겨드랑이에 달리고 꽃줄기에 심장모양의 잎이 여러 개가 달리는 특징이 있다. 한라산 중턱 이상에 자생한다. 근연종인 **이른범꼬리***P. tenuicaule*는 높이 15cm 정도로 자라며, 뿌리잎만 있다.

맥문아재비 백합과

Ophiopogon jaburan (Kunth) Lodd.

바닷가 산지 그늘이나 습지에서 자란다. 꽃줄기 높이 30~50cm. 땅속줄기가 옆으로 뻗으며, 선형(線形)의 짙은 녹색 잎이 뭉쳐난다. 5~8월 개화. 꽃은 흰 바탕에 자줏빛이 돌며 밑으로 처지고 편평한 꽃줄기에 달린다. 작은꽃가지는 3~8개씩 모여달리고 마디가 있다. 다른 맥문동류에 비하여 훨씬 대형이다. 제주도와 전남지역에 자생한다.

흑난초 난초과

Liparis nervosa (Thunb.) Lindl.

산지의 숲에서 자란다. 높이 10~20cm. 잎은 2~3장이 나고 아랫부분이 줄기를 감싼다. 6~7월 하순 개화. 꽃의 크기는 8~16mm로 나리난초속에서는 가장 꽃이 작고 곁꽃잎은 실모양으로 밖으로 휘어지며 입술꽃잎은 아치모양으로 뒤로 굽는다. 제주도와 전남 일부 지역에 자생한다. 꽃의 색이 매우 짙어서 유래된 이름이나, 드물게 녹색의 꽃이 피는 것도 있다.

노랑제주무엽란

푸른제주무엽란

제주무엽란 난초과

Lecanorchis kiusiana Tuyama

상록 활엽수림의 그늘진 곳에서 자란다. 높이 10~40cm. 줄기는 갈색으로 가늘고 곧게 서며 마르면 검은색으로 변한다. 6월 초순~7월 초순 개화. 꽃의 크기는 15~25mm이고 입술꽃잎 가운데 갈래는 털이 있다. 꽃은 자줏빛을 띠는 갈색으로 좀처럼 꽃이 활짝 열리지 않는다. 제주도와 전남에 자생한다. 꽃색이 노랗게 피는 종을 **노랑제주무엽란**var. *suginoana*으로, 줄기가 푸른 종을 **푸른제주무엽란**var. *cyanus*으로 분류하기도 한다.

무엽란 330p. 참조.

붉은호장근 마디풀과

Reynoutria japonica f. elata Hiyama

높은 산의 양지에서 자란다. 높이 1m 정도. 잎은 넓은 달걀모양으로 끝이 뾰족하고 잎자루가 있다. 6~8월 개화. 꽃은 암수딴그루이며 이삭꽃차례로 달린다. 한라산의 해발 1,500m 이상에 자생한다. 꽃과 열매 주변이 붉은색을 띠어 호장근과 구분되며, 호장근에 비해 키가 작은 편이다.

호장근 308p. 참조.

갯강활 산형과

Angelica japonica A.Gray

바닷가에서 자란다. 높이 50~100cm. 줄기 바깥쪽에 암자색의 줄이 있다. 잎자루가 길고 깃모양 겹잎으로 윤이 난다. 6월 초순~8월 개화. 30~40개의 작은 우산모양꽃차례가 큰 겹우산모양꽃차례를 이룬다. 제주도와 거문도 등 남쪽 섬지방에 분포한다. 강활(羌活)은 오한이나 발열 등에 쓰는 한약재로, 강활이나 갯강활의 뿌리를 말린 것이다.

삼백초 삼백초과

Saururus chinensis (Lour.) Baill.

습지에서 무리지어 자란다. 높이 50~80cm. 잎은 긴 타원형으로 5~7개의 맥이 있다. 줄기 윗부분에 있는 2~3개의 잎은 꽃이 필 무렵 흰색으로 변한다. 6~7월 개화. 꽃은 U자를 거꾸로 한 모양의 이삭꽃차례에 달린다. 전초를 말려서 약용하며 내륙에서 재배하기도 한다. 삼백초(三白草)는 꽃, 잎, 뿌리의 세 가지가 희다는 뜻이다.

제주달구지풀 콩과

Trifolium lupinaster for. *alpinus* (Nakai) M.Park

높은 산의 양지바른 곳에서 자란다. 높이 15cm 정도. 잎은 5개의 작은잎으로 된 손모양 겹잎으로 잎자루가 짧다. 6~9월 개화. 길이 10~20mm 정도, 10~20개의 꽃이 부챗살처럼 달린다. 한라산의 고지대에 자생한다. 잎이 마치 달구지 바퀴살처럼 돌려나 있어서 붙여진 이름이다.

달구지풀 731p. 참조.

반디미나리 산형과

Pternopetalum tanakae (Franch. & Sav.) Hand.-Mazz.

나무 그늘에서 자란다. 높이 10~25cm. 짧은 기는줄기가 있고 원줄기는 곧게 자라며 1~2개의 잎이 달린다. 잎은 3갈래로 2~3회 깃모양으로 갈라진다. 마지막 작은잎은 잎자루가 짧고 긴 달걀모양이다. 5월 하순~7월 개화. 작은꽃차례에 2~3개의 꽃이 달리는 겹우산모양 꽃차례로 핀다. 소산경은 2.5~3cm이다. 한라산 정상 부근에 자생한다

실꽃풀 백합과

Chionographis japonica (Willd.) Maxim.

산지의 숲 속에서 자란다. 높이 30cm 정도. 줄기에 달린 잎은 줄모양이거나 피침모양이다. 6~7월 개화. 여러 개의 꽃이 아래에서 위로 올라가면서 이삭꽃차례로 피며 꽃차례의 길이는 5~20cm이다. 암술머리는 3개이며 열매는 럭비공 모양의 삭과(蒴果)로서 8월에 익는다. 꽃잎(꽃덮이 갈래조각)이 실같이 가늘다고 해서 붙여진 이름이다.

한라장구채 석죽과

Silene fasciculata Nakai

높은 산의 암벽지대에서 자란다. 높이 20cm 내외. 줄기 밑부분은 자주색이나 위로 올라갈수록 연초록으로 변한다. 잎은 선형이다. 6월 하순~8월 개화. 꽃은 줄기 끝이나 잎겨드랑이에 달리며 꽃잎은 꽃받침보다 2배 길다. 수술 10개 중 5개는 길고 5개는 아주 짧으며, 암술대는 3개이고 끝이 젖혀진다. 한라산 정상 부근에 드물게 자생한다.

한라개승마 장미과

Aruncus dioicus var. *aethusifolius* (H.Lv.) H.Hara

해발 500m 이상 산지의 계곡 바위 등에서 자란다. 높이 20cm 정도. 잎은 깃꼴겹잎으로 3갈래씩 2회 갈라진다. 6월 하순~7월 하순 개화. 약 10cm 길이의 총상꽃차례로 핀다. 한라산 자락에 자생한다. 눈개승마에 비해 작은잎이 깃모양 또는 결각상으로 갈라지며, 식물체 전체의 크기가 현저하게 작다.

눈개승마 285p. 참조.

참마 마과

Dioscorea japonica Thunb.

산지에서 자라는 덩굴식물이다. 잎은 끝이 뾰족한 심장모양이다. 6~8월 개화. 잎겨드랑이에서 이삭꽃차례로 흰색 꽃이 피며 꽃잎이 완전히 벌어지지 않는다. 제주와 부산 등 남부지방에 자생한다. 살눈이 생기는 마*D. batatas*와 구분이 어려우나 마는 잎의 허리가 오목하게 들어가 있고 상아색 꽃이 피며, 열매의 폭이 1.7~2cm(참마는 2.5~2.8cm)로 작다.

두잎감자난초 난초과

Oreorchis coreana Finet

숲가 약간 습한 곳에서 자란다. 높이 10~60cm. 두 장의 잎이 어긋나며 줄기를 감싼다. 6월 하순~7월 초순 개화. 5~7mm 크기의 작은꽃들이 총상꽃차례로 달린다. 꽃자루는 자갈색이고, 꽃받침과 곁꽃잎은 긴 타원모양으로 황갈색이다. 제주도에서 드물게 발견된다. 감자난초는 예외적인 경우를 제외하고 보통 한 장의 잎이 달린다.

손바닥난초 난초과

Gymnadenia conopsea (L.) R.A.Br

높은 산의 양지바른 풀밭이나 잡목 속에서 자란다. 높이 20~60cm. 뿌리는 덩이모양으로 육질이며, 잎은 3장 이상이고 선형이다. 6월 하순~8월 개화. 꽃의 크기는 5~8mm, 꽃차례의 길이는 5~15cm이며 향기가 좋다. 지리산, 제주도, 백두산 등지에 자생한다. 덩이뿌리의 모양이 손바닥같이 생긴데서 붙여진 이름이다.

나도풍란 난초과

Sedirea japonica (Rchb.f.) Garay & H.R.Sweet

숲 속 계곡이나 벼랑의 나무 줄기나 바위에 착생해서 자란다. 높이 15~20cm 정도. 뿌리는 굵고 줄기는 짧다. 잎은 약한 가죽질로 5~7장이 두 줄로 난다. 6월 개화. 꽃은 연한 녹황색을 띠는 흰 바탕에 자주색 반점이 있으며, 폭과 길이가 각각 15mm 정도이다. 제주도와 전남 도서지역에서 매우 드물게 발견되며, 무분별한 채취로 멸종위기에 있다.

부채선인장 선인장과

Opuntia humifusa (Raf.) Raf.

바닷가 모래땅이나 바위지대에서 자란다. 높이 50~100cm. 가지가 손바닥처럼 편평한 타원형으로 갈라지며 잎은 퇴화하여 가시로 변하여 2~5개씩 모여 난다. 6월 하순~8월 개화. 꽃의 지름은 4~5cm 정도로 가지의 가장자리에 달린다. 열매는 작은 무화과 열매처럼 생겼으며 식용한다. 손바닥선인장이라고 부르기도 하며, 제주 서쪽 월령리 일대의 해안에 대규모 군락지가 있다.

가시비름 비름과

Amaranthus spinosus L.

들에 자란다. 높이 40~80cm. 줄기는 모가 지고 가지를 많이 친다. 잎자루의 밑부분에 5~20mm 정도의 탁엽성 가시가 1쌍 있어 쉽게 구분된다. 6~9월 개화. 암수한그루식물로 줄기 끝이나 잎겨드랑이에 원기둥모양의 이삭꽃차례로 꽃이 달린다. 열매는 다소 주름져 있다. 열대 아메리카 원산으로 제주도에 분포한다.

해녀콩 콩과

Canavalia lineata (Thunb.) DC.

바닷가 모래땅에서 자란다. 덩굴성으로 길이 60~150cm. 잎은 3장의 작은잎으로 두껍고 뒷면은 연두색이며 끝이 뾰족하다. 6~8월 하순 개화. 꽃의 길이는 25~30mm이며 꽃받침은 붉은빛이 돌고 5개의 갈래조각 중에서 위쪽 2개는 다소 크며 합쳐진다. 해녀들이 원하지 않은 임신을 하였을 때 낙태하기 위하여 독성이 강한 이 콩을 먹었다는데서 유래한 이름이다.

구름떡쑥 국화과

Anaphalis sinica var. *morii* (Nakai) Ohwi

높은 산의 건조한 풀밭에서 자란다. 높이 5~20cm. 줄기는 뿌리줄기에서 뭉쳐나고 솜털로 덮여 있으며 끝까지 잎이 빽빽하게 난다. 잎은 거꾸로 된 피침모양으로 두껍고 잎자루가 없으며, 앞면은 녹색이고 뒷면은 솜털이 빽빽하게 나서 흰색을 띤다. 6월 하순~9월 개화. 머리모양꽃들이 모여 편평꽃차례를 이룬다. 한라산 높은 곳에 자생한다.

애기천마 난초과

Chamaegastrodia shikokiana Makino & F. Maek.

습기가 많은 산지 숲 바닥에서 자란다. 높이 5~18cm. 부생란으로, 땅속줄기는 산호모양으로 가지가 뻗고 전초가 연한 갈색이다. 7월 초순~8월 개화. 꽃의 크기는 8~10mm 정도이며 입술꽃잎이 아래쪽에 붙어 있는 다른 난초들과 달리 윗부분에 붙어 있다. 제주도와 전라도 지역에 자생한다. 애기천마는 천마와 전혀 다른 속의 식물이다.

탐라난 난초과

Gastrochilus japonicus (Makino) Schltr.

II

상록수의 줄기나 바위 위에 착생해서 자란다. 높이 2~10cm 정도. 잎은 5~15장이 촘촘하게 두 줄로 달린다. 잎 모양은 좁고 길며 밖으로 휘고 단면이 넓은 V자형이다. 7월 개화. 꽃은 연한 노란색으로 크기는 1cm 정도이며, 4~10개의 꽃이 총상꽃차례로 달린다. 꽃받침과 꽃잎에 연한 자주색 반점이 있다. 제주도에 매우 드물게 자생한다.

죽백란 난초과

Cymbidium lancifolium Hook.

비교적 울창하지 않은 숲 속이나 숲가에서 자란다. 높이 8~20cm. 1~3장의 잎이 달리며 잎 끝 가장자리가 둔한 톱니 모양이다. 7월 하순~8월 초순 개화. 꽃의 크기는 2~2.5cm이며, 2~6개의 꽃이 총상꽃차례로 달리고 간혹 옅은 향기를 낸다. 제주도에서도 매우 드물게 발견되는 멸종위기식물 1급이다. 잎이 대나무 잎과 비슷한 데서 붙여진 이름이다.

한라옥잠난초 난초과

Liparis auriculata Blume

밀도가 높은 숲 속이나 습지에서 자란다. 높이 20~30cm. 7월 개화. 연한 녹색, 연한 자주색, 또는 진한 자주색을 띠는 붉은색의 꽃이 핀다. 꽃의 크기는 약 10mm 정도, 화분덮개의 끝이 뭉툭하며 입술꽃잎은 앞치마 모양으로 가장자리에 불규칙한 톱니가 자잘하게 발달하며, 육상체가 있고 가운데 갈색 무늬가 뚜렷하다.

0720

버어먼초 버어먼초과

Burmannia cryptopetala Makino

주로 삼나무숲 속의 부엽토에서 양분을 얻는 부생식물이다. 높이 5~10cm. 잎이 퇴화하여 없고 광합성을 하지 못한다. 7월 하순~9월 하순 개화. 가느다란 꽃대에 1~5개의 꽃이 피며 꽃부리 위쪽이 황색을 띤다. 자생지가 한정적이고 개체수도 적다. 승려가 짚는 지팡이란 뜻의 '석장(錫杖)'이라 부르기도 한다. 속명에 들어간 '버어먼'은 네덜란드의 식물학자 이름이다.

애기버어먼초 버어먼초과

Burmannia championii Thwaites

침엽수림 아래서 자라는 부생식물이다. 높이 3~5cm. 비늘모양의 잎이 달린다. 7~8월 하순 개화. 줄기 끝에 2~13개가 머리모양으로 모여난다. 버어먼초와 같이 제한된 지역에서만 자생하며, 개체수도 적다. 버어먼초에 비해 줄기의 높이가 1/3 정도이고, 꽃부리에 날개가 없으며, 보다 많은 꽃들이 달리는 차이가 있다.

영주풀 영주풀과

Sciaphila nana Blume

어두운 숲 바닥의 낙엽층에서 자라는 부생식물로 높이는 3~5cm 정도다. 전체가 적자색을 띠며, 길이 1.5mm 정도의 비늘잎이 있다. 7월 하순~9월 중순 개화. 위쪽에 수꽃, 아래쪽에 암꽃이 피며 꽃의 지름은 0.5mm 미만이다. 세계적으로 희귀한 아열대성 식물로 제주도의 옛이름인 '영주'를 차용한 이름이다. **긴영주풀***S. secundiflora*은 영주풀보다 두 배 정도 크다.

한라꽃장포 백합과

Tofieldia coccinea var. *kondoi* (Miyabe & Kudo) Hara

고산지대의 습기가 있는 풀밭이나 바위 틈에서 자란다. 높이 6~8cm. 줄기는 가늘고 곧게 선다. 뿌리에서 나온 잎은 밑에서는 서로 마주 안으면서 퍼지고 줄 모양으로 끝이 날카롭다. 꽃자루에는 작은 잎이 3개 달린다. 7~8월 개화. 총상꽃차례로 달리고 꽃덮이 갈래조각 끝에 검은 자색의 반점이 있다. 숙은꽃장포와 비슷하지만 보다 작고 한라산에 자생한다.

문주란 수선화과

Crinum asiaticum var. *japonicum* Baker

바닷가의 모래땅에서 자란다. 높이 30~50cm. 7~8월 하순 개화. 잎 사이에서 하나의 꽃줄기가 나와 10여 개의 꽃이 우산모양꽃차례를 이루고 꽃잎의 길이는 8cm 정도이다. 국내의 유일한 자생지인 제주 구좌읍의 난도(토끼섬) 일대는 천연기념물 제19호로 지정되어 있다. 무분별한 채취로 자생지 절멸의 위기를 맞았으나 현재 복원되어 제주도 내 관광지 주변에서 볼 수 있다.

갯금불초 국화과

Wedelia prostrata Hemsl.

바닷가 모래밭에서 자란다. 높이 30~60cm. 줄기는 옆으로 기면서 마디에서 뿌리가 내리며 가지가 갈라져서 비스듬하게 선다. 마주나는 잎은 달걀모양으로 끝이 둔하고 질이 두꺼우며 가장자리에 2~3개의 톱니가 있다. 원줄기와 더불어 짧고 굳센 털이 있고, 표면은 녹색으로 광택이 있다. 7~10월 개화. 두상화의 지름은 1cm 정도이다.

흰꽃물고추나물 물레나물과

Triadenum breviflorum (Wall. ex Dyer) Y.Kimura

습지에서 주로 자란다. 높이 30~55cm. 꽃은 줄기 윗부분의 6~11마디 잎겨드랑이에서 흰색으로 피고 잎은 선상타원형으로 좁다. 7~8월 개화. 꽃의 지름은 5mm 정도이다. 이와 비슷한 물고추나물은 잎이 넓고 줄기 2~4마디 잎겨드랑이에서 분홍색 꽃이 피는 차이가 있다. 2011년 미기록종으로 발표되었다.
물고추나물 560p. 참조.

꽃

둥근잎택사 택사과

Caldesia parnassifolia (Bassi ex L.) Parl.

수심이 30cm를 넘지 않는 연못이나 습지에서 자란다. 높이 90cm 정도. 잎이 물 위에 뜨는 부엽성 식물로 5~6cm 너비의 둥그스름한 심장모양이다. 7~8월 개화. 꽃은 택사와 닮았다. 택사나 질경이택사가 논이나 얕은 습지에서 자라는 반면에 둥근잎택사는 상대적으로 깊은 수심에서 자라는 차이가 있다.
택사 477p. 참조.

왜승마 미나리아재비과

Actaea japonica Thunb.

산골짜기나 숲에 자란다. 높이 60~80cm. 원줄기가 꽃대처럼 잎이 달리지 않는 특징이 있다. 9~10월 개화. 열매의 모양이 해마처럼 생겼다. 제주도 및 거제도에 분포한다. 왜승마는 작은잎가장자리에만 잔털이 있고, 복이삭꽃차례로 꽃자루가 없는데 반해 **개승마***A. biternata*는 뒷면 잎맥 위에만 털이 있고 복총상꽃차례로 짧은 꽃자루가 있어 구별된다.

큰피막이풀 산형과

Hydrocotyle javanica Thunb.

깊은 숲 그늘진 곳에서 자란다. 줄이 길이 5~25cm. 원줄기는 비스듬히 서며, 꼬부라진 짧은 털이 있다. 다른 피막이 종류에 비해 잎의 지름이 3~6cm, 잎자루의 길이가 7~15cm로 전체적으로 대형이다. 7~10월 개화. 꽃은 녹백색이며 가지의 잎겨드랑이에 지름 1.5mm 정도의 낱꽃 10여 개가 우산모양꽃차례로 둥글게 모여달린다.

애기솔나물 꼭두서니과

Galium verum var. *asiaticum* for. *pusillum* (Nakai) M.Park

높은 산의 양지 바른 곳에서 자란다. 높이 10~20cm. 줄기는 밑부분이 눕고 가지가 많이 갈라지며 가는 털이 나 있다. 7월 하순~8월 하순 개화. 꽃부리는 지름 2mm 정도이다. 열매는 2개씩 달리고 거의 털이 없다. 한라산에서만 자생한다. 솔나물에 비해 작아서 유래한 이름이다.

솔나물 269p. 참조.

한라솜다리 국화과

Leontopodium hallaisanense Hand.-Mazz.

높은 산에서 자란다. 높이 7~12cm. 줄기는 모여나고 회백색 솜털로 덮여 있다. 뿌리잎과 밑부분의 잎은 꽃이 필 때 없어지고 줄기잎은 긴 타원모양으로 끝이 뾰족하다. 7월 개화. 머리모양꽃 5~9개가 모여 핀다. 포편은 끝이 뾰족하고 잘게 갈라지며 검은 갈색으로 뒷면에 솜털이 밀생한다. 한라산의 고지대에 자생한다.

0805

애기더덕 초롱꽃과

Codonopsis minima Nakai

산지의 숲에서 자라는 덩굴성 식물이다. 줄기는 자색을 조금 띠며 질기고 더덕 향이 없다. 잎 전체에 누운털이 밀생하고 잎자루가 없다. 잎이 4장씩 짝을 이루어 매우 근접하여 어긋나므로 돌려나기 잎처럼 보인다. 8~9월 개화. 전남 해안, 제주도에 자생한다. 전체적으로 더덕보다 소형인데서 붙여진 이름이며, 섬더덕이라고도 한다.

제주상사화 수선화과

Lycoris chejuensis K.H.Tae & S.C.Ko

낮은 산자락의 숲에서 자란다. 꽃줄기의 높이 60cm 정도. 원줄기는 없으며, 잎은 꽃이 진 후에 나와 50cm 정도 자라고, 잎의 폭은 2cm 정도이다. 8~9월 초순 개화. 지름 60mm 정도의 꽃 5~8송이가 꽃줄기 끝에 우산모양꽃차례로 달린다. 백양꽃보다 약간 연한 주황색 꽃을 피우며 꽃덮개의 주맥이 붉다.

상사화 588p. 참조.

제주황기 콩과

Astragalus mongholicus var. *nakaianus* (Y.N. Lee) I.I.S. Choi & B.H. Choi

높은 산의 양지바른 곳에서 자란다. 높이 20~30cm. 줄기는 밑에서 모여 갈라지며, 잎은 깃모양겹잎으로 작은잎은 5~10쌍이고 턱잎은 달걀모양 또는 피침모양으로 끝이 뾰족하다. 8월 초순~9월 초순 개화. 잎겨드랑이에서 꽃자루가 나와 핀다. 한라산에서 처음 발견되어 붙여진 이름이며 전체가 황기를 닮았으나 매우 작다. 한라산 높은 곳에 자생한다.

방울꽃 쥐꼬리망초과

Strobilanthes oliganthus Miq.

습기가 있는 숲의 그늘진 곳에서 자란다. 높이 30~60cm. 원줄기는 네모지고, 잎은 끝이 뾰족한 넓은달걀모양이다. 8월 초순~9월 하순 개화. 줄기의 끝이나 윗부분의 잎겨드랑이에 1~2개의 꽃이 위를 향해 달린다. 꽃잎 안쪽에 방울벌레의 날개와 같은 모양이 있다는 설과 방울벌레가 울기 시작할 무렵부터 꽃이 핀다는 유래설이 있다.

민탐라풀 꼭두서니과

Neanotis hirsuta var. *glabra* (Honda) H.Hara

저지대의 숲 바닥이나 습한 초지 등에서 자란다. 높이 20~40cm. 잎의 길이는 4cm 정도이다. 8~10월 개화. 꽃은 가지 끝이나 잎 겨드랑이에 몇 개씩 모여 달리며 길이는 3~4mm이다. 꽃받침조각은 털이 없으며 열매가 익을 때 뒤로 젖혀진다. 식물 전체에 털이 많고 꽃받침통에 털이 있는 **탐라풀***N. hirsuta*과 따로 구분하기도 하며 탐라계곡에서 발견되어 붙여진 이름이다.

여름새우난초 난초과

Calanthe reflexa Maxim.

상록활엽수가 자라는 숲 속과 계곡을 따라 이끼 낀 바위 지역에서 자란다. 높이 20~45cm. 잎은 3~5장으로 폭 8cm, 길이 30cm까지 크게 자란다. 8월 초순~9월 초순 개화. 2~3cm 크기의 꽃 10~20개가 총상꽃차례로 달린다. 다른 새우난초들과는 달리 여름에 꽃이 피어서 유래한 이름이다. 제주도와 전남 남해안 일부 지역에 분포한다.

나도공단풀 아욱과

Sida rhombifolia L.

공터, 풀밭, 길가에 자란다. 높이 30~60cm. 줄기는 가지를 치며 전체가 별모양의 털로 덮여 있다. 8월 중순~10월 초순 개화. 꽃지름 1.5cm 정도, 꽃자루 길이는 1~1.5cm로 길고 위쪽에 마디가 있다. 공단풀은 꽃자루가 매우 짧고 잎자루가 길지만, 나도공단풀은 꽃자루가 길고 잎자루가 짧아 구분된다.

공단풀 601p. 참조.

덩굴용담 용담과

Tripterospermum japonicum (Siebold & Zucc.) Maxim.

산지의 그늘진 곳에서 자란다. 덩굴성으로 길이 40~80cm. 잎은 긴 달걀모양으로 끝이 길게 뾰족하다. 8~9월 하순 개화. 홍자색 혹은 흰색의 꽃이 윗부분의 잎겨드랑이에서 1개씩 피며 꽃부리는 길이 3cm 정도이다. 씨방은 꽃이 진 다음 길게 자라고 열매는 장과로 지름 8mm의 붉은 자주색이며 긴 공모양이다. 울릉도와 제주도에 자생한다.

0825

추분취 국화과

Rhynchospermum verticillatum Reinw.

높은 산의 그늘진 곳에서 자란다. 높이 50~100cm. 줄기는 털이 다소 있고 위에서 2~3갈래로 갈라진다. 뿌리잎은 꽃이 필 때 없어지고, 줄기잎은 밑부분이 좁아져서 잎자루가 된다. 8~10월 개화. 잎겨드랑이에서 지름 4~5mm의 머리모양 꽃이 1개씩 핀다. 총포는 넓은 종모양으로 포의 조각은 3줄로 배열한다. 한라산에 자생한다.

깔끔좁쌀풀 현삼과

Euphrasia coreana W.Becker

산지의 습하고 양지바른 풀밭에서 자란다. 높이 5~10cm. 8월 하순~9월 하순 개화. 잎이나 포엽의 톱니가 깃모양으로 깊게 갈라지고 톱니 끝이 까락처럼 길다. 한라산 고산지대에 자생한다. 앉은좁쌀풀에 비하여 꽃받침이 깊게 갈라져서 끝이 가늘고 뾰족하며 뒤로 젖혀지거나 말린다. 꽃색깔이 붉은색인 점도 다르다.

전주물꼬리풀 꿀풀과

Pogostemon yatabeanus (Makino) Press

습지에서 자란다. 높이 30~50cm. 물꼬리풀이 가지를 치는데 비하여 전주물꼬리풀은 가지를 치지 않으며, 잎가장자리의 톱니는 흔적만 있을 정도로 밋밋하다. 8~9월 개화. 자잘한 꽃들이 길이 5~8cm의 이삭모양꽃차례를 이루며 아래에서 위쪽으로 핀다. 물꼬리풀보다 꽃색이 진하다. 전주에서 처음 발견되어 명명된 이름이나 근래에는 제주도에서 주로 관찰 된다.

물꼬리풀 꿀풀과

Pogostemon stellatus (Lour.) Kuntze

얕은 습지의 양지바른 곳에 자란다. 높이 10~50cm. 줄기는 밑부분이 옆으로 자라면서 뿌리가 내리며 윗부분에서 가지가 갈라지고 마디에만 털이 있다. 잎은 선형으로 양끝은 좁고 털이 없으며 가장자리에 물결모양의 얕은 톱니가 있다. 8월 초순~10월 초순 개화. 2~5cm 길이의 꽃차례가 가지의 끝과 원줄기 끝에 달린다. 전남, 경남, 제주 등지에 드물게 분포한다.

0825

털땅빈대 대극과

Euphorbia hirta L.

바닷가 양지바른 풀밭이나 길가에 자란다. 높이 20cm 정도. 줄기가 비스듬히 자라면서 두 뼘 정도 뻗고, 연속적으로 Y자로 갈라지는 차상분지를 한다. 잎은 길이 4cm 정도의 타원형으로 땅빈대속 식물 중에서 가장 넓고 크다. 8~9월에 자잘한 꽃들이 잔모양꽃차례로 피고, 열매에 털이 많이 달린다. 서귀포시 일대에서 발견되어 2011년에 발표되었다.

멕시코백령풀 꼭두서니과

Richardia brasiliensis Gomes

경작지나 그 주변에 자란다. 길이 10~40cm. 전체적으로 거센 털이 밀생한다. 줄기는 땅을 기거나 직립하며 줄기의 마디에서 뿌리가 나기도 한다. 계란모양의 잎은 밑부분이 줄기를 감싼다. 9~10월에 20여 개의 꽃이 모여 피며 깔때기모양의 꽃부리는 6갈래로 갈라진다. 열대 아메리카 원산의 외래식물로 제주 성산읍 일대에서 발견되어 2022년 발표되었다.

흰꽃나도샤프란 수선화과

Zephyranthes candida (Lindl.) Herb.

양지바른 풀밭에서 자란다. 꽃줄기 높이 20cm 정도. 3~4월에 땅속 비늘줄기에서 선형의 잎이 새로 난다. 7월 하순~9월 하순 개화. 잎 사이에서 꽃줄기가 나와 끝에 지름 3.5cm 정도의 꽃 1개가 핀다. 남아메리카 원산으로 관상용으로 재배되었으나 제주도와 남부지방에서는 야화되었다. 리코린(lycorine)이라는 유독성분이 있어 잘못 먹으면 구토, 경련 등의 증상을 일으킨다.

섬잔대 초롱꽃과

Adenophora taquetii H.Lev.

높은 산의 양지 바른 곳에서 자란다. 높이 20cm 정도. 줄기는 곧게 자라지만 모여날 때는 옆으로 굽었다가 끝부분만 선다. 8월 하순~12월 개화. 보통 줄기 끝에 한 개의 꽃이 옆을 보고 피며 꽃의 지름이 1.5cm 정도로 전초에 비해 큰 편이다. 수술은 5개이다. 암술머리가 꽃부리 밖으로 돌출되지 않는다. 한라산 정상 부근에 자생한다.

눈개쑥부쟁이 국화과

Aster hayatae H.Lev. & Vaniot

햇볕이 잘 드는 메마른 땅이나 바위틈에서 자란다. 높이 15~25cm. 뿌리잎은 끝이 둔한 주걱모양이며, 줄기잎은 선형으로 촘촘하게 달린다. 9월 초순~12월 하순 개화. 총포조각은 2줄로 길고 가늘며 거센털이 있다. 한라산 고지대나 드물게 오름 주변에서 자생한다. 갯쑥부쟁이에 비해 잎이 매우 작으며 줄기가 땅을 기며 자란다.

왕갯쑥부쟁이 국화과

Aster magnus Y.N.Lee & C.S.Kim

제주도 남부의 양지바른 바닷가에 자란다. 높이 30~60cm. 줄기는 붉은색을 띤다. 잎은 두껍고, 뿌리잎은 주걱모양, 줄기잎은 피침모양이고 양면에 털이 없고 가장자리에 약간의 털이 있다. 9월 하순~12월 하순 개화. 꽃의 지름은 5~7cm이고, 총포조각은 4~5줄로 배열되며, 위로 갈수록 크기가 작아지고, 끝이 뾰족하다.

한라고들빼기 국화과

Lactuca hallaisanensis H.Lev.

높은 산에서 자란다. 높이 5~12cm. 뿌리는 가늘고, 줄기는 밑동에서 여러 개가 갈라져 땅에 깔리고 전체에 털이 없다. 잎은 분녹색이고 가장자리가 불규칙하게 갈라지며 톱니는 날카롭다. 8~9월 개화. 꽃의 지름은 1cm 정도이며 혀꽃으로만 머리모양꽃차례를 이룬다. 좀씀바귀와 닮은 노란색 꽃을 피운다. 한라산 높은 곳에 자생한다.

한라구절초 국화과

Chrysanthemum coreanum (H.Lv. & Vaniot) Nakai

높은 산의 풀밭에서 자란다. 높이 20cm 정도. 잎은 다른 구절초 종류에 비해서 두껍고 윤이 나며 줄기잎은 깃모양으로 가늘게 갈라지고 갈래는 선형이다. 9~10월 하순 개화. 흰색과 분홍색의 꽃이 피며, 꽃의 지름은 5~6cm로 줄기와 가지 끝에 1개씩 달린다. 한라산의 1,300m 이상 고산지대에 자생한다. 바위구절초 758p. 참조.

섬사철란 난초과

Goodyera henryi Rolfe

습기가 많은 깊은 숲 속이나 계곡부에서 자란다. 높이 5~20cm. 꽃대는 땅에 붙어 뻗는 줄기에서 비스듬히 올라오며, 뿌리는 조금 굵고 짧으나 끝이 가늘다. 잎은 무늬가 없고 가장자리에 주름이 지며, 길이 3cm 정도이다. 9월 초순~10월 개화. 꽃의 크기는 8~10mm, 꽃에는 털이 없으며 여러 방향으로 핀다. 제주도, 울릉도, 전남의 섬지방에 자생한다.

털사철란 난초과

Goodyera velutina Maxim. ex Regel

숲 속 그늘의 약간 습한 곳에서 자란다. 높이 10~20cm. 줄기는 녹색을 띤 적색이며, 아래는 길게 옆으로 뻗고 윗부분은 바로 선다. 잎 가운데 1맥이 뚜렷하다. 8월 하순~9월 개화. 꽃의 크기는 8~11mm이며 한쪽 방향으로만 핀다. 줄기와 씨방, 옆꽃받침에 털이 많아 붙여진 이름이다.

사철란 462p. 참조.

한라돌쩌귀 미나리아재비과

Aconitum japonicum subsp. napiforme (H.Lev. & Vaniot) Kadota

높은 산지의 풀밭에서 자란다. 높이 30~100cm. 줄기에는 아랫부분을 제외하고는 굽은 털이 있다. 잎은 3갈래로 갈라지며 길이 7~15cm로 큰 편이다. 9~10월 하순 개화. 꽃은 편평한 총상꽃차례로 달리며 꽃자루는 길이 2~3cm이고 겉에 꼬부라진 털이 있다. 열매는 3개의 골돌로 털이 없다. 전남 완도와 한라산에 자생한다.

덩굴모밀 마디풀과

Persicaria chinensis (L.) Nakai

바닷가에서 자란다. 길이 1m 정도. 줄기의 단면은 둥글고 길게 옆으로 뻗거나 나무 위로 오르면서 가지를 친다. 잎은 달걀모양으로 가장자리에 톱니가 없으며, 끝은 뾰족하다. 9월 초순~12월 개화. 꽃은 가지 끝에 우산모양꽃차례로 뭉쳐서 달린다. 꽃잎이 없으며, 꽃잎처럼 보이는 것은 꽃받침이 변형된 것이다. 제주도의 남부에 자생한다.

0910

방울난초

제주방울란

애기방울난초

방울난초 난초과

Habenaria flagellifera Makino

주로 숲 속에서 자라고, 드물게 점토질의 습한 풀밭에 나기도 한다. 높이 15~60cm. 잎은 긴 타원모양이다. 9~10월 초순 개화. 7~25개의 꽃이 각각 1cm 정도의 간격을 두고 총상꽃차례로 달린다. 꽃의 크기는 6~10mm이고 녹색이며 입술꽃잎 곁갈래가 옆으로 갈라져 끝이 위로 말린 수염처럼 변형된다. 한라산에 자생한다. 뿌리에 길이 1cm 정도의 둥근 덩이줄기가 2개 달린 모양이 방울을 닮아서 붙여진 이름이다.

제주방울란 난초과

Habenaria chejuensis Y.Lee & K.Lee

저지대의 숲 속이나 숲가 풀밭에서 자란다. 높이 15~25cm. 8~9월 개화. 녹색의 꽃들이 이삭꽃차례로 달리며 꽃차례의 길이는 5~7cm이다. 꽃의 크기는 5~16mm, 입술꽃잎 가운데 갈래가 위를 향해 구부러진다. 제주도의 저지대에 자생한다. 방울난초나 애기방울난초와는 달리 입술꽃잎에 수염모양의 곁갈래가 없으므로 쉽게 구분할 수 있다.

애기방울난초 난초과

Habenaria iyoensis Ohwi.

해발 700m 이하의 밀도가 낮은 숲이나 경사진 바위에 자란다. 높이 15~40cm. 9월 개화. 꽃의 크기는 1~2cm 정도이며, 입술꽃잎의 곁갈래 끝이 말려올라간다. 꽃뿔은 통모양으로 길이 6mm 정도이다. 마르면 전초가 검게 변한다. 방울난초와는 달리 잎이 로제트형이다. 방울난초 분류군 중에서 가장 드물게 발견되는 희귀종이다.

0913

한라천마 난초과

Gastrodia pubilabiata Sawa

난대활엽수림의 어두운 숲그늘에서 자란다. 높이 2~5cm. 잎이 없는 부생란이다. 8월 하순~9월 초순 개화. 꽃의 크기는 1~1.5cm이고 녹갈색이다. 꽃은 종모양이며 입술꽃잎 밑부분은 2개의 부속체가 있다. 열매는 길이 2cm 정도의 럭비공모양으로 열매를 맺을 때 꽃줄기가 10~50cm로 길게 자란다. 제주도에서도 드물게 자생한다.

물머위 국화과

Adenostemma lavenia (L.) Kuntze

들의 습한 곳이나 바닷가 부근의 습지에서 자란다. 높이 30~100cm. 줄기는 가지가 갈라지고 잔털이 있으며 줄기 밑부분은 누워 뿌리가 내린다. 잎은 달걀모양의 타원형으로 잔털이 있다. 9~10월 개화. 머리모양꽃차례의 지름은 8mm, 총포의 길이는 4mm 정도이다. 줄기와 가지 끝에 머리꽃이 취산꽃차례를 이룬다. 제주와 남부 해안지방에 자생한다.

한라꽃향유 꿀풀과

Elsholtzia hallasanensis Y.N.Lee

양지바른 풀밭에서 자란다. 높이 7~15cm. 줄기는 네모지고 자주색이며 밑동에서 가지를 친다. 잎은 달걀모양으로 표면에 털이 있고 길이는 2cm, 너비 1.2cm 정도로 다른 향유나 꽃향유에 비해 아주 소형이다. 10~12월 개화. 꽃차례의 길이도 2~3.5cm로 짧은 편이다. 한라산과 주변 오름에 자생한다. 꽃향유 639p. 참조.

좀향유 꿀풀과

Elsholtzia minima Nakai

양지바르고 다소 습한 암석지대에서 자란다. 높이 2~5cm. 잎의 길이가 2~7mm, 너비가 2~5mm로 매우 작고 부드러운 톱니가 있으며, 잎 밑면에 꿀샘이 빽빽하게 있다. 8월 하순~10월 초순 개화. 낱꽃의 지름은 1.5mm 정도로 작고 꽃차례의 길이도 1cm 내외로 식물체 전체가 땅에 깔리듯이 자란다. 한라산의 1,500m 이상 높은 곳에 자생한다.

0920

물잎풀 쥐꼬리망초과

Hygrophila ringens (L.) R. Br. ex Spreng.

논이나 습지 물가의 양지바른 곳에서 자란다. 높이 30~50cm. 뿌리줄기가 옆으로 길게 나와 마디에서 뿌리와 줄기가 나오고 줄기 단면은 사각형이다. 잎은 피침형 또는 줄모양의 피침형으로 가장자리가 밋밋하거나 약간 물결모양을 이룬다. 9월 하순~10월 개화. 꽃부리의 길이는 1~1.2cm이며, 입술모양의 꽃이 잎겨드랑이에 2~7개가 모여달린다.

한란 난초과

Cymbidium kanran Makino

숲이나 개울가 그늘진 곳의 습한 바위 사면에서 자란다. 높이 20~80cm. 잎가장자리는 밋밋하다. 10월 하순~12월 초순 개화. 꽃은 연한 녹색인 것과 홍자색이 도는 것이 있고 크기는 2~3cm이며 향기가 있다. 추운 초겨울에 꽃이 피기 때문에 한란(寒蘭)이라고 부른다. 무분별하게 채취되어 전라남도의 섬과 제주도에 극히 드물게 자생한다.

울릉도

섬말나리

0325

섬노루귀 미나리아재비과

Anemone maxima Nakai
Hepatica maxima (Nakai) Nakai

산지의 습기가 많은 곳에서 자란다. 높이 9~25cm. 잎의 크기는 10cm 내외이고 꽃이 필 때까지 묵은 잎이 남아 있는 상태에서 새잎이 나온다. 3~5월 초순 개화. 잎이 나오기 전에 긴 꽃자루 끝에 지름 15mm 정도의 흰 꽃이 피며, 드물게 분홍색 꽃도 있다. 노루귀는 잎이 한해살이고 크기가 5cm 미만이지만, 섬노루귀는 두해살이고 잎이 크다.

섬현호색 양귀비과

Corydalis filistipes Nakai

산지 높은 곳 양지쪽에서 자란다. 높이 20~50cm. 전체에 털이 없고, 원줄기 아래쪽에 비늘조각이 있다. 잎은 2~3개이며 3갈래로 3회 갈라진다. 3월 하순~5월 하순 개화. 길이 1.5cm 정도의 꽃이 흰색이나 연한 노란색 또는 아주 연한 자주색으로 원줄기 끝에 총상꽃차례로 핀다. 울릉도 성인봉 중턱 이상에서 매우 드물게 발견된다.

고추냉이 배추과

Eutrema japonicum (Miq.) Koidz.

산지의 숲 속이나 계곡 근처에서 자란다. 높이 20~40cm. 땅속줄기는 굵은 통모양으로 잎 흔적이 많이 남아 있다. 뿌리잎은 심장모양으로 모여나며 가장자리에 잔톱니가 있고 잎자루의 밑부분은 넓어져서 감싼다. 줄기잎은 넓은 달걀모양 또는 심장모양이다. 4~6월 개화. 지름 4mm 정도의 자잘한 꽃들이 총상꽃차례로 달린다.

*고추냉이와 혼동하는 '와사비'는 재배하는 겨자무(*Armoracia rusticana*(서양고추냉이, 영명 horse radish))를 원료로 만든다.

큰졸방제비꽃 제비꽃과

Viola kusanoana Makino

습기가 많은 숲에서 자란다. 높이 15~30cm. 뿌리에서 여러 개의 줄기가 돋아나 곧게 또는 비스듬히 자란다. 잎은 심장모양이고, 말려서 난다. 4~5월 개화. 꽃 크기는 2cm 내외이며 안쪽에는 털이 없이 매끈하고 암술머리는 빨대모양이다. 울릉도에 널리 자생한다. 졸방제비꽃보다 잎이 둥글고 폭이 넓으며 뿌리에서 많은 가지가 돋는다.

큰연령초(큰연영초) 백합과

Trillium tschonoskii Maxim.

산지의 숲 속에서 자란다. 높이 약 30cm. 줄기는 곧추서고 밑동은 비늘잎으로 싸인다. 줄기 끝에 3개의 잎이 돌려나며 가장자리가 밋밋하다. 4월 하순~6월 초순 개화. 잎 사이에서 작은 꽃줄기가 자라서 끝에 1개의 꽃이 핀다. 경기, 강원도 북부지방에도 드물게 자생한다. 연령초와 달리 씨방이 검은색이다.

연령초 155p. 참조.

섬남성 천남성과

Arisaema takesimense Nakai

산지의 숲 속에 자란다. 높이 20~80cm. 줄기와 불염포에 짙은 갈색 무늬가 있고, 잎은 2장으로 5~9개의 작은 잎으로 갈라진다. 대부분 작은잎 표면에 흰색 무늬가 있으나, 무늬가 연한 색을 띠거나 없는 개체도 있다. 4월 하순~6월 초순 개화. 한반도고유종으로 울릉도에서만 자생하고, 개체수도 많아서 흔히 발견된다.

섬장대 배추과

Arabis serrata Franch. & Sav.

바닷가의 산자락이나 바위틈에서 자란다. 높이 20~30cm. 줄기에 잔털이 거의 없거나 간혹 별모양의 털이 있다. 뿌리잎은 주걱모양이며 털이 있고 줄기잎은 긴 타원모양으로 가장자리가 밋밋하고 털이 없다. 4월 하순~6월 개화. 갯장대에 비해 줄기와 줄기잎에 털이 거의 없으며 열매가 선형으로 60~80mm 정도로 길다.

씨방

섬광대수염 꿀풀과

Lamium takesimense Nakai

들이나 산지의 숲 가장자리의 반그늘에서 자란다. 높이 100cm 정도. 잎끝은 길게 뾰족하며, 가장자리에 굵은 톱니가 불규칙하게 나고 잔털이 있으며 잎자루 표면에 홈이 진다. 5~6월 개화. 광대수염에 비해 매우 크고 줄기에 털이 없으며 밑부분의 지름이 1cm 정도로 굵다.

광대수염 137p. 참조.

0503

개종용 열당과

Lathraea japonica Miq.

산지의 다소 습한 곳에서 자란다. 높이 10~25cm. 줄기는 기다가 바로 서며 넓은 비늘조각이 잎처럼 줄기에 드문드문 달린다. 4월 하순~8월 하순 개화. 꽃은 흰색 바탕에 자주색 줄이 있다. 북부지방의 고산지대, 한라산 등지에 분포하며 울릉도 너도밤나무 숲에서 흔히 볼 수 있다. 산더부사리라고도 한다.

헐떡이풀 범의귀과

Tiarella polyphylla D.Don

산 계곡의 습한 그늘에 자란다. 높이 20~40cm. 땅속줄기가 옆으로 자라고 뿌리잎은 모여나며, 줄기잎은 2~4개가 어긋난다. 5월 초순~6월 초순 개화. 총상꽃차례로 작은 종모양의 꽃이 아래를 보고 달리며 꽃의 크기는 3mm 정도이다. 수술은 10개이며 꽃 밖으로 나온다. 천식(헐떡이병) 치료에 사용한 데서 유래한 이름이다.

주름제비란 난초과

Neolindleya camtschatica (Cham.) Nevski

숲 속에서 자란다. 높이 20~60cm. 잎은 타원모양 또는 긴 타원모양으로 가장자리에 주름이 많이 진다. 5월 초순~6월 개화. 5~10mm 크기의 자잘한 꽃들이 달리며 꽃차례의 길이는 5~15cm이다. 꽃의 향기가 좋다. 넓은 잎의 가장자리가 주름이 져 있어서 붙여진 이름이다. 이름과는 달리 제비난초속이 아닌 주름제비란속으로 분류된다.

큰두루미꽃 백합과

Maianthemum dilatatum (Wood) A.Nelson & J.F.Macbr.

산지의 숲 속에서 자란다. 높이 8~25cm 정도. 줄기는 곧게 선다. 잎은 2~3개이고 폭이 길이와 같거나 넓고 윤기가 있다. 5~6월 초순 개화. 줄기 끝에 총상꽃차례를 이루며 달린다. 수술은 4개이고, 암술대는 끝이 얕게 3개로 갈라진다. 두루미꽃*M. bifolium*은 큰두루미꽃보다 훨씬 작으며 잎이 2개, 암술머리가 2개로 갈라진다.

섬기린초 돌나물과

Sedum takesimense Nakai

바닷가 바위지대나 산자락 양지바른 곳에서 자란다. 높이 40cm 정도. 다른 기린초들과는 달리 줄기 밑부분의 30cm 정도가 겨울 동안 살아있다가 다음해 봄에 싹이 나오고 줄기는 비스듬히 옆으로 뻗는다. 잎은 피침모양으로 끝이 둔하고 가장자리에 둔한 톱니가 있다. 5~6월 개화. 지름 13mm 정도의 꽃이 핀다.

섬시호 산형과

Bupleurum latissimum Nakai

바닷가의 숲 속에서 자란다. 높이 60cm 정도. 뿌리잎은 모여나고 줄기잎은 넓은 달걀모양으로 길이 6~13cm 폭 4.5~11cm 정도로 매우 크고 아랫부분이 줄기를 감싼다. 5월 개화. 노란색 꽃이 겹우산모양꽃차례로 줄기나 가지 끝에 달린다. 다른 시호 종류에 비해 잎이 넓고 3개월 정도 일찍 개화하는 점에서 구분된다.

섬꼬리풀 현삼과

Pseudolysimachion insulare (Nakai) T.Yamaz.

바닷가 절벽이나 산지 풀밭에서 자란다. 높이 30cm 정도. 가지는 줄기 위에서 갈라지고, 전체에 털이 산재한다. 잎은 달걀모양으로, 가장자리는 불규칙한 결각과 더불어 톱니가 있으며 잎자루는 골이 파진다. 5~7월 개화. 지름 8mm 정도의 꽃들이 줄기 끝에 총상꽃차례로 달린다.

꼬리풀 498p. 참조.

섬현삼 현삼과

Scrophularia takesimensis Nakai

해안에서 자란다. 높이 1m 정도. 잎은 넓은 달걀모양이고 털이 없다. 5~10월 개화. 꽃자루에 샘털이 있으며, 꽃부리 길이는 10mm 정도이다. 울릉도에서만 자생한다. 줄기에 날개가 없어서 이와 유사한 개현삼*S.grayana*과 구별된다. 육지의 현삼속 식물들이 7월 이후에 개화하는데 비해 꽃이 5월 중순부터 핀다.

0520

울릉산마늘 백합과

Allium ulleungense H. J. Choi & N. Friesen

그늘지고 습한 숲 속에서 자생하며 밭에서 재배하기도 한다. 높이 40~60cm. 전체에서 강한 마늘 냄새가 나며 식용한다. 5~7월 개화. 지름 3cm 정도의 우산모양꽃차례로 핀다. 설악산, 오대산 등지에 자생하는 산마늘에 비해 잎이 크다. 울릉도에서 춘궁기에 구황작물로 생명을 부지하였다 하여 '명(命)이'라고도 불린다.

섬초롱꽃 초롱꽃과

Campanula takesimana Nakai

바닷가 풀밭이나 산지의 반그늘에서 자란다. 높이 30~100cm. 전체에 거친 털이 있으며, 줄기는 비대하고 자줏빛이 돈다. 뿌리잎은 잎자루가 길고 줄기잎은 잎자루가 없으며 줄기를 약간 감싸는 편이다. 6월 초순~8월 개화. 꽃은 대개 연한 자주색 바탕에 자주색 반점이 있다. 초롱꽃과 닮았으나 잎에 광택이 있고 꽃의 길이가 2.5~4cm 정도로 짧다.

섬말나리 백합과

Lilium hansonii Leichtlin ex D.D.T.Moore

산지의 숲에서 자란다. 높이 50~100cm. 줄기 밑부분의 잎은 2~3층으로 돌려나고, 윗부분에는 작은잎들이 어긋나며, 위로 갈수록 점점 작아져 윗부분의 포와 연결된다. 6~7월 개화. 꽃은 원줄기의 끝과 가지 끝에 1개씩 달려 2~3개가 아래를 향해 핀다. 말나리와는 달리 잎이 2~3회 돌려난다. 민섬말나리는 꽃잎에 반점이 없다.

섬바디 산형과

Dystaenia takesimana (Nakai) Kitag.

산지의 숲이나 들판에서 자란다. 높이 1~2m. 윗부분에서 가지가 갈라지며 4~5개의 마디가 있다. 7~8월 개화. 지름 3mm 정도의 자잘한 꽃들이 겹우산모양꽃차례를 이루며 전체 꽃차례의 지름은 20cm 정도이다. 울릉도에서는 아주 흔한 우점종의 하나이며, 뿌리를 돼지의 사료로 써왔기 때문에 돼지풀이라고 부른다.

0625

울릉장구채 석죽과

Silene takeshimensis Uyeki & Sakata

해안가 바위 절벽에서 자란다. 높이 20~50cm. 뿌리 끝에서 많은 원줄기가 총생한다. 잎은 선상 피침모양으로 양 끝이 좁으며 중간부분의 잎은 길이 7cm 내외이고 잎가장자리에 돌기같은 연모가 있다. 6월 하순~9월 하순 개화. 줄기 끝이나 잎겨드랑이에 달려 원추꽃차례를 이루며, 꽃이 한쪽 방향으로 치우쳐 핀다.

선모시대 초롱꽃과

Adenophora erecta S.Lee, Joongku Lee & S.Kim

산지의 그늘진 숲이나 풀밭에서 자란다. 높이 30~50cm. 줄기는 곧게 서고 털이 없으며, 모여나고 잎자루가 길다. 8~9월 개화. 꽃이 줄기 윗쪽에서 촘촘히 달린다. 꽃의 지름은 2.5cm 정도이다. 모시대 꽃은 통형의 꽃이 길쭉한 반면 선모시대는 꽃의 길이보다 폭이 더 넓다. 울릉도에서도 매우 드물게 발견되는 희귀종이다.

울릉꽃장포 꽃장포과
Tofieldia ulleungensis H. Jo

산지의 그늘진 숲 속에 자란다. 높이 10~17cm. 짧은 뿌리줄기가 있다. 잎은 2줄로 붙고 끝부분이 약간 구부러지며 폭이 5~7mm이다. 7월 중순~8월 하순 개화. 꽃장포(p.425)와 유사하나 작은꽃자루가 2~3mm로 짧고 암술대가 뒤로 젖혀지며 종자는 초승달모양으로 굽어 있는 차이가 있다. 울릉도 형제봉 부근에서 처음 발견되어 2020년 신종으로 발표되었다.

물엉겅퀴 국화과
Cirsium nipponicum (Maxim.) Makino

양지바른 낮은 산자락에서 자란다. 높이 1~2m. 줄기는 가지가 많이 갈라지며 골이 파진 능선이 있고, 거미줄 같은 털이 있거나 없다. 잎가장자리에 낮은 결각이 드물게 있으나 가시가 없고 잎이 부드럽다. 8~10월 개화. 지름 25~30mm의 꽃이 머리모양꽃차례로 핀다. 울릉도에 자생하며 나물이나 김치를 담그기 위해 널리 재배한다.

0905

(좌부터) 해국, 추산쑥부쟁이, 섬쑥부쟁이

울릉국화 국화과

Chrysanthemum zawadskii subsp. *lucidum* (Nakai) Y.N.Lee

산지의 양지바른 풀밭에서 자란다. 높이 30cm 정도. 구절초류의 한 변종으로서, 줄기가 밋밋하고 굵은 편이며, 잎은 코스모스 잎처럼 가늘게 갈라지고 광택이 있고 두껍다. 9~10월 개화. 머리모양꽃차례의 지름이 4~5cm로 구절초보다 다소 큰 편이다. 나리분지 일대를 중심으로 자생한다.

구절초 574p. 참조.

추산쑥부쟁이 국화과

Aster chusanensis Y.S.Lim, Hyun, Y.D.Kim & H.C.Shin

바닷가의 바위틈에서 자란다. 높이 25~80cm. 잎자루에 날개가 있다. 9월 하순~10월 하순 개화. 꽃의 지름은 20mm 정도이며 혀꽃은 두 줄로 배열하고 통꽃은 깔때기 모양으로 끝이 5개로 갈라진다. 울릉도 추산에서 처음 발견되어 붙여진 이름으로 해국과 섬쑥부쟁이가 같이 자라는 곳에서 발견되는 두 종간의 잡종으로, 종자를 만들지 못한다고 알려져 있다.

백두산

두메양귀비

부지깽이나물 배추과

Erysimum perofskianum Fisch.& C.A. Mey.

주로 산지의 건조한 곳에 자란다. 높이 30~90cm. 밑에서 가지가 갈라지며 전체에 두 갈래로 갈라진 털이 있다. 잎은 가는 피침모양으로 너비 5mm 정도이다. 5~8월 개화. 지름 1cm 정도의 꽃이 총상꽃차례로 핀다. 북한 지역과 중국 동북지방에 광범위하게 자생하며, 국내에도 자생한다는 일부 자료가 있으나 확인되지 않았다.

꽃냉이 배추과

Cardamine pratensis L.

숲 가장자리나 들의 양지바른 곳에 자란다. 높이 20~30cm. 뿌리잎은 뭉쳐나고 줄기잎은 가늘고 긴 버들잎 모양이다. 5~6월 개화. 지름 4mm 정도의 연한 자주색 꽃이 총상꽃차례로 핀다. 북부지방과 백두산 일대에 자생한다. 꽃냉이와 비슷한 **큰장대***C.trichosepala*는 꽃이 더 붉고 지름이 1cm 정도로 크며, 잎이 넓은 편이다.

돌지치 지치과

Lappula heteracantha (Ledeb.) Guerke

산과 들에 자란다. 높이 30~40cm 정도. 전체에 긴 털이 있고 줄기는 대체로 곧게 서며 가지가 많다. 잎은 피침모양으로 잎자루는 없으며 양끝이 뾰족하고 털이 있다. 5~6월 개화. 가지 끝에 많은 꽃이 달린다. 한해살이풀인 **들지치** *L. echinata*와는 달리 여러해살이풀이다. 황해도 이북지방과 백두산 일대에 자생한다.

왜지치 지치과

Myosotis sylvatica Ehrh. ex Hoffm.

높은 산지의 숲 속에 자란다. 높이 10~25cm. 줄기는 곧거나 비스듬히 서며, 가지가 갈라지고 전체에 거센털이 있다. 5월 하순~7월 개화. 지름 6~8mm의 꽃이 잎이 없는 꽃대에 핀다. 꽃목이 짧고 윗부분에 노란색의 작은돌기가 있다. 꽃차례는 밑부분에서 2개로 갈라진다. 함경도와 백두산 일대에 자생하며, 화훼용으로 재배되는 **물망초** *M. alpestris*와 매우 닮았다.

노랑복주머니란 난초과

Cypripedium calceolus L.

숲 속의 반그늘에 자란다. 높이 20~50cm. 복주머니란과 비슷하나 꽃이 노란색이고, 꽃받침과 곁꽃잎은 갈색을 띤 자주색이며, 복주머니란의 꽃에 비해 주머니모양의 입술꽃잎 크기가 약간 작은 편이다. 6~7월 개화. 복주머니란과 자연교배가 이루어져 다양한 색상의 얼치기복주머니란이 교잡종으로 나온다.

얼치기복주머니란 난초과

Cypripedium x *ventricosum* Sw.

숲 속의 반그늘에 자란다. 높이 20~50cm. 노랑복주머니란과 복주머니란 사이의 교잡종으로 변이가 심하다. 백두산 일대에 여러 종의 복주머니란 군락 속에서 다양한 변이를 보이는 개체들이 발견된다. 과거 자주복주머니란, 양머리복주머니란, 흰노랑복주머니란, 겨자복주머니란 등을 얼치기복주머니란으로 통합하였다.

산서복주머니란 난초과

Cypripedium shanxiense S.C. Chen.

높은 산지의 경사진 풀밭에 자란다. 높이 40~50cm 정도. 줄기는 곧고 털이 있으며, 3~4장의 잎이 달린다. 5~7월 개화. 줄기 끝이 1~3개의 꽃이 밑을 향하여 피며 주머니모양의 입술꽃잎은 다른 복주머니란들에 비하여 작고, 자갈색 바탕에 보통 짙은 반점이 있다. 중국의 산서성에서 발견되어 유래한 이름이며 백두산 일대에도 자생한다.

왜졸방제비꽃 제비꽃과

Viola sacchalinensis H. Boissieu

고산지대의 풀밭이나 숲 속에 자란다. 높이 5~15cm. 줄기는 뭉쳐나듯이 나와 비스듬히 자란다. 잎은 3~4cm로 둥글고 끝이 약간 뾰족하다. 잎에는 졸방제비꽃처럼 가는 털이 자란다. 5~6월 개화. 꽃의 지름은 2cm 정도이다. 옆갈래조각 안쪽에 거친 털이 가득 나고 암술머리에는 안쪽으로 돌기가 자란다. 부전고원, 갑산과 백두산 일대에 자생한다.

가래바람꽃 미나리아재비과

Anemone dichotoma L.

양지바른 습지에 자란다. 높이 50cm 가량. 전체에 잔털이 있고 줄기 윗부분이 2갈래로 갈라진다. 잎은 줄기 끝과 마디에 두 장씩 마주난다. 잎은 세 갈래로 깊게 갈라지며, 잎자루가 없이 마주나기 때문에 한 개의 잎이 6갈래로 갈라진 것처럼 보이기도 하고, 돌려나기잎처럼 보이기도 한다. 6~7월 개화. 꽃의 지름은 1.5~2cm 정도이다.

큰솔나리 백합과

Lilium pumilum Delile

산지의 양지바른 비탈이나 암석지대에 자란다. 높이 60cm 정도. 솔잎모양의 잎이 줄기 아랫부분에 촘촘하게 달린다. 솔나리와 비슷하나 꽃이 주홍색이며 전체적으로 대형이다. 6~7월 개화. 지름 4cm 정도의 꽃이 가지 끝에서 아래를 향해 달린다. 북부지방과 백두산 일대에 자생한다.

솔나리 324p. 참조.

꽃고비 꽃고비과

Polemonium acutiflorum Willd. ex Roem. & Schult.

고원지대의 풀밭에 자란다. 높이 60~90cm. 줄기는 가지를 거의 치지 않는다. 깃모양겹잎으로 길이는 8~25cm이며 6~12쌍의 작은잎이 달린다. 6월 초순~8월 초순 개화. 꽃의 지름은 15mm 정도. 수술은 5개이고 암술대가 수술보다 길게 나와 있고 3갈래로 갈라져 있다. 잎의 모양과 크기가 양치식물인 고비와 비슷한 데서 이름이 유래한다.

달구지풀 콩과

Trifolium lupinaster L.

높은 산의 풀밭이나 숲가장자리에 자란다. 높이 30cm 정도. 잎은 손바닥 모양의 겹잎이 어긋나며, 잎자루가 짧고 5~7장이 바퀴살처럼 퍼져서 돌려나기 잎처럼 보인다. 6~9월 개화. 북부지방과 백두산 일대에 자생한다. 잎모양이 달구지의 바퀴살모양을 닮았다고 해서 붙인 이름으로 보이며, 일본명도 이와 비슷한 차축초(車軸草)이다.

0605

왕별꽃 석죽과

Stellaria radians L.

산이나 들의 다소 습한 곳에 자란다. 높이 50~80cm. 전체에 누운털이 퍼져 있고, 잎 양면에 가는 털이 나고 잎자루가 없다. 6~9월 개화. 꽃은 가지 끝이나 잎겨드랑이에서 위에서부터 아래로 피는 취산꽃차례를 이룬다. 꽃의 지름은 1cm 정도로 꽃잎은 5장이나 한 장의 꽃잎이 7~10갈래로 깊게 갈라져 개망초의 꽃처럼 보인다. 꽃의 형태가 각이 부드러운 5각형을 이룬다. 수술은 10개, 암술대는 3개이다. 북부지방 및 백두산 일대, 중국동북지방 등지에 광범위하게 분포한다.

별꽃 21p. 참조.

긴잎별꽃 석죽과

Stellaria longifolia Muhl. ex Willd.

들의 다소 습한 곳에 자란다. 높이 20~40cm. 줄기는 밀생하며 모가 지고, 곧게 선다. 잎은 선형으로 길이 1.5~2.5cm 이다. 5~6월 개화. 꽃의 크기는 별꽃과 비슷하고, 수술 5개, 암술대는 3개이다.

실별꽃 석죽과

Stellaria filicaulis Makino

논밭이나 습지에 자란다. 높이 30cm 가량. 줄기는 밀생하며 네모지고 털이 없다. 잎은 좁고 가늘며 2~3cm 이다. 6~7월 개화. 꽃의 크기는 별꽃과 비슷하고 수술 10개, 암술대는 3개이다. 경기 이북 지방에 자생한다.

큰별꽃 석죽과

Stellaria bungeana Fenzl

높은 산지에 자란다. 높이 30~60cm. 6~7월 개화. 꽃의 지름은 15mm 정도로 별꽃 종류 중에 가장 큰 편이다. 수술은 10개이고 암술대는 3개이다. 별꽃에 비해 잎이 길고 꽃잎이 꽃받침보다 현저하게 길다.

분홍노루발 노루발과

Pyrola asarifolia subsp. incarnata (DC.) Haber & Hideki Takahashi

높은 산의 숲 속에 자란다. 높이 20cm 정도. 잎은 뿌리에서 3~5개가 모여나며 넓은 타원형 또는 원형으로 가장자리에 얕은 톱니가 있으며 표면에 광택이 있다. 6~7월 개화. 지름 1~1.5cm의 꽃이 총상꽃차례로 7~15송이가 핀다.

호노루발 노루발과

Pyrola dahurica (H.Andres) Kom.

산지의 반그늘에 자란다. 높이 25cm 정도. 잎자루가 길며, 원형에 가깝다. 6~7월 개화. 꽃의 지름은 1cm 정도이다. 노루발에 비하여 꽃받침조각이 계란상 피침형으로 끝이 뾰족하다.

콩팥노루발 노루발과

Cymbidium kanran Makino

산지 숲 속에서 자란다. 높이 10~20cm. 잎은 1~5개가 밑부분에 달리고 콩팥모양의 원형에 가깝다. 6~7월 개화. 울릉도에서도 소수 개체가 자생하는 것이 확인되었다.

새끼노루발 노루발과

Orthilia secunda (L.) House

높은 산의 습도 높은 침엽수림 밑에 자란다. 높이 15cm 가량. 잎은 타원형으로 3~4장이 아래쪽에서 좁은 간격으로 층을 지어 달리며 끝이 둔하거나 뾰족하고 아랫부분은 둥글다. 잎자루는 1.0~1.5㎝로 잎가장자리에 잔톱니가 있다. 7~8월 개화. 꽃의 지름은 8mm 가량이며 8~15송이가 한쪽으로 치우쳐 달린다.

홀꽃노루발 노루발과

Moneses uniflora (L.) A.Gray

높고 깊은 산지의 침엽수림이나 이끼지대에 자란다. 높이 5~10cm. 땅속줄기가 가늘게 옆으로 자란다. 잎은 뿌리 가까이 2~4개씩 모여나며, 계란모양으로 가장자리에 톱니가 있다. 6월 하순~7월 개화. 긴 꽃줄기 끝에 지름 2cm 정도의 꽃이 한 송이씩 아래를 보고 핀다. 평북, 함북과 백두산 일대에 자생한다. 꽃이 한 개씩 달리는데서 유래한 이름이다.

애기풍선난초 난초과

Calypso bulbosa (L.) Oakes

높은 산의 가문비나무 숲이나 다른 활엽수림 밑에 자란다. 높이 6~15cm. 뿌리는 가는 육질이고, 잎은 1장으로 세로 주름이 있고 가죽질이며 가을에 나와 겨울에 녹색으로 변하고 꽃이 핀 후 사라진다. 6월 초순~7월 초순 개화. 크기 2.5~4cm의 꽃 1개가 꽃대 끝에 달린다. 입술꽃잎은 슬리퍼 모양이고, 거는 입술꽃잎에 가려서 잘 보이지 않는다.

개제비란 난초과

Dactylorhiza viridis (L.) R. M. Bateman

높은 산의 풀밭이나 숲에 자란다. 높이 10~30cm. 뿌리는 덩이모양으로 뭉쳐나고 육질이며 수염뿌리가 있다. 6월 초순~8월 초순 개화. 꽃의 크기는 7~30mm이며 입술꽃잎은 3갈래고 곁갈래가 가운데갈래보다 크다. 개화 이후 몇 주간 꽃이 달려 있을 만큼 개화가 오래 지속되는 특징이 있다. 백두산에 자생하며, 제주도에서 드물게 발견된다.

새둥지란 난초과

Neottia papilligera Schltr.

숲 속에 자란다. 높이 30cm 정도. 부생란으로 뿌리는 육질이고 땅속줄기가 밀집되어있다. 6~8월 초순 개화. 꽃의 크기는 4~5mm이고 입술꽃잎은 2갈래로 갈라지며 총상꽃차례로 핀다. 평북과 백두산 일대에 자생한다. 땅속줄기가 밀집된 모양이 새둥지를 닮았다고 붙여진 이름이다. 최초 함경도 대홍산에서 발견되어 홍산무엽란이라는 이명이 있다.

애기무엽란 난초과

Neottia acuminata Schltr.

높은 산의 숲 속 그늘진 곳에 자란다. 높이 10~25cm. 부생란으로 뿌리는 모여나며, 땅속줄기는 짧고 줄기에 털이 없다. 새둥지란과 비슷하나 줄기가 가늘고 꽃차례의 부피감이 빈약하다. 6~8월 초순 개화. 꽃의 크기는 3~5mm이고 입술꽃잎은 갈라지지 않는다. 백두산 일대를 포함하여 함경도와 중국 동북지방의 고산지대에 분포한다.

0607

버들까치수염 앵초과

Lysimachia thyrsiflora L.

북부지방 고지대의 습지에 자란다. 높이 30~50cm. 줄기에 희고 긴 털이 많이 나고, 뿌리줄기가 옆으로 뻗는다. 잎은 90도씩 교대로 방향을 바꾸어가며 마주난다. 잎겨드랑이에서 나오는 총상꽃차례에 자잘한 꽃이 모여 핀다. 6~7월 개화. 꽃차례의 크기는 2~3cm이며 꽃잎은 6장이다. 수술이 길어서 꽃부리 밖으로 나온다.

산부채 천남성과

Calla palustris L.

고지대의 습지에 자란다. 높이 15~30cm. 땅속줄기가 지표 위나 수면에 떠 옆으로 뻗으며 마디에서 잔뿌리가 나고 잎과 꽃줄기가 자란다. 잎은 심장모양, 넓은달걀모양으로 가장자리가 밋밋하고 잎자루는 밑부분이 잎집으로 되어 줄기를 감싼다. 6~7월 개화. 꽃차례의 길이는 5cm, 지름은 2.5cm 정도이다. 백두산, 개마고원 등에 자생한다.

금혼초 국화과

Hypochaeris ciliata (Thunb.) Makino

냇가나 산지의 풀밭에 자란다. 높이 40~60cm. 줄기는 곧게 서고 거의 가지를 치지 않으며, 긴 갈색 털이 밀생한다. 줄기잎의 밑부분은 줄기를 감싸며 가장자리에 자잘한 톱니가 있고, 잎맥 위에 긴 털이 밀생하는 특징이 있다. 6~10월 개화. 두상화의 지름은 3~4cm 정도이며 총포조각은 4줄로 배열한다. 북한지역과 백두산 일대에 자생한다.

구슬골무꽃 꿀풀과

Scutellaria moniliorrhiza Kom.

높은 산의 풀밭에 자란다. 높이 30cm 가량. 뿌리줄기는 염주모양으로 비대하고, 땅위줄기는 곧게 선다. 잎은 긴 타원형으로 표면에 길고 부드러운 털이 있고, 가장자리에 둔한 톱니가 있다. 6~8월 개화. 길이 12mm 정도의 꽃이 윗부분의 잎겨드랑이에 달리며 다른 골무꽃류에 비해 꽃과 줄기와의 각도가 넓다. 꽃부리에 흰 털이 밀생한다.

개감채 백합과

Gagea serotina (L.) Ker Gawl.

높은 산의 암석지대나 양지바른 풀밭에 자란다. 높이 약 15cm 정도. 잎은 좁고 길며 끝이 뭉툭하고 가장자리가 위로 말린다. 6월 중순~8월 초순 개화. 지름 10mm 정도의 넓은 종모양의 꽃이 줄기 끝에 1개씩 달린다. 북부지방과 백두산 일대에 자생한다. 백두산 정상부에 눈이 녹은 후에 가장 먼저 피는 꽃들 중의 하나이다.

두메자운 콩과

Oxytropis anertii Nakai ex Kitag.

2,000m 이상 높은 산에 자란다. 높이 12cm 정도. 뿌리가 비대하고, 깃모양겹잎의 작은잎은 침엽수의 잎처럼 가늘고 뾰족하며 털로 덮여 있다. 6~7월 개화. 1~5송이의 꽃이 총상꽃차례로 달린다. 부전고원, 낭림산과 백두산 일대에 자생한다. 높은 산에 자라며, 무리지어 핀 모습이 자주색 구름과 같아서 붙은 이름이다.

고산봄맞이 앵초과

Moneses uniflora (L.) A.Gray

높은 산의 건조한 곳에 자란다. 높이 7cm 정도. 잎은 층층이 돌려달리고 넓은 거꿀피침형 또는 좁은 거꿀계란형으로 긴 털이 있다. 6~7월 개화. 꽃의 지름은 1cm 미만이고, 갓 핀 꽃은 가운데가 노랗고 시간이 지나면 짙은 분홍색으로 변한다. 백두산봄맞이, 큰산봄맞이꽃이라고도 불린다. 북부지방에 널리 분포한다.

좀설앵초 앵초과

Primula sachalinensis Nakai

높은 산의 습기가 많은 곳이나 툰드라 지대에 자란다. 높이 10cm 정도. 잎은 모두 뿌리잎으로 좁고 길며, 잎자루와 톱니가 거의 없다. 6~7월 개화. 꽃의 지름은 8mm 정도로 작다. 설앵초에 비하여 전체가 소형으로 잎이 좁고 길며 잎 가장자리에 톱니가 거의 없다. 낭림산, 백두산 일대에 자생한다.

설앵초 139p. 참조.

0610

개머위 국화과

Petasites rubellus (J.F.Gmelin) Toman

높은 산지의 자갈밭에 자란다. 높이 10~20cm. 땅속줄기가 옆으로 길게 뻗는다. 꽃대가 먼저 나와서 꽃이 핀 다음 뿌리잎이 나온다. 5월 하순~7월 초순 개화. 꽃은 암수딴그루로 8~9개의 머리모양꽃차례가 달린다. 암꽃그루는 꽃이 진 뒤에 17~32cm까지 자란다. 북부지방과 백두산 일대에 분포하며, 천지 물가에서 흔히 볼 수 있는 꽃 중의 하나다.

오랑캐장구채 석죽과

Silene repens Patrin

높은 산의 볕이 잘 드는 곳에 자란다. 높이 10~50cm. 밑에서 가지가 많이 갈라지고 전체에 잔털이 퍼져 있다. 잎은 좁은 피침모양이며 잎자루는 없다. 6~8월 개화. 꽃의 지름이 1cm 정도로 장구채속 중에서 큰 편이고, 통모양의 꽃받침이 적갈색을 띠며, 길이는 1.5cm 정도이다. 북부지방과 중국 동북지방, 시베리아, 유럽 등지에 분포한다.

긴털바람꽃 미나리아재비과

Anemone narcissiflora Linne var. *crinita* (Zuz.) Taruma

높은 산의 풀밭에 자란다. 높이 30cm 정도. 전초에 긴 털이 난다. 잎은 깊게 3갈래로 갈라지며, 각 갈래는 다시 얕게 3갈래로 갈라진다. 6~7월 개화. 3~5개의 꽃대가 모여나며, 꽃의 지름은 20mm 정도다. 북부지방과 압록강 상류 일대에 자생한다. 북한에서는 큰바람꽃 또는 조선바람꽃이라고 부른다.

하늘매발톱 미나리아재비과

Aquilegia flabellata Siebold & Zucc.

높은 산의 중턱 이상의 양지바른 풀밭이나 반그늘에 자란다. 높이 30cm 정도. 전체에 털이 없고, 뿌리잎이 빽빽하게 나고, 줄기잎은 2장이다. 7~8월 개화. 꽃은 원줄기 끝에 1~3송이씩 달리고 꽃의 지름은 3cm 정도이다. 꽃뿔의 길이는 1.5cm 정도로 매의 발톱처럼 안으로 굽어 있다. 낭림산 이북과 백두산 일대에 자생한다.

0613

수꽃

암꽃

돌꽃 돌나물과

Rhodiola elongata (Ledeb.) Fisch. & Mey.

높은 산의 바위 지대에 자란다. 높이 7~30cm. 전체가 분백색을 띠고, 뿌리가 짧고 비대하며 잎가장자리에 둔한 톱니가 있다. 7~8월 개화. 꽃은 암수딴그루로 수꽃은 노란색, 암꽃은 붉은색이다. 북부지방에 자생한다. 근연종인 좁은잎돌꽃은 잎이 좁고 희미한 톱니가 있으며, 가지돌꽃은 잎이 피침형에 가깝고 가장자리가 밋밋하다.

구름꽃다지 배추과

Draba daurica var. *ramosa* Pohl & Bush

해발 1,500m 이상 높은 산의 풀밭이나 숲 가장자리에 자란다. 높이 7~10cm 가량. 전체에 짧은 털이 밀생하고 뿌리잎은 뭉쳐나며 줄기잎은 1~2장이 어긋나게 달린다. 잎자루가 없으며 잎가장자리에 둔한 톱니가 있다. 6~7월 개화. 지름 5mm 정도의 꽃 5~10개가 줄기 끝에 총상꽃차례로 달린다. 백두산과 개마고원 일대에 자생한다.

은양지꽃 장미과

Potentilla nivea L.

높은 산의 바위지대에 자란다. 높이 15~25cm. 뿌리가 비대하고 땅속 깊이 뻗으며 줄기는 밑부분에서 가지를 친다. 잎은 3장의 작은잎으로 되고 잎 뒷면에 흰 솜털이 있다. 6~7월 개화. 지름 15~20mm 정도의 꽃이 꽃줄기 끝에 2~4송이씩 달린다. 좀양지꽃*P. matsumurae*에 비해 잎 뒷면에 흰 솜털이 있어 구분된다.

너도양지꽃 장미과

Sibbaldia procumbens L.

높은 산의 풀밭에 자란다. 높이 5~15 cm. 땅속줄기를 뻗으며, 줄기 밑부분이 목질화된다. 잎은 끝이 얕게 파인 3장의 작은잎으로 갈라지며, 양면에 잔털이 난다. 7~8월 개화. 원줄기 끝에 연한 노란색 꽃 10여 송이가 모여달린다. 고산지대에 자라며 나도양지꽃에 비하여 꽃줄기 끝에 여러 개의 작은꽃이 핀다. 제주와 북부지방에 자생한다.

검은낭아초 장미과

Comarum palustre L.

산과 들의 습한 곳에 자란다. 높이 30~60cm. 줄기는 옆으로 기면서 가지가 갈라지고 마디에 뿌리가 난다. 잎은 3~7장의 작은잎으로 된 깃꼴겹잎으로 뒷면은 흰빛이 돌며 누운 털이 있다. 6~7월 개화. 꽃은 검은빛이 도는 자주색으로 지름이 1.5~2cm이며 꽃받침이 꽃잎보다 길다. 함남과 백두산 일대에 자생한다.

큰괴불주머니 양귀비과

Corydalis × gigantea Trautv. & C.A.Mey.

산지의 숲이나 계곡 주변에 자란다. 높이 1.5m 정도. 줄기는 속이 비었으며 마디가 있고, 전체에 털이 없다. 잎은 3장씩 여러 번 갈라진다. 6~8월 개화. 자주색이나 하늘색의 꽃이 총상꽃차례로 달리며 꽃부리의 길이는 2~2.5cm 정도로 괴불주머니나 현호색 분류군에 비해 그리 크지 않은 편이다. 부전고원과 백두산 일대에 드물게 자생한다.

죽대아재비 백합과

Streptopus koreanus (Kom.) Ohwi

주로 침엽수림 밑에 자란다. 길이 30~60cm 정도. 6~8월 개화. 잎겨드랑이에서 나온 긴 꽃자루 끝에 지름 5mm 정도의 황록색 꽃이 한 송이씩 늘어져 달린다. **왕죽대아재비***S. amplexifolius*에 비하여 잎이 줄기를 감싸지 않고 꽃자루에 마디가 없고, 암술대가 없으며 잎가장자리에 잔털이 많다. 강원 이북과 백두산 일대에 자생한다.

두메투구꽃 현삼과

Veronica stelleri var. *longistyla* Kitag.

높은 산의 반그늘에 자란다. 높이 7~15cm. 전체에 길고 가는 털이 많고 줄기는 가지를 치지 않으며 곧게 선다. 6~8월 개화. 지름 7mm 정도의 꽃들이 줄기 끝에 총상꽃차례로 달리며, 한번에 2~4개의 꽃을 피운다. 큰개불알풀의 꽃과 비슷하나 색이 짙고 자주색의 줄무늬가 보다 뚜렸하다. 금강산 이북지방에 자생한다.

두메양귀비 양귀비과

Papaver radicatum var. *pseudoradicatum* (Kitag.) Kitag.

높은 산에 자란다. 높이 5~10cm. 전체에 퍼진 털이 있다. 뿌리는 땅속으로 곧게 들어가고 굵기는 1cm 정도이다. 잎은 뿌리에서 뭉쳐나고, 잎자루가 다소 긴 편이며, 달걀모양 타원형으로 1~2회 깃모양으로 갈라진다. 6~8월 개화. 지름 3cm 정도의 꽃이 꽃줄기 끝에 1개씩 핀다. 꽃잎은 4장으로 전체적으로 둥근모양이다.

나도개미자리 석죽과

Minuartia arctica (Steven ex Seringe) Graebn.

높은 산의 암석지대에 자란다. 높이 10cm 정도. 줄기에 2줄의 선모가 있고 가지가 많이 갈라지며, 바늘모양의 잎이 마주난다. 6~8월 개화. 꽃의 지름은 8mm 정도로, 가지 끝마다 한 송이씩 달린다. 꽃잎이 꽃받침보다 길다. 북부지방에 널리 분포한다.

삼수개미자리 233p. 참조.

씨범꼬리 마디풀과

Polygonum viviparum L.

높은 산의 양지바른 풀밭에 자란다. 높이 10~30cm. 뿌리잎은 잎자루가 길고 잎몸은 피침모양이다. 6~8월 개화. 길이 2~5cm의 이삭꽃차례로 달린다. 꽃이 피고 난 후 결실하지 않는 반면에 꽃차례 아래 살눈을 만들어서 번식한다. 북부지방의 고산지대에 자생한다. 씨범꼬리와 비슷한 이른범꼬리는 제주도 한라산에 자생하며 잎이 넓고 봄에 꽃이 핀다.

호범꼬리 마디풀과

Polygonum ochotense Petrov ex Kom.

높은 산의 풀밭에 자란다. 높이 30cm 정도. 뿌리잎은 잎자루가 길고 가죽질이며 줄기잎은 잎자루가 없고 난상 피침모양이다. 6~8월 개화. 길이 5cm 정도의 이삭꽃차례로 핀다. 씨범꼬리에 비해 꽃차례가 더 크고 색깔은 연한 붉은색을 띠며 꽃이삭이 조밀하게 달린다. 북부지방의 고산지대에 자생한다.

범꼬리 309p. 참조.

금매화 미나리아재비과

Trollius ledebourii Rchb.

높은 산의 습한 지대에 자란다. 높이 40~80cm. 줄기는 곧게 서고 가지를 친다. 잎은 3~5갈래로 크게 갈라지고 각 갈래조각은 다시 2~3갈래로 얕게 갈라진다. 6~8월 개화. 꽃은 가지 끝에 1송이씩 달리고 지름은 2.5~4cm이다. 북부지방과 백두산 일대의 고산지역에 널리 자생한다. 꽃이 노랗고 매화를 닮았다는 뜻의 이름이다.

큰금매화 미나리아재비과

Trollius chinensis Bunge

높은 산의 습한 초원에 자란다. 높이 60~80cm. 줄기는 곧게 서고 가지를 친다. 7~8월 개화. 꽃의 지름은 4cm 정도이고, 5~6장의 꽃받침이 꽃잎처럼 보이며, 꽃잎은 8~18개의 선형으로 꽃술처럼 곧게 선다. 금매화에 비해 꽃의 색이 짙어 오렌지색에 가깝다. 북부지방과 중국 동북부, 아무르, 우수리 지역에 널리 분포한다.

톱바위취 범의귀과

Saxifraga nelsoniana D. Don

깊은 산의 습한 곳에 자란다. 높이 10~50cm. 잎몸은 콩팥모양이며 잎가장자리에 크고 규칙적인 톱니가 있다. 6~8월 개화. 꽃의 지름은 3mm 정도로 꽃차례에 성기게 달린다. 구실바위취*S. octopetala*에 비해 꽃줄기에 곧은 털이 많지 않고 꽃잎은 타원형으로 크고 넓으며, 수술은 꽃잎보다 짧거나 같아 구분된다. 강원도 이북에 자생한다.

구름범의귀 범의귀과

Saxifraga laciniata Nakai & Takeda

높은 산 고지대의 바위틈에 자란다. 높이 5~25cm. 잎은 뿌리에서 뭉쳐나고 가장자리에 톱니가 있으며 꽃줄기에 털이 있다. 6~8월 개화. 꽃의 지름은 10mm 정도로 꽃줄기 끝에 편평한 취산꽃차례로 달린다. 꽃받침잎은 5장으로 피침형이고 뒤로 젖혀지며 꽃잎은 5장으로 긴 타원형이다. 북부지방, 백두산 일대에 자생한다.

너도제비란 난초과

Saxifraga nelsoniana D. Don

높은 산지에 자란다. 높이 10~30cm. 줄기가 곧은 편이며 1~3장의 긴 타원형 잎이 달린다. 잎의 폭은 1~1.5cm, 길이는 4~8cm이다. 7~8월 개화. 이삭꽃차례로 3~10개의 꽃이 한쪽으로 치우쳐서 달린다. 꽃차례의 길이는 4~8cm이고, 꽃의 지름은 1.5cm, 길이는 2cm 정도이다. 백두산, 함경도, 평안도의 고산지역에 자생한다.

고산제비란 난초과

Platanthera chorisiana (Cham.) Rchb.f.

높은 산의 양지바른 풀밭이나 경사진 숲에 자란다. 높이 5~20cm. 잎은 줄기 아랫부분에 보통 2장이 마주보듯이 가까이 달린다. 잎에 광택이 있으며 넓은 타원형으로 끝이 뾰족하다. 7~8월 초순 개화. 꽃은 3~6cm 길이의 이삭꽃차례로 달리며, 지름은 5mm 정도이다. 입술꽃잎이 위로 말리는 특징이 있다.

산제비란 250p. 참조.

산호란 난초과

Corallorhiza trifida Châtel.

숲 속이나 양지바른 풀밭에 자란다. 높이 10~28cm. 줄기는 보통 황록색의 통 모양이다. 부생란으로 추정되며, 뿌리와 잎은 없으나 줄기 아래쪽에 1cm 정도의 잎집이 있다. 6월 하순~10월 초순 개화. 꽃의 크기는 4~8mm이다. 땅속줄기가 산호 모양으로 갈라져 붙여진 이름이다. 백두산과 북한지방에 비교적 드물게 발견된다.

쌍잎난초 난초과

Neottia pinetorum (Lindl.) Szlach.

전나무나 가문비나무 숲 속 또는 풀밭에 자란다. 높이 6~33cm. 뿌리는 가늘고 길다. 잎은 줄기 중간에 두 장이 마주나고, 드물게 3개의 잎을 단 것도 있다. 7월 초순~8월 개화. 꽃의 크기는 13mm 정도이고 연한 녹색으로 입술꽃잎 가운데가 깊게 파이는 특징이 있다. 근래의 유전자분석결과에 따라 쌍잎난초*Listera*속에서 새둥지란*Neottia*속으로 수정하였다.

0705

오리나무더부살이 열당과

Boschniakia rossica (Cham. & Schltdl.) B.Fedtsch.

1,500m 이상 높은 산지대의 두메오리나무 뿌리에 기생한다. 높이 10~20cm. 뿌리줄기는 덩이모양이며 줄기의 밑부분은 주름이 지고 윗부분은 삼각모양으로 끝이 둔한 비늘잎이 빽빽하게 달린다. 7~8월 개화. 원줄기의 윗부분이 굵어져서 많은 꽃이 달린다. 북반구의 아한대 지방에 널리 분포하며 백두산의 고산지대에 자생한다.

염주황기 콩과

Astragalus membranaceus var. *mandshuricus* Nakai

높은 산에 자란다. 높이 30cm 정도. 뿌리는 비대하고 줄기는 곧게 선다. 잎은 5~9쌍으로 된 겹잎이다. 7~8월 개화. 꽃은 줄기 끝에 총상꽃차례로 달린다. 열매는 원기둥모양으로 잘룩잘룩 들어간 마디가 있어서 염주모양이다. 근연종인 개황기는 보통 1m 높이까지 자라고, 작은잎이 8~13쌍이다. 함경도와 중국 동북지방에 분포한다.

각시투구꽃 미나리아재비과

Aconitum monanthum Nakai

산지의 습한 곳에 자란다. 높이 20~25cm. 잎이 3~8갈래로 완전하게 갈라지며, 갈래조각은 깃모양으로 다시 잘게 갈라진다. 7~8월 개화. 꽃은 원줄기 끝에 1~3송이씩 달리며 꽃줄기의 중간 아래에 작은포가 있다. 유독식물로 뿌리를 약용한다. 투구꽃류 중에서 가장 크기가 작아서 붙여진 이름이다.

투구꽃 568p. 참조.

큰오이풀 장미과

Sanguisorba stipulata Raf.

높은 산의 풀밭이나 물가에 자란다. 높이 30~90cm. 뿌리잎은 깃꼴겹잎으로 9~15장의 작은잎이 달리며 전초에 털이 거의 없다. 7~9월 개화. 꽃차례의 길이가 3~8cm로 곧게 서고, 밑에서부터 피어 올라간다. 백두산 등 북부지방의 높은 산에 자생한다. 고산지대에 자라므로 구름오이풀이라고도 한다.

오이풀 510p. 참조.

나도수영 마디풀과

Oxyria digyna (L.) Hill

높은 산의 볕이 잘 들고 습기가 많은 땅에서 자란다. 높이 20~30cm. 줄기는 곧게 서고 가지를 치며 전체에 털이 없다. 잎은 뿌리에서 모여나며, 잎자루가 아주 길고 잎의 너비는 2~6cm 정도이다. 7~8월 개화. 꽃차례의 길이는 4~10cm이고 수술이 6개, 암술대가 2개이다. 백두산과 함경북도 관모봉 일대에 자생한다. 큰산싱아라고도 한다.

부전바디 산형과

Angelica nakaiana (Kitag.) Pimenov

높은 산지에 자란다. 높이 30cm 정도. 뿌리를 굵고 깊게 내리며, 줄기 윗부분과 꽃차례에만 털이 있다. 줄기잎은 2회 3출겹잎으로 날카로운 톱니가 있다. 7~8월 개화. 20개 정도의 작은꽃차례가 겹우산모양꽃차례를 이룬다. 함남 부전고원 이북에 자생한다. 고산식물로 비슷한 산형과의 식물들에 비해 현저히 키가 작게 자라는 편이다.

껄껄이풀 국화과

Hieracium coreanum Nakai

높은 산지에 자란다. 높이 30~60cm. 땅속줄기는 털이 있고 검은색이다. 중앙부의 잎은 긴 타원모양이고 끝이 뾰족하며 밑부분이 줄기를 감싼다. 윗부분의 잎은 피침모양 또는 선형이다. 7~9월 개화. 길이 15~50mm의 꽃이 1~3개 핀다. 백두산 및 부전고원에 자생한다. 잎이 얇으나 단단하고 깔깔한데서 유래한 이름으로 보인다.

화살곰취 국화과

Ligularia jamesii (Hemsl.) Kom.

높은 산의 초원에 자란다. 높이 20~60cm. 곰취에 비하여 작고 뿌리잎은 화살같은 3각형으로 끝은 뾰족하고 가장자리에 톱니가 있다. 줄기잎은 2~3개로 잎밑이 넓어져 줄기를 감싼다. 7~8월 개화. 꽃줄기 끝에 보통 1개의 머리모양꽃을 달며 지름이 6~8cm로 대형이고, 혀꽃의 길이가 3cm 정도로 길다. 북부지방에 자생한다.

0710

바위구절초 국화과

Chrysanthemum oreastrum Hance

높은 산의 암석지대에 자란다. 높이 15~30cm. 전체에 털이 밀생하고 뿌리줄기가 옆으로 뻗으며 번식한다. 잎은 가늘고 깊게 갈라진다. 7~9월 개화. 꽃의 지름은 2~4cm로 줄기 끝에 1송이씩 핀다. 금강산, 설악산, 함경도 고산지대, 백두산 일대에 자생한다. 남한의 산지에서 볼 수 있는 산구절초와 비슷하나, 키가 작고 줄기와 잎에 털이 많아 전체가 약간 회백색을 띠고, 꽃자루가 짧은 편이다.

산구절초 575p. 참조.

두메분취 국화과

Saussurea tomentosa Kom.

높은 산의 풀밭에 자란다. 높이 20cm 정도. 뿌리줄기가 옆으로 길게 자라고 줄기에 솜털이 밀생한다. 뿌리잎은 피침모양으로 7cm 정도까지 자라며, 줄기잎은 2~6장의 작은잎이 달린다. 잎이 두텁고 표면에 광택이 있다. 7~8월 개화. 꽃차례의 지름은 2cm 정도이다. 총포조각은 4줄로 배열된다. 평북 낭림산 이북의 고산지대와 백두산에 자생한다.

구름국화 국화과

Erigeron alpicola (Makino) Makino

높은 산의 반그늘이나 양지바른 풀밭에 자란다. 높이 10~30cm. 줄기는 곧게 서고 잎은 주걱모양으로, 위로 올라갈수록 작아진다. 줄기와 잎에 긴 털이 난다. 6~8월 개화. 두상화의 지름은 3cm 정도로 자잘한 혀꽃이 겹꽃 형태로 배열된다. 높은 산에서 자라는 데서 유래한 이름이나 백두산에서는 주로 중턱 부근에 분포한다.

산용담 용담과

Gentiana algida Pall.

높은 산의 풀밭에서 자란다. 높이 10~20cm. 뿌리잎은 폭이 1cm 정도, 길이 8~15cm로 좁고 길며, 줄기잎은 3~5cm 정도이다. 8~9월 개화. 꽃부리는 지름이 2.5cm 내외이고 길이가 4cm 정도로 다른 용담에 비해 꽃이 큰 편이며 연한 황백색 바탕에 청록색 점이 있다. 북부지방, 개마고원과 백두산 일대에 자생한다.

유령란 난초과

Epipogium aphyllum Sw.

고원지대의 습도 높은 숲에 자란다. 높이 10~30cm. 부생란으로 땅속줄기는 덩이줄기 또는 산호모양이고 뿌리는 없다. 8월 초순~9월 초순 개화. 꽃의 크기는 12~18mm이고 입술꽃잎이 위쪽에 위치하며 큰 꿀주머니가 돋보인다. 꽃이 빨리 시들어 만나기 힘들고 해마다 나는 장소가 달라지는 등 찾기가 힘들다는 의미에서 붙여진 이름이다.

벼목

벼과
사초과
골풀과
곡정초과
부들과

강아지풀

벼과

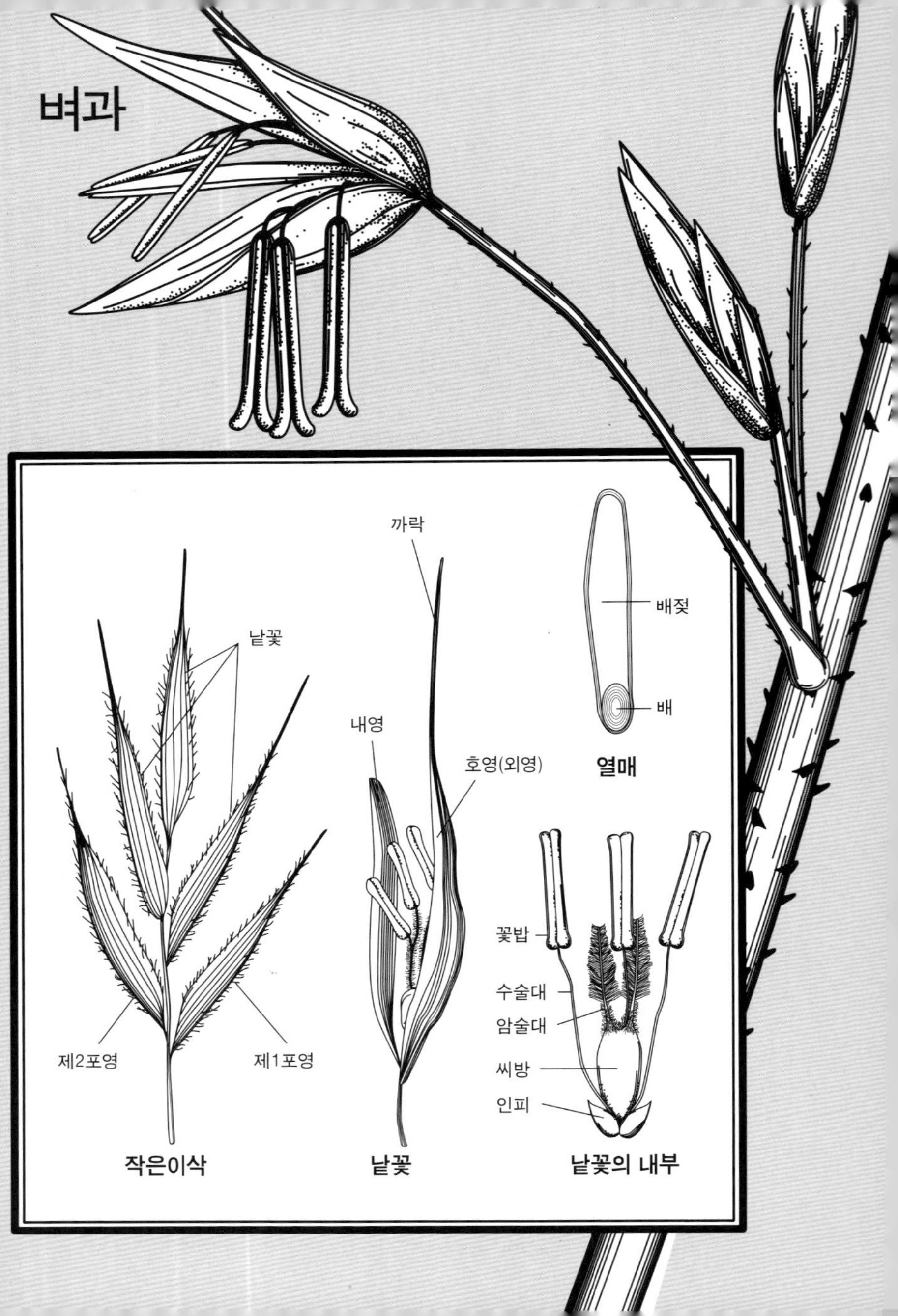

향모 벼과

Hierochloe odorata (L.) P.Beauv.

저지대의 풀밭에서 주로 자란다. 높이 20~50cm. 뿌리줄기가 옆으로 뻗으면서 끝에서 몇 개의 잎이 자란다. 뿌리잎은 자라서 길이 20~40cm로 되며, 가장자리에 짧은 가시털이 있다. 4~5월 개화. 작은이삭은 길이 4~6mm의 편평한 넓은 달걀모양으로, 황갈색이 돌고 까락이 없으며 광택이 난다. 주변이 건조하면 약간의 향기가 나서 향모라고 한다.

뚝새풀 벼과

Alopecurus aequalis Sobol.

모내기 전 논이나 들판, 습지에 큰 군락을 이루며 자란다. 높이 20~40cm. 잎은 편평하고 흰색이 도는 녹색이며 잎혀는 반달모양 또는 달걀모양으로 흰색이다. 4~5월 개화. 이삭꽃차례로 통모양이고 꽃차례의 길이는 4~6cm, 폭은 3~5mm이다. 수술은 3개, 암술은 1개인데 꽃밥은 처음에 연한 푸른색이나 점차 갈색으로 변한다.

왕쌀새 벼과

Melica nutans L.

숲 또는 임도 근처에서 자란다. 높이 20~60cm. 가는 뿌리줄기는 옆으로 뻗으면서 모여난다. 4~6월 개화. 단일 이삭으로 5~15개의 낱꽃이 이삭꽃차례로 달린다. 작은이삭은 밑으로 처지고 타원모양이며 붉은 자주색 또는 백록색이다. **청쌀새***M. grandiflora*에 비해 포영은 적자색이며, 제1포영과 제2포영이 청쌀새보다 길다.

포아풀 벼과

Poa sphondylodes Trin.

평지의 길가나 밭둑 등지에서 자란다. 높이 40~70cm. 줄기는 둥글고 마디는 3~4개이다. 4~6월 개화. 꽃차례는 길이 7~15cm이고, 거칠다. 가지는 한 마디에서 3~6개가 나오고, 길이 1.5~4.5cm이다. 작은이삭 뭉치의 길이는 3.5~6.5mm이고, 3~7개의 낱꽃이 달린다. **눈포아풀***P. palustris*에 비해 꽃차례 가지가 짧다.

띠 벼과

Imperata cylindrica (L.) Raeusch.

밭둑, 논둑, 양지바른 초원에서 무리지어 자란다. 높이 30~80cm. 비늘조각에 싸인 긴 땅속줄기가 있으며 줄기는 1~4개의 마디가 있다. 5~6월 개화. 꽃차례는 길이 10~20cm이고 까락은 없다. 억새속*Miscanthus* 식물에 비해 전체 꽃차례는 원주모양으로 작은이삭에 까락이 없다. 삘기라는 이름으로 더 친숙한 식물이다.

오리새 벼과

Dactylis glomerata L.

길가, 목장지대, 밭둑 등지에서 주로 자란다. 높이 1~1.4m. 줄기는 곧게 서며 전체적으로 분록색이 돈다. 6~7월 개화. 꽃차례는 길이 10~30cm 정도이다. 작은이삭은 납작하고 길이 7~8mm이며 2~4개의 꽃이 들어 있다. 2개의 포영이 있고 호영의 용골이 발달하며 까락이 있는 것이 특징이다. 유럽과 서아시아 원산으로 목초로 재배되던 것들이 야화되었다.

0503

참새귀리 벼과

Bromus japonicus Thunb.

황무지, 밭, 하천변에서 자란다. 높이 30~70cm. 줄기는 곧게 서거나 비스듬히 위를 향하며 3~5개의 마디가 있다. 6~7월 개화. 꽃차례는 길이 10~20cm, 폭 5~10cm, 아래쪽의 가지는 여러 개가 돌려나고 성기게 작은이삭이 달린다. 작은이삭은 길이 15~35mm, 폭 5~7mm, 6~10개의 낱꽃이 있다. 큰참새귀리에 비해 꽃자루는 아래로 굽고, 까락이 마르면 밖으로 휜다.

메귀리 벼과

Avena fatua L.

평지의 길가나 농경지에서 자란다. 높이 30~100cm. 줄기는 곧게 서며 3~6개의 마디가 있다. 5~6월 개화. 원뿔모양 꽃차례는 길이 15~30cm로 퍼지고, 작은이삭은 녹색으로 3~4개의 낱꽃으로 구성되며 길이 2cm 정도이다. 호영은 2개로 갈라지고 털이 있으며 뒷면에서 까락이 나온다. 귀리의 원종으로 귀리와 달리 호영과 낱꽃 밑동에 긴 털이 있다.

개피 벼과

Beckmannia syzigachne (Steud.) Fernald

논둑, 냇가, 습지 등에서 자란다. 높이 20~90cm. 줄기는 모여나고 곧게 서며 2~4개의 마디가 있다. 잎은 넓은 선형으로 전체적으로 털이 없고 매끈하다. 전체적으로 연한 녹색이다. 5~7월 개화. 꽃차례는 가늘고 길며 길이 15~35cm, 작은이삭이 2줄로 달리고 꽃자루는 삼각모양이다. 포영은 3맥의 배 모양으로 낱꽃을 감싼다.

꽃

김의털 벼과

Festuca ovina L.

건조한 풀밭에서 자란다. 높이 20~50cm. 줄기는 다수가 모여나며 짧은 땅속줄기가 있고 1~2개의 마디가 있다. 5~8월 개화. 꽃차례의 길이는 5~8cm, 가지는 마디에 1~2개가 달리고 1~5개의 작은이삭이 붙는다. 작은이삭은 타원모양이고 길이 5~8mm, 3~6개의 낱꽃으로 이루어진다. 호영은 달걀모양으로 등이 둥글고 길이 3.5~4.5mm, 끝에 2mm 이하의 까락이 있다.

꽃

개밀

속털개밀

개밀 벼과

Elymus tsukushiensis Honda

길가나 들에서 흔히 자란다. 높이 40~100cm. 줄기는 곧게 자라다가 이삭이 달리면 휜다. 5~7월 개화. 줄기의 끝에 길이 15~25cm의 이삭꽃차례가 달리며, 자루가 없는 작은이삭이 한 마디에 한 개씩 붙는다. 근연종인 속털개밀은 전체적으로 녹색을 띠며 낱꽃에 털이 많다. 이삭의 모양도 개밀에 비해 많이 휘며 열매가 익을 때 까락이 완전히 뒤로 재껴진다.

큰조아재비 벼과

Phleum pratense L.

목초로 재배되던 것이 일부 야화되었다. 높이 50~100cm. 줄기는 한 포기에서 여러 개가 모여나며 3~6개의 마디가 있다. 뿌리 부근은 암갈색을 띠기도 하며 밋밋하고 등은 둥글다. 6~8월 개화. 응축된 원추꽃차례의 길이는 6~15cm, 폭 0.6~2.0cm이다. **산조아재비** *P. alpinum*에 비해 낮은 지대에서 자란다. 유라시아 원산의 귀화식물이다.

갯잔디 벼과

Zoysia sinica Hance.

바닷가 모래땅과 바닷물이 닿는 곳에서 자란다. 높이 10~20cm. 땅속줄기는 길게 뻗고 줄기는 3~5개의 마디가 있다. 잎은 길이 3~8cm, 너비 1~3mm, 표면쪽으로 가장자리가 말리기도 한다. 잎혀는 막질부가 없이 짧은 털이 줄지어 난다. 6~8월 개화. 줄기 끝에 꽃차례가 한 개씩 달린다. 꽃차례는 길이 3~5cm, 가장 위에 있는 잎집을 벗어나 꽃차례의 자루가 보인다.

갈풀 벼과

Phalaris arundinacea L.

물가나 습지에 자란다. 높이 70~180cm. 긴 땅속줄기가 있고 줄기는 곧게 서며 6~8개의 마디가 있다. 잎은 밋밋하고 마디 길이보다 짧다. 잎의 크기는 길이 10~20cm, 너비 5~15mm이며. 잎혀는 막질이고 길이 5~10mm이다. 5~6월 개화. 꽃차례의 길이 7~40cm, 폭 1~4cm, 첫 번째 가지는 길이 1~4cm로 꽃대축에 바짝 붙는다. 2개의 포영은 같은 모양 같은 크기이다.

꽃

기장대풀 벼과

Isachne globosa (Thunb.) Kuntze.

습지에서 자란다. 높이 30~60cm. 줄기는 옆으로 뻗는 땅속줄기에서 곧게 서고 5~9개의 마디가 있다. 6~8월 개화. 꽃은 타원모양의 원뿔모양꽃차례로 피고, 몇 번 가지를 쳐 작은이삭이 달린다. 꽃차례는 길이 3~6cm, 1~2회 갈라져서 끝에 작은이삭이 붙는다. 꽃이 필 때는 홍자색의 암술머리가 눈에 띈다. 울릉도를 제외한 전국에 분포한다.

꽃

개기장 벼과

Panicum bisulcatum Thunb.

습한 풀밭이나 논둑 등지에서 자란다. 높이 30~150cm. 줄기의 밑동은 마디로부터 뿌리를 내면서 포복성줄기를 내어 직립 또는 비스듬히 위를 향한다. 7~10월 개화. 꽃차례는 길이 15~30cm, 첫 번째 가지는 넓게 퍼지고 한 마디에서 1~2개씩 나오며 다시 많이 갈라져 작은이삭이 붙는다. **미국개기장***P. dichotomiflorum*은 잎혀 가장자리가 갈라지지 않으며 털이 있다.

우산잔디 벼과

Cynodon dactylon (L.) Pers.

바닷가에 주로 자라고 도시나 농촌의 빈터에서도 자란다. 높이 15~40cm. 줄기는 땅을 기며 마디에서 뿌리를 내고 곧게 서는 줄기가 나와서 꽃차례가 달린다. 6~8월 개화. 꽃이삭은 꽃줄기 끝에서 3~7개의 가지가 손바닥모양으로 갈라지며 한쪽에 작은이삭이 2줄로 붙는다. 작은이삭은 1개의 낱꽃으로 구성되며 까락이 없다.

모새달 벼과

Phacelurus latifolius (Steud.) Ohwi

바닷가 습지에서 자란다. 높이 80~160cm. 땅속줄기는 길게 뻗으며 단단한 비늘조각에 싸여 있다. 뿌리부분은 지름 4~10mm, 많은 마디가 있다. 잎은 마디길이보다 길고 밋밋하며 폭이 1~3.5cm이다. 6~10월 개화. 5~10개의 이삭이 손바닥모양으로 배열되며 꽃차례는 길이 10~25cm 정도이다. **가는잎모새달***P. latifolius* var. *angustifolius*은 잎이 5~8mm로 좁다.

강아지풀 벼과

Setaria viridis (L.) P.Beauv.

저지대의 양지쪽에 자란다. 높이 20~80 cm. 줄기는 아래쪽에서 갈라져 직립하며 5~8개의 마디가 있다. 잎은 길이 5~20cm, 너비 5~15mm, 양면에 털이 없다. 잎혀는 막질부가 없이 털이 줄지어 난다. 7~10월 개화,. 꽃차례의 길이는 길이 3~6cm이다.

금강아지풀 벼과

Setaria pumila (Poir.) Roem. & Schult.

논밭 주변의 길가에서 자란다. 높이 20 ~70cm. 줄기는 비스듬히 위를 향하고 3~5개의 마디가 있다. 8~10월 개화. 꽃차례는 길이 3~10cm, 폭 7~9mm 통모양으로 황금색의 가시털이 밀생한다.

수강아지풀 벼과

Setaria × pycnocoma (Steud.) Henrard ex Nakai

들이나 경작지 주변에 자란다. 높이 40~150cm. 6월 초순~9월 초순 개화. 꽃차례는 길이 6~18cm로 작은이삭은 2개의 낱꽃으로 된다. 조와 강아지풀의 잡종으로 알려져 있다.

참새피 벼과

Paspalum thunbergii Kunth ex Steud.

저지대의 풀밭에서 자란다. 높이 30~80cm, 2~3개의 마디가 있다. 7~10월 개화. 2~5개의 이삭이 줄기 끝에 일정한 간격을 유지하며 배열되고, 꽃차례의 중축은 길이 6~8cm, 2~3열로 붙고 밑동 분기점에는 길고 연한 털이 있다. 작은이삭은 원모양이며 길이 2.6mm, 꽃밥은 담황색이다. 같은 속에 큰참새피, 물참새피, 털물참새피 등의 귀화식물이 있다.

산조풀 벼과

Calamagrostis epigeios (L.) Roth

평지나 저지대의 초원에서 자란다. 높이 45~150cm, 긴 땅속줄기가 있으며 마디는 4~7개이다. 잎몸은 길이 20~50cm로 안쪽으로 말린다. 7~9월 개화. 꽃차례는 길이 15~30cm로 가지는 꽃대축에 압착한다. 작은이삭은 피침모양, 납작하고 1개의 낱꽃으로 이루어지며 소화기반의 기모는 작은꽃 길이의 1.5~2배이다. 포영은 길이가 비슷하며 까락은 호영 등쪽에 붙어 있다.

갯보리 벼과

Elymus dahuricus Griseb.

바닷가에서 주로 자라며 드물게 내륙에서도 자란다. 높이 30~120cm. 줄기는 굵고 모여나며, 3~5마디가 있다. 잎집은 밋밋하지만 밑동의 것은 긴 털이 있다. 잎은 길이 10~30cm, 너비 3~9mm이고, 입혀는 길이 0.5mm 정도이다. 7~8월 개화. 이삭은 길이 7~23cm, 2개씩 짝을 지은 작은이삭이 간격이 없이 밀집한다. 열매는 긴 타원형으로 20mm 정도의 까락이 있다.

쇠보리 벼과

Ischaemum aristatum L.

바닷가 모래땅이나 산지의 냇가에서 자란다. 높이 30~80cm. 줄기는 모여나며 마디에 털이 없다. 7~10월 개화. 2개의 납작한 꽃차례는 길이 4~7cm이고, 꽃대측면이 마주 붙어 하나의 원기둥으로 보이며 털이 없다. 강원도 이남에 분포한다. 갯쇠보리에 비해 줄기의 마디에 털이 없고 작은이삭에 털이 없으며 호영의 까락은 포영길이와 같아 작은이삭 밖으로 빠져 나오지 않는다.

갯그령 벼과

Leymus mollis (Trin.) Pilg.

바닷가 모래땅에서 자란다. 높이 50~120cm. 줄기는 한 개이거나 한 포기에 여러 개가 나오며 3~5개의 마디가 있다. 5~7월 개화. 이삭은 길이 9~25cm, 폭 12~22mm이며 작은이삭이 많이 붙는다. 작은이삭은 자루가 없으며 대개 한 마디에 2개씩 붙고 길이 15~25mm, 3~5개의 낱꽃으로 전체에 가는 연모가 있다. 중부 이북에 분포한다.

줄 벼과

Zizania latifolia (Griseb.) Turcz. ex Stapf.

연못이나 냇가 습지에서 군락을 이루며 자란다. 높이 1.5~2.5m, 전체적으로 곧게 선다. 땅속줄기를 뻗으며 줄기는 모여나고 줄기 아래쪽의 굵기는 지름 0.8~1.5cm이다. 8~9월 개화. 긴 원뿔모양꽃차례로 길이 40~60cm, 각 마디에 2~5개의 가지가 생기고 꽃차례의 윗부분에 암꽃이삭, 아랫부분에 수꽃이삭이 달린다.

나도개피 벼과

Eriochloa villosa (Thunb.) Kunth.

양지쪽 풀밭에서 자란다. 높이 50~90cm. 식물체에 털이 많으며 줄기는 모여나고 3~6개의 마디가 있다. 잎집은 마디보다 짧고 긴 털이 난다. 7~8월 개화. 꽃차례는 길이 7~10cm의 중축에 한쪽으로 3~7개의 이삭이 달리며 중축과 꽃대축에도 백색의 긴 털이 밀생하고 작은이삭은 꽃대축의 아래쪽에 2줄로 배열된다.

주름조개풀 벼과

Oplismenus undulatifolius (Ard.) Roem. & Schult.

저지대의 숲 그늘에서 자란다. 높이 10~30cm. 줄기가 땅을 기면서 마디에서 뿌리를 내리고, 잎집은 길고 연한 털로 덮인다. 8~10월 개화. 5~11개의 이삭이 긴 것부터 짧은 것의 순으로 가운데 축에 배열되어 원뿔모양을 이룬다. 소수는 길이 3mm, 극히 짧은 자루가 있거나 없고, 2개의 소화 중 제1소화는 퇴화되어 호영만 남는다.

바랭이 벼과

Digitaria ciliaris (Retz.) Koel.

길가, 밭 등지에서 자란다. 높이 40~70cm. 줄기는 땅위를 포복하면서 마디에서 뿌리를 내리고 곁가지와 더불어 곧게 자란다. 7~8월 개화. 이삭꽃차례를 이루며 꽃이삭은 3~8개의 가지가 손가락처럼 갈라진다. 작은이삭은 대가 있는 것과 없는 것이 같이 달리고 연한 녹색 바탕에 자줏빛이 돌며 흰 털이 있다. 근연종으로, 털이 없이 매끈한 민바랭이와 꽃이삭 가지의 가장자리가 밋밋한 좀바랭이가 있다.

왕바랭이 벼과

Eleusine indica (L.) Gaertn.

황무지, 공터, 길가에서 자란다. 높이 15~60cm, 줄기는 2~3개의 마디가 있다. 8~9월 개화. 줄기 끝에 1~10개의 꽃줄기가 손바닥모양으로 붙는다. 꽃차례는 길이 3~15cm, 작은이삭은 2열로 배열되며 납작하고 3~9개의 낱꽃으로 이루어진다.

새 벼과

Arundinella hirta (Thunb.) Tanaka

저지대 평야의 풀밭이나 숲 가장자리에서 자란다. 높이 50~120cm. 줄기는 곧게 서고 여러 개가 뭉쳐나며 4~6개의 마디가 있다. 8~10월 개화. 꽃차례는 길이 10~40cm, 작은이삭은 녹색이거나 짙은 자주색 또는 자줏빛이 도는 갈색이며 포영 안에 2개의 꽃이 있고 아래쪽이 수꽃, 위의 꽃은 양성화이다. 포영에는 털이 없다. 근연종인 털새는 잎집과 줄기에 털이 밀생한다.

실새풀 벼과

Calamagrostis arundinacea (L.) Roth.

산야의 양지바른 곳에서 주로 자란다. 높이 60~150cm, 줄기에 2~3개의 마디가 있다. 잎은 길이 8~50cm로 밑동 근처 외에 털이 없다. 8~10월 개화. 꽃차례는 길이 10~30cm이다. 호영은 길이 4~4.5mm로 용골이 없이 5맥이며 등쪽 아래에서 길이 4~9mm의 긴 까락이 나온다. **산새풀***C. purpurea*에 비해 까락은 작은이삭 밖으로 노출된다.

쌀새 벼과

Melica onoei Franch. & Sav.

숲 속에서 자란다. 높이 75~110cm. 땅속줄기는 길고 줄기는 곧게 서며 가지를 치지 않는다. 잎집은 원통모양으로 마디보다 길고 아래쪽을 향한 센털이 성기게 있으며 잎집 가장자리와 주변에 털이 많다. 8~9월 개화. 꽃차례의 길이는 30~35cm, 가지는 반돌려나기모양으로 비스듬히 위를 향하고 성기게 작은 꽃차례가 달린다. 작은이삭의 자루 끝에는 흰 털이 모여난다.

진퍼리새 벼과

Molinia japonica Hack.

산지의 습지에 무리지어 자란다. 높이 30~120cm. 한 포기에 여러 대가 나오며 줄기 아래쪽에 잎이 모여달린다. 7~10월 개화. 꽃차례는 길이 10~40cm로 가지는 마디에 1~3개씩 나고 3~6개의 낱꽃으로 구성된 작은이삭이 성기게 붙는다. 중부 이남에 주로 분포하며 습지의 다른 종의 성장에 방해가 될 정도로 군락을 이루기도 한다. 줄기로 한지 제조에 쓰이는 발을 만든다.

0814

수크령 벼과

Pennisetum alopecuroides (L.) Spreng.

길가나 빈터 등 양지쪽에 자란다. 높이 30~80cm. 줄기는 모여나며 곧게 서고 4~6개의 마디가 있다. 잎집은 편평하고 등쪽에 용골을 만들며 밋밋하다. 8~10월 개화. 꽃차례는 통모양으로 길이 10~15cm, 폭은 3~4cm, 암자색을 띤다. 낱꽃은 2개로 길이 7mm 정도이며, 까락은 없고 작은이삭 바로 아래에 길이가 다른 총포 모가 돌려난다.

그령 벼과

Eragrostis ferruginea (Thunb.) P.Beauv.

길가, 도시근처의 황무지, 농경지에 무리를 지어서 자란다. 높이 30~80cm. 줄기는 여러 개가 모여 큰 포기를 이루며 2~3개의 마디가 있다. 잎은 줄모양이고 끝이 뾰족하며 질기다. 8~10월 개화. 꽃차례는 길이 20~40cm, 다수의 가지가 한 개씩 나와 옆으로 퍼지며 분지되어 많은 작은이삭이 붙는다. 열매는 영과로서 약간 편평한 타원모양이다.

기름새 벼과

Spodiopogon cotulifer (Thunb.) Hack.

양지쪽 풀밭에서 자란다. 높이 80~150cm. 줄기는 곧게 서며 4~6개의 마디가 있다. 9~10월 개화. 꽃차례는 길이 20~30cm, 첫 번째 가지는 마디에 돌려난다. 큰기름새에 비해 원뿔모양꽃차례의 끝은 아래로 늘어지고 작은이삭은 길이 6mm, 피침모양이다. 아래쪽의 잎은 잎의 뿌리부분이 가늘어져서 자루를 형성한다.

꽃

큰기름새 벼과

Spodiopogon sibiricus Trin.

낮은 산의 풀밭에서 자란다. 높이 90~120cm. 비늘조각으로 싸인 긴 뿌리가 있고 줄기는 곧게 서며, 5~7개의 마디가 있다. 8~10월 개화. 꽃차례는 길이 12~20cm, 가지는 밋밋하고 한 마디에 2~4개가 돌려나며 비스듬히 위를 향한다. 길이 5mm 정도의 작은이삭의 자루에는 털이 있다. 기름새에 비해 꽃차례가 곧게 선다.

꽃

0821

드렁새 벼과

Leptochloa chinensis (L.) Nees.

주로 논둑에서 자란다. 높이 30~70cm. 줄기는 3~4개의 마디가 있다. 잎은 길이 7~15cm. 8~10월 개화, 꽃차례의 길이는 15~40cm로 2~13cm 정도의 이삭줄기가 20~60개 붙는다. 작은이삭은 4~7개의 낱꽃으로 이루어지고, 꽃대축의 밑동에서 끝까지 배열된다. **갯드렁새***L. fusca*보다 작은이삭이 길이 2.5~3.0mm로 작고, 호영의 끝은 둥글고 까락이 없다.

쥐꼬리새풀 벼과

Sporobolus fertilis (Steud.) Clayton.

길가나 평지에서 흔히 자란다. 높이 20~70cm. 줄기는 모여나며 3~4개의 마디가 있다. 잎은 길이 20~60cm로 거의 털이 없다. 8~9월 개화. 꽃차례의 길이는 15~40cm이다. 가지가 짧고 가운데 축에 압착되어 전체가 하나의 이삭줄기로 보이며 작은이삭이 밀생한다. 이삭줄기의 모양에서 유래한 이름이며, 회초리풀이라고도 불린다.

조개풀 벼과

Arthraxon hispidus (Thunb.) Makino.

휴경농지나 하천변 등 습지에서 자란다. 높이 20~50cm. 줄기는 마디에서 뿌리를 내면서 땅을 기고 마디에서 나온 많은 가지는 곧게 선다. 8~9월 개화. 줄기 끝에 3~15개의 이삭꽃차례가 손바닥모양으로 배열된다. 까락이 나와 작은이삭 밖으로 노출되거나 까락이 없는 것까지 변화가 크고, 내영은 호영과 같은 크기거나 없다.

좀물뚝새 벼과

Sacciolepis indica (L.) Chase.

논둑이나 볕이 잘 드는 습지에서 자란다. 높이 10~40cm. 줄기의 밑동은 비스듬히 위를 향하거나 곧게 선다. 잎집은 털이 없이 밋밋하다. 8~10월 개화. 응축된 원뿔모양꽃차례로 이삭모양꽃차례처럼 보인다. 꽃차례는 길이 1~6cm, 선형~긴 타원모양이다. 작은이삭은 짧은 자루가 있고 길이 3.0~3.5mm, 털이 없거나 흰색의 긴 털이 있다.

나도겨풀 벼과

Leersia japonica (Honda) Honda

저지대의 연못이나 습지 가장자리에 무리지어서 자란다. 높이 30~50cm. 줄기는 길게 뻗으면서 마디에 뿌리가 생기고 위쪽에서 가지를 친다. 잎몸은 길이 5~20cm로 털이 없다. 9~10월 개화. 가지의 밑동부터 끝까지 8~15개의 작은이삭이 빽빽하게 붙는다. 수술이 6개로 수술이 3개인 **좀겨풀***L. oryzoides*과 구분된다.

논피 벼과

Echinochloa oryzoides (Ard.) Fritsch.

들이나 논밭 주변에서 주로 자란다. 높이 70~100cm. 줄기는 편평하고 곧게 자라며 마디는 낮게 있다. 줄기는 잎집에 싸여 있으며 연한 녹색으로 편평하고 수염뿌리가 난다. 8~9월 개화. 꽃잎이 없이 이삭이 나온다. 벼와 비슷하나 잎눈과 잎혀가 없으며 까락은 거의 없고 이삭이 익어도 대부분 고개를 숙이지 않는다.

솔새 벼과

Themeda triandra Forssk.

산과 들의 풀밭에서 자란다. 높이 70~100cm. 줄기는 모여나며 9~14개의 마디가 있다. 잎의 길이는 마디길이보다 짧고 아랫부분이 부푼 긴 털이 있다. 9~10월 개화. 꽃차례는 거꾸로 된 원뿔모양으로 보이고 길이는 20~40cm이다. 개솔새에 비해 꽃차례는 줄기 위쪽 잎맥마다 부챗꼴로 배열된 꽃차례가 연속된다.

개솔새 벼과

Cymbopogon goeringii (Steud.) A.Camus

양지 바르고 건조한 산과 들에서 자란다. 높이 60~100cm. 줄기는 땅속에서 모여나며 7~9개의 마디가 있다. 8~9월 개화. 총상꽃차례로 잎겨드랑이에 달린다. 꽃이삭은 길이 20~40cm이고 2개씩 아랫부분에서 구부러진다. 첫째 작은이삭은 까락이 없는 수꽃이고 두 번째 이삭은 넓은 피침모양으로 10mm 정도의 까락이 있다.

억새 벼과

Miscanthus sinensis Andersson

산이나 평지 초원에 자란다. 높이 60~200cm. 줄기는 큰 포기를 이루며 모여나고 곧게 선다. 잎가장자리가 날카롭게 까끌거린다. 8~10월 개화. 꽃차례는 길이 20~30cm이고 작은이삭은 자주색을 띤다. 억새는 8~15mm의 까락이 있으나 물억새는 까락이 없어 구분된다. 포영의 털 유무로 참 억새와 구분하기도 한다.

물억새 벼과

Miscanthus sacchariflorus (Maxim.) Hack.

물가에서 자란다. 높이 100~250cm. 줄기는 곧게 서며 갈라지지 않는다. 뿌리줄기가 길게 뻗으면서 대군락을 이룬다. 9~10월 개화. 8~40개의 꽃차례가 손바닥모양으로 배열되어 길이 25~40cm를 이룬다. 억새*Mi. sinensis*에 비해 뿌리줄기는 가늘고 길며, 작은이삭 기반의 털은 작은이삭 길이의 2~3배 길고, 작은이삭은 까락이 없다.

갈대 벼과

Phragmites australis (Cav.) Trin. ex Steud.

하천 하류에 무리지어 자란다. 높이 1~3m. 뿌리는 굵고 길게 뻗으며 마디에 털이 없다. 8~10월 개화. 꽃차례는 길이 15~40cm. 억새와는 달리 꽃차례가 한곳에서 뭉쳐나지 않아 가지런하지 않고, 마디가 드러나며 잎이 부드럽고 가운데 맥이 뚜렷하지 않다. 달뿌리풀에 비해 기는줄기가 땅속으로 뻗고 이삭이 많으며 한쪽으로 고개숙인다.

달뿌리풀 벼과

Phragmites japonicus Steud.

중산간 지역의 물가에 자란다. 높이 1.5~2m. 뿌리줄기는 땅 위로 길게 뻗어 기는줄기가 3~4m까지 길어진다. 잎은 가장자리가 꺼끌거리며 잎혀는 가장자리에 긴 털이 난다. 8~10월 개화. 꽃차례는 길이 25~35cm. 3~4개의 작은꽃이 달린다. 갈대에 비해 기는줄기는 땅 위로 뻗으며 꽃이삭이 엉성하게 달린다. 뿌리가 달려 있어서 유래한 이름이다.

사초과

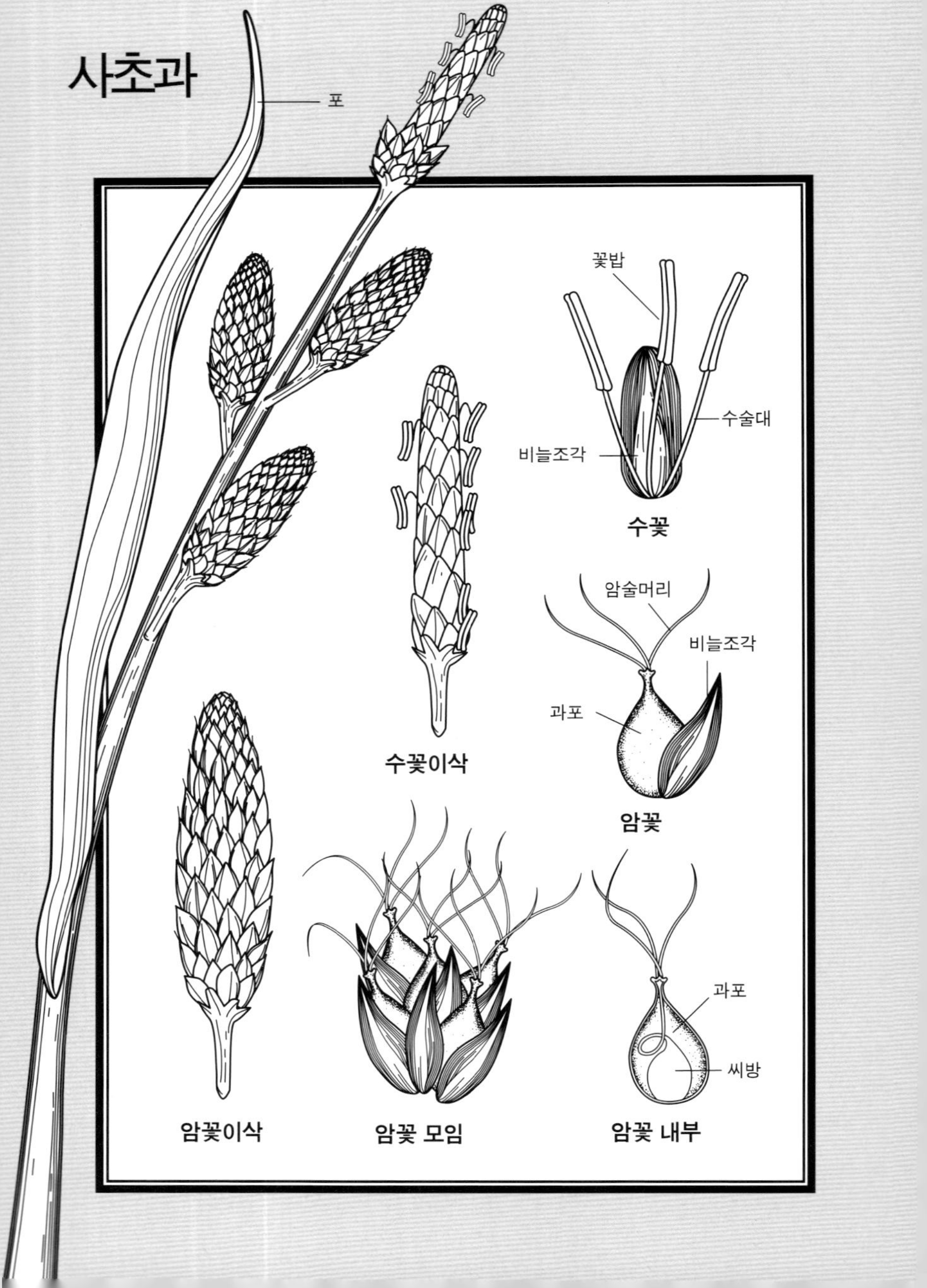

동강고랭이 사초과

Neoscirpus dioicus Y.N.Lee & Y.C.Oh

석회암지대 습한 바위틈에 자란다. 개화기 때의 높이는 10~15cm로 30cm까지 자란다. 뿌리가 짧고 줄기가 촘촘하게 나며 잎은 바늘모양으로 퇴화되어 까락처럼 된다. 묵은가지가 흰수염처럼 길게 늘어져 남아 있다. 3월 하순~4월 초순 개화. 암꽃은 수술이 퇴화되어 꽃덮이 안에 흔적만 있고, 수꽃에서는 꽃가루받이를 하지 못하는 암술이 형태만 남아 있다. 암수한그루에서 암수딴그루로 진화하는 과정에 있는 것으로 알려져 있고 강원과 충북에 자생한다. 외부형태 및 분자계통 연구에 따라 *Trichophorum dioicum* J. Jung & H.-K. Choi로 새롭게 명명되기도 하였다.

부산사초 사초과

Carex fusanensis Ohwi.

산지의 숲 속에 자란다. 높이 15~25cm. 땅속줄기가 옆으로 길게 뻗으며, 여러 개의 줄기가 모여난다. 잎은 폭이 1.5~2.5mm이며 꽃이 필 때는 줄기보다 짧으나 꽃이 진 뒤 길어지고 잔털이 있으며 마른 잎의 털은 육안으로 식별이 가능하다. 잎집의 밑동은 그물모양으로 잘게 갈라진다. 3월 중순~5월 초순 개화. 2~3개의 작은이삭이 달리고 과포에 털이 있다. 전국에 분포하나 남부지방에서 흔히 관찰된다. 일본에 자생하는 **애기감둥사초***C. gifuensis*는 잎혀가 2~3mm로 길게 발달하는데 비하여 부산사초는 잎혀가 1mm 미만으로 짧아 구분된다.

길뚝사초 사초과

Carex bostrychostigma Maxim.

산지의 길가에 자란다. 높이 10~40cm. 땅속줄기는 짧게 옆으로 뻗으며 꽃줄기의 밑부분이 흑갈색 섬유로 덮여 있다. 4월 중순~5월 하순 개화. 작은이삭은 5~10개로 결실기에 30~40cm까지 길게 자라 밑으로 처진다.

그늘사초 사초과

Carex lanceolata Boott

건조한 풀밭이나 산지의 숲 속에 자란다. 꽃줄기 높이 10~40cm. 잎의 너비는 1.5~2mm 정도이며 가는잎그늘사초와 달리 개화 이후에도 꽃줄기가 잎보다 길게 자란다. 3월 하순~5월 중순 개화. 작은이삭은 3~6개가 곧추선다.

가는잎그늘사초 사초과

Carex callitrichos var. *nana* (H.Lév. & Vaniot) S.Yun Liang, L.K.Dai & Y.C.Tang

산지의 건조한 숲 속에 자란다. 꽃줄기 높이 3~6cm. 그늘사초에 비해 잎의 폭이 0.5~1.5mm 정도로 좁다. 3월 중순~5월 중순 개화. 결실기에도 새 잎에 묻혀 잘 보이지 않을 정도로 꽃줄기가 짧다.

0405

청사초 사초과

Carex breviculmis R.Br.

산지의 풀밭에 자란다. 높이 10~40cm. 줄기는 둔하게 세모지며 잎집은 짙은 갈색으로 섬유같이 갈라진다. 4월 초순~5월 하순 개화. 작은이삭은 2~4개이다. 과포는 포영보다 길며 막질이고 뚜렷하지 않은 3개의 능선이 있고 짧은 털이 있으며 맥이 많다. 수과는 세모지며 과포에 달라붙어 있고 상부에 부속체가 있다.

가지청사초 사초과

Carex sachalinensis F. Schmidt

산지의 숲 속이나 그늘진 풀밭에 자란다. 높이 15~50cm. 뿌리줄기는 옆으로 길게 뻗고 줄기는 모여나며 반들반들하다. 4월 초순~5월 하순 개화. 작은이삭은 2~4개로 암술대는 짧으며 곧고 암술머리는 3개로 갈라진다. 과포는 둥근 거꿀달걀모양으로 길이 3~3.5mm로서 맥과 털이 있고 윗부분이 갑자기 좁아져서 짧은 부리로 되며, 끝이 뾰족하고 얕게 2개로 갈라진다.

괭이사초 사초과

Carex neurocarpa Maxim.

습한 풀밭이나 논둑, 길가에서 흔히 자란다. 높이 30~60cm. 뿌리줄기는 짧고 줄기는 둔하게 세모지다. 잎은 납작하고 연하며 폭이 2~3mm이고, 짙은 갈색의 잎집이 아래쪽을 감싸고 있다. 4월 하순~6월 중순 개화. 꽃줄기 끝에 작은이삭이 밀집하여 원뿔모양으로 되며 길이 2.5~6cm이고, 포가 작은이삭마다 길게 나오며 과포에 날개가 있다.

산괭이사초 벼과

Carex leiorhyncha C.A.Mey.

양지바른 습지 주변이나 길가에 자란다. 높이 20~60cm. 줄기는 세모지고 윗부분이 약간 처진다. 5월 중순~6월 하순 개화. 괭이사초에 비하여 꽃이삭이 가늘며, 과포에 날개가 없고 꽃이삭이 길어 밑으로 처진다. 산괭이사초와 비슷한 **애괭이사초***C. laevissima*는 꽃이삭의 수가 적고, 잎 모양의 포가 거의 없으며, 잎이 가늘어 구분된다.

대사초 사초과

Carex siderosticta Hance

산지의 숲 속이나 숲 가장자리에 자란다. 높이 10~40cm. 땅속줄기가 옆으로 길게 뻗으며 여러 개의 줄기가 모여 난다. 잎은 길이 10~30cm로 5~6장이 난다. 4월 중순~5월 초순 개화. 작은이삭 4~8개가 성글게 붙으며 작은이삭은 윗부분에 수꽃, 아래에 암꽃이 달린다. 털대사초, 지리대사초에 비해 식물체가 크다.

털대사초 사초과

Carex siderosticta var. *pilosa* H.Lév. ex T.Koyama
Carex ciliatomarginata Nakai

산지 숲 속에 자란다. 높이 10~20cm. 땅속줄기가 옆으로 뻗으며, 꽃자루를 포함해 전체에 털이 많다. 잎은 3맥이 뚜렷하고 마르면 꼬인다. 4월 하순~5월 중순 개화. 줄기에 4~8개의 작은이삭이 달리며 윗부분에는 수꽃이삭이, 아랫부분에는 암꽃이삭이 달린다. 수과는 세모진 타원모양이며, 종소명 '*ciliatomarginatus*'는 '잎가장자리의 털이 가지런하다'는 뜻이다.

반들대사초 사초과

Carex splendentissima U. Kang & J. M. Chung

석회암지대의 계곡 주변에 자란다. 높이 10~25cm. 땅속줄기가 옆으로 뻗는다. 잎은 긴 타원모양으로 표면이 반들거리고 뒷면에 짧은 털이 있으며 폭 1.4~4.6cm로 대사초에 비해 넓다. 4월 하순~5월 중순 개화. 줄기에 4~7개의 작은이삭이 달린다. 2012년 신종으로 처음 보고되었으며 강원 일부 지역에 자생한다.

지리대사초 사초과

Carex okamotoi Ohwi.

산지의 숲 가장자리 반그늘진 곳에 자란다. 높이 15~20cm. 뿌리줄기가 가늘게 옆으로 뻗는다. 잎은 꽃자루보다 길고 폭이 10mm 내외로 뒷면은 흰빛이 돈다. 4월 하순~5월 하순 개화. 작은이삭 4~5개가 떨어져 달린다. 정소수는 수꽃이며 측소수는 꽃대가 길고 수꽃과 암꽃이 함께 달린다. 중부 이남에 주로 자생하며 잎의 폭이 좁아 대사초, 털대사초와 구분된다.

0501

타래사초 사초과

Carex maackii Maxim.

강변이나 습한 풀밭에 자란다. 높이 40~60cm. 뿌리줄기가 짧으며 줄기는 곧게 서서 뭉쳐나고 단면은 삼각형이다. 4월 하순~5월 하순 개화. 작은이삭은 6~14개로 괭이사초와 달리 포가 없다. 과포는 편평한 달걀모양으로 가장자리에 좁은 날개가 있다. 경기도 이북에 자생하는 것으로 알려져 있으나 경남, 경북 등에도 보인다.

애기염주사초 사초과

Carex jackiana var. *macroglossa* (Franch. & Sav.) Kük.

산지의 그늘진 풀밭에 자란다. 꽃줄기의 높이 10~30cm. 뿌리줄기가 옆으로 뻗고, 줄기는 단면이 둔한 삼각형이다. 4월 하순~6월 중순 개화. 작은이삭은 3~4개이며 윗부분의 작은이삭에는 끝에 1~2개의 수꽃이 암꽃과 함께 섞여 있고 암술머리는 3갈래로 갈라진다. 수과는 세모진 넓은달걀모양이다. 주로 남부지방에 자생한다.

산뚝사초 사초과

Carex forficula Franch. & Sav.

산지의 냇가에 자란다. 꽃줄기의 높이 30~50cm. 줄기는 삼각기둥모양으로 거칠고 잎은 딱딱하다. 잎은 폭이 2~4mm로서 좁고 뒷면이 백록색을 띤다. 4월 하순~6월 초순 개화. 작은이삭은 3~6개로 끝에 달리는 작은이삭은 수꽃이고 옆에 달리는 작은이삭은 암꽃이다. 산비늘사초에 비해 잎의 폭이 좁고 과포에 긴 부리가 있어 구분된다.

산비늘사초 사초과

Carex heterolepis Bunge

산지의 습지나 계곡의 물가에 자란다. 높이 20~60cm. 굵은 땅속줄기가 길게 옆으로 뻗는다. 줄기는 모여나고, 잎 뒷면이 잿빛을 띤다. 4월 중순~6월 초순 개화. 작은이삭은 3~7개로 수꽃이삭이 줄기 끝에 달린다. 줄기 옆에 달리는 작은이삭은 길이 3~7cm로 곧게 서고 암꽃이 달리며 열매인 수과는 거꿀달걀모양으로 볼록하다. 산뚝사초에 비해 잎이 넓고 과포의 부리가 짧다.

0501

이삭사초 사초과

Carex dimorpholepis Steud.

하천가나 들의 습한 곳에 자란다. 높이 40~80cm. 땅속줄기가 짧으며 옆으로 뻗지 않는다. 줄기는 단면이 삼각형이며 잎은 길이 55cm 정도로 자라고 옆으로 구부러진다. 5월 초순~6월 중순 개화. 줄기에 작은이삭 4~6개가 달리고, 길이 3~7cm로 자루가 있으며 밑으로 처진다. 위에서부터 1~4개의 작은이삭은 아랫부분에 수꽃이 달리고 다른 작은이삭은 모두 암꽃만 달린다.

삿갓사초 사초과

Carex dispalata Boott

습지나 얕은 물가에서 무리지어 자란다. 높이 40~100cm. 뿌리줄기는 옆으로 길게 벋고 줄기의 단면은 삼각형이다. 5월 초순~6월 하순 개화. 4~7개의 작은이삭이 곧추서서 달린다. 줄기 옆부분에 달린 작은이삭은 암꽃뿐이지만 간혹 끝부분에 수꽃이 달리며 암술머리는 3갈래로 갈라진다. 과포는 포영보다 길며 털이 없고 광택이 있다.

개찌버리사초 사초과

Carex japonica Thunb.

젖은 길가나 풀밭에 자란다. 꽃자루의 높이 20~40cm. 가는 땅속줄기가 옆으로 길게 뻗어 줄기를 내고 군락을 이룬다. 5월 초순~6월 중순 개화. 작은이삭은 2~4개로, 수꽃이삭은 줄기 끝에, 암꽃이삭은 줄기 옆에 달린다. 암술대는 곧고 밑부분이 굵으며 **골사초***C. aphanolepis*와 달리 떨어지지 않고 남아 있으며 측소수의 자루가 10~20mm로 길다.

무늬사초 사초과

Carex maculata Boott

산지의 습지 주변에 자란다. 높이 20~60cm. 땅속줄기는 짧으며 줄기가 모여나고 전체가 회백색을 띤다. 잎은 3맥이 뚜렷하며 뒷면에 작은 돌기가 있다. 4월 하순~6월 초순 개화. 작은이삭은 3~4개가 달리며 포가 꽃차례보다 길게 자라고 줄기 옆의 작은이삭은 암꽃이 달리고 곧게 선다. 과포에 작은 돌기가 있으며 수과는 세모진 넓은 타원모양이다. 남부지방에 자생한다.

0505

좀보리사초 사초과

Carex pumila Thunb.

바닷가 모래땅에 자란다. 높이 5~20cm. 땅속줄기가 옆으로 길게 뻗으며, 잎이 줄기보다 길다. 5월 초순~7월 중순 개화. 3~6개의 작은이삭이 달리고 줄기 옆에 달리는 작은이삭은 암꽃뿐이다. 과포는 타원모양으로 매끈하고 맥이 있으며 수과는 세모진 거꿀달걀모양이다. **천일사초***C. scabrifolia*는 담수와 해수가 섞이는 곳에 주로 자라며 높이 30~60cm로 크게 자라 구분된다.

통보리사초 사초과

Carex kobomugi Ohwi.

바닷가 모래땅에 자란다. 높이 10~20cm. 땅속줄기는 갈색 섬유에 싸여 있으며 굵은 목질로 길게 옆으로 뻗는다. 5월 중순~7월 중순 개화. 꽃줄기 끝에 1개씩 작은이삭이 달리고 달걀모양으로 길이 4~6cm로 커 '큰보리대가리'라 불린다. 보통 암수딴그루인 경우가 많지만 같이 나기도 한다. 전국의 해안에 자생한다.

왕비늘사초 사초과

Carex maximowiczii Miq.

산지의 습지 주변에 자란다. 높이 40~70cm. 뿌리줄기가 짧게 뻗으며 줄기는 세모지고 잎의 뒷면이 약간 분백색을 띤다. 5월 초순~6월 중순 개화. 작은이삭은 2~4개가 달리고 가늘고 긴 자루가 있으며 밑으로 처진다. 과포는 달걀모양으로 작은 돌기가 있고 수과는 볼록한 원반모양이다. 작은이삭이 달린 모습이 풍경을 닮아 '풍경사초'라고도 한다.

도깨비사초 사초과

Carex dickinsii Franch. & Sav.

물가나 산지의 습지에 자란다. 높이 20~50cm. 뿌리줄기는 옆으로 뻗으며, 위에 달리는 잎은 줄기보다 높이 자란다. 5월 초순~6월 하순 개화. 작은이삭이 2~4개 달리며 포는 꽃차례보다 길게 자란다. 수꽃이삭은 줄기 끝에 달리고 암꽃이삭은 줄기 옆에 붙으며 자루가 없다. 과포는 부풀고 맥이 많으며 윗부분은 점점 좁아져서 긴 부리처럼 되고 수과는 세모진 달걀모양이다.

양뿔사초 사초과

Carex capricornis Meinsh. ex Maxim.

연못 근처의 습한 곳에 자란다. 높이 40~70cm. 줄기는 세모지며 잎은 편평하고 두껍다. 5월 초순~6월 중순 개화. 줄기 끝에 작은이삭 4~6개가 뭉쳐달린다. 줄기 옆에 달리는 작은이삭은 암꽃이 달리고 자루가 거의 없다. 과포의 부리는 점점 좁아져 길어지고 끝이 깊게 갈라져 양뿔처럼 좌우로 퍼지며 열매는 수과로 세모진 달걀모양이다. 강원, 서해안 일부 지역에 드물게 자생한다.

솔잎사초 사초과

Carex rara Boott

산지의 물가나 그늘진 습지에 자란다. 높이 15~40cm. 줄기는 둔하게 세모지고 잎은 편평하고 폭 1.5mm로서 표면에 홈이 있다. 4월 하순~5월 하순 개화. 수꽃은 윗부분에, 암꽃은 수꽃 아래에 달리며, 수꽃의 비늘조각은 타원모양이다. 과포에 맥이 없는 점이 바늘사초와 다르며 과포와 비늘조각의 길이가 비슷한데 이와 달리 잔솔잎사초는 과포가 비늘조각보다 약간 길다.

밀사초 사초과

Carex boottiana Hook. & Arn.

바닷가 모래땅이나 바위틈에 자란다. 높이 30~50cm. 땅속줄기가 짧다. 줄기는 모여나며 세모지고 잎은 단단한 가죽질로 광택이 있다. 3월 하순~5월 중순 개화. 작은이삭은 3~6개로 수꽃이삭이 줄기 끝에 달리며 줄기 옆에 암꽃이삭이 달린다. 과포는 달걀모양으로 끝이 2개로 깊게 갈라지며 수과는 세모진 거꿀달걀모양이다. 남부지방의 해안에 주로 자생한다.

작은황새풀 사초과

Eriophorum gracile Koch

산지의 습지에 자란다. 높이 20~50cm. 땅속줄기가 옆으로 길게 뻗어 번식한다. 6월 초순~8월 초순 개화. 꽃차례의 첫째 포는 길이 10~20mm로 곧추서며 꽃자루 끝에 달리는 작은이삭은 3~5개이다. 열매가 익을 때 털이 자라서 솜뭉치처럼 된다. 강원 북부와 경남 일부 지역에 드물게 자생한다. 열매의 털이 벙글은 모습이 황새 떼를 닮아서 유래한 이름이다.

0613

도루박이 사초과

Scirpus radicans Schkuhr

얕은 물가에 자란다. 높이 60~140cm. 땅속줄기가 사방으로 길게 뻗고 꽃차례가 없는 줄기는 땅에 박혀 새순이 난다. 줄기 단면은 각이 진 둥근삼각모양이다. 6월 초순~8월 초순 개화. 작은이삭은 타원모양으로 줄기 끝에서 나온 겹편평꽃차례의 작은꽃자루에 1개씩 달리며 꽃차례 아래의 포는 2~3개로 가장 아래에 달린 포는 꽃차례보다 길다. 수과는 세모진 타원모양이다.

검은도루박이 사초과

Scirpus sylvaticus L.

산지의 얕은 개울가에 자란다. 높이 70~120cm. 땅속줄기가 사방으로 뻗는다. 6월 중순~7월 하순 개화. 줄기 끝에 겹편평꽃차례로 달린다. 도루박이와 달리 줄기 끝이 땅에 박혀 번식하는 영양번식을 하지 않으며 작은꽃자루에 여러 개의 작은이삭이 달린다. 강원 북부에 자생한다. 작은이삭이 전체적으로 검은색을 띠어서 붙은 이름이다.

매자기 사초과
Bolboschoenus maritimus (L.) Palla

해안 근처의 습지나 갯벌 주변에 자란다. 높이 30~40cm. 땅속줄기가 길게 뻗으며 끝에 덩이줄기가 달린다. 줄기의 단면은 예리한 삼각모양이고 잎은 줄기 가운데 부분의 아래에 달리며 밑부분이 잎집으로 되어 있다. 6월 중순~8월 중순 개화. 달걀모양의 작은이삭은 줄기 끝에 편평꽃차례로 달리며 열매인 수과는 달걀모양이다. 주로 서해안에 자생한다.

큰매자기 사초과
Bolboschoenus fluviatilis (Torr.) Soják

주로 내륙의 하천이나 연못가에 자란다. 높이 80~150cm. 굵은 땅속줄기가 뻗으며 지름 3~4cm 정도의 덩이줄기가 달린다. 6월 중순~9월 하순 개화. 꽃은 줄기 끝에 편평꽃차례로 달리며 작은이삭은 1~4개로 길이 1~2cm의 타원모양이다. 수과가 납작한 매자기, 좀매자기와 달리 종자의 단면이 세모모양으로 구분된다.

0615

바늘골 사초과

Eleocharis congesta D.Don

습지나 물가, 논두렁에 자란다. 높이 10~30cm. 잎은 붉은빛이 도는 막질로 꽃자루를 감싼다. 6월 중순~9월 중순 개화. 작은이삭은 피침모양으로 길이 2~3mm이며 밑에 싹이 달리기도 한다. 비늘조각은 끝이 둔하고 붉은색이 돌며 암술대의 밑동이 원뿔모양으로 부풀어 열매 위에 남아 있고 암술머리는 3개이다.

쇠털골 사초과

Eleocharis yokoscensis (Franch. & Sav.) Tang & F.T.Wang

논이나 저지대 습지에 자란다. 꽃줄기의 높이 3~10cm. 땅속줄기가 옆으로 뻗으며 마디에서 실처럼 가느다란 꽃줄기가 촘촘히 나고 잎은 퇴화하여 잎집만 있다. 6월 하순~9월 중순 개화. 꽃줄기 끝에 작은이삭이 1개씩 달리며 꽃이삭은 길이 2~4mm로 긴 타원모양이다. 수과는 거꿀달걀모양으로 바둑판같은 무늬가 있다.

올방개 사초과

Eleocharis kuroguwai Ohwi

연못이나 습지에 자란다. 높이 50~90cm. 땅속줄기는 옆으로 길게 뻗으며 끝에 덩이줄기가 달린다. 꽃줄기는 둥글고 속이 비어 있으며 격막이 있다. 7월 중순~10월 초순 개화. 줄기 끝에 원주모양의 작은이삭 1개가 달리며 황록색이다. 중부 이남에 자생하며 예전에 '물밤묵'이라 하여 땅속 덩이줄기로 묵을 만들어 먹기도 하였다.

좀네모골 사초과

Eleocharis wichurae Boeckler

양지바른 습지나 물가에 자란다. 높이 30~60cm. 짧은 땅속줄기가 있고 줄기는 3~5개로 모가 지며, 잎은 퇴화하여 칼집모양으로 줄기를 감싼다. 7월 중순~10월 초순 개화. 곧게 선 줄기 끝에 1개의 작은이삭이 달리며 길이는 10~25mm이다. 비늘조각은 긴 타원모양으로 끝이 둔하고 가장자리가 막질이며 수과는 세모진 거꿀달걀모양이다.

파대가리 사초과

Kyllinga brevifolia Rottb.

들의 양지바른 습지에 자란다. 높이 5~25cm. 옆으로 뻗는 뿌리줄기가 있으며 줄기는 세모지고 여러 대가 자란다. 잎은 밑동에만 있고 3~4장이 서로 겹치며 줄기를 감싼다. 6월 중순~10월 초순 개화. 줄기 끝에 작은꽃이 둥글게 뭉쳐피고 머리모양꽃차례의 지름은 7~10mm이다. 포는 3개로 잎 모양이다. 전초에 독특한 향이 난다.

세대가리

Lipocarpha microcephala (R.Br.) Kunth.

논두렁이나 물가에 자란다. 높이 5~20cm. 잎은 1~2개만 잎몸이 있으며 길이 5~8cm로 꽃자루보다 짧다. 8월 초순~10월 중순 개화. 보통 작은이삭이 밀집된 3개의 머리모양꽃차례를 이루는데서 유래한 이름이나, 드물게 1~2개의 꽃차례도 발견된다. 포 2개가 잎 같으며 꽃차례보다 길다. 암술대는 수과 길이의 1/2 정도로 끝이 2개로 갈라진다.

꼴하늘지기 사초과

Fimbristylis tristachya var. *subbispicata* (Nees) T.Koyama

양지바른 습지에 자란다. 높이 10~60cm. 수염뿌리가 억세고 줄기는 뭉쳐나서 곧게 선다. 7월 중순~10월 초순 개화. 꽃줄기 끝에 1개의 작은이삭이 달려 꽃을 피우나 작은이삭이 더러 2~3개인 것도 있으며 포는 0~1개이다.

바람하늘지기 사초과

Fimbristylis littoralis Gaudich.

논이나 습지에 자란다. 높이 10~40cm. 줄기는 여러 대가 모여나고 잎은 꽃줄기보다 짧고 2줄로 배열하며 줄기의 밑부분에 잎몸이 없는 갈색 잎집이 있다. 8월 초순~10월 중순 개화. 꽃차례에 많은 가지가 갈라지며 가지 끝이나 포겨드랑이에 길이 2.5~4mm인 작은이삭이 달린다.

민하늘지기 사초과

Fimbristylis squarrosa Vahl

양지바른 습지나 논에 자란다. 높이 10~20cm. 줄기는 뭉쳐나며 잎은 앞, 뒷면에 털이 많고 안쪽으로 말린다. 7월 초순~9월 중순 개화. 꽃차례는 1~3회 가지가 갈라지며 포는 3~5개이다. 작은이삭은 넓은 피침모양으로 구릿빛이 도는 갈색이고 비늘조각은 뒤로 젖혀지는 까락이 있다.

0710

꽃

꽃하늘지기 사초과

Bulbostylis densa (Wall.) Hand.-Mazz.

경작지 주변이나 양지바른 풀밭에 자란다. 높이는 5~30cm. 줄기는 모여나며 잎은 실모양으로 줄기보다 짧고, 잎집은 밝은 갈색으로 1~4cm이며 끝이 술처럼 길게 갈라진다. 7월 초순~8월 하순 개화. 길이 2~6mm의 작은이삭은 작은꽃줄기 끝에 1개씩 달린다. 비늘조각은 달걀모양이며 끝이 뾰족하고, 수과는 세모진 거꿀달걀모양으로 표면에 미세한 무늬가 있다.

모기골 사초과

Bulbostylis barbata (Rottb.) C.B.Clarke

양지바른 곳이나 바닷가 모래땅에 자란다. 높이 5~30cm. 여러 대가 한 포기에서 나온다. 6월 하순~9월 초순 개화. 꽃자루 끝에 머리모양꽃차례로 달리며 포는 1~3개이다. 비늘조각은 달걀모양으로 가장자리에 털이 있고 끝이 뒤로 젖혀진다. 종자는 세모진 달걀모양으로 백색이고 길이 0.6mm 정도로 상부에 흑갈색의 돌기모양 부속물이 있다.

고양이수염 사초과

Rhynchospora chinensis Nees & Meyen

양지바른 산지의 습지에 자란다. 꽃줄기는 높이 30~60cm. 꽃줄기는 곧게 자라며 밑부분에 폭 2~3mm 정도의 잎이 달린다. 8월 하순~9월 하순 개화. 3~5개의 작은이삭이 편평꽃차례로 달리고 작은이삭은 2개의 꽃이 달린다. 암술대는 길고 끝이 2갈래로 갈라진다. 수과에 주름이 있다. 근연종으로 흰고양이수염, 골풀아재비, 큰고양이수염, 좀고양이수염 등이 있다.

너도고랭이 사초과

Scleria parvula Steud.

볕이 잘 드는 습지에 자란다. 높이 40~50cm. 줄기는 다소 모여나고 털이 없으며 마디는 4~5개이다. 잎집과 줄기에 넓은 날개가 발달한다. 7월 초순~9월 초순 개화. 작은이삭은 4~6개씩 떨어져 달리며 밑에 짧은 포가 있다. 암술머리는 2갈래이고, 수과는 원모양이고 백색이며 지름 2mm로서 격자무늬와 윤채가 있다.

꽃

0715

방울고랭이 사초과

Scirpus wichurae var. *asiaticus* (Beetle) T.Koyama. ex W.T.Lee

양지바른 산지 습지에 주로 자란다. 높이 70~180cm. 땅속줄기가 없으며 줄기는 단면이 세모지고 곧게 자란다. 7월 중순~9월 중순 개화. 2~5mm 정도의 작은이삭은 겹편평꽃차례로 1개의 꽃자루에 1~5개가 달린다. 비늘조각은 달걀모양으로 3개의 맥이 있으며 수술이 2개이고 열매는 수과로 세모진 거꿀달걀모양이다.

솔방울고랭이 사초과

Scirpus karuizawensis Makino

물가나 낮은 산지의 습지에 자란다. 높이 70~150cm. 땅속줄기가 없고 줄기는 모여난다. 줄기는 단면이 둥글고 단단하며 털이 없다. 8월 하순~10월 중순 개화. 줄기 끝과 줄기 잎겨드랑이에서 꽃차례가 나오며 작은이삭은 5~10개로서 타원모양이고 비늘조각은 달걀모양으로 끝이 뾰족하다. 수술은 2개, 암술머리는 3개이다.

송이고랭이 사초과

Schoenoplectiella mucronata (L.) J.Jung & H.K.Choi

저지대의 습지나 얕은 물에 자란다. 높이 70~120cm. 줄기 단면은 안으로 오목하게 들어간 삼각모양이다. 6월 중순~9월 초순 개화. 작은이삭은 난상 피침모양이다. 수술은 3개이고, 암술머리는 3개로 갈라진다.

큰고랭이 사초과

Schoenoplectus tabernaemontani (C.C.Gmel.) Palla

저수지나 강가 얕은 물에 모여 자란다. 높이 80~200cm. 긴 땅속줄기의 마디에서 대가 1~2개씩 돋으며 줄기의 단면은 원모양이다. 6월 중순~8월 중순 개화. 줄기 옆에서 취산꽃차례로 달리고 4~7개의 가지가 발달한다. 비늘조각은 끝이 둥글거나 파여 있다.

올챙이고랭이 사초과

Schoenoplectiella juncoides (Roxb.) Lye

논이나 습지에 자란다. 높이 15~70cm. 꽃줄기는 모여나며 단면이 다각형으로 짙은 녹색이다. 7월 중순~10월 초순 개화. 꽃차례는 옆에 달리며 1~7개의 작은이삭이 머리모양으로 달리고 포는 1개로 줄기에 이어져 곧추선다.

방동사니 사초과

Cyperus amuricus Maxim.

들, 논, 물가에 자란다. 높이 10~60cm. 잎은 연하며 끝이 처진다. 8월 초순~10월 초순 개화. 꽃줄기가 잎 사이에서 1개씩 나와 포가 달리고 길이가 같지 않은 가지가 갈라져서 각각 작은이삭이 달린다. 작은이삭은 8~20개의 꽃이 좌우로 붙으며 비늘조각은 끝이 약간 뒤로 젖혀지고 암술대는 끝이 3개로 갈라진다. 수과는 3개의 능선이 있다.

병아리방동사니 사초과

Cyperus hakonensis Franch. & Sav.

물가, 논 주변이나 볕이 잘 드는 습지에 자란다. 높이 3~15cm. 잎은 길이의 차가 심하며 전체가 연한 녹색이다. 8월 중순~10월 초순 개화. 포 1개가 잎처럼 자라서 꽃차례보다 다소 길어지며 꽃대 끝에 가지 3~6개가 손바닥모양으로 달리고 12~30개의 꽃이 달린다. 방동사니속의 식물 중에서 가장 식물체의 크기가 작아서 붙여진 이름이다.

물방동사니 사초과

Cyperus glomeratus L.

습지나 물가에 자란다. 높이 30~90cm. 줄기는 느슨하게 모여나며, 둔하게 세모지고 표면이 거칠거칠하다. 8월 하순~10월 초순 개화. 가지는 3~5개로 긴 것은 길이가 10cm에 이르며 가지 끝에 꽃이 겹산형꽃차례로 뭉쳐서 피고 작은이삭은 구릿빛이 도는 갈색이다. 수과는 3개의 능선이 있으며 다소 편평하고 회갈색으로 익는다.

알방동사니 사초과

Cyperus difformis L.

경작지 주변이나 물가에 자란다. 높이 20~50cm. 줄기는 모여나고 세모지며 잎집은 옅은 갈색으로 줄기를 감싼다. 8월 중순~10월 초순 개화. 줄기 끝에 2~3개의 포가 있고 3~9개의 길이가 다른 꽃대 끝에 작은이삭이 빽빽하게 달린다. 작은이삭은 10~25개의 꽃이 달리며 비늘조각은 끝이 둔하고 수과는 세모진 거꿀달걀모양이다.

금방동사니 사초과

Cyperus microiria Steud.

경작지 주변이나 물가에 흔히 자란다. 높이 20~50cm. 세모진 줄기는 모여나고 전체에 향이 나며 끝에 3~6개의 포가 달린다. 8월 초순~9월 하순 개화. 5~9개의 길이가 다른 꽃대 끝에 10~25개의 작은이삭이 달리며 작은이삭은 길이 5~15mm 정도로 10~20개의 꽃이 달린다. 비늘조각의 끝에 1.5mm 정도의 까락이 있으며 안으로 굽고 수과는 세모진 거꿀달걀모양이다.

참방동사니 사초과

Cyperus iria L.

볕이 잘 드는 습지의 풀밭에 자란다. 꽃줄기의 높이 20~30cm. 여러 개의 꽃줄기가 모여나며 잎이 2~3개씩 달린다. 8월 초순~10월 초순 개화. 꽃줄기 끝에 3~5개의 가지가 갈라져 작은이삭이 달리고 10~20개의 꽃이 달린다. 금방동사니와 달리 까락이 둥글게 꽃을 감싸며 돌기가 짧다. 보라색의 수염뿌리가 있으며 식물 전체에 특유한 향기가 난다.

검정방동사니 사초과

Fuirena ciliaris (L.) Roxb.

저지대 습지에 자란다. 높이 10~40cm. 줄기는 모여나고 마디가 2~3개 있으며 둔하게 세모진다. 7월 중순~9월 중순 개화. 머리모양꽃차례로 작은이삭은 자루 없이 5~10개로 뭉쳐 있고 긴 타원모양이며 길이는 5~7mm로 흑록색이다. 포는 꽃차례보다 길고 비늘조각은 달걀모양으로 털이 있다. 남부지방에 드물게 자생한다.

줄사초 사초과

Carex lenta D.Don

바다와 가까운 산지의 숲 속에 자란다. 높이 40~70cm. 줄기가 여러 개가 모여 자라 큰 포기를 이룬다. 8월 하순~10월 중순 개화. 제주에 주로 자생하는 **폭이사초***C. teinogyna*와 더불어 사초속 중 드물게 가을에 개화한다. 과포는 넓은 난상 타원모양으로 맥이 많으며 가시같은 털이 난다. 전국에서 볼 수 있으나 주로 남부지방에 자생한다.

골풀과

꿩의밥 골풀과

Luzula capitata (Miq. ex Franch. & Sav.) Kom.

별이 잘 드는 풀밭에 자란다. 높이 10~25cm. 덩이모양의 땅속줄기에서 잎이 나고 잎가장자리에 흰색의 긴 털이 있다. 꽃줄기에 2~3개의 잎이 어긋난다. 3월 중순~5월 초순 개화. 꽃줄기 끝에 머리모양을 이루며 6개의 꽃덮이조각은 가장자리가 흰색이고 끝이 뾰족하며 6개의 꽃밥은 노란색이다.

산꿩의밥 골풀과

Luzula multiflora (Ehrh.) Lej.

산지와 들에 자란다. 꽃줄기의 높이 20~40cm. 꽃차례 밑에 긴 포가 발달한다. 4월 중순~5월 하순 개화. 꿩의밥과 달리 1개의 큰꽃차례 대신 2~8개의 작은 꽃차례가 달린다. 열매는 꽃덮이보다 길며 종부가 짧거나 뚜렷하지 않다. 꿩의밥과 혼생하기도 한다. 산새들의 먹이가 되기 때문에 유래한 이름이다.

별꿩의밥 골풀과

Luzula rufescens Fisch. ex E.Mey. var. *macrocarpa* Buchenau

높은 산지의 양지바른 곳에 자란다. 꽃줄기의 높이 12~25cm. 뿌리잎은 윗부분이 점점 좁아져 끝이 딱딱하게 된다. 4월 중순~5월 하순 개화. 꽃자루 끝에 우산모양으로 달린다. 열매는 길이 3.5mm 정도, 씨는 1.6mm 정도의 넓은 타원모양이다. 한라산, 지리산을 포함하여 강원도에 주로 자생한다.

산새밥 골풀과

Luzula pallescens Sw.

높은 산지의 풀밭에 자란다. 꽃줄기의 높이 10~35cm. 뿌리잎은 가장자리에 희고 긴 털이 있고 꽃줄기에 2~3개의 잎이 달린다. 4월 하순~6월 초순 개화. 꽃줄기 끝에 3~5개의 꽃이 모여달린다. 꽃밥은 긴 타원모양으로 수술대 길이보다 약간 길거나 거의 같다. 강원 이북의 높은 산지에 드물게 자생한다.

골풀 골풀과

Juncus decipiens (Buchenau) Nakai

냇가나 습지 주변에 자란다. 높이 20~130cm. 뿌리줄기는 옆으로 뻗는다. 원통모양의 줄기는 지름이 1~2mm로 뚜렷하지 않은 세로선이 있고 잎은 퇴화되어 줄기 밑부분에 비늘모양으로 붙어 있다. 5월 하순~7월 중순 개화. 꽃은 원줄기 끝의 측편에 달리고 첫째 포는 원줄기에 연속해서 길이 10~20cm 정도 자라 줄기의 연장선처럼 보인다.

별날개골풀 골풀과

Juncus diastrophanthus Buchenau

논이나 습지에 자란다. 높이 15~50cm. 줄기에 좁은 날개가 있다. 6월 초순~7월 중순 개화. 줄기 끝에 별사탕모양을 닮은 여러 개의 머리모양꽃차례가 달린다. 수술은 3개이며 열매는 길이가 꽃덮이보다 훨씬 길다. 6개의 수술과 4~7개의 머리모양꽃차례를 가지고 줄기에 넓은 날개를 가진 **날개골풀** *J. alatus*과 구분된다.

청비녀골풀 골풀과

Juncus papillosus Franch. & Sav.

묵논이나 습지에 자란다. 꽃줄기의 높이 20~40cm. 줄기는 타원모양으로 날개가 없다. 6월 초순~7월 하순 개화. 여러 개의 머리모양꽃차례는 2~3개의 꽃으로 되어 있다. 열매는 길이 2.6~4.5mm로 꽃덮이보다 길다. **비녀골풀** *J. krameri*은 4~10개의 꽃으로 머리모양꽃차례를 이루며 열매와 꽃덮이의 길이가 비슷하여 구분된다.

길골풀 골풀과

Juncus tenuis Willd.

산지나 길가, 풀밭의 반그늘진 곳에 자란다. 높이 20~60cm. 포는 보통 2개이며 꽃차례보다 길다. 6월 초순~7월 하순 개화. 줄기 끝에 취산꽃차례를 이룬다. 꽃덮이조각은 피침모양으로 길이 3~4mm 정도이며 전국에 흔히 자생한다. **물골풀** *J. gracillimus*은 꽃덮이가 달걀모양이며 열매의 길이와 비슷하여 구분된다.

곡정초과

개수염 곡정초과

Eriocaulon miquelianum Körn.

논이나 습지에 자란다. 꽃줄기의 높이 20~25cm. 잎은 밑동에서 모여나고 중앙부가 넓고 차츰 좁아진다. 7월 하순~9월 초순 개화. 여러 개의 꽃줄기가 모여나며 머리꽃의 지름은 6~10mm로 총포(큰총포)조각이 많고 꽃보다 1.5~3배 정도 길며 끝이 뾰족하다. 강원 이남에 주로 자생한다.

좀개수염 곡정초과

Eriocaulon decemflorum Maxim.

습지나 물기가 있는 곳에 무리지어 자란다. 높이 5~10cm. 잎은 선형으로 끝이 뾰족해진다. 7월 하순~9월 중순 개화. 줄기 끝에 지름은 3~7mm 정도인 반구모양의 머리꽃이 1개씩 달린다. 머리꽃 가장자리의 총포조각은 얇은 막질로 끝이 뭉툭하여 개수염, 큰개수염과 구분된다.

넓은잎개수염 곡정초과

Eriocaulon alpestre Hook.f. & Thomson ex Körn.

논이나 습지에 자란다. 높이 10~20cm. 줄기는 모여나며 5개의 모서리가 있다. 잎은 넓은 선형으로 밑부분이 넓고 끝부분이 점차 좁아지며 9~17개의 맥이 있다. 잎집은 길이 4~7cm로 길게 발달한다. 8월 중순~10월 초순 개화. 줄기 끝에 1개씩 머리꽃이 달리며 가장자리의 총포조각은 긴 타원모양으로 길이 1~2mm로 짧다.

큰개수염 곡정초과

Eriocaulon hondoense Satake

논이나 습지에 자란다. 꽃줄기의 높이 15~22cm. 잎은 선형으로 길이 10~20cm, 폭 2~5mm로 개수염보다 잎의 폭이 넓다. 8월 중순~9월 하순 개화. 머리모양꽃의 지름은 6~8mm이다. 넓은잎개수염과 매우 비슷하나, 총포조각이 길게 발달하며 끝이 뾰족하고, 꽃 끝부분에 흰 털이 드물게 난다.

부들과

부들 부들과

Typha orientalis C.Presl

연못이나 강가의 얕은 곳에 자란다. 높이 1~1.5m. 뿌리줄기가 옆으로 뻗으며 퍼진다. 잎의 폭은 5~10mm이고 밑부분이 원줄기를 감싼다. 6월 중순~7월 하순 개화. 위는 수꽃이삭, 아래는 암꽃이삭(6~15cm)으로 두 꽃이삭 사이가 붙어 있다. 물을 맑게 하는 정화작용을 하는 것으로 알려져 있다.

애기부들 부들과

Typha angustifolia L.

수심이 얕은 습지나 강가에 자란다. 높이 1.2~1.5m. 잎은 길이 80~130cm, 폭 8~15mm이다. 7월 초순~8월 초순 개화. 암꽃이삭은 아래쪽에 달리며, 수꽃이삭은 위쪽에 붙고 부들과 달리 두 꽃이삭 사이가 4~7cm 정도 떨어져 있고 암술머리가 선형이며 암꽃에 작은 포가 있는 점에서 구분된다.

큰잎부들 부들과

Typha latifolia L.

습지나 연못 주변에 자란다. 높이 1.5~2m. 땅속줄기가 길게 뻗으며 잎은 밑부분이 줄기를 감싼다. 잎의 폭이 10~16mm 정도로 국내에 자생하는 부들속 중 가장 넓다. 6월 중순~8월 초순 개화. 꽃은 줄기 끝에 기둥모양의 육수꽃차례로 달리며 위쪽의 수꽃이삭과 아래쪽의 암꽃이삭은 서로 붙어 있다.

꼬마부들 부들과

Typha laxmannii Lepech.

강가, 습지의 얕은 곳에 자란다. 높이 80~130cm. 국내 자생하는 부들속 중 가장 작고 잎의 폭도 5mm 정도로 좁다. 7월 초순~8월 중순 개화. 암꽃이삭과 수꽃이삭은 2~5cm 정도 서로 떨어져 있고, 아래쪽에 달린 암꽃이삭은 길이가 3~6cm 정도로 짧기 때문에 같은 부들속의 근연종들과 쉽게 구분된다.

0620

흑삼릉 부들과

Sparganium stoloniferum (Buch.-Ham. ex Graebn.) Buch.-Ham. ex Juz.

얕은 물가나 습지에서 자란다. 높이 70~100cm. 식물체가 해면질이며 기는 줄기가 옆으로 뻗어 군데군데 잎과 줄기가 난다. 6월 초순~8월 초순 개화. 위쪽에 여러 개의 수꽃차례가 달리고 그 아래에 1~3개의 암꽃차례가 달린다. 같은 속의 비슷한 종과 달리 암술대의 길이가 3~6mm로 길다. 흑삼릉은 뿌리줄기가 검고 잎에 세 개의 능선이 있다는 이름이다.

긴흑삼릉 부들과

Sparganium japonicum Rothert

얕은 물가나 습지에서 자란다. 높이 50~80cm. 땅속줄기가 옆으로 뻗는다. 6월 중순~7월 하순 개화. 위에 수꽃차례가 5~10개 정도 달리고 아래에 암꽃차례 3~4개가 달린다. 경기 이남에 드물게 자생하며 흑삼릉에 비해 전체가 작고 줄기가 갈라지지 않으며 암술머리가 짧아 구분된다. 주로 경기, 강원, 전북 일원에서 발견되고 있다.

조선흑삼릉 부들과

Sparganium eurycarpum subsp. *coreanum* (H.Lév.) C.D.K.Cook & M.S.Nicholls

호수나 하천 가장자리에 자란다. 높이 80~120cm. 땅속줄기가 옆으로 뻗으며 잎 밑부분이 꽃 줄기를 감싼다. 6월 하순~8월 중순 개화. 3~5개의 꽃차례가 포에서 나와 원뿔모양꽃차례를 이룬다. 흑삼릉에 비해 흰색의 암술머리가 6~9mm로 길다. 타케 신부의 표본을 바탕으로 1912년에 발표되었으나, 국내에서는 2019년 재인식되었으며 주로 제주와 남부지방에 분포한다.

가는흑삼릉 부들과

Sparganium subglobosum Morong

하천이나 호수 가장자리에 자란다. 높이 40~100cm. 뿌리줄기가 있으며 잎은 길이 40~80cm, 폭 3~4mm이고 밑부분에 잎집이 있다. 6월 하순~8월 하순 개화. 머리모양꽃차례로 꽃줄기 아랫부분에 지름 약 1cm인 암꽃차례가, 윗부분에 지름 5~6mm인 수꽃차례가 달리며, 드물게 하나의 가지가 나와 원뿔모양꽃차례를 이루기도 한다. 강원 고성군에 드물게 자생한다.

인디카 회원들이 처음 발견한 식물들

제주방울란_Habenaria chejuensis_ Y.Lee & K.Lee, **탐라사철란**_Goodyera x tamnaensis_ N.S.Lee, K.S.Lee, S.H.Yeau & C.S.Lee, **날개옥잠난초**_Liparis pterosepala_ N.S.Lee, C.H.Lee and K.S.Lee, **계우옥잠난초** _Liparis yongnoana_ N.S. Lee, C.S.Lee and K.S.Lee, **한라천마**_Gastrodia pubilabiata_ Sawa, **제주무엽란**_Lecanorchis kiusiana_ Tuyama 등은 평생 우리나라의 야생란을 연구해온 난곡 이경서 님이 이영노, 이남숙 등의 학계 전문가들과 함께 탐사하고 연구하여 발표한 신종 및 미기록종이다.

백양더부살이_Orobanche filicicola_ Nakai ex Hyun, Y.S.Lim & H.C.Shin는 1928년 전남 백양사 부근에서 일본의 식물학자 Nakai에 의해 발견되었으나 공식적으로 발표되지 않았고, 2000년 박성배 님에 의해 재발견되어 2003년 순천향대 신현철 교수팀과 함께 미국의 식물연구지 노본(Novon)을 통해 발표되었다.

날개현호색*Corydalis alata* B.U.Oh & Woo Rak Lee은 2010년 3월 이우락 님이 포항시 내연산에서 최초로 발견하여 2010년 6월호 식물분류학회지를 통해 발표되었다.

꼬마물봉선*Impatiens violascens* B.U.Oh &Y.Y.Kim은 2009년 김복진, 이주용 님이 보현산 일대에서 발견하고 김윤영 님에게 제보하여 2010년 3월호 식물분류학회지에 신종식물로 발표되었다.

꼬인용담*Gentianopsis contorta* (Royle) Ma은 2007년 강원 금대봉 일대에서 정귀동 님이 최초로 발견하여 김윤영 님 등에 의해 2008년 12월호 식물분류학회지를 통해 국내 미기록 식물로 발표되었다.

인디카 회원들이 처음 발견한 식물들

톱니대극*Euphorbia dentata* Michx.은 2008년 9월 김민숙 님이 경북 영천에서 처음 발견하여 윤석민 님 등을 통해 2009년 6월호 식물분류학회지에 미기록 귀화식물로 발표되었다.

유럽광대나물*Lamium purpureum* var. *hybridum* (Vill.) Vill.은 2010년 3월 박해정 님이 정읍 일대를 탐사하다가 광대나물과 자주광대나물을 반반씩 닮은 군락을 발견하여, 윤석민 님께 제보한 결과 국내 미기록종으로 판명되어 유럽광대나물로 명명되었다.

애기마디풀*Polygonum plebeium* R.Br.은 백순복, 황재현 님이 충남 부여 일대에서 처음 발견하여 윤석민 님 등을 통해 2010년 12월호 식물분류학회지에 국내 미기록 식물로 발표되었다.

아마추어 식물탐사가로서 식물학계에서도 널리 알려진 여왕벌 남명자 님은 열정적이고 꾸준한 식물탐사 활동으로 신종 2종과 국내 미기록종 6종을 발견하였다. 특히 다도해산들깨*Mosla dadonsis* K. K. Jeong, M. J. Nam & H. J. Choi는 한반도고유종으로 2022년 세계식물학술지 PhytoKeys를 통하여 발표하였으며, 함백취*Saussurea albifolia* M. J. Nam & H. T. Im 는 취나물속 신종으로 2021년 생물자원관 학술지에 게재하였다. 이 외에 병풀아재비, 해란초 아재비, 어수리아재비, 사막갓 등 6종의 미기록종을 발견하여 학계에 보고하고 논문작성에 참여하였다.

인디카 회원들이 처음 발견한 식물들

부산꼬리풀*Pseudolysimachion pusanensis* (Y.N.Lee) Y.N.Lee은 2002년 이봉식, 정현도 님이 처음 발견하여 이영노 박사님이 2004년 식물분류학회지에 신종으로 발표하였다.

봄나도냉이*Barbarea verna* (Mill.) Asch.는 2009년 이봉식 님이 부산 수영강변에서 발견하여 박수현 박사님이 2012년 식물분류학회지에 국내 미기록종으로 발표하였다.

좀끈끈이주걱*Drosera spatulata* Labill.은 2011년 이성원, 양형호 님이 부산 기장군에서 처음 발견하여 2012년 3월호 식물분류학회지를 통해 국내 미기록 식물로 발표되었다.

봉화현호색*Corydalis bonghwaensis* M.Kim & H.Jo은 2012년 이재능 님이 봉화군 명호면 일대에서 발견하여 김무열 박사님이 2017년 식물분류학회지에 발표하였다.

나도범의귀*Mitella nuda* L.는 2005년 5월 신동호, 민경숙 님이 검룡소 일대를 산행하던 중 발견하여 백드산 지역에만 자생하는 것으로 알려졌던 이 식물이 국내에도 자생하는 것을 확인하였다.

민둥참새피*Paspalum notatum* Flüggé, **털큰참새피***P. urvillei Steud.* (Foaceae), **가는수크령***Pennisetum flaccidum* Griseb. (Poaceae)은 한영우 님이 발견하여 국립생물자원관 정기간행물(Journal of species research)을 통하여 국내 미기록 식물로 발표되었다.

꽃 이름 찾아보기

ㄱ

ㄴ

ㄷ

ㅂ

ㅅ

ㅇ

ㅈ

ㅊ

ㅋ

ㅌ

ㅍ

인디카도감편찬위원회

집필 김태원 김현표 김홍제 박승천 윤상열 이동희 이두한
이성원 이우락 이재능 이주용 전정표 표종환 홍순대

감수 남명자 이경서

편집 / 디자인 박명숙 박해정 최중원 황정희

프로그램 기술지원 정문호

출판지원 / 후원 김광섭(신구재단 이사) 김복연 유동섭

사진제공

강갑구 강성관 고사달 고미화 고홍재 권혁세 김경녀 김경종 김광섭
김귀자 김기찬 김남숙 김동언 김민숙 김병기 김병만 김복진 김봉석
김상희 김선의 김성순 김승호 김영식 김영준 김영철 김용대 김운용
김윤영 김인래 김자윤 김장근 김재춘 김재호 김중연 김진규 김진욱
김진홍 김태원 김태환 김판영 김평일 김필연 김학영 김현식 김현표
김형소 김홍제 김희영 김희조 남명자 노중현 류수열 마용주 모만호
문정호 민경화 민웅호 박경석 박관호 박대용 박명숙 박석기 박성배
박성자 박승천 박찬숙 박태성 박해정 박형석 반정규 배영구 배영옥
배주한 백태순 변경열 서명원 선광열 손광민 송우영 신동호 신완철
신용성 신재교 심상걸 심선조 심종진 양영태 양인호 양태철 양형호
엄의호 오춘교 유환일 윤상열 윤석민 이경서 이경애 이기호 이기홍
이남희 이동희 이두한 이미혜 이민웅 이상옥 이상헌 이성권 이성원(강원)
이성원(경남) 이세진 이시연 이우락 이원범 이장희 이재능 이정심
이정해 이종균 이주용 이진동 이치명 이 풍 인경호 임계순 임명균
임성준 임영희 임홍순 장사범 장진권 장창량 전명희 전숙희 전정표
전준용 전태수 정귀동 정노원 정석원 정석태 정영진 정재흠 조국환
조옥란 조한수 진성현 차우현 차원용 채기수 채병수 최문철 최성훈
최수익 최승준 표종환 한승희 한영우 한장열 홍순대 황자현 황정희
(163명)

증보판
오늘 무슨 꽃 보러 갈까?

초　판 1쇄 발행 2016년 1월 20일
개정판 1쇄 발행 2023년 11월 20일

지은이　인디카도감편찬위원회
펴낸이　김길준
펴낸곳　(학)신구학원신구문화사
디자인　박명숙　최중원
색보정　오명현
출판등록　1968년 6월 10일
주소　경기도 성남시 중원구 광명로 377 신구대학 우촌학사 1층
전화　031-741-3055
팩스　031-741-3054

ISBN　978-89-7668-279-6　06480